普通高等院校计算机类专业精品系列教材

数据结构与算法

（C/C++版）

刘城霞　丁　濛　范艳芳　编著

北京理工大学出版社
BEIJING INSTITUTE OF TECHNOLOGY PRESS

内 容 简 介

本书是为“数据结构与算法”课程编写的教材，也可作为学习数据结构及算法的 C++程序设计的参考教材。

本书的内容可以分为两大部分：前半部分包括第 1~6 章，介绍了基本数据结构及其应用；后半部分包括第 7~9 章，主要讨论了查找、排序算法及五类基本算法（分治算法、贪心算法、回溯算法、分支限界算法、动态规划算法）和应用举例。第 1 章介绍了数据结构与算法的基本概念；第 2 章介绍了线性表的特点及操作；第 3 章介绍了两种操作受限的线性表、栈和队列的概念及其应用；第 4 章介绍了内容受限的线性表串以及线性结构的扩展数组及广义表；第 5 章介绍了树结构的特点及二叉树的性质、操作和应用；第 6 章介绍了图结构的特点及图的应用；第 7 章介绍了各类查找算法；第 8 章介绍了各类排序方法；第 9 章介绍了五类基本算法及其简单应用实例。

本书概念表述严谨，逻辑推理严密，语言精练，用词达意；既注重理论的正确性，又突出知识的实用性。本书还配有书中所有示例程序的配套电子版资料。

本书可作为计算机类专业或信息类相关专业的本科或专科教材，也可供从事计算机工程与应用工作的科技工作者参考。

图书在版编目（CIP）数据

数据结构与算法：C/C++版 / 刘城霞，丁濛，范艳芳编著. -- 北京：北京理工大学出版社，2022.6（2022.7 重印）

ISBN 978-7-5763-1390-1

Ⅰ.①数…　Ⅱ.①刘…②丁…③范…　Ⅲ.①数据结构-高等学校-教材②算法分析-高等学校-教材③C 语言-程序设计-高等学校-教材④C++语言-程序设计-高等学校-教材　Ⅳ.①TP311.12②TP312.8

中国版本图书馆 CIP 数据核字（2022）第 102755 号

出版发行 / 北京理工大学出版社有限责任公司
社　　址 / 北京市海淀区中关村南大街 5 号
邮　　编 / 100081
电　　话 / （010）68914775（总编室）
（010）82562903（教材售后服务热线）
（010）68944723（其他图书服务热线）
网　　址 / http://www.bitpress.com.cn
经　　销 / 全国各地新华书店
印　　刷 / 北京昌联印刷有限公司
开　　本 / 787 毫米×1092 毫米　1/16
印　　张 / 18.25
字　　数 / 426 千字
版　　次 / 2022 年 6 月第 1 版　2022 年 7 月第 2 次印刷
定　　价 / 49.00 元

责任编辑 / 陈莉华
文案编辑 / 陈莉华
责任校对 / 刘亚男
责任印制 / 李志强

FOREWORD 前言

IT 是个肥沃而生机勃勃的生态圈，不断孕育着一代又一代的新技术、新概念，但无论 IT 的浪潮多么朝夕莫测，计算机和软件发展背后的根基却岿然屹立，数据结构与算法便是其根基之一。早在 1984 年“图灵奖”获得者、PASCAL 之父及结构化程序设计的首创者，瑞士的 Niklaus Wirth 教授就提出：“数据结构+算法=程序”，这里的“程序”代表了解决各种问题的各类软件系统。这也说明了数据结构与算法在计算机领域中具有举足轻重的作用，而学习数据结构与算法课程也是必要而且重要的。

本书主要介绍了数据结构和算法的基本概念，分类讲解了线性结构、树结构及图结构的特点、操作与应用，详细描述了查找和排序等简单算法，并且简单列出了不同的算法分类及其实例，在内容中还穿插给出了用 C 及 C++开发数据结构与算法的基本编程方法，属于理论与实验合一式的教材。

为了让学生更好地学懂“数据结构与算法”课程，本书在编写中一方面注重深入浅出、通俗易懂、图文并茂，注重启发性，培养学生的课程学习兴趣，满足学生自主学习的需要；另一方面注重理论联系实际，强调从实践中获取知识，从实例出发，并给出解决问题实例的算法，希望学生在阅读和总结这些算法的基础上提高程序设计的水平。基于上述认识，本教材对庞杂深奥的数据结构与算法的理论知识进行了筛选，理论知识以够用为度，坚持应用导向进行讲解。

本书在结构安排上共分为 9 章。其中，第 1 章绪论，介绍了数据结构与算法的基本概念；第 2~4 章介绍了线性结构、特殊的线性结构及线性结构的扩展；第 5、6 章分别介绍了树结构和图结构的特点、操作及应用；第 7、8 章介绍了查找和排序算法；第 9 章介绍了算法的种类和应用实例。此外，为了巩固所学的理论知识，每章都附有习题供学生进行书面练习时选用和测试。

本书由北京信息科技大学刘城霞副教授组织设计，并编写了书中第 1~9 章理论内容。北京信息科技大学丁濛副教授负责编写书中所有章节的示例程序，范艳芳副教授负责编写所有章节的习题并整理了教材的电子资料。

由于作者水平有限，疏漏和不足之处在所难免，敬请广大师生批评指正。

作 者

2021 年 12 月

CONTENTS 目录

第1章 绪论

数据结构与算法是计算机及相关专业中一门重要的专业基础课程。当用计算机来解决实际问题时，就要涉及两个方面，一方面是数据的表示、处理，另一方面是解决问题的思路及方法。而数据表示及数据处理正是数据结构课程的主要研究对象，问题的解决思路及方法正是算法要研究的内容。通过数据结构与算法内容的学习，不仅可以培养学生分析问题和解决问题的能力，还可以为后续课程及软件方面的开发打下厚实的知识基础。

本章将介绍数据结构的基本概念及算法的基本概念，为后面章节的学习做好准备。

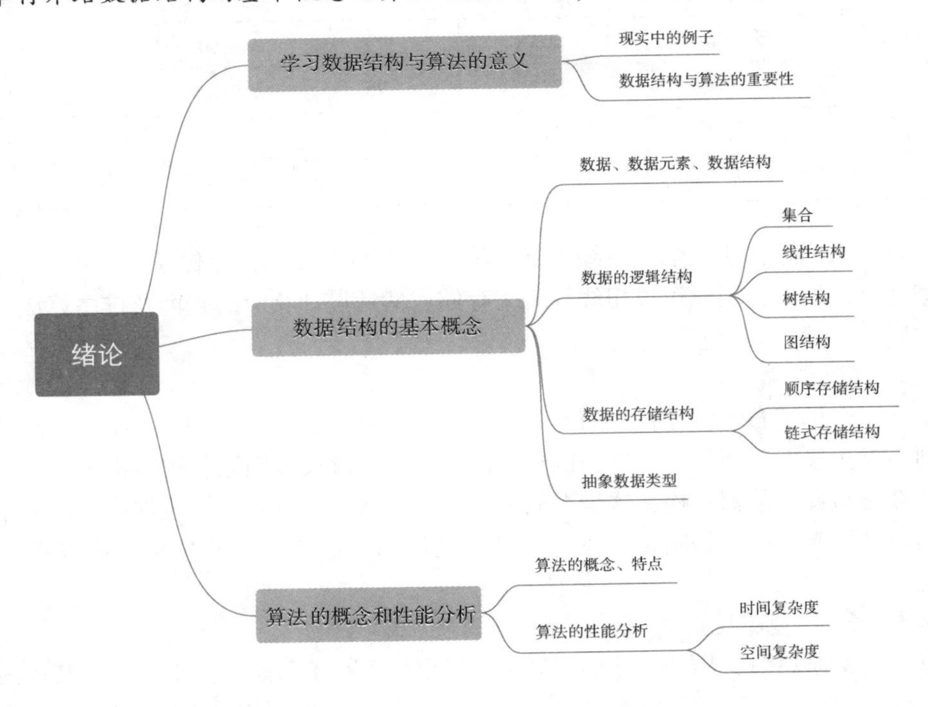

1.1　学习数据结构与算法的意义

在计算机发展初期，人们使用计算机的目的主要是处理数值计算问题。由于当时所涉及的运算对象是简单的整型、实型或布尔型数据，所以程序设计者的主要精力是集中于程序设计的技巧上，而无须重视数据结构。但随着计算机应用领域的扩大和软硬件的发展，非数值计算问题显得越来越重要。这类问题涉及的数据结构更为复杂，数据元素之间的相互关系一般无法用数学方程式加以描述。解决这类问题的关键是要设计出合适的数据结构，进行数据的表示、组织和处理，而后基于这些数据结构找到合适的解决问题的方法，也就是算法。先来看以下几个例子。

例 1.1　学生成绩查询系统。

学校为方便广大学生进行课程成绩的查询，建立了一个学生成绩查询系统供学生使用，如表 1.1 所示。系统可以查找某个学生的单科成绩或平均成绩，也可以查询某门课程的最高分、平均分，还可以依据学生某门课的成绩或者平均成绩进行排序等。

表 1.1　学生成绩表

学号	姓名	平均成绩	离散数学	Java 语言	数据结构
2018011113	吴芳芳	86	87	90	81
2018011114	刘力扬	83	80	88	81
2018011115	张华平	92	93	92	91
2018011116	蔡真真	89	88	89	90
2018011117	杨立华	80	77	80	83
2018011118	田园	77	75	78	78
2018011119	王政林	94	98	90	94
⋮	⋮	⋮	⋮	⋮	⋮

为了解决该问题，实现学生成绩查询系统，首先要设计如何存储学生数据的数据结构，学生数据间是线性的，因此可以用线性表来存储；然后设计相应的查询及排序算法解决查询及排序问题。

例 1.2　棋盘布局问题。

要求将 4 个棋子布置在 4 行 4 列的棋盘上，使得任意两个棋子既不在同一行或同一列，也不在同一对角线上，该问题被称为四皇后问题。为了解决该问题，实现棋盘布局，首先要设计如何存储布局的数据结构，这个布局是从空局开始的；然后不停地推演出很多布局，因此可以用树结构来存储，如图 1.1 所示；最后设计如何摆放棋子的算法（回溯算法）以解决该问题。

例 1.3　交通导航问题。

现有一个交通地图，从一个城市到另一个城市可以有多条路径。如何找到其中最短的路径？交通地图如图 1.2 所示。要解决这个问题，首先设计数据结构来表示城市及城市间的关系。本问题是一种典型的图问题，城市被抽象成一个个点，城市与城市间的道路被抽象成线，一个点可以和其他多个点有多条线相连，这是一种非线性关系结构，也就是图。从图上找两个城市（点）间的最短路径就需要设计相应的算法（图的最短路径）来解决。

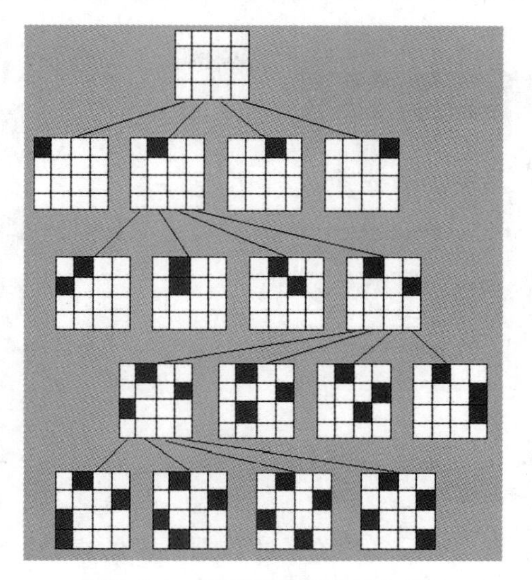
图 1.1 四皇后问题的状态树

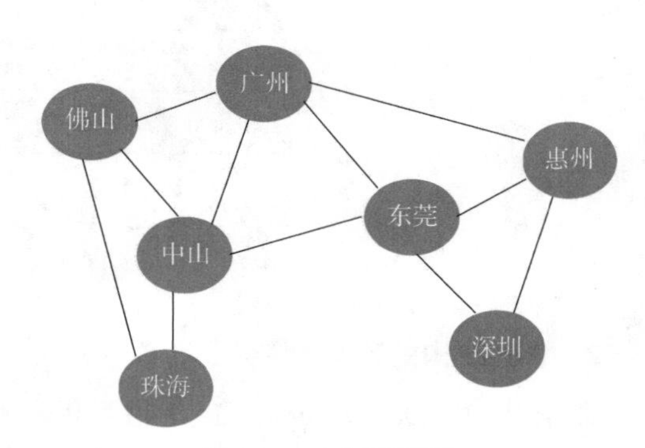

图 1.2 交通网络图

由以上 3 个例子可见，描述这类非数值计算问题的数学模型不再是数学方程，而是如表、树、图之类的数据结构。而解决这些问题是在数据结构的基础上再加上相应的算法来完成的。因此，数据结构设计和算法设计成为软件系统设计的核心。1984 年“图灵奖”获得者、PASCAL 之父及结构化程序设计的首创者，瑞士的 Niklaus Wirth 教授提出：“数据结构+算法=程序”。这里的程序就是指的软件系统，它把数据结构与算法的地位也简单明了地展示了出来，说明了学习数据结构与算法是必要且重要的。

1.2 数据结构的基本概念

1.2.1 数据结构概述

数据结构作为一门独立的课程在国外是从 1968 年才开始的，但在此之前其有关内容已散见于编译原理及操作系统中。从 20 世纪 60 年代末到 70 年代初，出现了大型程序，软件也相对独立，结构程序设计成为程序设计方法学的主要内容，人们越来越重视数据结构。从 70 年代中期到 80 年代，各版本的数据结构著作相继出现。

1. 数据、数据元素和数据项

数据结构中数据（Data）是指客观事物的符号表示。在计算机科学中指的是所有能输入到计算机中并被计算机程序处理的符号的总称。而数据的基本单位是数据元素（Data Element），表示一个事物的一组数据称为一个数据元素，它可以是一项数据，也可以是多项数据，在程序中通常作为一个整体来进行考虑和处理。构成数据元素的每一项数据称为数据项（Data Item），是数据元素中不可分割的最小标识单位。把性质相同的数据元素构成一个集合，该集合是数据的一个子集，则称这个集合为数据对象（Data Object）。示例如图 1.3 所示，每行数据是一个数据元素，行中每一项称为数据项，而整个学生信息表就是数据对象。

学 号	姓 名	年 龄	生源地	性别
20020001	王红	18	北京	女
20020002	张明	19	北京	男
20020003	吴宁	18	北京	男
20020004	秦风	17	山东	男

数据元素　数据项

图 1.3　学生信息表

2. 数据结构的定义

数据结构（Data Structure）是指互相之间存在着一种或多种关系的数据元素的集合。记为 Data_Structures=(D,R)。其中，D 是数据元素的有限集；R 是 D 上关系的有限集。在任何问题中，数据元素之间都不会是孤立的，在它们之间存在着这样或那样的关系，这种数据元素之间的关系称为结构。

1.2.2　逻辑结构与存储结构

数据结构可以分成逻辑结构和存储结构。

1. 逻辑结构

数据的逻辑结构是从具体问题抽象出来的数学模型，也就是通常“看到”的数据间的关系。根据数据元素间关系的不同特性，可以分为下列 4 个基本结构。

①集合结构：数据元素之间就是“属于同一个集合”。

②线性结构：数据元素之间存在着一对一的线性关系。

③树结构：数据元素之间存在着一对多的层次关系。

④图结构：数据元素之间存在着多对多的任意关系。

4 种数据逻辑结构如图 1.4 所示。

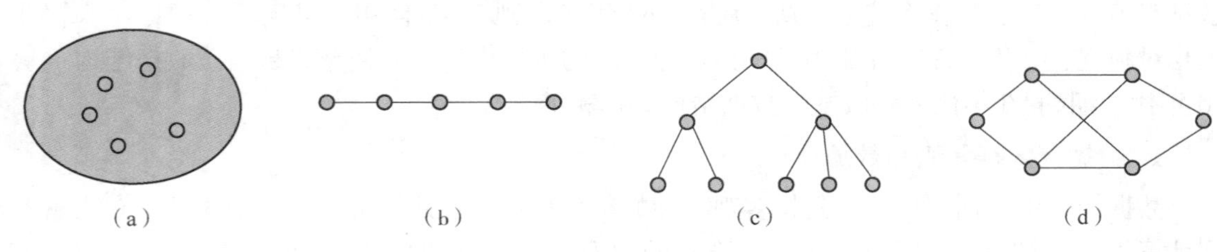

图 1.4　4 种数据逻辑结构

(a) 集合结构；(b) 线性结构；(c) 树结构；(d) 图结构

在图 1.4 中，圆圈表示数据元素，连线表示数据元素间的关系。

2. 存储结构

数据的存储结构指的是数据及其逻辑结构在计算机中的表示，也称为物理结构，是计算机“看到”的数据的内存分配情况，在具体实现时，它依赖于计算机语言。根据数据元素的存储分布情况，数据的存储结构大体分为两类，即顺序存储结构和链式存储结构。顺序存储结构是用一组连续的存储单元依次存储数据元素，数据元素之间的逻辑关系由元素的存储位置来表示。而链式存储结构则是用一组任意的存储单元存储数据元素，数据元素之间的逻辑关系用指针来表示。

图 1.5 所示为线性表 List=(A,B,C,D)的顺序存储结构和链式存储结构示意图。

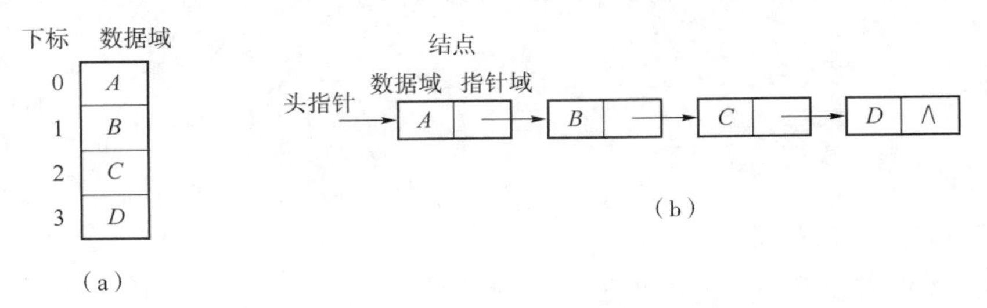

图 1.5 线性表的顺序和链式存储结构示意图

(a) 顺序存储结构；(b) 链式存储结构

3. 逻辑结构和存储结构间的关系

数据的逻辑结构属于用户视图，是面向问题的，反映了数据内部的构成方式；数据的存储结构属于具体实现的视图，是面向计算机的。一般算法的设计取决于所选定的逻辑结构，而算法的实现依赖于所采用的存储结构。一种数据的逻辑结构可以用多种存储结构来存储，而采用不同的存储结构，其数据处理的效率往往是不同的。

1.2.3 抽象数据类型

1. 数据类型

在 C/C++语言中，有很多基本数据类型，如 int(整型)、float(单精度浮点型)、char(字符型)等。在使用这些基本数据类型时，要首先定义它的数据变量或常量，然后就可以进行赋值及相应的运算了。比如定义整型数据 x、y 以及 sum，对 x 和 y 进行赋值，然后计算 sum 等于 x 和 y 的和，具体程序段如下：

```
int x,y,sum;
x=100;
y=200;
sum=x+y;
```

在这段简单的程序中，整型数据不但可以存储整型的数据，还可以进行加法运算。因此，数据类型不仅是一组值的集合，它还包括定义于这个值集上的一组操作。而抽象数据类型与数据类型实质上是一个概念，其特征是使用与实现分离，实行封装和信息隐蔽。

2. 抽象数据类型

抽象数据类型（Abstruct Data Type，ADT）是指一个数学模型以及定义在该模型上的一组操作。抽象数据类型的定义取决于它的一组逻辑特性，而与其在计算机内部如何表示和实现无关。即不论其内部结构如何变化，只要它的数学特性不变，就不影响其外部的使用。抽象数据类型可以用以下的三元组来表示：

$$ADT=(D,S,P)$$

式中：D 是数据对象；S 是 D 上的关系集；P 是 D 上的操作集。

```
ADT 抽象数据类型名 {
    数据对象:〈数据对象的定义〉
    数据关系:〈数据关系的定义〉
    基本操作:〈基本操作的定义〉
} ADT 抽象数据类型名
```

3. 抽象数据类型的特征

抽象数据类型有以下两个重要特征。

（1）数据抽象。用 ADT 描述程序处理的实体时，强调的是其本质的特征、其所能完成的功能以及它和外部用户的接口（即外界使用它的方法）。

（2）数据封装。将实体的外部特性和其内部实现细节分离，并且对外部用户隐藏其内部实现细节。

在 C 语言中，可以使用结构体来定义新的数据类型，但由于 C 语言本身并不支持抽象和封装等面向对象技术，因此无法直接实现上述抽象数据类型。如下例所示，声明了一个新的数据类型 Circle 表示圆，其有一个 double 型成员变量 radius，然后定义了该类型的两个操作求面积 Area( ) 和求周长 Perimeter( ) 两个操作。

程序 1. 1：

```
static double pi = 3. 14;
struct Circle{
    double radius;                          //圆的半径
};
double Area(struct Circle * c){             //求圆的面积
    return pi *  c- >radius *  c- >radius;
}
double Perimeter(struct Circle * c){        //求圆的周长
    return 2 *  pi *  c- >radius;
}
```

如果从抽象数据类型的特征来看，上述实现显然还不够“抽象”，因为只要是一个平面图形就可以求面积和周长，只是计算方法和具体的图形是相关的。而上例的两个函数 Area 和 Perimeter 却只能处理 Circle 类型的变量。

如果使用 C++语言来描述，则更能体现抽象数据类型的特征。

第一步，使用结构体定义图形（Shape）接口，其中包括两个待实现的纯虚函数。所谓纯虚函数，可以理解为所有图形都具有的操作，但是具体的实现需要进行图形定义，因此暂时让其函数体为空(=0)。

程序 1.2：

```
struct Shape {
    static double pi;
    virtual double Area() = 0;      //纯虚函数,体现抽象特性
    virtual double Perimeter() = 0;
};
double Shape::pi = 3.14;
```

第二步，从 Shape 类型出发定义 Circle 类型，表示一个具体的圆，然后具体实现 Shape 中的两个纯虚函数。

程序 1.3：

```
struct Circle : public Shape{
    double _radius =0;      //成员变量,表示半径,使用了C++11 标准以后引入的类内成员初始化
    double Area() {         //对纯虚函数的具体实现
        return pi * _radius * _radius;
    }
    double Perimeter() {
        return 2 * pi * _radius;
    }
};
```

对比 C 和 C++的实现，可以发现以下两点。

①C++中求面积和求周长函数声明在结构体 Shape 中，因而这两个函数不再是公有函数而成为 Shape 类型所特有的成员函数，这就能更好地体现抽象数据类型中的封装特性。

②利用 C++的派生继承和纯虚函数机制，完成了数据类型的“抽象”过程，即 Shape 类型是一个抽象数据类型，其中含有两个操作，任何一种从 Shape 中衍生而来的类型都要支持这两个操作，但是这两者的实现要等到具体图形确定后才能实现。

1.3 算法的概念和性能分析

前面曾经说过解决问题是在数据结构的基础上再加上相应的算法来实现的。那么算法是如何求解问题的呢?

1.3.1 算法的定义

算法（Algorithm）是对特定问题求解步骤的一种描述，是指令的有限序列。其中每一条指令表示一个或多个操作。一个算法应具备以下 5 个特性。

①输入：一个算法有零个或多个输入。

②输出：一个算法有一个或多个输出。

③有穷性：一个算法必须总是在执行有穷步之后结束，且每一步都在有穷时间内完成。

④确定性：算法中的每一条指令必须有确切的含义。

⑤可行性：算法描述的操作可以通过已经实现的基本操作执行有限次来实现。

算法与数据结构是相辅相成的。算法建立在数据结构之上，对数据结构的操作需要算法来描述。解决某一特定类型问题的算法可以选定不同的数据结构，而且选择得恰当与否直接影响算法的效率；反之，一种数据结构的优劣由各种算法的执行来体现。要设计一个好的算法，通常要考虑以下要求。

①正确：算法能够给出正确的解。

②可读：算法能够被读懂。

③健壮：算法能够抗非法数据的破坏。

④高效：算法有高的时间效率及空间效率。

1.3.2 算法的描述

算法可以使用各种不同的方法来描述。比如：最容易理解的自然语言描述；适合编程的程序流程图等算法描述工具描述；或者直接使用某种程序设计语言编写；或者用程序与自然语言结合的伪码语言描述。下面就用一个实例来看一下如何进行算法的描述。

例 1.4 欧几里得算法是用辗转相除法求两个自然数 m 和 n 的最大公约数的算法，请用不同的描述方式来描述该算法。

（1）自然语言描述的欧几里得算法。

①输入 m 和 n；

②求 m 除以 n 的余数 r；

③若 r 等于 0，则 n 为最大公约数，算法结束，否则执行第④步；

④将 n 的值放在 m 中，将 r 的值放在 n 中；

⑤重新执行第②步。

用自然语言描述算法的优点是很容易被人们理解；缺点是冗长，部分文字可能含有二义性。所以它适合粗线条描述算法思想的时候使用。

（2）流程图描述的欧几里得算法。

欧几里得算法的流程图如图 1.6 所示。

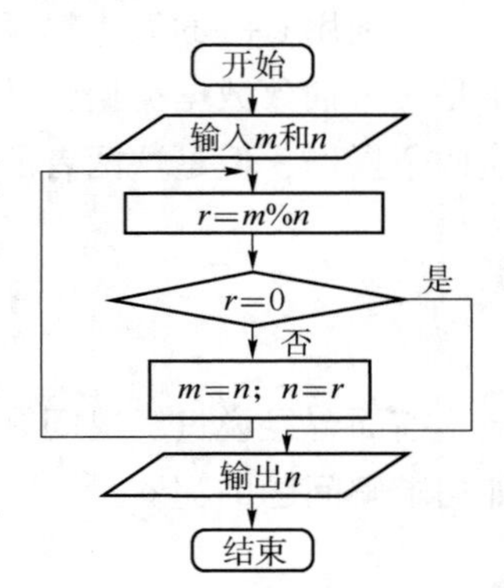

图 1.6 欧几里得算法流程框图

用流程图描述算法的优点是流程图直观明了；缺点是缺少严密性、灵活性。它适合描述比较简单的算法。

（3）程序设计语言描述的欧几里得算法。

程序 1.4：

```
int CommonFactor(int m, int n)
{
    int r=m % n;
```

```
    while (r!  =0)
    {
        m=n;
        n=r;
        r=m % n;
    }
    return n;
}
```

用程序设计语言描述算法的优点是能由计算机执行；缺点是抽象性差，对语言要求高。

（4）伪代码描述的欧几里得算法。

伪代码（Pseudocode）是介于自然语言和程序设计语言之间的方法，它采用某一程序设计语言的基本语法，操作指令可以结合自然语言来设计。

```
①r = m % n;
②循环直到 r 等于 0
   m = n;
    n = r;
    r = m % n;
③输出 n;
```

用伪代码描述算法的优点是表达能力强，抽象性强，容易理解。可以用它描述比较复杂的算法。

1.3.3 算法的性能分析

一个算法的好坏很大程度上取决于算法的效率，也就是算法所需要的计算机资源——时间和空间资源。那么如何度量算法的效率呢？度量算法的效率可以有事后统计法和事前分析法。事后统计法是将算法实现后测算其时间和空间开销，这种方法并不现实，因为其编写程序实现算法将花费较多的时间和精力，以及所得试验结果依赖于计算机的软硬件等环境因素。而事前分析法是对算法所消耗资源进行估算，这也是常用的方法。

将算法所需要的时间资源用时间复杂度（Time Complexity）来描述，而所需要的空间资源用空间复杂度（Space Complexity）来描述，这其中时间复杂度是要着重研究的。

1. 时间复杂度

用事前分析法分析算法时，要考虑以下几个和算法执行时间相关的几个因素。

（1）算法选用的策略（A）。解决同一个问题可能有多种算法策略，不同算法策略的执行时间会有所不同。

（2）问题的规模（n）。问题的规模不同，自然算法的执行时间会有所区别。比如在排序问题中，待排序的元素个数是 10 个和待排序的元素个数是 10^6个，排序时间会大大不同。

（3）输入的初始值（I）。初始输入的状态也会影响算法的执行时间，比如排序问题中，输入数据元素是已排序状态和未排序状态时，排序所用的时间也会有所不同。当算法策略确定后，算法的平均执行时间就主要取决于问题的规模了，输入初始值主要决定算法最好或者最坏情况下的执行时间。

下面定量地计算算法的执行时间。一个算法执行所耗费的时间，是算法中所有语句执行时间之和，而每条语句的执行时间是该语句执行一次所用时间与该语句重复执行次数的乘积。一个语句重复执行的次数称为语句的频度（Frequency Count），一般语句的频度是和问题的规模 n 有关的。将时间复杂度用一个函数 $T(n)$ 表示，其中 n 表示问题的规模。算法的时间复杂度 $T(n)$ 可以表示为

$$T(n) = \sum_{语句i} (t_i \cdot c_i)$$

式中：t_i为语句 i 执行一次的时间；c_i为语句 i 的频度。

假设每条语句执行一次的时间均为一个单位时间，那么算法的时间耗费可简单表示为各语句的频度之和，即

$$T(n) = \sum_{语句i} c_i$$

下面看一个简单的例子：计算所有学生的“数据结构”课程总成绩，每个学生的成绩在数组 DSMark[ ] 中，计算该算法的 $T(n)$ 是多少？

例如：

```
Sum=0;                          /* 语句频度：1    */
for (i=1; i<=n; i++)            /* 语句频度：n+1*/
    { sum+=DSMark[i];}          /* 语句频度：n    */
```

右边列出了各语句的频度，因而算法的时间复杂度 $T(n)$ 为

$$T(n) = 1+(n+1)+n = 2n+2$$

可见，$T(n)$ 是学生数量 n 的函数。

上面的分析需要求每条语句的频度，对于复杂的算法，求每条语句的频度会非常麻烦，如何解决这个麻烦呢？可以采用渐进分析的方法，首先忽略依赖于机器的常量，然后关注运行时间的增长而不是实际的运行时间，这样就可以得到渐进时间复杂度。渐进时间复杂度常用大 O 符号表述，它考查当问题规模充分大时在渐进意义下的阶。

定义　若存在两个正的常数 c 和 n_0，对于任意 $n \geqslant n_0$，都有 $T(n) \leqslant c \cdot f(n)$，则称 $T(n) = O(f(n))$。渐进时间复杂度如图 1.7 所示。

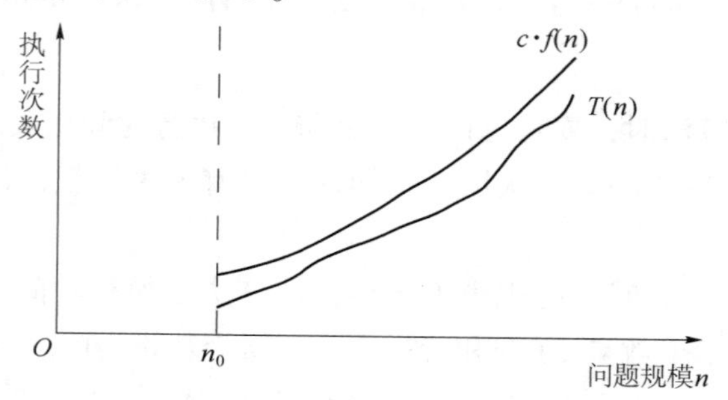

图 1.7　渐进时间复杂度图示

定理 若 $A(n)=a_m n^m+a_{m-1}n^{m-1}+\cdots+a_1 n+a_0$是一个 m 次多项式，则 $A(n)=O(n^m)$。

说明：在计算算法时间复杂度时，可以忽略所有低次幂和最高次幂的系数。

因此，在计算语句频度时，可以只考虑基本语句的频度，也就是执行次数与整个算法的执行次数成正比的操作指令的频度。然后计算其渐进意义下的阶，得到其渐进时间复杂度。通常为了简便，直接称其为时间复杂度。比如表 1.2，基本语句为 $x=x+1$。

表 1.2 时间复杂度对比表

语句段	基本语句频度 $f(n)$	时间复杂度 $T(n)$
x=x+1;	1	$O(1)$
for(j=1;j<=3n+5;j++) x=x+1;	$3n+5$	$O(n)$

for(i=1;i<=3n;i++)
    for(j=1;j<=n;j++)
        x=x+1;
	$3n^2$	$O(n^2)$

i=0;
while(i<=n)
    x=x+1;
	$n+1$	$O(n)$

除了问题规模外，输入初始值也会影响算法的执行时间，因此，在分析算法时间复杂度时，有时也会分析其最坏情况、最好情况及平均情况。其中最坏情况 $T_{max}(n)$是指输入规模为 n 时，程序运行可能消耗的最长时间，可视为为用户提供的一种承诺。平均情况 $T_{avg}(n)$是输入规模为 n 时，所有可能输入的期望时间（期望时间为每种可能出现的输入消耗的时间乘以出现的概率之和）。最好情况 $T_{min}(n)$是指输入规模为 n 时，程序运行可能消耗的最短时间，具有欺骗性，可能只对某些特定输入起作用。

2. 空间复杂度

算法的空间复杂度 $S(n)$是指算法运行从开始到结束所需的存储量。而这个算法的存储空间需求一般可以分成 3 种情况：第一种情况是指算法空间开销与输入形式无关时，仅考虑附加空间开销；第二种情况是指算法空间开销与输入形式有关时，兼顾输入空间和附加空间开销；第三种情况是指算法所需的存储空间量依赖特定输入，讨论最坏情况下的空间开销。

一般考虑第一种情况下的空间开销，本书中也是以第一种情况，也就是算法除输入输出外额外的空间开销来分析空间复杂度 $S(n)$的。

在分析 $S(n)$时，要分析除输入输出外的额外空间，同分析 $T(n)$时一样，将需要的额外空间数量表示成输入规模 n 的函数，并用渐进上界 $O(f(n))$来描述渐进空间复杂度。

比如：

```
Copy(const int * x, int * y, int length)      //将数组 x 中的数据复制到数组 y 中
{
    for (int i = 0; i < length; ++i)
        y[i] = x[i];                          //复制数组元素
}
```

该段程序中除输入 x 数组外，复制 x 中内容到 y 数组，y 数组额外用到了 n 个空间，因此它的空间复杂度 $S(n)=O(n)$。

本章小结

在本章中，着重讲解数据结构中的基本概念和算法中的基本概念。学习数据结构首先要知道数据、数据元素、数据项、数据结构等基本概念，分清逻辑结构和存储结构的区别，并且会设计抽象数据类型。算法是解决问题的方法，它可以有多种描述方式，不同的描述方式适合不同的情景，评价算法的好坏通常用时间复杂度和空间复杂度来描述。

习　题

1. 选择题

（1）下面的说法，正确的是（　　）。

A. 本书的目录结构是集合结构　　B. 本书的目录结构是线性结构

C. 本书的目录结构是树结构　　D. 本书的目录结构是图结构

（2）下面的说法，错误的是（　　）。

A. 数据结构可以分成逻辑结构和线性结构

B. 数据的存储结构指的是数据及其逻辑结构在计算机中的表示

C. 从逻辑结构来说数据结构可以分为四类

D. 数据的逻辑结构是从具体问题抽象出来的数学模型

（3）下面的说法，错误的是（　　）。

A. 数据结构是指互相之间存在着一种或多种关系的数据元素的集合

B. 数据（Data）是指客观事物的符号表示

C. 数据元素是表示数据的不可分割的最小标识单位

D. 数据的基本单位是数据元素

（4）算法的时间复杂度是指算法所需要的（　　）。

A. 时间资源　　B. 空间资源　　C. 输入规模　　D. 输出结果

2. 判断题

（1）数据结构从逻辑结构上可以分为顺序结构和链式结构。（　　）

（2）数据结构从存储结构上可以分为线性结构和非线性结构。（　　）

（3）算法的 5 个基本特征是输入、输出、有穷性、确定性、可行性。（　　）

（4）一个好的算法应满足正确、可读、健壮、高效这 4 个要求。（　　）

3. 填空题

（1）数据结构从逻辑结构上可以分为________、__________、________和________。

（2）数据结构从存储结构上可以分为__________和__________。

（3）算法可以用__________、__________、__________、__________来描述。

（4）一个好的算法应满足__________、__________、__________和__________这 4 个要求。

4. 综合题

（1）请分析下面程序语句的时间复杂度：

```
for(i=1;i<=n * n;i++)
{   s=s+i;   }
```

（2）请分析下面程序语句的时间复杂度：

```
i=1;s=0;
while(i<n)
{   s=s+i;   i++;   }
```

（3）请分析下面程序语句的时间复杂度：

```
i=0;
while((i+1) * (i+1)<=n)
{    i++;   }
```

（4）请分析下面程序语句的时间复杂度：

```
for(i=1;i<=n;i++)
    for(j=1;j<=i;j++)
        for(k=1;k<=j;k++)
            x++;
```

（5）将下列函数，按它们在 $n\to\infty$ 时的无穷大阶数，从小到大排序。

n，$n-n^3+7n^5$，$n\log_2 n$，$2^{n/2}$，n^3，$\log_2 n$，$n^{1/2}+\log_2 n$，$n!$，$n^2+\log_2 n$

习题答案

第2章 线性表

本章学习一种线性结构——线性表。线性表中数据元素之间是线性关系，也就是一对一的关系。线性表可以有顺序存储和链式存储两种存储结构，分别称为顺序表和链表。顺序表占用的存储空间少，链表插入、删除元素灵活，它们在存储及操作上各有优、缺点。本章将介绍线性表的基本概念，并介绍不同存储结构下线性表上的基本操作如何进行。

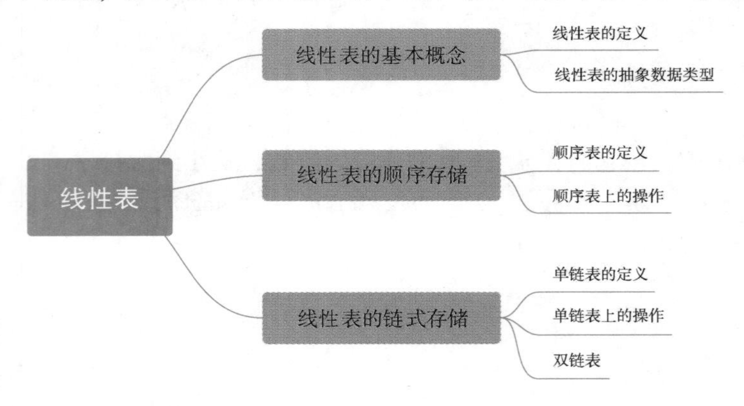

2.1 线性表的基本概念

2.1.1 线性表的定义

线性表（Linear List）是数据结构中最常用和最简单的结构。在线性表中，数据关系是一对一的关系，即它的数据元素是前后相接的；并且线性表中数据元素的类型都相同。先来看几个线性表的简单例子。

比如，26 个英文字母组成的英文字母表：（A,B,C,D,…,Z）。它的结构特点是：数据元素都是字母，数据元素间是线性关系。元素 A 是第一个元素，元素 Z 是最后一个元素，对于中间的某个元素，如元素 C，它有唯一的直接前驱 B 和唯一的直接后继 D。

再比如学生情况登记表，如表 2.1 所示。

表 2.1 学生情况登记表

学号	姓名	性别	年龄	班级
2020113326	冯飞鹏	男	19	2020 级计算机 01 班
2020113327	范宇	男	18	2020 级计算机 01 班
2020113328	林倩	女	19	2020 级计算机 02 班
2020113329	马利强	男	20	2020 级计算机 02 班
20200113458	黄欢	女	19	2020 级计算机 04 班

学生情况登记表的结构特点是：数据元素都是记录，包括学生的“学号”“姓名”“性别”“年龄”“班级”等信息；数据元素间是线性关系。第一个学生“冯飞鹏”的记录是第一个数据元素，最后一个学生“黄欢”的记录是最后一个数据元素，对于中间的某个学生记录，如学生“林倩”这条记录的唯一直接前驱元素是学生“范宇”这条记录，唯一直接后继元素是学生“马利强”这条记录。

线性表的定义如下：线性表是由 $n(n \geqslant 0)$ 个相同类型的数据元素组成的序列，通常用下面的形式来表示，即

$$L=(a_0, a_1, a_2, \cdots, a_{n-1})$$

式中：L 为表的名称；$a_i(i=0,1,\cdots,n-1)$ 为表的元素；n 为线性表的表长。当 $n=0$ 时，则称线性表为空表。

线性表是数据元素的有序集合，基本特征如下。

①必存在唯一的“第一元素”。

②必存在唯一的“最后元素”。

③除第一元素之外的元素均有唯一的“直接前驱”。

④除最后元素之外的元素均有唯一的“直接后继”。

除了上述两个例子外，日常生活中看到的学生成绩单、通信录、单位的职工档案等，都属于线性表。

2.1.2 线性表的抽象数据类型

线性表中的数据元素可以属于任意类型，数据元素间的关系就是元素之间一对一的相邻关系，即除第一个元素外，每个元素有唯一的直接前驱，除最后一个元素外，每个元素有唯一的直接后继。从线性表的定义可以看出，线性表要求存储“类型相同”的数据类型，而“类型相同”的限制条件是由泛型参数<T>来保证的（泛型代表任意类型）。

下面介绍线性表的抽象数据类型。声明抽象数据类型包括 ADT 名称的定义、数据定义以及操作集合。其中数据定义描述数据元素的逻辑结构，操作集合描述数据结构所能进行的各种操作的声明。线性表的抽象数据类型用 ADT List<T>表示，其中<T>表示泛型参数，声明线性表的抽象数据类型伪代码如程序 2.1 所示。

程序 2.1：

```
ADT List<T>  //线性表的抽象数据类型,泛型 T 表示任意数据类型
{  数据对象 D:同一类型数据
   数据关系 R:线性关系
```

```
    clear_all_data (&L);        //清空线性表
    is_empty (L);               //判断线性表是否为空
    size (L);                   //求线性表长度
    get(L, i);                  //获得表中第 i(i≥0)个元素
    set(&L, i,x);               //设置第 i 个元素的值为 x
    add(&L, i, T x);            //在表中第 i 个位置上插入值为 x 的新元素
    remove_node(&L, i);         //删除第 i 个元素并返回元素的值
    index_of(L, T x);           //查找表中首次出现元素 x 的位置
}
```

注意：这里列出的线性表的操作不是它的全部操作，而是一些基本操作，在使用中可以通过这些基本操作来定义更复杂的操作。

抽象数据类型不能直接使用，只有把抽象数据类型转化为对应的实现类，才能在实际中使用它们。由于 C 语言不支持面向对象和泛型技术，因此抽象数据类型中的基本操作以全局函数形式定义，泛型 T 用 ElementType 来表示。下面的头文件 llist. h 包含了线性表 LList 及其基本操作的声明。

程序 2. 2：

```
//Chapter_2 llist. h
#include<stdio. h>
#include<stdbool. h>
typedef int ElementType;
typedef struct Linear_List LList;
/* Linear_List 结构抽象地表示一个线性表,具体内容取决于线性表的物理存储方式* /
struct Linear_List{

};
void initiliaze(LList*  list);                           //构造一个线性表
void destory(LList*  list);                              //析构一个线性表
void clear_all_data (LList*  list);                      //清空线性表所有元素
bool is_empty (LList*  list);                            //判断线性表是否为空
size_t size (LList*  list);                              //返回线性表长度
ElementType get(LList*  list, int idx);                  //返回表中第 i(i≥0)个元素
void set(LList*  list, int idx, ElementType d);          //设置第 i 个元素的值为 d
void add(LList*  list, int idx, ElementType d);          //在表中第 i 个位置上插入值为 d 的新元素
ElementType remove_node(LList*  list, int idx);          //删除第 i 个元素并返回元素的值
int index_of(LList*  list, ElementType key);             //从表头开始,第一个值为 key 的元素的位置
```

2. 2　线性表的顺序存储结构及实现

2. 2. 1　线性表的顺序存储结构

定义了线性表及线性表的基本操作，接下来要考虑如何将线性表存储到计算机中。在计算机中存储线性表，一种最简单的方法就是顺序存储。例如，线性表(A,B,C,D)的存储方

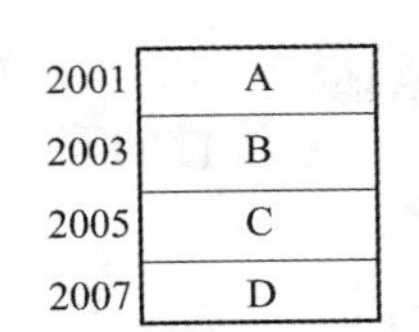

图 2.1 顺序存储示例

式如图 2.1 所示。

在图 2.1 中，'A' 的存储地址为 2001，因为字符类型（char）在内存中占用两个字节，因此可以得到'B' 的存储地址为 2003，以此类推，'C' 的存储地址为 2005，'D' 的存储地址为 2007。

这种存储方式的特点是：线性表中所有元素所占用的存储空间是连续的，线性表中的元素依次存储在这个空间内，逻辑相邻元素的存储位置也是相邻的，也就是用存储位置的相邻关系表示逻辑上的相邻关系。因此，设 LOC（a_0）为线性表第一个元素的存储地址（称 a_0为 0 号位置元素），且每个元素在内存中占用 L 个存储单元，如图 2.2 所示。

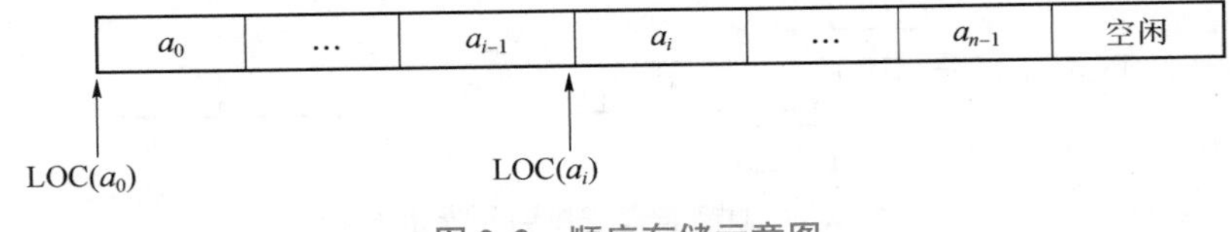

图 2.2 顺序存储示意图

则 i 号位置[①]元素的存储地址 LOC(a_i)的计算式为

$$LOC(a_i) = LOC(a_0) + i \cdot L \qquad 0 \leqslant i \leqslant n-1$$

LOC(a_i)是序号 i 的线性函数，计算元素 a_i的存储地址的时间复杂度为 $O(1)$，因此顺序表也是随机存取结构。当顺序表的存储容量不够时，解决数据溢出的方法就是申请一个更大容量的数组并进行数组元素的复制，由于需要复制原数组中所有的数据元素，因此顺序表的扩容时间复杂度为 $O(n)$。

2.2.2 顺序表的设计与实现

通过图 2.2 可以发现，线性表的顺序存储方式与一维数组在内存中的存储方式相同，因此，实现线性表顺序存储结构（又称顺序表）时可以用一维数组来存储数据元素。

下面来看查找元素、插入元素和删除元素的基本过程。

1. 顺序表中查找元素

在顺序表中查找是否存在与待查元素相同的数据元素。

例 2.1 现有线性表（23，75，41，38，54，62，17），它存储在长度为 10 的一维数组空间中，在该顺序存储的线性表中查找元素 38 及元素 50。

线性表顺序存储在一数组中，如图 2.3 所示。

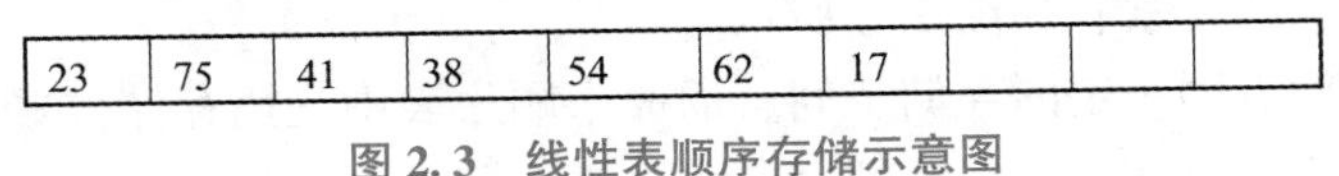

图 2.3 线性表顺序存储示意图

查找 38 的过程如下：用待查元素 38 与顺序表第一个元素 23 开始进行比较，不相同则继续用待查元素 38 和第二个元素 75 进行比较，不相同继续用待查元素 38 和第三个元素 41

---

① 书中说几号位置都是指从 0 开始数的，而说第几个元素是指从 1 开始数的。比如 i 号位置表示从 0 开始的 i 号位置，也就是从 1 开始的第 i+1 个元素。

进行比较，不相同继续用待查元素 38 和第四个元素 38 进行比较，相同则返回元素 38 所在的位置号 3（注意：从第一个元素开始的第四个元素是从 0 号位置开始的 3 号位置的元素），如图 2.4 所示。

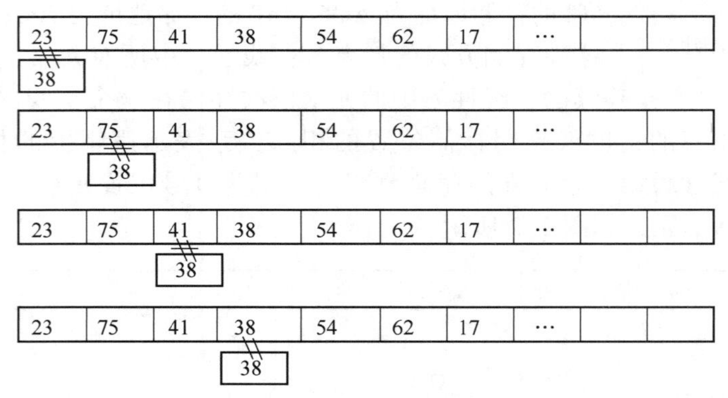

图 2.4　顺序表查找找到元素示例

查找 50 的过程与查找 38 的过程类似，用待查元素 50 逐一与顺序表中的 7 个元素 23、75、41、38、54、62 和 17 进行比较，均不相同则继续用待查元素 50 和后面的第八个元素进行比较，而此时已经没有第 8 个元素了，因此在该表中并没有找到待查元素 50，返回-1 表示未找到。

由例 2.1 可以总结出查找的过程为：将待查元素和顺序表中元素进行一一比较，如找到相同的元素则返回该元素的位置，查找成功；如未找到相同的元素则返回-1，查找不成功。

2. 顺序表中插入元素

元素可以插入顺序表的最后，也可以插入顺序表指定位置。

（1）将元素插入顺序表的末尾，插入后并不影响其他顺序表中的元素，插入效率较高。

例 2.2　现有线性表（23，75，41，38，54，62，17），在线性表末尾插入元素 50。

线性表顺序存储在一动态数组中，如图 2.3 所示。在顺序表的末尾插入元素，由于当前顺序表末尾还有空位，所以不需要进行数组的扩容，只需要直接将新元素 50 插入该顺序表末尾即可，如图 2.5 所示。

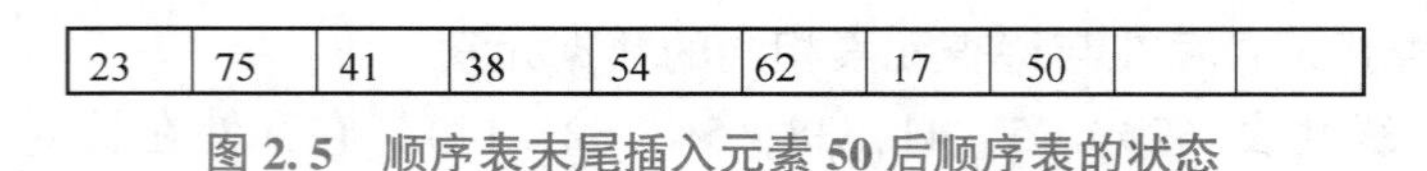

图 2.5　顺序表末尾插入元素 50 后顺序表的状态

（2）在指定位置插入元素，则需要将最后一个位置到该位置的元素依次后移，空出一个空位来存放新插入的元素，如图 2.6 所示。

元素插入后需要占用一定的存储空间，而原来顺序表中是用存储位置的相邻关系代表了线性表元素之间的相邻关系，所以原顺序表中是没有留出空位的，因此需要从表尾元素开始一直回退到指定插入的 i 号位置元素为止，将这些元素依次向后移动一个位置，移动 $n-i$ 次后，空出 i 号位置存放新插入元素。另外，如果在插入元素之前所有位置已满，也就是说，数组空间已经全部被占用了，需要对动态数组进行扩容，扩容后再进行插入操作。具体顺序表插入元素的程序见“4. 顺序表的实现”。

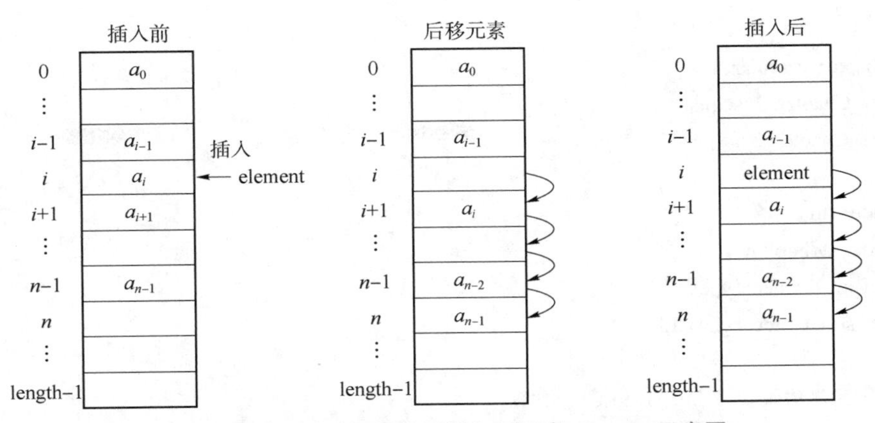

图 2.6　在顺序表中 i 号位置插入新元素 element 示意图

3. 顺序表中删除元素

一般情况下，顺序表删除 i 号位置元素时需将从 $i+1$ 号位置至 $n-1$ 号位置的元素依次向前移动一个位置，如图 2. 7 所示。

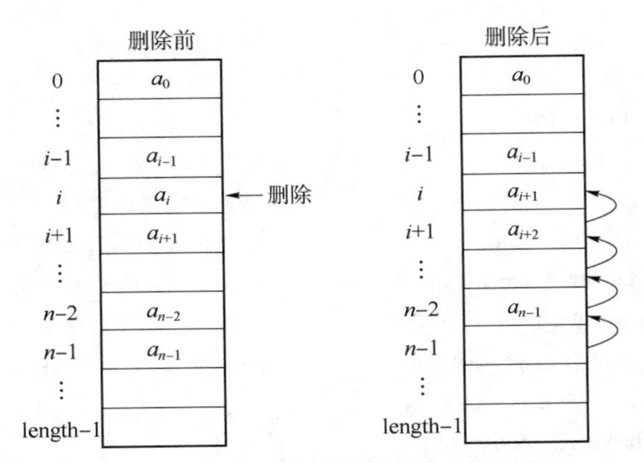

图 2.7　顺序表删除 i 号位置的元素示意图

在删除 i 号位置元素之后，相当于 i 号位置空了出来，而由于顺序表的特点，用元素存储的存储位置相邻关系表示元素间的逻辑相邻关系，也就是说，中间不能有空位，所以需要将 $i+1$ 号位置的元素开始到最后一个位置的元素依次前移一个位置。具体顺序表删除元素的程序见“4. 顺序表的实现”。

4. 顺序表的实现

要实现顺序表首先用一个数组来存储数据元素，数据元素类型可以是不同的类型。由于 C 语言不支持泛型技术，因此数据类型 ElementType 需要通过 typedef 来特别指定。顺序表中元素的个数可以用一个整型变量来记录。接着要依次实现在顺序表上的各种操作，包括初始化、判空、求长度、取值、置值、插入、删除、清空等。

下面的代码即顺序表在 C 语言中的实现。其中 seqlist. h 为顺序表的声明，seqlist. c 为顺序表的实现。

程序 2. 3：

```
//  Chapter_2 seqlist. h
#ifndef_Chapter_2_seqlist_
#define_Chapter_2_seqlist_

#include<stdio. h>
#include<stdbool. h>
typedef int ElementType;
typedef struct Linear_List LList;

/* 顺序实现的线性表 Linear_List 结构* /
struct Linear_List{
    size_t _length;                    //线性表元素个数
    size_t _capacity;                  //线性表所分配的空间
    ElementType* _data;                //顺序实现的线性表的首地址
};

void initiliaze(LList*  list);                              //构造一个线性表
void destory (LList*  list);                                //析构一个线性表
void clear_all_data (LList*  list);                         //清空线性表所有元素
bool is_empty (LList*  list);                               //判断线性表是否为空
size_t size (LList*  list);                                 //返回线性表长度
ElementType get(LList*  list, int idx);                     //返回表中第 i(i≥0)个元素
void set(LList*  list, int idx, ElementType d);             //设置第 i 个元素的值为 d
void add(LList*  list, int idx, ElementType d);             //在表中第 i 个位置上插入值为 d 的新元素
ElementType remove_node(LList*  list, int idx);             //删除第 i 个元素并返回元素的值
int index_of(LList*  list, ElementType key);                //从表头开始,第一个值为 key 的元素的位置
#endif/*  defined(_Chapter_2_seqlist_) * /
```

程序 2. 4：

```
//Chapter_2 seqlist. c
#include"SeqList. h"
#include<stdlib. h>
#include<assert. h>

//构造一个线性表,默认分配 32 个元素的空间,元素个数为 0
void initiliaze(LList*  list){
    assert(list ! =NULL); //list 不能为空指针,assert 函数只在 Debug 下有效
    list- >_capacity =32;
    list- >_data = (ElementType* )malloc( list- >_capacity * sizeof(ElementType));
    if(list- >_data == NULL){
        fprintf(stderr,"not enough memory! \n");
        exit(0);
```

```
    }
    list->_length =0;
}

//析构一个线性表
void destory (LList*  list){
    assert(list ! =NULL);
    free(list->_data);
    list->_data =NULL;
    list->_length =0;
    list->_capacity =0;
}

//清空线性表所有元素,只需将长度置 0
void clear_all_data (LList*  list){
    assert(list ! =NULL);                                    //list 不能为空指针
    if(list->_length == 0)
        return;
    list->_length =0;
}

//判断线性表是否为空
bool is_empty (LList*  list){
    assert(list ! =NULL);                                    //list 不能为空指针
    return list->_length == 0;
}

//返回线性表长度
size_t size (LList*  list){
    assert(list ! =NULL);                                    //list 不能为空指针
    return list->_length;
}

//返回表中第 i(i≥0)个元素
ElementType get(LList*  list,int idx){
    assert(list ! =NULL && idx >= 0 && idx < list->_length);   //list 不能为空指针且指定的下标合法
    return list->_data[idx];
}

//设置第 i 个元素的值为 d
void set(LList*  list, int idx, ElementType d){
    assert(list ! =NULL && idx >= 0 && idx < list->_length);   //list 不能为空指针且指定的下标合法
    list->_data[idx] = d;
}
```

```
//在表中第 i 个位置上插入值为 d 的新元素
void add(LList*  list, int idx, ElementType d){
    assert(list != NULL && idx >= 0 && idx <= list->_length);//list 不能为空指针且指定的下标合法
    ElementType * temp = list->_data;
    if(list->_capacity < list->_length + 1) {
        //空间不足,需要重新分配
        list->_capacity *= 2;
        temp = (ElementType*) malloc(sizeof(ElementType) *  list->_capacity);
        if(temp == NULL){
            fprintf(stderr,"not enough memory! \n");
            exit(0);
        }
            //将第 idx 之前的元素从原空间复制到新空间
        for(size_t i = 0; i < idx; ++i){
            temp[i] = list->_data[i];
        }
    }
    //将线性表中从 idx 以后的所有数据复制后移一位
    for(size_t i = list->_length; i > idx ; --i){
        temp[i] = list->_data[i - 1];
    }
    temp[idx] = d;
    //如果给线性表重新分配了空间,则释放线性表原有空间
    if(temp != list->_data){
        free(list->_data);
        list->_data = temp;
    }
    //线性表长度加 1
    ++list->_length;
}

//删除第 i 个元素并返回元素的值
ElementType remove_node(LList*  list,int idx){
    assert(list != NULL && idx >= 0 && idx < list->_length);  //list 不能为空指针且指定的下标合法
    ElementType res = list->_data[idx];                        //待删除的元素值
    //将 idx + 1 开始的元素向前移动一位.
    for(size_t i = idx + 1; i < list->_length; ++i)
        list->_data[i - 1] = list->_data[i];
    //线性表长度减 1
    --list->_length;
    return res;
}
```

```
//从表头开始,第一个值为 key 的元素的位置
int index_of(LList*  list, ElementType key){
    for(int i = 0; i < list->_length; ++i)
        if(list->_data[i] == key)
            return i;
    return -1;
}
```

顺序实现的 Linear_List 本质上是一个变长的动态数组，数组大小能够动态改变，并能动态增加或删除元素。由于它基于数组实现，因此基于下标索引的查找（根据下标来找元素）可以直接得到指定位置的元素，效率非常高。如果查找某元素值在顺序表中的位置，则需要依次比较元素，直至找到相同元素则返回其位置，而每次插入或删除元素时，需要移动大量元素，因此插入或删除元素的效率较低。

2.2.3 顺序表的使用实例

下面看一个顺序表的调用例子。

例 2.3 在一个教室中有一排座位（顺序表的存储数组），要求如果前面的座位空着，就坐在前面的座位，只有前面的座位坐满了才坐后面的座位，而且两人之间不能有空座位。

①有两个人（张一安、李二同）到达教室，依次坐到座位 0、1 上（顺序表中插入），之后输出教室中的人。

②又新来了一人（林三玲）需要坐到座位 1 上，因原座位 1 上有人，只能将原来座位 1 上的人向后移动，也就是坐到座位 2 上，空出座位 1 给林三玲坐。之后看一下教室是否有人（顺序表判空），然后输出教室中的人。

③原 0 号座位上坐的人（张一安）有事要走，正好来一新人（王四刚）替代原 0 号座位上的人（张一安）坐在 0 号座位上（顺序表的置值），然后输出教室中的人。

④坐在 1 号座位上的人（林三玲）要离开（顺序表的删除），将后面座位的人依次前移一个座位，然后输出教室中的人。

案例分析 这是一个利用顺序表结构来存储数据元素的数据结构，用到的基本操作包括插入、删除、取值和置值，则可以编写程序 test_seqlist. c 如下所示。

程序 2.5：

```
//  Chapter_2 test_seqlist. c
#include<stdio. h>
#include"seqlist. h"
void print_all_data(LList * list) {
    struct Node * t = list->_head;
    while(t != NULL){
        printf("%s\n", t->_data);
        t = t->_next;
    }
```

```
    printf("******************* \n");
}
int main(int argc, const char *  argv[]) {
    LList l;
    initiliaze(&l);

    add(&l, 0, "张一安");
    add(&l, 1, "李二同");
    print_all_data(&l);

    add(&l, 1, "林三玲");
    if(is_empty(&l))
        printf("true\n");
    else
        printf("false\n");
    print_all_data(&l);

    set(&l, 0, "王四刚");
    print_all_data(&l);

    remove_node(&l, 1);
    print_all_data(&l);
    destory(&l);
    return 0;
}
```

考虑到 C 语言中用 char * 类型表示字符串，因此线性表的数据类型是 char *，故需要在 seqlist. h 文件中将“typedef int ElementType;”替换为“typedef char * ElementType;”。需要指出的是，test_seqlist. c 示例中，线性表的每个元素仅为字符串常量的首地址。实际上，数据结构应该是一种抽象数据类型，即它关心的是数据与数据间的存储关系，和数据本身是什么类型无关，因此用面向对象语言来描述数据结构是水到渠成的事情。本章除了给出线性表的 C 语言描述外，还将给出 C++语言的描述。读者可以通过对比两种实现来体会抽象数据类型的真正含义。作者建议读者使用面向对象语言来实现本书中的各种数据结构，本书的后序章节将使用 C++语言来实现各种数据结构及算法。

linear_list_cpp. h 和 test_list_cpp. cpp 分别对应顺序表和测试用例的 C++实现（编译器需要支持 C++11 及以上标准）。

程序 2. 6：

```
//  Chapter_2 linear_list_cpp. h
#ifndef Chapter_2_linear_list_cpp_h
#define Chapter_2_linear_list_cpp_h
#include<cassert>
//线性表的抽象基类
template<typename T>
```

```
class Linear_List{
protected:
    size_t _length = 0;
public:
    Linear_List() {}                        //构造函数
    ~Linear_List(){}                        //析构函数

    size_t size() const {                   //返回线性表长度
        return_length;
    }
    bool is_empty() const {                 //判断线性表是否为空
        return_length == 0;
    }

    virtual void clear_all_data () = 0;     //清空线性表所有元素
    virtual T get(int idx) const = 0 ;      //返回表中第 i(i≥0)个元素
    virtual void set(int idx, T d) = 0;     //设置第 i 个元素的值为 d
    virtual void add(int idx, T d) = 0;     //在表中第 i 个位置上插入值为 d 的新元素
    virtual T remove_node(int idx) = 0;     //删除第 i 个元素并返回元素的值
    virtual int index_of(T key) const = 0;  //从表头开始,第一个值为 key 的元素的位置
};
//线性表的顺序实现
template<typename T>
class SeqList : public Linear_List<T> {
private:
    T*   _data =nullptr;
    size_t _capacity = 0;
public:
    SeqList(size_t size   = 32) {
        _data = new T[size];
        _capacity = size;
    }
    ~SeqList() {
        delete [] _data;
    }
    void clear_all_data() {
        Linear_List<T>::_length = 0;
    }
    T get(int idx) const {
        assert(Linear_List<T>::_length > 0 && idx >= 0 && idx < Linear_List<T>::_length);
        return_data[idx];
    }
    void set(int idx, T d) {
```

```
        assert(Linear_List<T>::_length > 0 && idx >= 0 && idx < Linear_List<T>::_length);
        _data[idx] = d;
    }
    void add(int idx, T d) {
        assert(_data ! = NULL && idx >= 0 && idx <= Linear_List<T>::_length);
                                                    //list 不能为空指针且指定的下标合法
        T * temp =_data;
        if(_capacity < Linear_List<T>::_length + 1) {
            //空间不足,需要重新分配
            _capacity * = 2;
            temp =new T[_capacity];
            if(temp == NULL){
                fprintf(stderr, "not enough memory! \n");
                exit(0);
            }
            for(size_t i = 0; i < idx; ++i){
                temp[i] =_data[i];
            }
        }
        //将线性表中从 idx 以后的所有数据复制后移一位
        for(size_t i = Linear_List<T>::_length; i > idx ; - - i){
            temp[i] =_data[i - 1];
        }
        temp[idx] = d;
        //如果给线性表重新分配空间,则释放线性表原有空间
        if(temp ! = _data){
            delete [] _data;
            _data = temp;
        }
        //线性表长度加 1
        ++Linear_List<T>::_length;
    }

    T remove_node(int idx) {
        assert(Linear_List<T>::_length > 0 && idx >= 0 && idx < Linear_List<T>::_length);
        T res =_data[idx];
        //将 idx + 1 开始的元素向前移动一位
        for(size_t i = idx + 1; i < Linear_List<T>::_length; ++i)
            _data[i - 1] = _data[i];
        //线性表长度减 1
        - - Linear_List<T>::_length;
        return res;
    }
```

```
    int index_of(T key) const {
        for(int i = 0; i < Linear_List<T>::_length; ++i ){
            if(_data[i] == key)
                return i;
        }
        return - 1;
    }
};
#endif
```

程序 2.7：

```
// Chapter_2 test_list_cpp. cpp
#include<iostream>
#include<string>
#include"linear_list. h"

template<typename T>
void print_all_data(const SeqList<T> &l){
    for(int i = 0; i < l. size(); ++i)
        std::cout << l. get(i) << "\n";
    std::cout << "**********************\n";
}
int main(int argc, const char * argv[]) {
    SeqList<std::string> l;
    l. add(0, "张一安");
    l. add(1, "李二同");
    print_all_data(l);

    l. add(1, "林三玲");
    if(l. is_empty())
        std::cout << "true\n";
    else
        std::cout << "false\n";
    print_all_data(l);

    l. set(0, "王四刚");
    print_all_data(l);

    l. remove_node(1);
    print_all_data(l);
    return 0;
}
```

程序运行结果如图 2.8 所示。

程序运行结果部分	座位示意图
张一安 李二同 ******************************	顺序表非空
false 张一安 林三玲 李二同	
****************************** 王四刚 林三玲 李二同	
****************************** 王四刚 李二同 ******************************	

图 2.8　SeqList 测试程序运行结果示意图

从这个例子可以看出顺序表的一些基本操作及操作后的结果如何。可以看到，当插入或者删除元素时，需要移动从插入位置或删除位置之后的所有元素，当插入或删除在前面的位置，而表中元素个数又较多时会耗费很多时间。

能否在插入或删除时不移动元素呢？答案是可以的，这需要使用线性表的另一种存储结构——链式存储结构。链式存储结构可使得插入或删除操作更加灵活、方便，不需要移动元素的位置。

2.3　线性表的链式存储结构及实现

2.3.1　单链表

1. 单链表的存储

顺序表用元素物理位置上相邻来表示元素逻辑关系上相邻，因此可以随机存取任一元素。然而顺序表在做插入或删除操作时，需移动大量元素，导致插入或删除效率较低。如果能用若干地址分散的存储单元存储数据元素，会使得插入或删除元素不需要移动其他元素而更加方便。线性表的链式存储结构就是为了改善移动元素过多而引起的效率低这一问题而提出的。它的特点是用一组任意存储单元（这组存储单元可以连续，也可以不连续）存储线性表的数据元素。为了表示每个数据元素 a_i 与其直接后继数据元素 a_{i+1} 之间的逻辑关系，对数据元素 a_i 来说，除了存储其本身的信息外，还需存储一个指示其直接后继的信息（即直接后继的存储位置）。这两部分信息组成数据元素 a_i 的存储映像，称为结点（Node）。结点包括两个域，其中存储数据元素信息的域称为数据域；存储直接后继存储位置的域称为地址域、链域或指针域。地址域中存储的信息称为地址、链或指针，如图 2.9 所示。

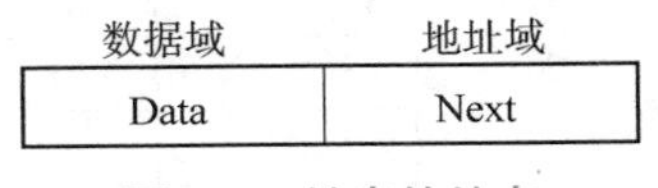

图 2.9 链表的结点

线性表的 n 个结点[$a_i(0\leqslant i\leqslant n-1)$的存储映像] 连接成一个链表，即为线性表($a_0,a_1,\cdots,a_{n-1}$)的链式存储结构，如图 2.10 所示。

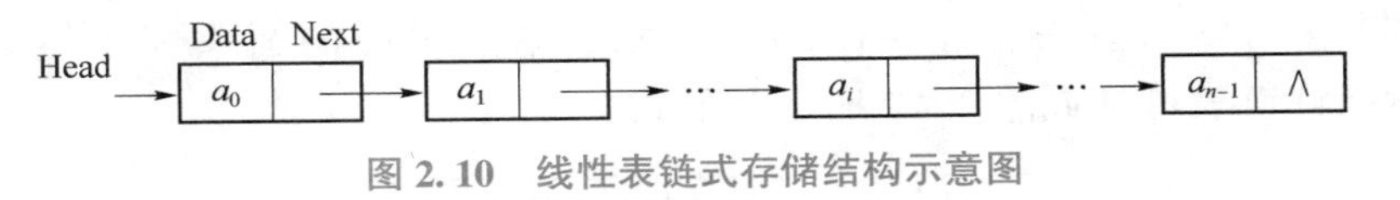

图 2.10 线性表链式存储结构示意图

由于此链表的每个结点中只包含一个地址域，又称其为线性链表或单链表。用 C 语言定义的结点结构如下。

程序 2.8：

```
typedef int ElementType;


struct Node {                          //单链表结点结构
    ElementType _data;                 //数据域,保存数据元素
    struct Node * _next;               //地址域,引用后续结点
};
```

为了便于在链表的最后添加元素，除头指针外，还增加了一个指向最后一个元素的尾指针。于是链表可以定义为以下结构体：

程序 2.9：

```
typedef struct Linear_List LList;
/* Linear_List 结构表示一个链表实现的线性表 * /
    struct Linear_List{
    size_t _length;                  //线性表元素个数
    struct Node*  _head;             //链表实现的线性表的头结点指针
    struct Node*  _tail;             //链表实现的线性表的尾结点指针
};
```

基于上述定义，线性表（ZHAO，QIAN，SUN，LI，ZHOU，WU，ZHENG，WANG）的单链表存储结构如图 2.11 所示。

整个链表的存取必须从“头指针”开始进行，头指针指示链表中第一个结点的存储位置（即第一个数据元素的存储映像）。同时，由于最后一个数据元素没有直接后继，则单链表中最后一个结点的指针为“空”（NULL）。

头指针 head = 31，尾指针 tail = 19。

存储地址	数据域	地址域
1	LI	43
7	QIAN	13
13	SUN	1
19	WANG	NULL
25	WU	37
31	ZHAO	7
37	ZHENG	19
43	ZHOU	25

图 2.11　链表示例

通常把链表画成用箭头相连接的结点表示，结点之间的箭头表示链域中的地址。图 2.11所示线性链表可画成图 2.12 所示的形式。

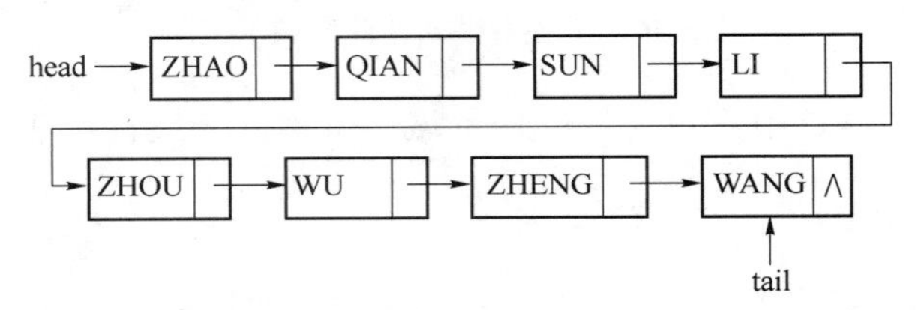

图 2.12　线性链表的逻辑状态

单链表的存储特点已经介绍过了，那么如何在单链表上进行查找元素、插入元素、删除元素呢？

2. 单链表中查找元素

在单链表中，取得 i 号位置数据元素必须从头指针出发寻找（从 0 开始数），当数到 i 号位置的时候就找到了该元素。因此单链表是非随机存取的存储结构。

例 2.4　查找单链表中的数据元素 a_5。

p 从 head 开始，指向 a_0元素所在结点，比较 a_0是否是待查元素 a_5，不是则继续使 p 指向 a_0的后继元素 a_1，比较 a_1是否是待查元素 a_5，不是则继续使 p 指向 a_1的后继元素 a_2，如此比较直至 p 指向 a_5元素所在结点，比较 a_5是否是待查元素 a_5，相等则查找成功；否则，继续向后查找，如果到表尾还没有找到，那么查找失败，如图 2.13 所示。

3. 单链表中插入元素

一般情况下，在 a、b 数据元素间插入数据元素 x，首先要生成一个数据域为 x 的结点，然后插入在单链表中。还需要修改结点 a 中的地址域，令其指向结点 x，而结点 x 中的地址域应指向结点 b，从而实现 3 个元素 a、b 和 x 之间逻辑关系的变化，如图 2.14 所示。

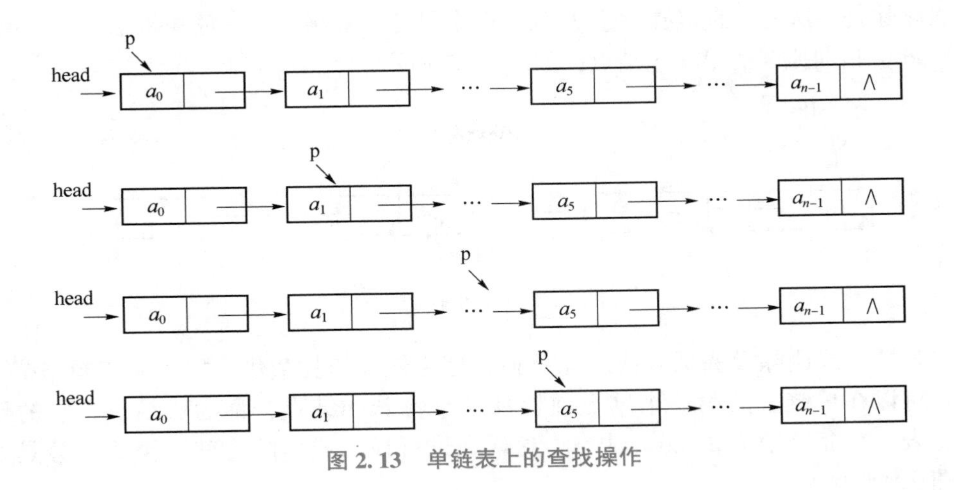

图 2.13 单链表上的查找操作

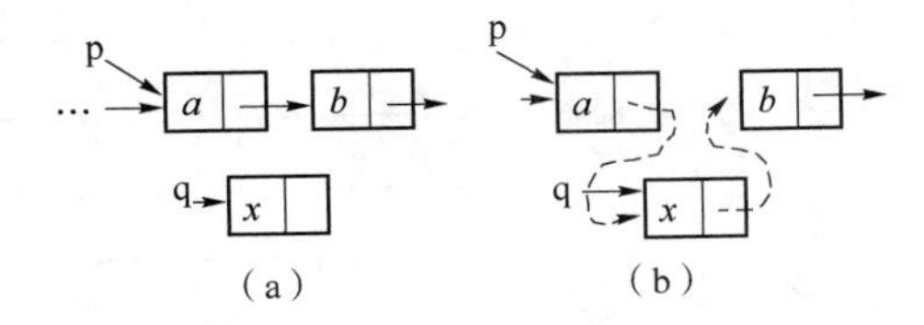

图 2.14 单链表的插入图示

(a) 插入前；(b) 插入后

在单链表进行插入或删除操作时，如果原链表为空，或者插入与删除在 head 一端进行时（称为头插入或头删除），插入或删除需要单独处理。空表插入或者头插入时，原单链表的 head 会发生变化，head 会指向新插入结点。空表插入以及头插入如图 2.15 所示。

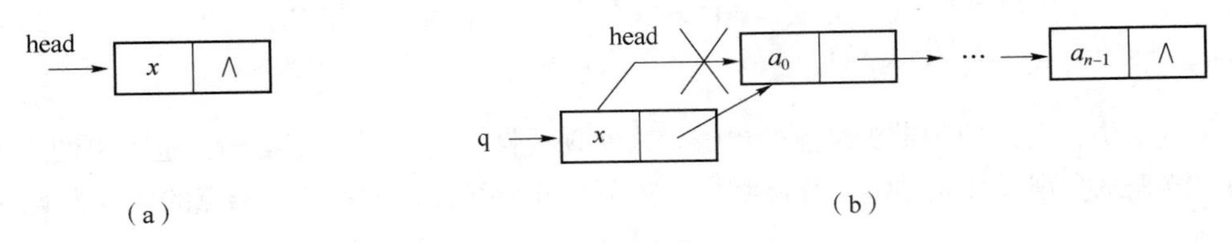

图 2.15 空表插入和头插入示意图

(a) 空表插入；(b) 头插入（在原第一个结点之前插入 q 指针所指结点）

4. 单链表中删除元素

在线性表中删除元素 b 时，为在单链表中实现元素 a、b 和 c 之间逻辑关系的变化，仅需修改结点 a 中的地址域即可，如图 2.16 所示。

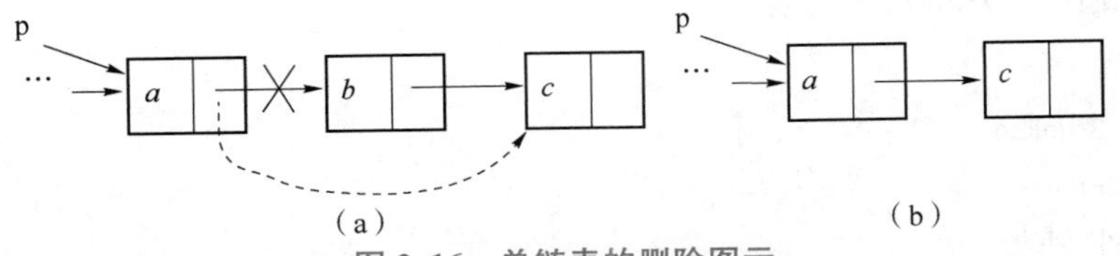

图 2.16 单链表的删除图示

(a) 删除（断开 a、b 间链，让 p 所指结点的后继指向 c 所在结点）；(b) 删除后空表删除是非法的，直接提示空表不可删除即可；头删除时，原单链表的 head 会发生变化，head 会指向原来的第二个结点，如图 2. 17 所示。

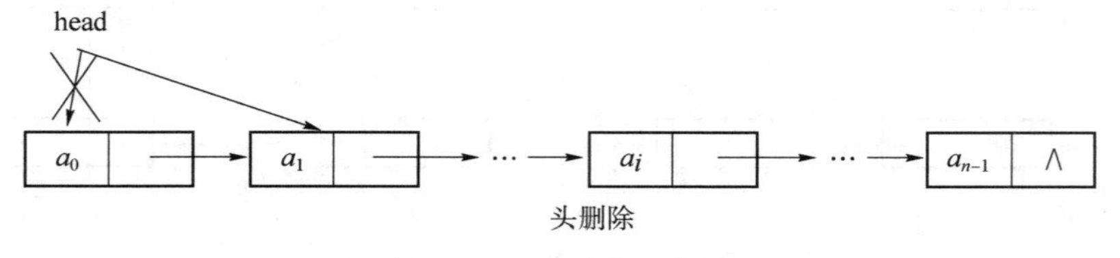

图 2. 17　头删除示意图

将空表插入或删除及头插入或删除单独处理会使操作复杂化，如何能使操作统一起来处理呢？可以在单链表的第一个结点前增加一个特殊的结点，称为头结点，它的作用是使所有链表（包括空表）的 head 非空，这样在进行插入或删除时就不需要区分是否为空表，如图 2. 18 所示。

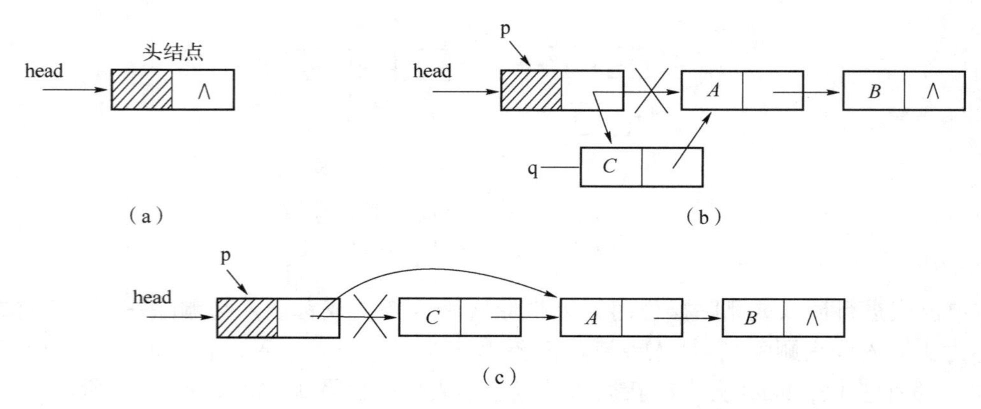

图 2. 18　带头结点的单链表的头插入和头删除示意图

（a）空链表；（b）头插入，不改变 head；（c）头删除，不改变 head

实际应用中，可以使用带头结点的单链表来实现线性表的链式存储结构，也可以使用不带头结点的单链表来实现线性表的链式存储结构。接下来介绍线性表的不带头结点的单链表实现。

5. 单链表的实现

单链表是用结点来存储数据元素，然后将结点利用 next 链将其连接起来，形成一个完整的链表。由于每个结点只有一个链，所以称线性表的这种链式存储结构为单链表。在该链式存储结构上实现各个线性表的操作，即将线性表实现为单链表。接下来介绍单链表实现的具体细节。linked_list. h 文件声明了单链表的结构及基本操作。由于链表的特性，增加了 4 个基本操作，即 push_back、push_front、pop_back 和 pop_front，分别是向链表表头和表尾插入一个元素以及删除表头和表尾元素。

程序 2. 10：

```
//  Chapter_2 linked_list. h
#include<stdio. h>
#include<stdbool. h>
typedef int ElementType;
```

```
struct Node {                                  //单链表结点结构
    ElementType _data;                         //数据域,保存数据元素
    struct Node * _next;                       //地址域,引用后继结点
};
typedef struct Linear_List LList;

/* Linear_List 结构抽象地表示一个线性表,具体内容取决于线性表的物理存储方式* /
struct Linear_List{
    size_t _length;                            //线性表元素个数
    struct Node*  _head;                       //链表实现的线性表的头结点指针
    struct Node*  _tail;                       //链表实现的线性表的尾结点指针
};

void initiliaze(LList*  list);                 //构造一个线性表
void destory (LList*  list);                   //析构一个线性表
void clear_all_data (LList*  list);            //清空线性表所有元素
bool is_empty (LList*  list);                  //判断线性表是否为空
size_t size (LList*  list);                    //返回线性表长度
ElementType get(LList*  list, int idx);        //返回表中第 i(i≥0)个元素
void set(LList*  list, int idx, ElementType d);    //设置第 i 个元素的值为 d
void add(LList*  list, int idx, ElementType d);    //在表中第 i 个位置上插入值为 d 的新元素
ElementType remove_node(LList*  list, int idx);    //删除第 i 个元素并返回元素的值
int index_of(LList*  list, ElementType key);       //从表头开始,第一个值为 key 的元素的位置
void push_front(LList*  list, ElementType d);      //在链表头部插入一个元素
void push_back(LList*  list, ElementType d);       //在链表尾部插入一个元素
void pop_front(LList*  list);                      //删除第一个元素
void pop_back(LList*  list);                       //删除最后一个元素
```

linked_list. c 文件是各个函数的实现。为了便于后续函数的操作，定义函数_get_node 取得链表中第 idx 个结点的指针。

程序 2. 11：

```
//  Chapter_2 linked_list. c
#include"LinkedList. h"
#include<stdlib. h>
#include<assert. h>
//构造一个新的单链表
void initiliaze(LList*  list){
    list- >_head = NULL;
    list- >_tail = NULL;
    list- >_length = 0;
}
//析构一个链表
void destory (LList*  list){
```

```
    clear_all_data(list);
}
//清空链表中的所有元素
void clear_all_data (LList*  list){
    if(list->_head == NULL)
        return;
    struct Node*  t = list->_head;
    while(t != NULL){
        list->_head = t->_next;
        free (t);
        t = list->_head;
    }
    list->_head = NULL;
    list->_tail = NULL;
    list->_length = 0;
}
//判断链表是否为空
bool is_empty (LList*  list){
    assert(list != NULL);
    return list->_length == 0;
}
//返回线性表长度
size_t size (LList*  list){
    assert(list != NULL);
    return list->_length;
}
//内部函数，返回第 idx 个结点的地址
struct Node*  _get_node(LList*  list, int idx) {
    assert(list != NULL);
    if(idx < 0 || idx >= list->_length)
        return NULL;
    int i = 0;
    struct Node*  t = list->_head;
    while(i < idx){
        t = t->_next;
        ++i;
    }
    return t;
}
//返回表中第 i(i≥0)个元素
ElementType get(LList*  list, int idx){
    assert(list != NULL);
    //找到第 idx 个结点
```

```
    struct Node*  n = _get_node(list, idx);
    assert(n != NULL);
    return n->_data;
}
//设置第i个元素的值为d
void set(LList*  list, int idx, ElementType d){
    assert(list != NULL);
    //找到第idx个结点
    struct Node*  n = _get_node(list, idx);
    assert(n != NULL);
    n->_data = d;
}
//在表中第i个元素位置上插入值为d的新元素,如果链表为空,则直接向链表中插入一个元素
void add(LList*  list, int idx, ElementType d){
    assert(list);
    if(list->_length == 0){
        //在链表头部插入一个元素
        push_front(list, d);
        return;
    }
    assert(idx >= 0 && idx <= list->_length);
    if(idx == 0){
        //在链表头部插入一个元素
        push_front(list, d);
    }
    else if(idx == list->_length){
        //在链表尾部插入一个元素
        push_back(list, d);
    }
    else{
        //找到待删除结点的前一个结点
        struct Node*  temp = _get_node(list, idx - 1);
        struct Node*  new_node = (struct Node* ) malloc(sizeof(struct Node));
        new_node->_data = d;
        new_node->_next = temp->_next;
        temp->_next = new_node;
        ++list->_length;
    }
}
//删除第i个元素并返回元素的值
ElementType remove_node(LList*  list, int idx){
    assert(list && list->_length > 0 && idx >= 0 && idx < list->_length);
    ElementType res;
```

```
    if(idx == 0) {
        //等价于删除头结点
        res = list->_head->_data;
        pop_front(list);
    }
    else if (idx == list->_length - 1){
        //等价于删除尾结点
        res = list->_tail->_data;
        pop_back(list);
    }
    else{
        //找到待删除结点的前一个结点
        struct Node*  temp = _get_node(list, idx - 1);
        res = temp->_next->_data;
        struct Node*  cur = temp->_next;
        temp->_next = cur->_next;
        free(cur);
        --list->_length;
    }
    return res;
}
//从表头结点开始,第一个值为 key 的元素的位置
int index_of(LList*  list, ElementType key){
    assert(list);
    struct Node * t = list->_head;
    for(int i = 0 ; i < list->_length; ++i, t = t->_next){
        if(t->_data == key)
            return i;
    }
    return -1;
}
//在链表头部插入一个元素
void push_front(LList*  list, ElementType d){
    assert(list != NULL);
    //创建一个新结点
    struct Node*  t = (struct Node* ) malloc(sizeof(struct Node));
    assert(t != NULL);
    t->_data = d;
    t->_next = NULL;

    if(list->_head == NULL){
        //如果 list 是一个空链表，则直接让 t 为头结点
        list->_head = list->_tail = t;
```

```
    }
    else {
    //不空，则将原链表连接到 t 结点之后,让 t 成为新的头结点
        t->_next = list->_head;
        list->_head = t;
    }
    ++list->_length;
}
//在链表尾部插入一个元素
void push_back(LList* list, ElementType d){
    assert(list != NULL);
    //创建一个新结点
    struct Node* t = (struct Node* ) malloc(sizeof(struct Node));
    assert(t != NULL);
    t->_data = d;
    t->_next = NULL;

    if(list->_tail == NULL){
        //如果 list 是一个空链表，则直接让 t 成为头结点
        list->_head = list->_tail = t;
    }
    else {
        //不空，则将 t 连接到链表最后一个结点的后面
        list->_tail->_next = t;
        list->_tail = t;
    }
    ++list->_length;
}
//删除第一个元素
void pop_front(LList* list){
    assert(list != NULL);
    //空链表则直接返回
    if(list->_length == 0)
        return;
    struct Node* t = list->_head;

    if(list->_length == 1){
        //只有一个结点,释放该结点所占空间,将链表置空
        free (t);
        list->_head = list->_tail = NULL;
    }
    else{
        //第二个结点为新的头结点
```

```
        list->_head = t->_next;
        //释放头结点所占空间
        free(t);
    }
    --list->_length;
}
//删除最后一个元素
void pop_back(LList* list){
    assert(list != NULL);
    //空链表则直接返回
    if(list->_length == 0)
        return;
    struct Node* t = list->_head;

    if(list->_length == 1){
        //只有一个结点,释放该结点所占空间,并将链表置空
        free (t);
        list->_head = list->_tail = NULL;
    }
    else {
        //找到倒数第二个结点
        struct Node* t = _get_node(list, list->_length - 2);
        t->_next = NULL;
        //释放尾结点所占空间
        free(list->_tail);
        //设置新尾结点为原链表的倒数第二个结点
        list->_tail = t;
    }
    --list->_length;
}
```

6. 单链表的使用实例

单链表的使用非常简单，如果将例 2.3 改造成链表来实现，则具体如下。

例 2.5 有一个网络课堂，学生可以申请加入课堂学习，学习人数不限，学生加入后存放在一个链表里。

①有两个人（张一安、李二同）申请加入，则将其依次插入链表中，分别为 0 号（张一安）和 1 号（李二同），之后输出网络教室中的人员。

②又来了一人（林三玲），插入链表 1 号位置后，即 2 号位置（链表插入），输出教室中的人员。

③原 0 号位置的人（张一安）不想上这个网课了，她把她的听课许可证转让给了新人（王四刚），于是用新人（王四刚）置换原来 0 号位置的人（链表的置值），输出教室中的人员。

④在1号位上的人（李二同）要离开（链表的删除），则原来2号位置的人（林三玲）变成1号位置，也就是原链表2号结点连到0号结点后，输出教室中的人员。

案例分析　这是一个用链表结构来存储数据元素的数据结构，用到的基本操作包括插入、删除、判空、取值和置值。测试程序 test_linked_list. c 除了第3行需要修改为包含链表的头文件外，其他程序不变。

程序 2. 12：

```
//  Chapter_2 test_linked_list. c
#include<stdio. h>
#include"linked_list. h"
void print_all_data(LList * list) {
    struct Node * t = list- >_head;
    while(t ! = NULL){
        printf("% s\n", t- >_data);
        t = t- >_next;
    }
    printf("* * * * * * * * * * * * * * * * * * * * \n");
}

int main(int argc, const char *  argv[]) {
    LList l;
    initiliaze(&l);

    add(&l, 0, "张一安");
    add(&l, 1, "李二同");
    print_all_data(&l);

    add(&l, 1, "林三玲");
    if(is_empty(&l))
        printf("true\n");
    else
        printf("false\n");
    print_all_data(&l);

    set(&l, 0, "王四刚");
    print_all_data(&l);

    remove_node(&l, 1);
    print_all_data(&l);
    destory(&l);
    return 0;
}
```

运行结果如图 2. 19 所示。

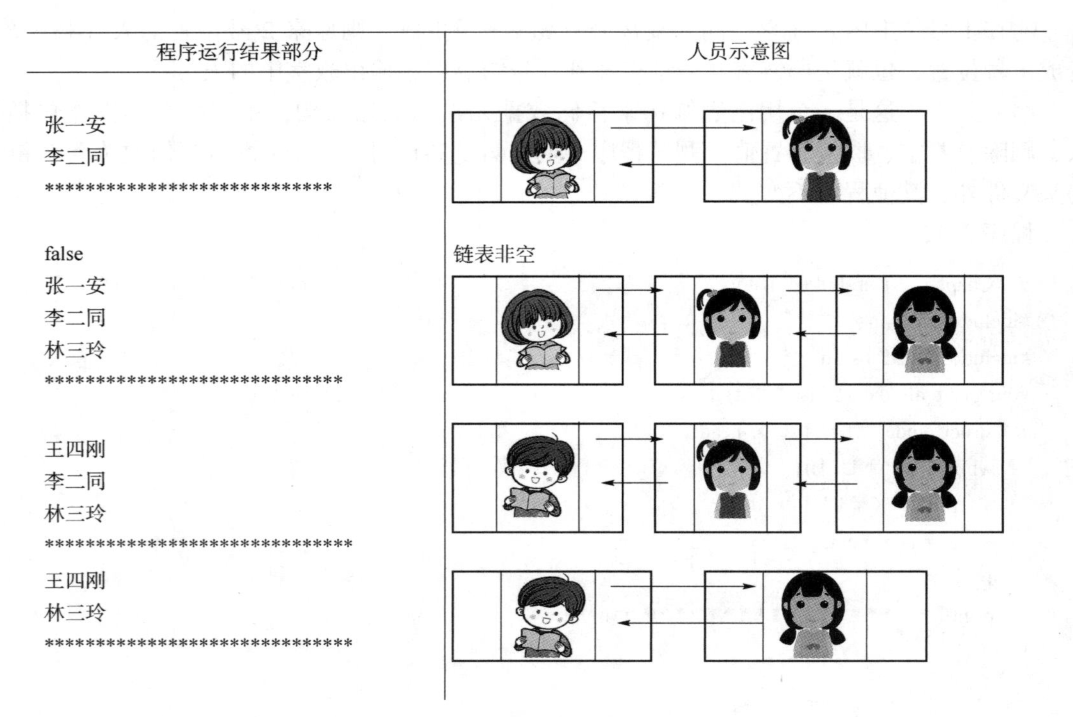

程序运行结果部分
人员示意图
张一安
李二同
****
false
链表非空
张一安
李二同
林三玲
****
王四刚
李二同
林三玲
****
王四刚
林三玲
****

图 2.19　LinkedList 使用练习程序运行结果

例 2.5 中链表的测试程序和例 2.3 中的顺序表的测试程序类似，调用的方法名称也都相同。这是什么原因呢？因为无论是顺序表还是链表，它们都是线性表，因此它们的使用方法及性质是相同的，不同的是它们的数据元素在内存中存储的方式不同。对它们进行操作用到的函数原型都是一样的，使用方法也是相同的，只是在各自版本中具体的函数实现不同。

和线性表一样，给出单链表的 C++实现版本。在 linear_list_cpp.h 文件中添加和单链表相关的泛型类 LinkedList<T>的声明及实现，它派生自线性表的抽象基类 Linear_List<T>。其测试程序和程序 2.7 的 test_list_cpp.cpp 逻辑完全一样，只是将变量 l 的声明替换为 LinkedList<T>。

程序 2.13：

```
//  Chapter_2 linear_list_cpp.h
#ifndef Chapter_2_C_linear_list_h
#define Chapter_2_C_linear_list_h
#include<cassert>
//线性表的抽象基类,具体内容见程序 2.6。
template<typename T>
class Linear_List{
    //……
};
//线性表的顺序实现:顺序表,具体内容见程序 2.6。
template<typename T>
class SeqList : public Linear_List<T> {
    //……
};
```

```
//线性表的链式实现:单链表
template<typename T>
class LinkedList : public Linear_List<T> {
private:
    struct Node {
        T _data;
        Node*  _next = nullptr;
    };
    Node*  _head = nullptr;
    Node*  _tail = nullptr;

    //内部函数,找到链表中第 idx 个结点并返回其指针
    Node*  _get_node(int idx) const{
        assert(idx >= 0 && idx < Linear_List<T>::_length);          //下标合法
        size_t i = 0;
        Node*  temp = _head;
        //从表头开始遍历直到第 idx 个元素
        while(i < idx){
            temp = temp->_next;
            ++i;
        }
        return temp;
    }
public:
    LinkedList() {}
    ~LinkedList() {
        clear_all_data();
    }

    void clear_all_data() {
        while(_head != nullptr){
            Node*  temp = _head->_next;
            delete _head;
            _head = temp;
        }
        _head = _tail = nullptr;
        Linear_List<T>::_length = 0;
    }

    T get(int idx) const {
        assert(idx >= 0 && idx < Linear_List<T>::_length);          //下标合法
        Node*  temp = _get_node(idx);
        return temp->_data;
```

```
    }

    void set(int idx, T d) {
        assert(idx >= 0 && idx < Linear_List<T>::_length);          //下标合法
        Node*  temp = _get_node(idx);
        temp->_data = d;
    }

    //在第 idx 个位置插入一个元素
    void add(int idx, T d){
        if(Linear_List<T>::_length == 0){
            //在表头插入一个元素
            push_front(d);
            return;
        }
        assert(idx >= 0 && idx <= Linear_List<T>::_length);
        if(idx == Linear_List<T>::_length) {
            //等价于在表尾添加一个元素,直接调用 push_back 函数
            push_back(d);
            return;
        }
        if(idx == 0){
            //等价于在表头添加一个元素,直接调用 push_front 函数
            push_front(d);
            return;
        }
        Node * pre = _get_node(idx - 1);                    //得到待删除结点前一个结点的指针
        Node * temp = new Node;                             //构造一个新结点
        temp->_data = d;
        temp->_next = pre->_next;                           //将新结点插入到链表中去
        pre->_next = temp;
        ++Linear_List<T>::_length;
    }

    //从表头开始,第一个值为 key 的元素的位置
    int index_of(T key) const {
        Node * t = _head;
        for(int i = 0; i < Linear_List<T>::_length; ++i, t = t->_next){
            if( t->_data == key)
                return i;
        }
        return - 1;
    }
```

```
//删除第 idx 个元素
T remove_node(int idx){
    assert(Linear_List<T>::_length != 0 && idx >= 0 && idx < Linear_List<T>::_length);
                                                    //链表不空,且 idx 在表头插入一个元素
    if(idx == 0){                                   //等价于删除表头元素
        T res = _head->_data;
        pop_front();
        return res;
    }
    if(idx == Linear_List<T>::_length - 1){         //等价于删除表尾元素
        T res = _head->_data;
        pop_back();
        return res;
    }
    Node*  temp = _get_node(idx - 1);               //得到待删除结点前一个结点的指针
    Node*  cur = temp->_next;                       //当前结点的指针
    temp->_next = cur->_next;                       //从链表中删除 cur 结点并重新链接链表
    T res = cur->_data;
    delete cur;
    --Linear_List<T>::_length;
    return res;
}
//在链表第一个结点前插入一个元素
void push_front(T d) {
    Node*  temp = new Node;
    temp->_data = d;
    if(_head == nullptr){
        //空链表
        _tail = _head = temp;
    }
    else {
        temp->_next = _head;
        _head = temp;
    }
    ++Linear_List<T>::_length;
}
//在链表最后一个结点后插入一个元素
void push_back(T d){
    Node*  temp = new Node;
    temp->_data = d;
    if(_tail == nullptr){
        //空链表
        _head = _tail = temp;
```

```
            }
            else{
                _tail->_next = temp;
                _tail = temp;
            }
            ++Linear_List<T>::_length;
        }
        //删除链表中第一个元素
        void pop_front() {
            assert(_head != nullptr);
            if(_head == _tail) {
                delete _head;
                _head = _tail = nullptr;
            }
            else {
                Node* temp = _head->_next;
                delete _head;
                _head = temp;
            }
            --Linear_List<T>::_length;
        }
        //删除链表中最后一个元素
        void pop_back() {
            assert(_head != nullptr);
            if(_head == _tail) {
                delete _head;
                _head = _tail = nullptr;
                --Linear_List<T>::_length;
                return;
            }
            //找到倒数第二个结点
            Node* temp = _get_node(Linear_List<T>::_length - 2);
            temp->_next =nullptr;
            delete _tail;
            _tail = temp;
            --Linear_List<T>::_length;
        }
};
```

程序 2.14：

```
// Chapter_2 test_list_cpp.cpp
#include<iostream>
#include<string>
```

```
#include"linear_list.h"
template<typename T>
void print_all_data(T &l){
    for(int i = 0; i < l.size(); ++i)
        std::cout << l.get(i) << "\n";
    std::cout << "*************************\n";
}

int main(int argc, const char * argv[]) {
//  SeqList<std::string> l; //顺序表类
    LinkedList<std::string> l; //单链表类
    l.add(0, "张一安");
    l.add(1, "李二同");

    print_all_data(l);

    l.add(1, "林三玲");
    if(l.is_empty())
        std::cout << "true\n";
    else
        std::cout << "false\n";
    print_all_data(l);
    l.set(0, "王四刚");
    print_all_data(l);

    l.remove_node(1);
    print_all_data(l);

    return 0;
}
```

7. 单向循环链表

如果单链表最后一个结点的 next 域保存单链表头 head 的值，则该单链表成为环形结构，称为单向循环链表。单向循环链表的好处是：从任一数据元素出发都能找到任意其他数据元素，如图 2.20 所示。

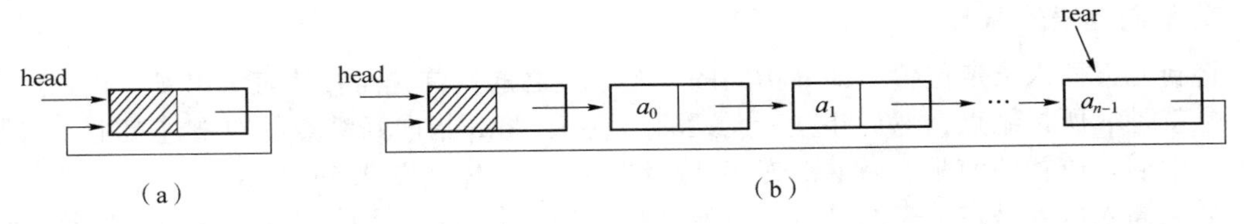

图 2.20 单向循环链表示意图

(a) 空单向循环链表；(b) 单向循环链表

循环链表常用于各应用程序中。例如，当一台 PC 运行多个应用程序时，操作系统通常会把这些程序存入至一个链表，并进行循环遍历，给每个应用程序分配一定的时间来执行。此时循环链表对于操作系统是很有帮助的，当达到链表尾部时，可以方便地回到头部重新开始遍历。此外，循环链表还用于实现一些高级的数据结构，如斐波那契堆（Fibonacci Heap）等。

2.3.2 双向链表

前述的链表只有指向后继的链，若要查找当前结点的前驱结点，则无法直接找到，必须从头开始，逐个结点地查找，直至找到当前结点的前一个结点，因此单链表很低效。

1. 双向链表的存储结构

在单链表结点的基础上增加一个指向前驱结点的链 prev，这样既可以方便地找到后继结点，又可以方便地找到前驱结点，如图 2.21所示。

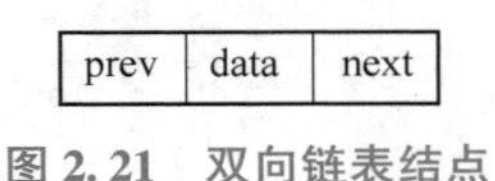

图 2.21 双向链表结点

用 C 和 C++语言定义双向链表结点如下。

程序 2.15：

```
struct Node {                      // C 版本双向链表结点结构
    ElementType _data;             //数据域,保存数据元素
    struct Node * _next;           //地址域,引用后继结点
    struct Node * _prev;           //地址域,引用前驱结点
};
```

程序 2.16：

```
template<typenameT>
struct Node {                      // C++版本双向链表结点结构
    T _data;                       //数据域,保存数据元素
    Node*  _next = nullptr;        //地址域,引用后继结点
    Node*  _prev = nullptr;        //地址域,引用前驱结点
};
```

由这样的结点构成的链表称为双向链表，表头用 first 指示，表尾用 last 指示，如图 2.22 所示。

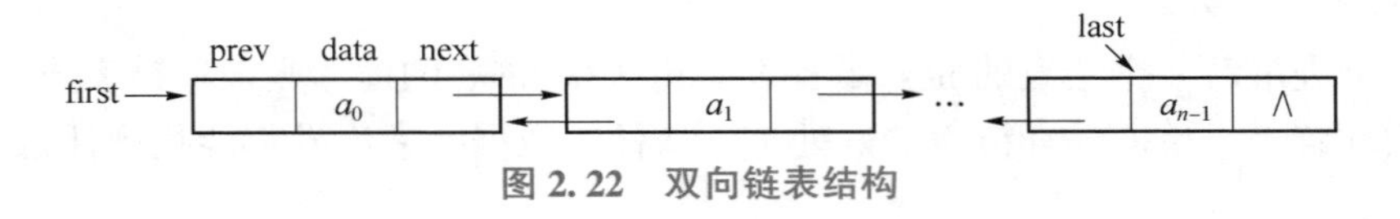

图 2.22 双向链表结构

2. 双向链表的插入

将新元素插入指定位置，即 p 指向的某个结点之前。首先需要从表头出发，找到这个位置，也就是 p 所指结点，然后建立新元素的结点 q，将 q 指向新结点的双链连接上，将原双向链表中插入位置的前驱、后继链连接到新结点上，具体如图 2.23 所示。

如果插入位置是在链表的最后，也就是在最后一个结点后面插入新元素 x，则称为尾插入，具体插入过程如图 2.24 所示。

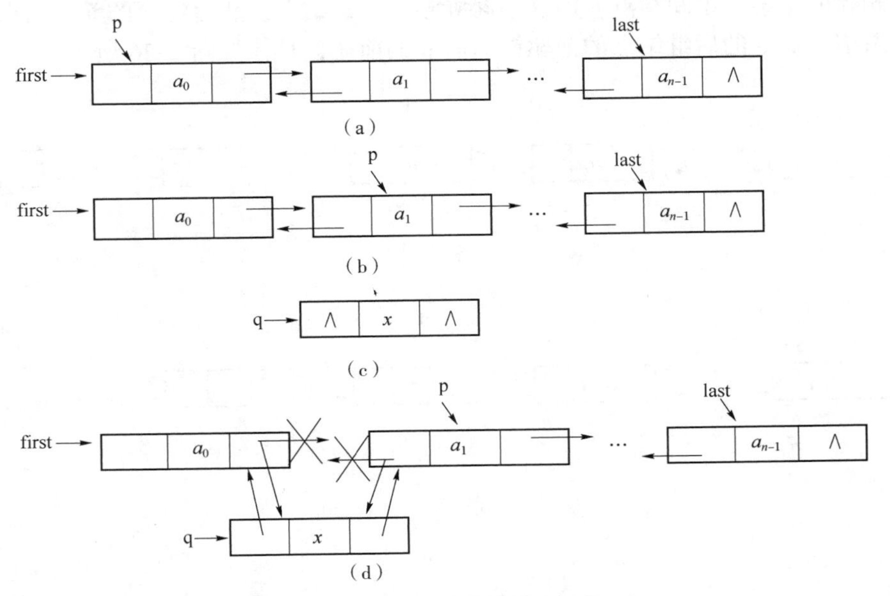

图 2.23　双向链表的插入元素

(a) 让 p 指向表头元素；(b) p 后移直到要插入元素位置；(c) 生成新元素结点；(d) 插入新元素结点

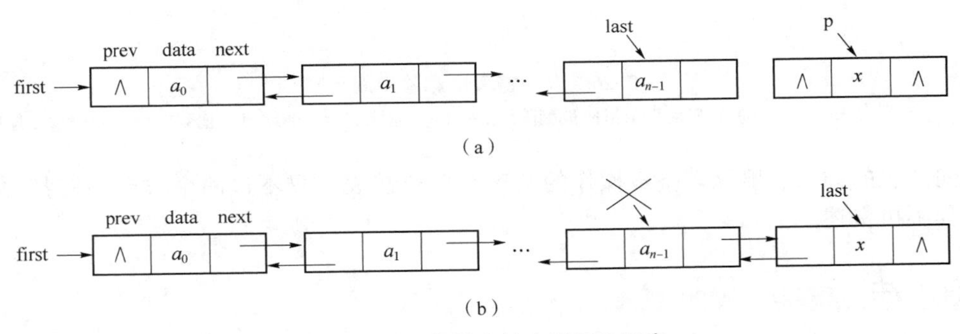

图 2.24　双向链表的末尾插入元素

(a) 创建新元素结点（即 p 所指结点）；(b) 将新元素结点进行尾插入后，新结点作为尾结点

3. 双向链表的删除

如果删除的是链表中的第一个结点，则原第二个结点成为新的表头；如果删除的是链表中的最后一个结点，则最后一个结点的前驱结点成为新的尾结点，如图 2.25 所示。

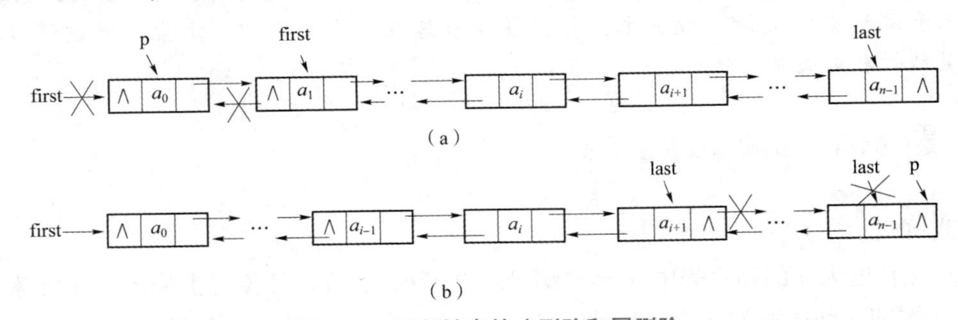

图 2.25　双向链表的头删除和尾删除

(a) 删除双向链表中的第一个结点；(b) 删除双向链表的最后一个结点

如果删除的是某个中间结点，用p指向被删除元素结点，然后将p的前驱结点的后继链指向p的后继，而p的后继结点的前驱链指向p的前驱，具体如图2.26所示。

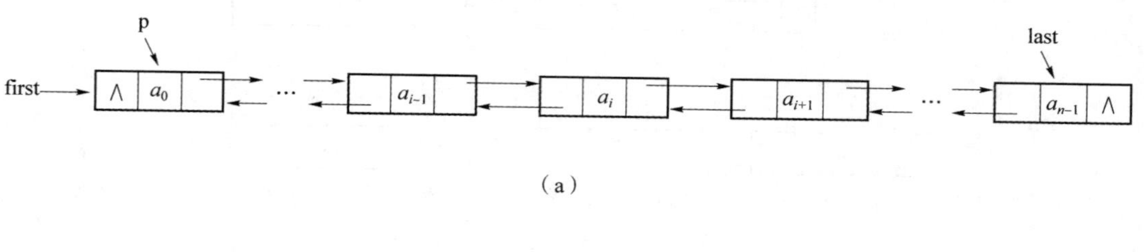

（a）

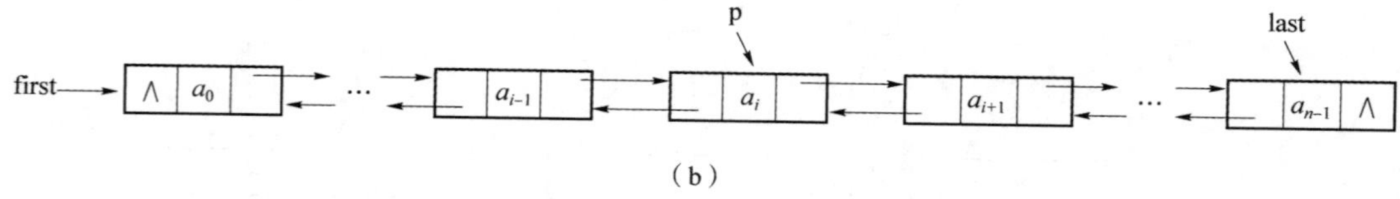

（b）

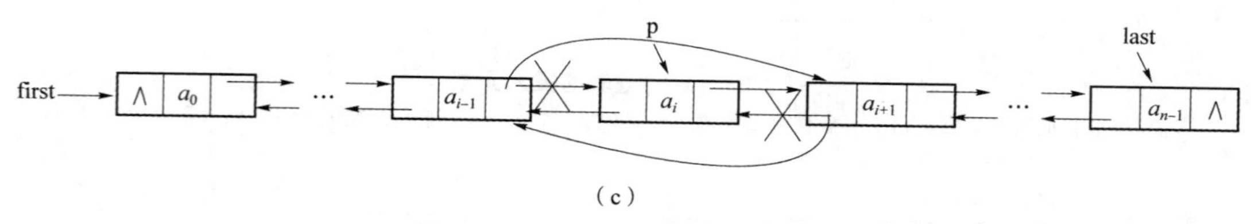

（c）

图2.26　双向链表中删除中间元素

（a）令p指向头结点；（b）p移动直至指向被删除结点；（c）删除p指向的结点，把双向链表的链重新连接

双向链表的插入、删除等基本操作的实现类似单链表，只不过两个方向的链都要变化，具体过程不再赘述。

本章小结

在数据结构中，线性表是一种最基本的数据结构，许多其他的数据结构均是以线性表为基础建立的。线性表是数据间关系为线性的、同属于某种数据集合的数据元素构成的，可以对其进行求长度、取值、置值、插入、删除、判空等操作。线性表可以采用两种类型的存储结构实现：一种是顺序表；一种是链表。顺序表中用数组来存储数据元素，元素之间的线性关系是通过物理位置的相邻关系来表示的，在插入和删除操作时需要移动大量的元素。而链表的插入和删除更加灵活，数据元素可以任意散落在内存空间中，元素间通过链（地址）来指示其线性相邻关系。

习　题

1. 选择题

（1）在长度为n的顺序表中（元素编号从0开始），在i号位置上插入一个元素（$0\leqslant i\leqslant n$），元素的移动次数为（　　）。

A. $n-i+1$　　B. $n-i$　　C. i　　D. $i-1$

(2) 在一个单链表中，已知q所指结点是p所指结点的前驱结点，若在q和p指针之间插入结点 s，则执行（　　）。

A. s->next = p->next; p->next=s;

B. p->next = s->next; s->next =p;

C. q->next = s; s->next =p;

D. p->next = s; s->next =q;

(3) 在一个长度为 n 的顺序表中删除第 i（$0 \leqslant i \leqslant n-1$）个元素时，需向前移动（　　）。

A. $n-i$　　B. $i-1$　　C. $n-i-1$　　D. $n-i+1$

(4) 在单链表中，增加一个头结点的目的是（　　）。

A. 使单链表变成循环单向链表

B. 标识表结点中首结点的位置

C. 方便运算的实现

D. 说明单链表是线性表的链式存储

(5) 与单链表相比，双向链表的优点之一是（　　）。

A. 插入、删除操作更方便

B. 可以进行随机访问

C. 可以省略表头指针或表尾指针

D. 访问前后相邻结点更灵活

(6) 在长度为 n 的有序单链表中插入一个新结点，并仍然保持有序的时间复杂度是（　　）。

A. $O(1)$　　B. $O(n)$　　C. $O(n^2)$　　D. $O(n\log_2 n)$

2. 判断题

(1) 链表是顺序存储结构的线性表。（　　）

(2) 顺序表需开辟连续的存储空间存储数据。（　　）

(3) 顺序表是链式存储结构的线性表。（　　）

(4) 顺序表在进行插入元素时不需要移动元素。（　　）

(5) 链表需开辟连续的存储空间存储数据。（　　）

3. 填空题

(1) 请阅读下面的程序，并为其中空缺的位置填入正确的语句。

```
SeqList <std::string > list = new SeqList <std::string>();   //创建顺序表
 list. add("A");                                             //添加数据 A 到线性表中
 list. __________;                                           //添加数据 B 到线性表中
 list. __________;                                           //删掉下标为 1 的元素
```

(2) 在一个单链表中p所指结点之后插入s所指结点时，应执行__________和__________的操作。

(3) 在一个单链表中删除p的后继结点时，应执行____________________语句完成这个操作。

4. 综合题

(1) 如图2.27所示，一个双向链表进行插入结点的操作，将q所指结点插入p所指结点前，具体操作如何做？

```
q = new DLinkNode(x);
```

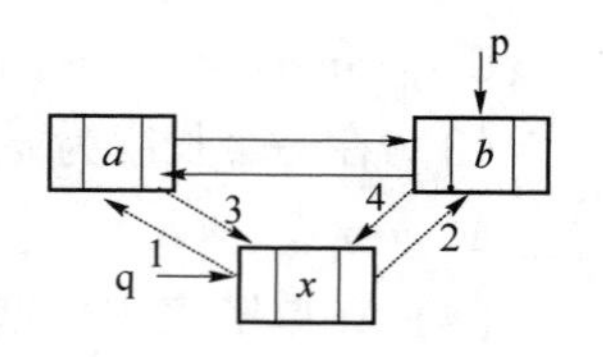

图 2.27　综合题（1）用图

（2）已知有序单链表存储的数据为从小到大的有序数据，试写出它的插入算法，要求插入后元素 element 的位置为合适位置（比前面元素大，比后面元素小或者相等）。

```
template<typename T>
class OrderLinkedList<T> : public Linear_List<T>
{                                  //单链表类,实现线性表接口
    struct Node {
        T _data;
        Node*   _next = nullptr;
    };

     Node*   _head;               //头指针
     OrderLinkedList () {         //构造空单链表
     }
     //各种操作

     bool insert(T element)       //插入 element 对象
     {
      //请编写程序
     }
}
```

（3）试写出单链表的查找元素算法。待查元素用 X(int 类型)表示，查找成功后返回 X 所在结点，其中表头用 head 指示。

习题答案

第3章 栈和队列

本章学习两种特殊的线性表——栈和队列。栈和队列又称为操作受限的线性表，栈的插入和删除操作只允许在线性表的一端进行，适合存储具有后进先出特点的数据；队列的插入和删除操作分别在线性表的两端进行，适合存储具有先进先出特点的数据。栈和队列是两种应用广泛的线性数据结构。本章会介绍栈的基本概念、栈的两种存储结构（顺序栈和链式栈）；介绍队列的基本概念、队列的两种存储结构（顺序队列以及链式队列）。最后介绍几个栈和队列的应用实例。

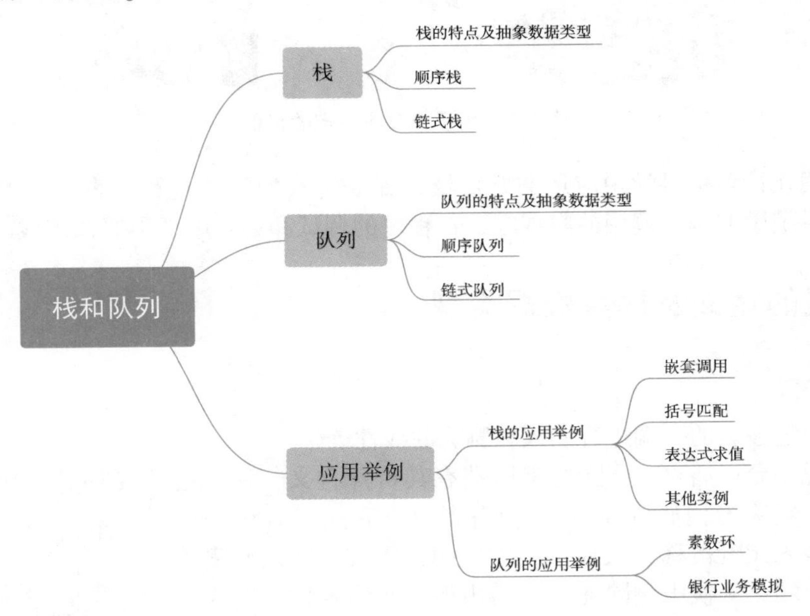

3.1 操作受限的线性表——栈

栈（Stack）被人们单独作为一种数据结构，是一种最常用也是最重要的数据结构之一。

同时栈又是一种特殊的线性表，它的特殊性在于它的插入、删除等操作都在线性表的一端进行，是操作受限的线性表。

栈的最重要特性就是“后进先出”（Last In First Out，LIFO），也就是后入线性表的元素会先出线性表。现实生活中有许多具有栈的特点的实例，如铁路调度停车站，如图 3.1 所示。

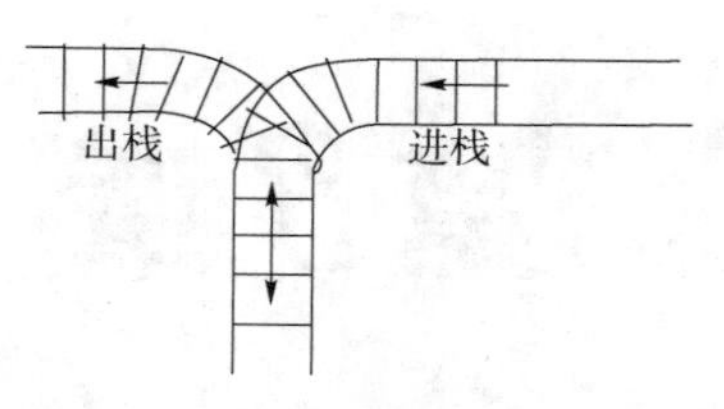

图 3.1　铁路调度站的栈结构

备用车厢进入停车轨道存放，需要调度时从停车轨道出来。由于停车轨道只有一个，所以所有车厢共用。当车厢进入停车轨道时，先进入的车厢存放在最里面，后进入的车厢停在外面。而车厢调出时停在外面的车厢先出，停在里面的车厢后出，这就是一种后进先出的栈结构。

除了铁路调度用到栈外，生活中还有许多具有栈的特点的例子。比如，食堂里面洗过的餐盘，最先洗好的餐盘被放在最下面，最先使用的餐盘是最后洗好的餐盘。再比如，摞在箱子里的书，最先放进去的书放在箱子的最下面，最后放进去的书在箱子的最上面，取书时先取出放在上面的书后才能取出放在下面的书。再比如，手电筒里面的电池，先放进去的电池取出时在后，如图 3.2 所示。

图 3.2　生活中有栈特点的示例

此外，栈在计算机科学中应用非常广泛，如表达式的计算过程、表达式的括号匹配检查、计算机系统中的函数调用的实现等，在程序的调试和运行中都需要系统栈的支持。

3.1.1　栈的定义及抽象数据类型

1. 栈的定义

栈是仅限定在表的一端进行插入和删除的线性表。

对栈来说，允许插入、删除的表尾端有其特殊含义，称为栈顶（Top），相应地，另一个固定端表头端称为栈底（Bottom）。当表中没有元素时称为空栈。往栈中插入元素被称为入栈，又称进栈、压栈，插入元素位置只能在栈顶端。从栈中删除元素称为出栈，又称弹栈，删除元素的位置也只能是在栈顶端。

如图 3.3 所示，假设栈 $S=(a_0,a_1,\cdots,a_{n-1})$，则称 a_0 为栈底元素，a_{n-1} 为栈顶元素。栈中元素按 $a_0,a_1,\cdots,a_{n-1}$ 的次序进栈，出栈的第一个元素应为栈顶元素。换句话说，栈的修改是按后进

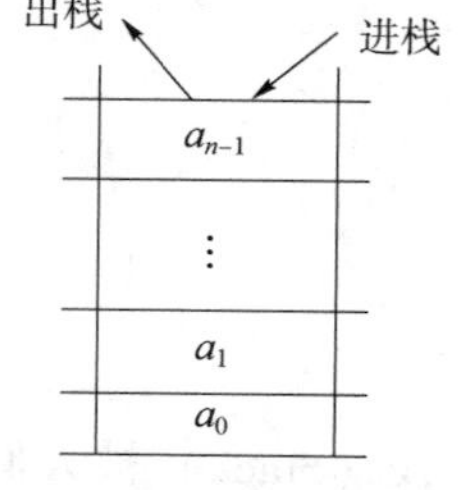

图 3.3　栈结构的示意图

先出的原则进行的。

例 3.1 有以下操作：A、B、C、D 按顺序入栈，请找出一种可能的出栈次序。

入栈出栈过程可以这样进行：初始化为一个空栈；A、B 入栈，然后 B 出栈；C、D 入栈，然后 D、C、A 都出栈。入栈出栈的过程如图 3.4 所示，则得到一种可能的出栈序列 $BDCA$。

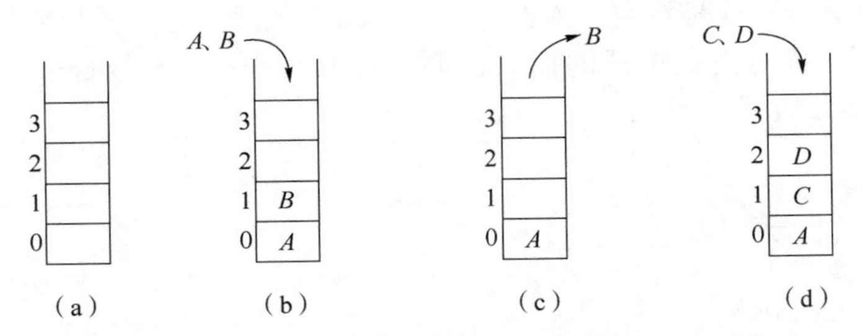

图 3.4 元素入栈出栈示意图

(a) 空栈；(b) A 和 B 入栈；(c) B 出栈；(d) C 和 D 入栈

了解了栈的基本概念后一起思考一个问题，有 3 个元素按 a、b、c 的次序依次进栈，且每个元素只允许进一次栈，元素可以在任何时候出栈，则可能的出栈序列有多少种？

答：

①a 入 a 出，b 入 b 出，c 入 c 出，即 abc；

②a 入 a 出，b、c 入 c、b 出，即 acb；

③a、b 入，b 出，c 入 c 出，a 出，即 bca；

④a、b 入，b、a 出，c 入 c 出，即 bac；

⑤a、b、c 入，c、b、a 出，即 cba。

合计有 5 种可能性。

再思考一个问题，一个栈的输入序列是 12345，若在入栈的过程中允许出栈，则栈的输出序列 43512 可能实现吗？12345 的输出呢？

答：43512 不可能实现，主要是其中的 12 顺序不能实现。因为输出的第一位是 4，即 4 出栈，就是说 123 均已入栈，此时栈顶为 3，所以输出第二位 3，3 出栈后 5 入栈，5 为新的栈顶，输出第三位 5，5 出栈后现在栈顶为 2，出栈顺序只能为 21，不可能是 12，如图 3.5 所示。

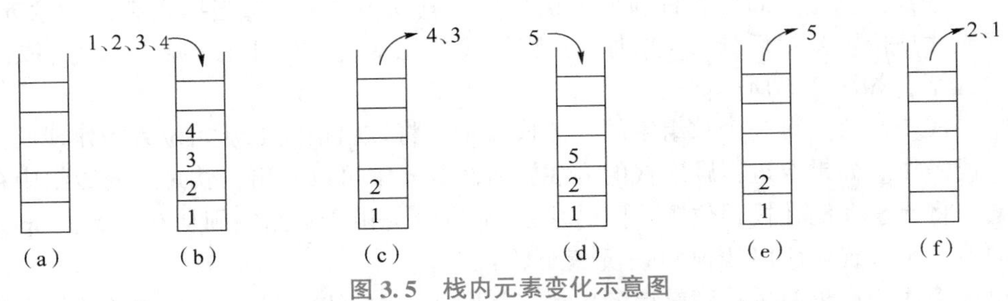

图 3.5 栈内元素变化示意图

(a) 空栈；(b) 1、2、3、4 依次入栈；(c) 4、3 出栈输出 4、3；

(d) 5 入栈；(e) 5 出栈输出 4、3、5；(f) 2、1 出栈输出 4、3、5、2、1

12345 的输出可以实现，只需每个元素入栈后马上出栈即可。

2. 栈的抽象数据类型

栈是一种特殊的线性表，但由于其应用广泛，已经独立成为一种数据类型。栈中的数据元素可以是属于任何某种数据集合的数据，数据元素间的关系是一对一的关系，这和线性表是相同的。栈和线性表不同的地方在于栈的插入和删除操作只能在表的一端进行。

栈的基本操作有判断栈是否空、入栈、出栈和取栈顶元素等。栈只允许在线性表的一端进行操作，所以不支持对指定位置的插入、删除。下面的头文件 stack. h 使用 C++泛型类 Stack 来描述栈的抽象数据类型。

程序 3. 1：

```
//  Chapter_3_C++ stack. h
#ifndef Chapter_3_C_stack_h
#define Chapter_3_C_stack_h

template <typename T>
class Stack{
public:
    virtual void pop() = 0;                          // 出栈
    virtual void push(T item) = 0;                   //入栈
    virtual bool isEmpty() = 0;                      //判断栈是否为空
    virtual T top() const = 0;                       //返回栈顶元素
};
#endif
```

可以看到，栈的基本操作由于受到了限制，所以比起线性表的操作来说更加简单。如何实现这些基本操作呢？这和栈如何存储有关，下面介绍栈的不同存储结构。

3. 1. 2　栈的顺序存储结构

栈的顺序存储结构称为顺序栈，它利用一组地址连续的存储单元依次存放自栈底到栈顶的数据元素，同时附设指针 top 指示栈顶在顺序栈中的位置。一般来说，在初始化栈时不应限定栈的最大容量，先为栈分配一个基本容量，然后在应用过程中，当栈的空间不够使用时再逐段扩大。top 始终指向栈顶的位置，顺序栈中，该位置一般设定为最后入栈元素所在位置的下一个位置，也就是即将放置新元素的位置，其初值为 0；每当插入新的栈顶元素时，将元素存入栈顶位置，然后让 top 增加 1；删除栈顶元素时，先让 top 减 1，然后取出（删除）栈顶元素，如图 3. 6 所示。

在顺序栈中，首先有一个数组空间存放栈元素，将数组空间的开始位置当作栈底。

①入栈操作。如果要进行顺序栈的入栈，从图 3. 6 中可以看出，就是要向数组中存放一个新元素，将元素存储在栈顶位置，同时栈顶 top 加 1（由于数组空间从 0 开始，top 指示栈顶元素的下一个位置，所以栈顶 top＝元素个数）。

②出栈操作。如果要进行顺序栈的出栈，从图 3. 6 中可以看出，就是要从数组中去掉最上面的元素，因此只需将栈顶 top 减 1 即可。需要指出的是，出栈操作是否返回栈顶元素取决于具体的设计，可以选择不返回也可以选择返回。本书中选择不返回。

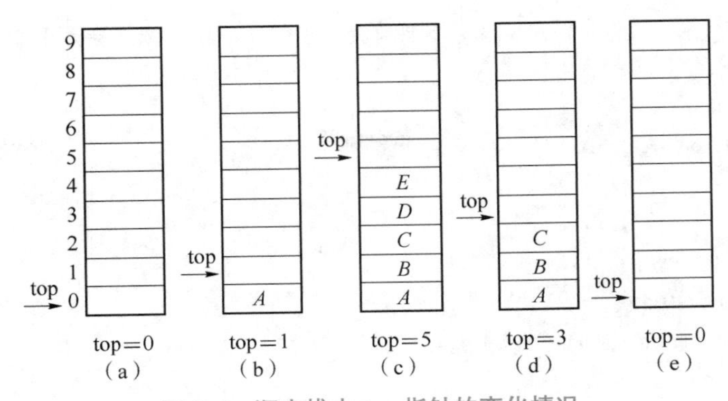

图 3.6　顺序栈中 top 指针的变化情况

(a) 空栈；(b) 一个元素；(c) 5 个元素；(d) 3 个元素；(e) 空栈

要实现顺序栈，可以使用数组来存储栈元素。在入栈和出栈操作时只是在栈顶处操作，一般不存在元素移动，时间复杂度为 $O(1)$；而当栈满时，需要重新开辟一个更大的容量，首先将当前的 n 个元素复制到新开辟的数组空间，然后在栈顶位置插入栈元素，时间复杂度为 $O(n)$。由于栈是受限的线性表，因此顺序栈的实现完全可以借助第 2 章中讲述的顺序表来实现（顺序表的实现细节可参阅第 2 章中程序 2.6 的 linear_list_cpp. h 中的 class SeqList）。实现顺序栈时，直接声明一个顺序表作为成员变量，因为入栈和出栈相关操作在顺序表中已经完全实现，只需要对相关操作进行重新封装即可。当然，也可以选择从底层重新实现一遍相关操作。

程序 3.2：

```
//  Chapter_3 stack_cpp. h
#ifndef Chapter_3_C_stack_h
#define Chapter_3_C_stack_h

#include"linear_list_cpp. h"
template <typename T>
class Stack{
public:
    virtual void pop() = 0;                          //入栈
    virtual void push(T item) = 0;                   //出栈
    virtual bool isEmpty() const = 0;                //判断栈是否为空
    virtual T top() const = 0;                       //返回栈顶元素
};
template <typename T>
class SeqStack : public Stack<T>{
private:
    SeqList<T> _list;                                //声明一个顺序表的对象作为顺序栈的成员变量
    int _top = 0;                                    //表示栈顶元素的下一个位置
public:
    void pop() {
        assert(_top > 0);                            //判断是否为空栈
```

```
        - - _top;                        //只需要改变栈顶位置即可,无须删除元素
    }
    void push(T item) {
        _list. add(_top++, item);        //重新封装

    }
    T top()const {
        assert(_top > 0);
        return _list. get(_top - 1);     //重新封装

    }
    bool isEmpty()const {
        return _top == 0;
    }
};

#endif
```

那么如何使用 SeqStack 类来实现栈操作呢？下面看一个具体的 SeqStack 类的使用实例。

例 3.2 将 1、2、3、4、5 作为元素先插入栈中，然后对它进行各种基本操作，如入栈、出栈、取栈顶等，依次打印出栈内内容。

定义测试类，建立一个顺序栈对象，依次将 1、2、3、4、5 入栈，之后输出当前栈顶元素、出栈栈顶元素，并输出出栈后新栈顶元素。

程序 3.3：

```
// Chapter_3 test_stack_cpp. cpp
#include<iostream>
#include"stack. h"
int main(int argc, const char * argv[]) {
    SeqStack<int> t;                     //创建一个顺序栈的对象
    for(int i = 1; i < 6; ++i)           //依次将 1~5 加入栈中
        t. push(i);
    int val = t. top();                  //取栈顶元素
    std::cout << "peek:" << val << "\n";
    t. pop();                            //栈顶元素出栈
    val = t. top();
    std::cout << "peek:" << val << "\n";
    return 0;
}
```

程序执行结果如下：

```
peek:5
peek:4
```

从结果可以看出，push 是将元素依次入栈（插入栈顶），pop 是出栈（删除）栈顶元

素，peek 只是取出栈顶元素内容，并不删除。这里用到的 Stack 类是顺序存储结构的栈。

3.1.3 栈的链式存储结构

由于栈的操作是线性表操作的特例，因此链式栈就是操作受限的单链表。如何改造单链表实现栈的链接存储呢？栈的特点是要求在一端进行插入或删除，也就是栈顶端。链表作为链栈的存储结构时，将哪一端作为栈顶呢？

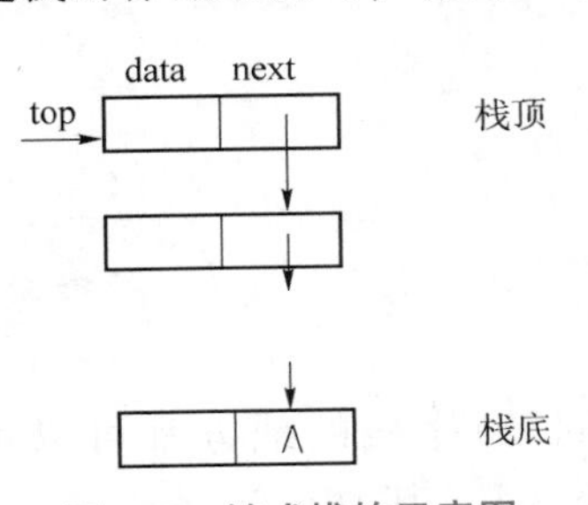

图 3.7 链式栈的示意图

因为在链表中表头端插入或删除不需要查找元素位置，直接在 head 端进行即可；如果在尾端进行插入或删除，则需要从表头查找到表尾，然后再进行插入或删除。所以，就单链表来说，把表头端作为栈顶会更方便操作，如图 3.7 所示。

链式栈如果为空，就让栈顶为空即可。链式栈的入栈、出栈操作如何进行呢？链式栈入栈、出栈实质上就是在链表的表头插入或删除元素，如图 3.8 所示。

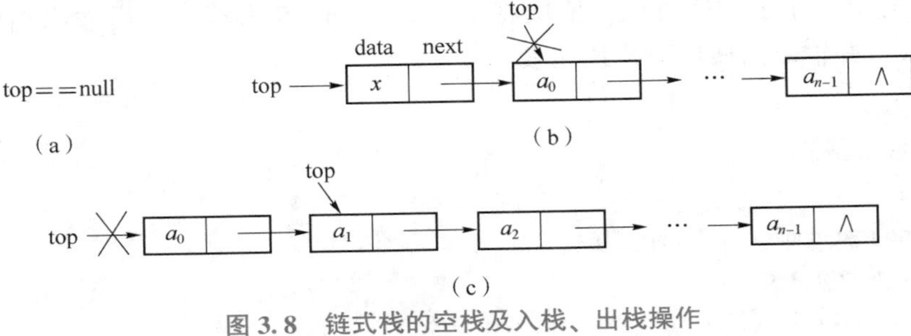

图 3.8 链式栈的空栈及入栈、出栈操作

(a) 空栈；(b) x 入栈；(c) 出栈

同理，链式栈的实现完全可以借助第 2 章中讲解的链表来快速实现。如果认为单链表的表头为栈顶端，那么入栈和出栈操作的实现即为在单链表的表头位置实现插入和删除操作，此时只需要修改表头指针，不需要移动元素，时间复杂度为 $O(1)$。

程序 3.4：

```
//  Chapter_3 stack_cpp. h
#ifndef Chapter_3_C_stack_h
#define Chapter_3_C_stack_h

   //其他声明……
template <typename T>
class LinkedStack : public Stack<T>{
private:
    LinkedList<T> _list;                    //声明一个顺序表的对象作为顺序栈的成员变量
public:
    void pop() {
         assert(isEmpty() ! = true);        //判断是否为空栈
         _list. pop_front();                //入栈,表头插入
```

```
    }
    void push(T item) {
        _list. push_front(item);            //入栈,利用 push_front 函数重新封装
    }
    T top()const {
        assert(isEmpty() ! = true);
        return _list. get(0);               //重新封装
    }
    bool isEmpty() const {
       return _list. is_empty();
    }
};
#endif
```

链式栈的使用同顺序栈 SeqStack 一样，任何使用 SeqStack 顺序栈的地方都可以用 LinkedStack。改造上面的例 3.2，将其中的 SeqStack 换成 LinkedStack，其他不变。

例 3.3　建立一个链式栈对象，依次将 1、2、3、4、5 入栈，之后输出当前栈顶元素、出栈栈顶元素，并输出出栈后新栈顶元素。

程序 3.5：

```
#include<iostream>
#include"stack. h"
int main(int argc, const char *  argv[]) {
    LinkedStack<int> t;                     //创建一个顺序栈的对象
    for(int i = 1; i < 6; ++i)              //依次将 1~5 加入栈中
        t. push(i);
    int val = t. top();                     //取栈顶元素
    std::cout << "peek:" << val << "\n";
    t. pop();                               //栈顶元素出栈
    val = t. top();
    std::cout << "peek:" << val << "\n";
    return 0;
}
```

程序执行结果如下：

```
peek: 5
peek: 4
```

3.2　操作受限的线性表——队列

队列（Queue）是一种先进先出（First in First Out，FIFO）的线性表。它只允许在表的一端插入元素，而在另一端删除元素。最早进入队列的元素最早离开，这和日常生活中的排队是一致的。队列在程序设计中也经常用到，如操作系统中的作业排队。在允许多任务的计

算机系统中，同时有几个作业运行。它们在输出时，要按请求输出的先后次序排队，队头的作业输出完成后先从队列中退出，凡是新申请输出的作业都从队尾进入队列。

3.2.1 队列的定义及抽象数据类型

1. 队列的定义

在队列中，允许插入（也称入队、进队）的一端叫作队尾（rear），允许删除（也称出队）的一端则称为队头（head）。队列是只能够在队头删除、队尾插入的线性表。

假设队列为 $q=(a_0, a_1, \cdots, a_{n-1})$，那么，$a_0$就是队头元素，$a_{n-1}$则是队尾元素。队列中的元素是按照 a_0、a_1、…、a_{n-1}的顺序进入的，退出队列也只能按照这个次序依次退出，也就是说，只有在 a_0、a_1、…、a_{n-2}都离开队列之后，a_{n-1}才能退出队列。空队列是不含任何数据元素的队列，如图 3.9 所示。

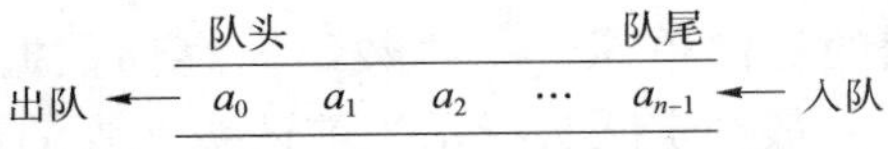

队头　　　　队尾

出队 ← a_0　a_1　a_2　…　a_{n-1} ← 入队

图 3.9　队列示意图

例 3.4　元素按 *A*、*B*、*C*、*D* 顺序入队，元素可以在任意时间出队，请问有几种出队序列？分别是什么？

答：只有一种出队序列，即 *A*、*B*、*C*、*D*。这是因为队列是先进先出的线性表，无论如何出队，只要入队的顺序确定了，那么出队的顺序和入队是一样的，如图 3.10 所示。

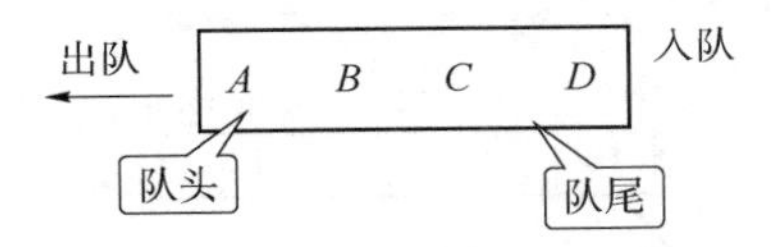

图 3.10　*ABCD* 入队出队图

2. 队列的抽象数据类型

队列是一种特殊的线性表，也是一种独立的数据类型。队列中的数据元素可以是属于任何某种数据集合的数据，数据元素间的关系是一对一的关系，这和线性表是相同的。队列和线性表不同的地方在于，队列的插入在表的一端（表尾）进行，删除操作在表的另一端（表头）进行。

队列的基本操作有判断队列是否为空、入队、出队、取队头元素等。头文件 queue_cpp. h 中使用抽象泛型类 Queue 来描述队列的抽象数据类型。

程序 3.6：

```
//  Chapter_3 queue_cpp. h

#ifndef Chapter_3_C_queue_h
#define Chapter_3_C_queue_h

template<typename T>
```

```
class Queue {                                  //队列的抽象基类
public:
    virtual bool isEmpty() const = 0;          //判断是否为空队列
    virtual void enqueue(T item) = 0;          //元素入队
    virtual void dequeue() = 0;                //元素出队
    virtual T head() const = 0;                //返回队首元素
};
#endif
```

队列实现与它的存储有关，队列可以有两种存储结构，即顺序队列及链式队列，这两种存储结构存储方式不同，实现起来也有所不同。

3.2.2 顺序队列

顺序队列使用一组连续的存储单元（一维数组）存储数据元素，分别设队头（head）和队尾（tail）两个指示器，一般约定队头指示当前队头元素的位置，而队尾指示当前队尾元素的下一个位置，也就是即将插入的队尾元素的位置。先看一下入队（插入队尾元素）、出队（删除队头元素）操作时队头、队尾两个指示器的变化情况。

队列为空时：tail=head=0；队中没有元素。

数据元素入队：先把新元素插入数组 tail 位置，然后让 tail=tail+1。

数据元素出队：队头元素从数组 head 位置删除，然后让 head=head+1。

具体过程可参考图 3.11 所示。

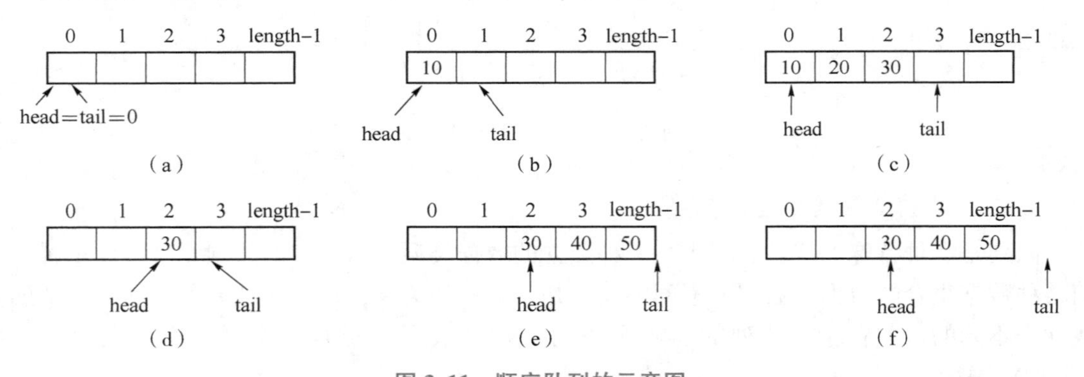

图 3.11　顺序队列的示意图

（a）队列初始空状态；（b）10 入队；（c）20、30 入队；

（d）10、20 出队；（e）40、50 入队；（f）60 欲入队，队尾下标越界，假溢出

从图 3.11（f）中可以看到，队尾 tail 已经越界了，无法再入队元素“60”。而此时队列前面因元素出队留出来了一些空位，也就是说，实际上数组前面还有空位，却不能给入队的新元素使用，从而造成了“假溢出”。如何在满足队列的要求——队尾插入、队头删除的条件下将前面的空间利用起来呢？

假设有一个环状的空间，也就是说将该空间的头和尾连到一起，形成一个环。具体到队列中就是当原队尾指向空间的最后一个位置时，再插入元素让队尾“+1”指向空间的最前面位置（一般为 0 号位置），建立环形的循环队列。如图 3.12（a）中插入 50，队尾+1 后指

向0号位置，得到图3.12（b）；在图3.12（b）的基础上插入60，60就插入到原空间的最前面0号位置，得到图3.12（c）所示。

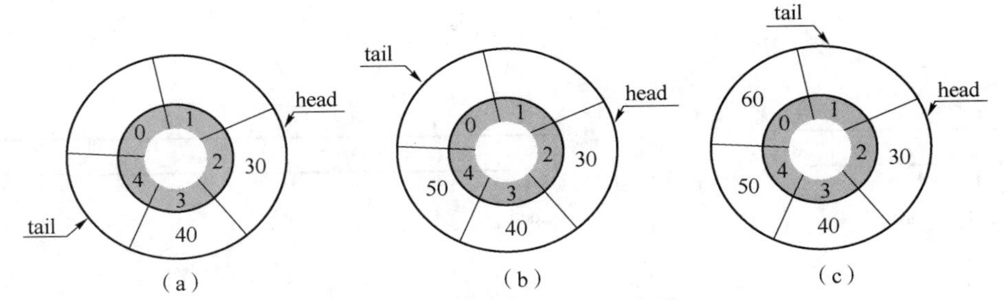

图3.12　循环队列操作示意图

（a）循环队列，tail指向数组最后4号位置；（b）循环队列，50入队，tail指向数组0号位置；（c）60入队，入数组0号位置tail指向数组1号位置

程序中如何才能做到让队列的首尾相连呢？可以利用模运算来实现，因为模运算中超过模数后又回到0继续开始，运算结果始终在[0,模数-1]范围内。

入队新元素：将新元素放入数组tail位置，tail=（tail+1）%length。

删除队头元素：将元素从数组head位置删除，head=（head+1）%length。

其中length为存储元素数组的长度，也就是模运算的模数。

这样就可以充分利用队列的数组空间了。但新问题又出现了，比如在图3.12（c）所示循环队列中再入队元素70，此时tail=head时，队列为满，如图3.13（a）所示；而在图3.13（a）所示循环队列中不断地出队元素30、40、50、60、70后，此时head=tail时，队列为空，如图3.13（b）所示。这两个条件是一样的，所以当满足head=tail条件时无法判断是队空还是队满。

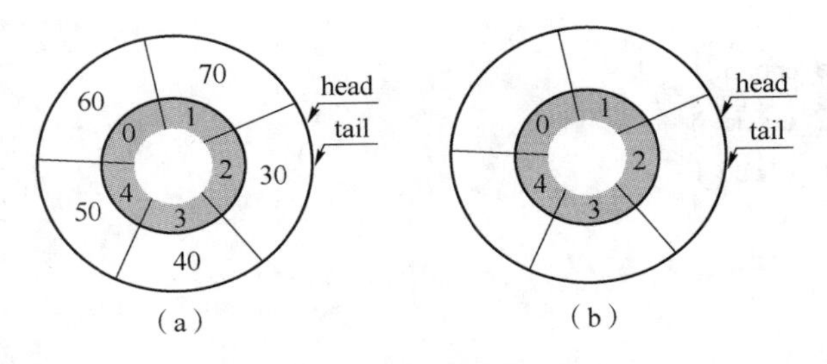

图3.13　循环队列空和满的示意图

（a）循环队列满了，tail=head；（b）出队30、40、50、60、70后，队列为空，head=tail

为了区分队列是空还是满，人为地在循环队列存储数据元素时空一个空位，也就是说，队列满时，数组中还有一个空闲单元。当(tail+1)%length=head时队列就满了。当tail=head时队列为空。当循环队列满时，如果还需要入队元素，则需要扩容，也就是重新给存储数据元素的数组分配更多的空间。循环队列入队、出队及扩容过程如图3.14所示。

那么当tail≠head时，如何计算循环队列中有多少个元素呢？可以简单地用公式（tail-head+length）%length来获得当前循环队列中的元素个数。

下面介绍循环队列的入队、出队过程的基本设计方法。

循环队列入队的基本设计步骤如下。

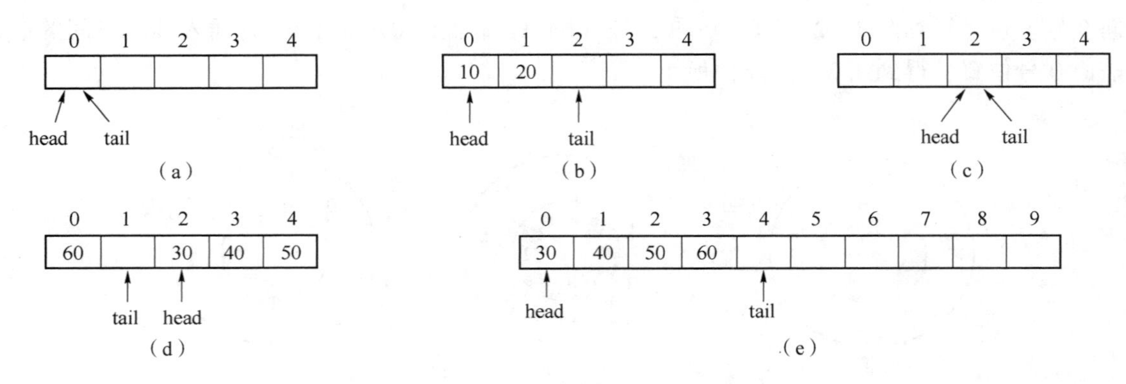

图 3.14 循环队列入队、出队示意图

（a）初始空队列，令 head=tail=0；（b）10、20 入队；（c）10、20 出队，队列空 head==tail；（d）30、40、50、60 入队后队列满，head=(tail+1)%length；（e）扩充队列容量后

步骤 1：判断队列是否满，队列满则转步骤 2；否则转步骤 3。

步骤 2：扩大队列容量，并将原数据元素复制到新空间，设置好队头、队尾。

步骤 3：队尾位置加入入队元素 element，队尾加 1（模队列容量大小）。

循环队列出队的基本设计步骤如下。

步骤 1：判断队列是否为空，如果不空，则取得队头元素；为空则转步骤 3。

步骤 2：将队头位置加 1，并模队列容量。

步骤 3：返回空（错误）。

要在程序中实现顺序循环队列，就要用一个数组来存储数据元素，然后再实现它的各个操作。可以从 Queue<T>派生 SeqQueue<T>来实现一个顺序循环队列。

程序 3.7：

```
//  Chapter_3 queue_cpp. h
#ifndef Chapter_3_C_queue_h
#define Chapter_3_C_queue_h

#include"linear_list. h"

template<typename T>
class Queue {                                   //队列的抽象基类
public:
    virtual bool isEmpty() const = 0;           //判断是否为空队列
    virtual void enqueue(T item) = 0;           //元素入队
    virtual void dequeue() = 0;                 //元素出队
    virtual T head() const = 0;                 //返回队首元素
};

template<typename T>
class SeqQueue : public Queue<T> {
```

```
private:
    T*  _data_ptr =nullptr;                //数组首地址
    int _head, _tail;                      //_head 为队首元素的下标, _tail 为队尾元素下一个位置的下标
    int _length;                           //表示队列中数组的长度
public:
    SeqQueue(int len = 32) {               //初始化循环队列,默认初始长度为 32
        _length = len;
        _data_ptr = new T[_length];
        _head = 0;
        _tail = 0;
    }
    bool isEmpty() const {                 //如果头、尾下标一样,则表示队列为空
        return _head == _tail;
    }
    T head() {
        assert(isEmpty() != true);         //队列不空时
        return _data_ptr[_head];
    }
    void enqueue(T item) {                 //元素 item 入队
        if(_head == (_tail + 1) % _length){
            //队列满时,将数组扩充为原数组的 2 倍
            T * temp =new T[_length * 2];
            int k = 0;
            //将元素复制到新空间
            for(int i = _head; i != _tail; i = (i + 1) % _length){
                temp[k++] =_data_ptr[i];
            }
            delete [] _data_ptr;
            _data_ptr = temp;
            //重新设置队首和队尾
            _head = 0;
            _tail = k;
            _length *= 2;
        }
        _data_ptr[_tail] = item;
        _tail = (_tail + 1) % _length;
    }

    void dequeue() {
        if(_head == _tail)
            return;                        //队列空
```

```
        _head = (_head + 1) % _length;
    }

    T head()const {
        assert(isEmpty() ! = true);
        return _data_ptr[_head];
    }
    ~SeqQueue(){
        delete [] _data_ptr;
    }
};
#endif
```

入队和出队操作不需要移动元素，只需要修改队头和队尾下标的位置即可，时间复杂度为 $O(1)$；当队列满时，需要重新开辟一个更大的容量。首先将当前的 n 个元素复制到新开辟的数组空间，然后在队尾插入元素，时间复杂度为 $O(n)$。

例 3.5　使用 SeqQueue<T>，依次将字符'A'至'E'入队，输出队列元素，再将其出队，每次输出出队元素。

程序 3.8：

```
//  Chapter_3 test_queue_cpp. cpp

#include<iostream>
#include"queue. h"
int main(int argc, const char *  argv[]) {
    SeqQueue<char> t;              //创建一个顺序循环队列的对象
    for(int i = 0; i < 5; ++i)     //依次将'A'~'E'加入队列中
        t. enqueue(i + 'A');
    while(! t. isEmpty()){
        char val = t. head();
        std::cout << val << " ";
        t. dequeue();
    }
    return 0;
}
```

程序运行结果如下：

```
A B C D E
```

3.2.3　链式队列

除了顺序队列外，队列还有链式存储结构。链式存储的队列简称链队列，具体存储方式如图 3.15 所示。

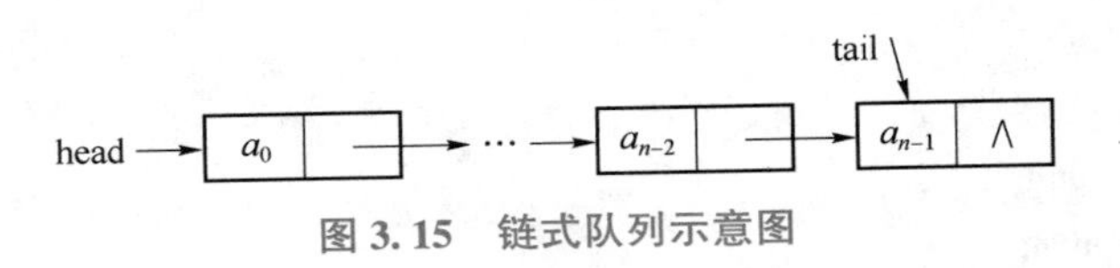

图 3.15 链式队列示意图

一个链式队列需要两个分别指示队头和队尾的指针（称为队头指针 head 和队尾指针 tail）才能唯一确定。空队列指的是 head = tail = null 的队列。链式队列中插入（入队）元素只能在队尾 tail 端进行，相当于链表的尾插入；删除（出队）只能在队头 head 端进行，相当于链表的头删除。具体操作如图 3.16 所示。

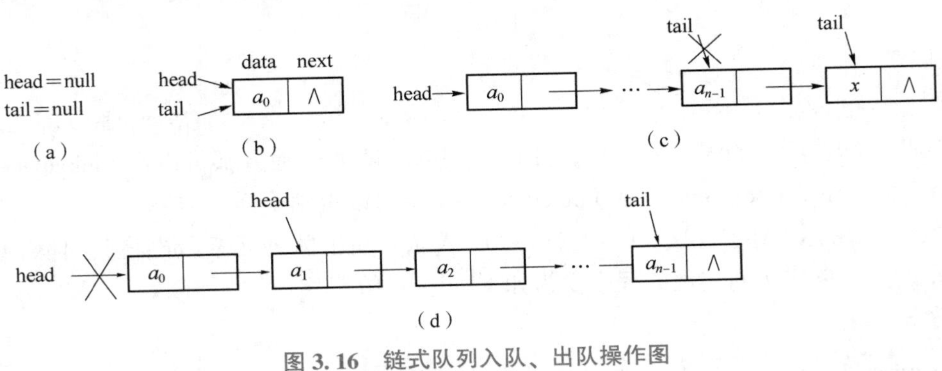

图 3.16 链式队列入队、出队操作图

(a) 设置空队列；(b) 第一个元素入队；(c) 入队；(d) 出队

要把链式队列在计算机中实现处理，可以利用链表 LinkedList 来方便地定义链式队列。定义链式队列 LinkedQueue 如下。

程序 3.9：

```
//  Chapter_3 queue_cpp. h
#ifndef Chapter_3_C_queue_h
#define Chapter_3_C_queue_h

#include"linear_list. h"
//其他声明……

template<typename T>
class LinkedQueue : public LinkedList<T> {
private:
    LinkedList<T> _list;
public:
    bool isEmpty() const {
        return _list. is_empty();
    }
    void enqueue(T item){
```

```
        _list. push_back(item);
    }
    void dequeue(){
        assert(! isEmpty());
        _list. pop_front();
    }
    T head()const{          //返回队首元素
        assert(! isEmpty());
        return _list. get(0);
    }
};

#endif
```

链式队列的使用同顺序队列一样，任何使用顺序队列的地方都可以用 LinkedQueue。改造例 3. 5，将其中的 SeqQueue 换成 LinkedQueue，也可以得到同样的结果。

例 3. 6　依次将' A' 、' B' 、' C' 、' D' 、' E' 入队，输出队列元素，再将其出队，每次输出出队元素。用链式队列实现的程序变为如下程序 3. 10。

程序 3. 10：

```
//  Chapter_3 test_queue_cpp. cpp

#include<iostream>
#include"queue. h"
int main(int argc, const char *  argv[]) {
    LinkedQueue<char> t;                //创建一个顺序循环队列的对象
    for(int i = 0; i < 5; ++i)          //依次将' A' ~' E' 加入队列中
        t. enqueue(i + ' A' );
    while(! t. isEmpty()){
        char val = t. head();
        std::cout << val << " ";
        t. dequeue();
    }
    return 0;
}
```

程序运行结果如下：

```
A B C D E
```

3. 3　应用举例

栈和队列是特殊的线性表，但栈和队列因为其应用广泛而单独作为两种数据结构来使用。栈在计算机中应用非常多，尤其在程序的编译及执行中，经常用到栈。队列在计算机中也很常见，如在操作系统的任务调度队列及打印作业的队列等。除了计算机中有栈和队列的应用外，现实生活中也经常会利用栈和队列的特点来解决很多实际问题。

3.3.1 栈的应用

栈在计算机领域中经常用到。比如，方法嵌套调用时，后调用的方法先返回，这正好是栈的特点；再比如，一个程序表达式中，后出现的左括号会和先出现的右括号相匹配，这也正好和栈的特点相吻合。还有很多其他栈应用的例子，下面具体来看一下。

1. 嵌套调用机制

在一个方法体中调用另一个方法，称为方法的嵌套调用。例如，执行方法 A 时，调用方法 B，此时 A 和 B 均未执行完，仍占用系统资源。根据嵌套调用规则，每个方法在执行完后要返回调用它的方法中。程序运行中，操作系统怎么做到返回调用方法？它又如何知道返回哪个方法？

由于方法返回的次序与调用的次序正好相反，即后调用先返回，这正是栈的特性——后进先出。所以，可以借助一个栈来记录调用的相关信息。调用过程可以用图 3.17 表示，将方法有关信息入栈称为“保护现场”，调用完成后返回时将相关调用方法的信息出栈，称为“恢复现场”。

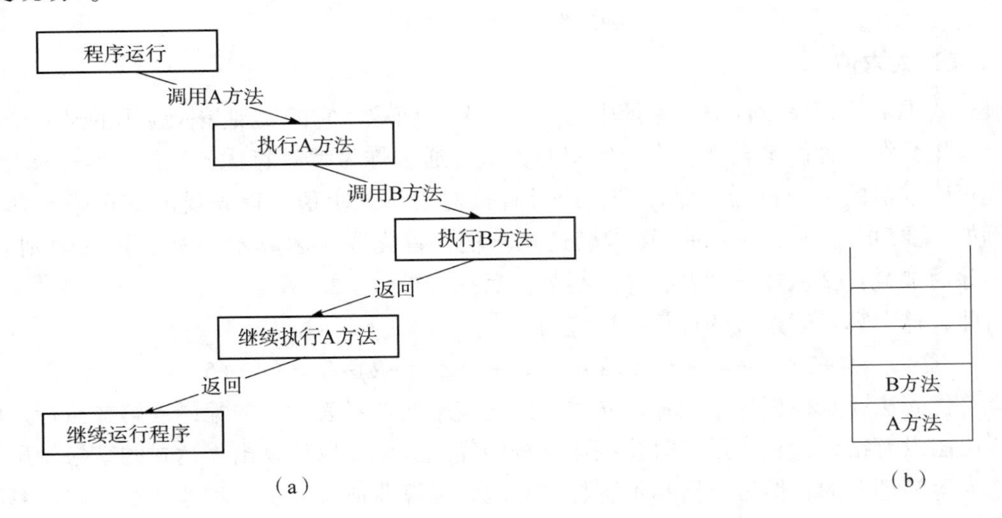

图 3.17 方法的嵌套调用过程

(a) 方法的嵌套调用与返回；(b) 执行方法 B 时的系统栈

很明显，调用过程中用到了栈保存现场数据，而这个过程是编译程序自己进行的，不需要编写程序。

2. 判断表达式中括号是否匹配

括号匹配指的是程序中出现的圆括号、方括号、花括号等，左、右括号的个数要相等，而且必须先左括号后右括号的形式出现；否则编译就会出错。匹配原则是右括号和前面最近

的一个左括号匹配。依次类推，后面第二个右括号和前面倒数第二个左括号匹配。如果出现单个括号，则出错；如果右括号前面没有左括号或者左括号后面没有右括号也出错。

根据匹配原则，可以考虑用栈实现括号匹配。将目前不匹配的左括号入栈，当判断出有对应的右括号时，将该左括号出栈，如果每一个括号都匹配，则最后左括号全部出栈，栈会为空。以圆括号匹配为例（其他括号匹配类似），判断表达式中圆括号是否匹配，如((1+2)×3+4)表达式判断圆括号是否匹配过程如图 3.18 所示。

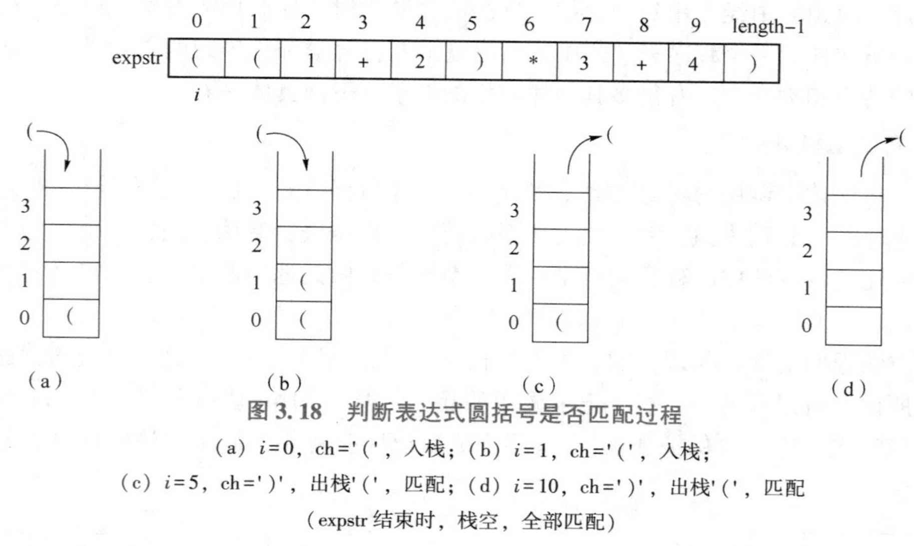

图 3.18 判断表达式圆括号是否匹配过程

(a) $i=0$，ch='('，入栈；(b) $i=1$，ch='('，入栈；
(c) $i=5$，ch=')'，出栈'('，匹配；(d) $i=10$，ch=')'，出栈'('，匹配
（expstr 结束时，栈空，全部匹配）

3. 表达式求值

表达式求值是程序设计语言编译中的一个最基本问题。它的实现是栈应用的又一个典型例子。这里介绍一种简单直观、广为使用的算法，通常称为“算符优先法”。把一个表达式翻译成正确求值的一个机器指令序列，或者直接对表达式求值，首先要能够正确解释表达式。例如，要对 1+2 * (3-4) +5 算术表达式求值，首先要了解算术四则运算的规则，即：①先乘除后加减；②从左算到右；③先括号内后括号外。

由此，这个算术表达式的计算顺序应为

$$1+2*(3-4)+5=1+2*(-1)+5=1+(-2)+5=(-1)+5=4$$

算符优先法就是根据这个运算优先关系的规定来实现对表达式的编译或解释执行。假设表达式语法没有错误，程序运行时按照运算符的优先级就可以计算出表达式的结果。虽然优先级是人容易理解的，但运算器却不容易去实现。运算器适合一步一步地从头到尾计算，可以考虑用表达式的后缀形式来实现求值运算。后缀表达式是指运算符在两个操作数之后的表达式，后缀表达式没有括号，算符没有优先级，从左向右按顺序计算即可得到表达式的结果，如 1+2 * (3-4) +5 的后缀表达式为 1 2 3 4 - * + 5 +。那么如何转换为这个后缀表达式的呢？先设置一个运算符栈，中缀表达式转换为后缀表达式的步骤如下。

步骤 1：从左到右扫描中缀表达式，每次处理一个字符。

步骤 2：遇到“（”，入栈。

步骤 3：遇到数字，原样输出（或放入后缀表达式数组中）。

步骤 4：遇到运算符，比较其与栈顶运算符的优先级，高则入栈，低则栈顶出栈，输

出，直到栈顶比它低为止。

步骤5：遇到“）”，运算符出栈，直到“（”。

步骤6：如果表达式结束，运算符栈元素全部出栈；否则，转步骤1。

具体将中缀表达式1+2＊(3−4)+5转换为后缀表达式的过程如图3.19所示。

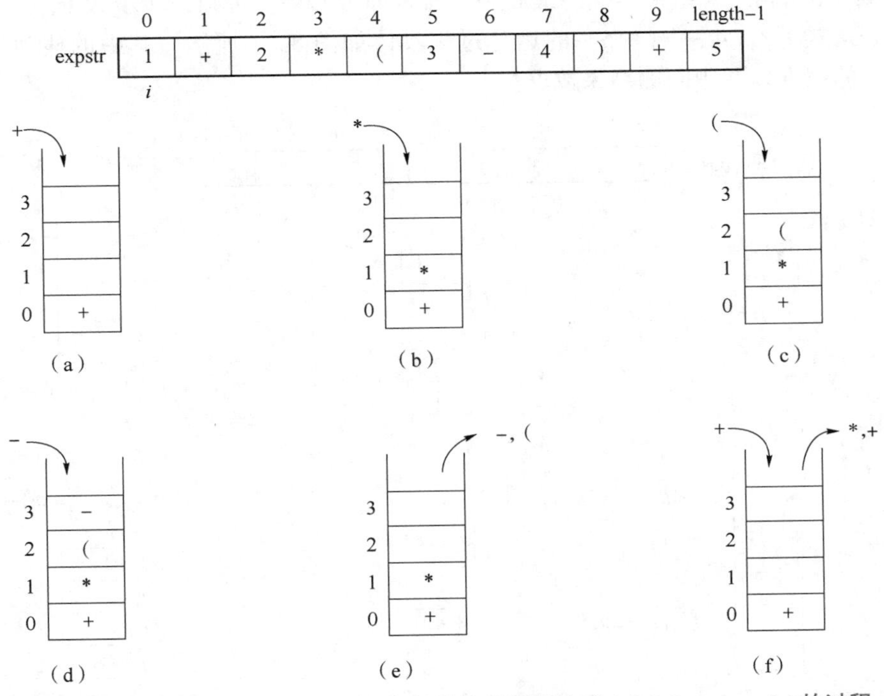

图3.19 中缀表达式1+2＊(3−4)+5转换为后缀表达式1 2 3 4 − ＊ + 5 +的过程

(a) i=1，“+”入栈，后缀：1；(b) i=3，“＊”入栈，后缀：1 2；(c) i=4，“(”入栈，后缀：1 2；

(d) i=6，“−”入栈，后缀：1 2 3；(e) i=8，ch=')'，出栈“−、(”，后缀：1 2 3 4 −；

(f) i=9，ch='+'，出栈“＊、+”，“+”入栈，后缀：1 2 3 4 − ＊ +

（接下来i=10，ch='5'，直接输出到后缀：1 2 3 4 − ＊ + 5；i=11，表达式结束，出栈，后缀：1 2 3 4 − ＊+ 5 +）

有了后缀表达式后，就要开始运算该后缀表达式了。后缀表达式的运算规则是从左向右计算，如图3.20所示。

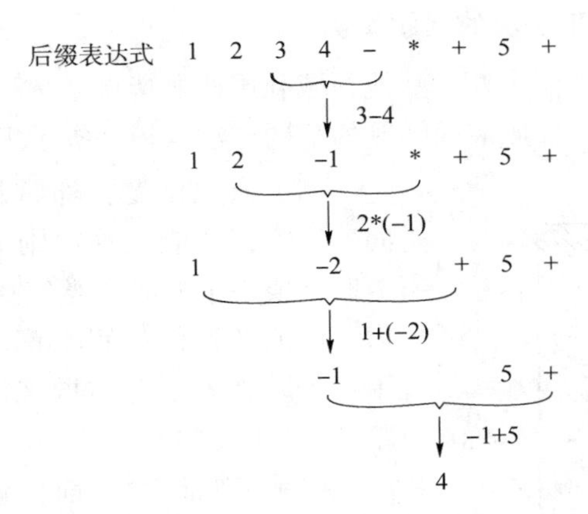

图3.20 后缀表达式运算规则

后缀表达式的具体运算步骤如下。

步骤1：从左到右对后缀表达式字符串进行扫描，每次处理一个字符。

步骤2：遇到数字转化为数值，入栈。

步骤3：遇到运算符，出栈两个值进行运算，运算结果再入栈。

步骤4：如果表达式结束，栈中最后一个元素即为结果；否则，转步骤1。

后缀表达式1 2 3 4 - * + 5 +的运算过程具体如图3.21所示，其中的栈为运算数栈，存储运算中的数据以及中间的结果数据。

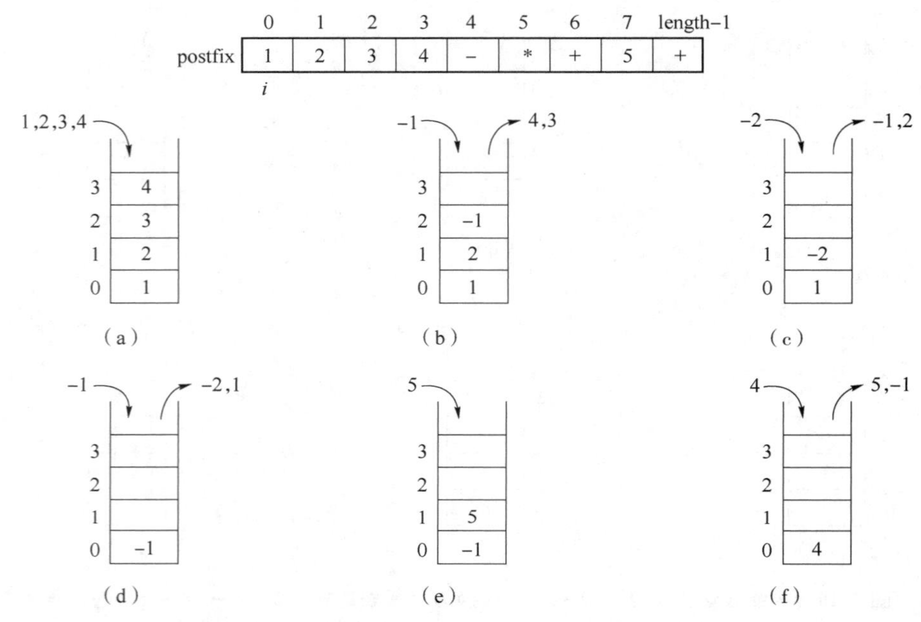

图3.21　后缀表达式1 2 3 4 - * + 5 +的运算过程

(a) 1、2、3、4入栈；(b) $i=4$，ch='-'，4、3出栈，3-4运算结果-1入栈；

(c) $i=5$，ch='*'，-1、2出栈，3*（-1）运算结果-2入栈

(d) $i=6$，ch='+'，-2、1出栈，1+（-2）运算结果-1入栈；

(e) 5入栈；(f) $i=8$，ch='+'，5、-1出栈，-1+5运算结果4入栈

运算完成后，运算数栈中的数据即为最终的运算结果。

4. 其他利用栈的特点来解决的问题举例

除了计算机中栈的各种应用外，其他领域利用栈的特点来解决的问题也有很多，这里再给大家举几个例子，请大家参照前面问题的解题方法，根据提示思考并设计其解决方案。

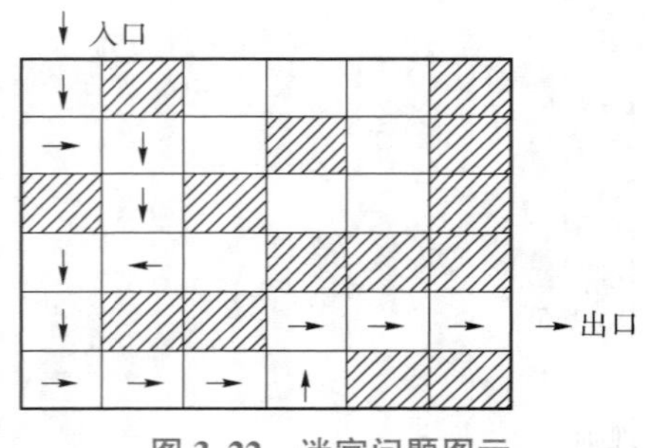

图3.22　迷宫问题图示

（1）迷宫问题：通常从入口出发，顺某一方向向前探索，若能走通，则继续往前走；否则沿原路退回，换一个方向再继续探索，直至找到出口为止。为了保证在任何位置上都能沿原路退回，显然需要用一个后进先出的结构来保存从入口到当前位置的路径，如图3.22所示。

提示：假设“当前位置”指的是“在搜索过程中某一时刻所在图中某个方块位置”，若当前位置

“可通”，则继续朝“下一位置”探索，直至到达出口；若当前位置“不可通”，则应顺着“来向”退回到“前一位置”，然后朝着其他方向继续探索。

(2) N 后问题：在 $N \times N$ 的棋盘上放置 N 个皇后，使其相互不能攻击（不能在同行、同列、同斜线上）。

提示：可以分行布局，从第一行开始，将皇后位置放入栈中，在下一行中满足条件的地方放置皇后，有可放位置则位置入栈，无位置可放则上一行皇后位置出栈，换位置继续放置，如此直至所有行都放置了皇后为止。

(3) 数制转换问题：利用栈将十进制数 N 转换为 r 进制的数。

提示：其转换方法利用辗转相除法（N/r），每次将除法结果放入 N 中，将得到的余数依次放入栈中，当除法结果为 0 时依次再出栈所有数据，即为转换后的数据。

(4) 汉诺塔问题：将一个塔座上的圆盘移动到另一个塔座上。设 a、b、c 是 3 个塔座，在塔座 a 上有 n 个圆盘，这些圆盘自下而上由大到小地叠在一起。现要将塔座 a 上的圆盘移到塔座 b 上，并仍按同样顺序叠置。在移动圆盘时每次只能移动 1 个圆盘，任何时刻都不允许将较大的圆盘压在较小的圆盘上，c 塔座可以辅助使用。

提示：解决这个问题可以借助递归，要将 n 个圆盘从塔座 a 移动到塔座 b，则可以先将 $n-1$ 个圆盘从 a 移动到 c（b 为辅助塔座），然后再将最后一个圆盘从 a 移动到 b，再把刚才移动到 c 上的 $n-1$ 个圆盘从 c 移动到 b（a 为辅助塔座）。

(5) 0-1 背包问题：求装入背包的最大价值量。n 种物品：物品 i 的重量为 w_i，价值为 v_i。一个背包：容量 C。问如何选择装入背包的物品（物品不可以分割），使得背包中总价值最大？

提示：可以从 1 号物品开始看物品是否能放入背包，能放入则放入背包（入栈），背包容量减少，价值量增加；如无法放入则不放入该物品。继续查看下一个物品是否能放入背包，能放则入栈，不能放则不入栈。当此时背包不能再放置任何一个物品时得到一个背包的价值量，将其记录下来，但这不一定是最大价值量。这时需要出栈上一个放入背包的物品，从该物品的下一号物品重新开始进行放入背包的试探，如此再到背包不能再放置任何一个物品时得到一个背包的价值量，和记录的价值量进行比较，记录较大的价值量。这个过程直至所有的可能装入背包的物品组合都被试探装入过背包后，得到最大价值量。

这些问题中数据的组织都可以用栈这种数据结构，解决具体的问题还会用到相关的一些算法，有关算法的内容将会在第 9 章中介绍。

3.3.2 队列的应用

队列也是一种非常广泛地应用在计算机及各个领域的常用数据结构，下面看两个队列应用的例子。

1. 求解素数环

将 1 到 n 排列成环形，使得相邻两数之和为素数，构成一个素数环。

素数指的是只能被 1 和自身整除的数。要想判断一个数 m 是否为素数，就需要对 m 判断是否有 $2 \sim \sqrt{m}$ 的因子。素数环最终是一个按某种顺序排列的数字队列，它要求相邻两数之和为素数。也就是说，需要对 $1 \sim n$ 的任意两个数的组合来判断是否为素数，为素数就可以放置到素数环相邻的位置。1~n 的两两组合有很多，有 $n(n-1)/2$ 个两两组合，逐个进行判断会浪费很多时间。结合素数环的特点，假设素数环已放置了一个数字后，只需要判断下一个要放置的数字是否和该已放置数字之和为素数即可，如此最多只需要判断 $n-1$ 次。在判断过程中，如果该数字和已放数字的和为素数，则将该数字放入素数环。如果该数字和已放数字之和不为素数，则该数字放回可选数字队列中，以备后面使用。

图 3.23　素数环示例

因此，可以先把 1 放入空素数环中，对数字 2~n 进行测试，如果它与素数环中最后那个数（开始是 1）之和为素数，则加入环中；否则暂时放回到待加数字队列最后，待下次进行判断。按照该方法将 1、2、3、4、5、6、7、8、9、10 排成的素数环如图 3.23 所示。

素数环的顺序不止一种，当数字排序不同时得到的素数环是不同的，如 1、2、3、4、7、6、5、8、9、10 也是素数环。

素数环可以用循环队列实现，存放 2~n 的数可以用另一个队列实现，求解素数环算法的步骤如下。

步骤 1：建立空的素数循环队列 A，插入 1。

步骤 2：建立存放待排数的队列 B，依次插入 2 ~n。

步骤 3：从队列 B 中取队头，计算和队列 A 尾之和，如是素数则插入队列 A；否则将取下的该队列头插入 B 队列尾。

步骤 4：继续重复步骤 3，直至队列 B 空为止。

注：本例求解素数环问题的算法不全，没有判断素数环最后一个元素与第一个元素之和是否为素数。所以，这是一个不完整的求解方法，目的只是为了演示队列使用方法，感兴趣的同学可以继续研究。另外，该问题解法不唯一，当初始序列变化时，结果会有多种。

2. 银行业务模拟

假设某银行有 4 个窗口对外接待客户，从早晨银行开门起不断有客户进入银行，由于每个窗口在某个时刻只能接待一个客户。因此，在客户人数众多时需要在每个窗口前顺次排队。对于刚进入银行的客户，如果某个窗口的业务员正空闲，则可上前办理业务；反之，若每个窗口均有客户占用，他便会排在为数最少的队伍后面。编制一个程序模拟银行的这种业务活动并计算一天中客户在银行的平均逗留时间。

很明显，每个窗口的客户需要排队等候办理业务，先来的客户先办理业务，后到的客户后办理业务，办理完业务的客户会离开，所以应该用队列来实现这种数据结构。银行什么时候来客户，客户会在银行停留多长时间，都可以随机生成，也就是用随机数来实现。当最后一个客户离开后，模拟过程结束。

解决该问题的步骤如下。

步骤 1：初始化 4 个窗口队列（空队）。

步骤 2：随机生成一个客户，插入队列长度最短队列的队尾。

步骤 3：随机生成客户的停留时间（办理业务时间），到达这个时间（办理完业务）后从相应队头删除。

步骤 4：重复步骤 2、步骤 3，到一定时间（银行关门）客户不再生成，当现在在队列中的所有客户办理完业务后程序结束（银行关门）。

具体队列情况如图 3.24 所示。

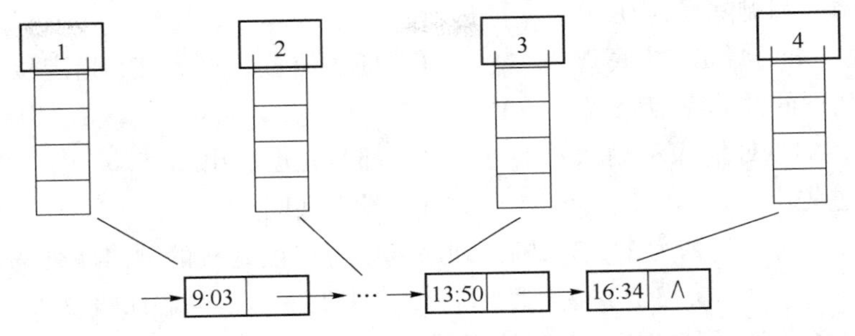

随机生成的按时间顺序排列的事件链表

图 3.24 银行排队图示

其中链表里面存储按时间排好序的随机生成的事件，包括客户到达事件、办理业务所需时间及办完业务离开的事件，将链表中的事件按事件种类进行处理，到达则入队，离开则出队，处理完链表中的事件后模拟过程也就结束了。

本章小结

栈是一种常用的数据结构，它是操作限定在表的一端进行的特殊的线性表。栈的基本操作主要包括入栈、出栈、取栈顶等。栈的存储结构分为两种，即顺序栈和链式栈。栈的应用比较多，计算机的许多领域都会使用栈来完成一些应用。

队列也是一种常用的数据结构，它是插入限定在表的一端而删除限定在表的另一端的特殊线性表。队列的操作主要包括入队、出队、取队头元素等。队列的存储结构分为两种，即顺序队列和链式队列。队列在生活中及各个领域中都有不少的应用。

习 题

1. 选择题

（1）栈 S 最多能容纳 4 个元素。现有 6 个元素按 A、B、C、D、E、F 的顺序进栈，问下列可能的出栈序列是（　　）。

A. E、D、C、B、A、F　　B. B、C、E、F、A、D

C. C、B、E、D、A、F　　D. A、D、F、E、B、C

（2）对于只在表尾进行插入、删除操作的线性表，宜采用的存储结构为（　　）。

A. 顺序表　　B. 队列　　C. 栈　　D. 单链表

（3）若进栈序列为 a、b、c，则通过入、出栈操作可能得到的 a、b、c 的不同排列个数为（　　）。

A. 4　　B. 5　　C. 6　　D. 7

（4）顺序循环队列容量为 20，队头表示第一个元素的位置，队尾表示最后一个元素的下一个位置，当队头为 12、队尾为 5 时，队列中共有（　　）个元素。

A. 15　　B. 14　　C. 12　　D. 13

（5）栈的插入和删除操作在（　　）进行。

A. 栈顶　　B. 栈底　　C. 任意位置　　D. 指定位置

（6）栈和队列的共同特点是（　　）。

A. 只允许在端点处插入和删除元素　　B. 都是先进后出

C. 都是先进先出　　D. 没有共同点

（7）一个栈的输入序列为 1 2 3，则下列序列中不可能是栈的输出序列的是（　　）。

A. 2 3 1　　B. 3 2 1　　C. 3 1 2　　D. 1 2 3

（8）下列有关队列及其应用，叙述错误的是（　　）。

A. 队列是操作受限制的线性表

B. 队列的入队顺序和出队顺序总是一致的

C. 解决计算机主机与打印机之间速度不匹配问题时通常设置一个打印缓冲区，该缓冲区是一个队列结构

D. 设计一个判别表达式中左右括号是否配对的算法，采用队列数据结构最佳

（9）设计一个判别表达式中括号是否配对的算法，采用（　　）数据结构最佳。

A. 顺序表　　B. 链表　　C. 队列　　D. 栈

（10）用一个大小为 6 的数组来实现循环队列，且 tail 和 head 的值分别为 0 和 3。当从队列中删除一个元素，再加入两个元素后，head 和 tail 的值分别为（　）。

A. 1 和 5　　B. 2 和 4　　C. 4 和 2　　D. 5 和 1

2. 判断题

（1）队列是后进先出的线性表。（　　）

（2）已知入队的序列是 *DCBA*，则出队序列可以是 *ABCD*。（　　）

（3）已知入栈的序列是 *ABCD*，则出栈序列可以是 *ABCD*。（　　）

（4）栈是后进先出的线性表。（　　）

（5）在队列中插入元素在队头进行，删除元素在队尾进行。（　　）

（6）栈只能在栈底端进行插入或删除。（　　）

3. 填空题

（1）栈是________的线性表，而队列是________的线性表，它们都是操作受限的特殊线性表。

（2）已知入队的序列是 *DCBA*，请问出队序列为______；如果 *DCBA* 依次全部进入栈中，出栈序列为______。

（3）设循环队列的元素存放在一维数组 *Q*[30]中，head 指向队头元素，tail 指向队尾元素的后一个位置。若 head=25、tail=5，则该队列中的元素个数为______。

（4）在顺序循环队列中使用 value[ ]数组存储数据元素，插入元素在______进行，执行的操作为________；________。

4. 综合题

（1）设元素 *A*、*B*、*C*、*D* 依次经过一个栈，进栈次序为 *A*、*B*、*C*、*D*，在栈的输出序列中，请列出 5 种不可能的数据序列结果。

（2）求表达式“$A+B*(C-D)/E+F$”对应的后缀表达式。

（3）已知顺序循环队列，最多容纳 100 个元素，当 head = 47、tail = 23 时，该队列中有多少个元素？当入队序列为 *DCBA* 时，出队为什么序列？

（4）在顺序循环队列（长度为 n）中，队头是 head，队尾是 tail，队列中存储数据的数组为 value[ ]，试写出出队操作的算法（要求返回队头元素）。

（5）举例说明栈和队列的应用。

习题答案

第4章 线性结构扩展

线性结构的一些特殊结构及其扩展结构，包括字符串、数组、广义表，是本章学习的主要内容。字符串是一种特殊的线性结构，不过它的内容是由字符构成的，在其上可以进行的操作也有所不同。数组中一维数组是顺序存储的线性结构，而二维以上的数组则可以看作是扩展了的线性结构，其特点是数据元素自身也是线性结构。广义表更加特殊，它的元素类型可以是任意类型，既可以是简单的某种数据类型的数据元素，也可以是另一个广义表类型。这几种数据结构在计算机领域都得到广泛的应用，本章将介绍这几种数据结构的特点及其应用方向，方便学生在需要时使用。

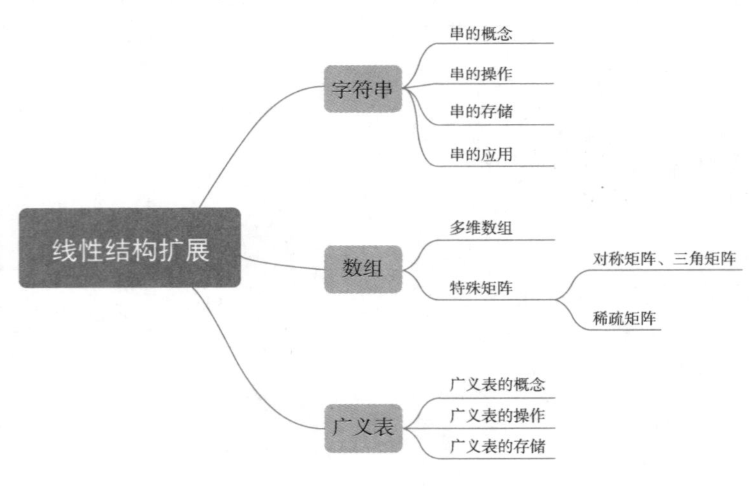

4.1 字符串

4.1.1 串的基本概念

计算机已被大量用来处理非数值计算问题，如文本编辑、自然语言理解、关键词搜索等，在这些问题中所涉及的处理对象多数是字符串数据。在较早的程序设计语言中，字符串仅作为输入和输出的常量出现。随着计算机应用的发展，字符串作为一种变量类型出现，并产生了一系列字符串的操作。字符串一般简称为串（string），是由零个或多个字符组成的有限序列。一般记为

$$S="a_0a_1\cdots a_{n-1}" \quad n\geqslant 0$$

式中：S 为串名，用双引号括起来的字符序列是串的值；a_i可以是字母、数字或其他字符。

串是一种特殊的线性表，其特殊性在于串中的每一个数据元素仅由一个字符组成。串中字符的数目 n 称为串的长度，长度为 0 的串称为空串。

例 4.1　设 A、B、C 为以下串：A="data"，B="structure"，C=""，求它们的长度。

串的长度为串中字符的数目，所以串 A、B、C 的长度分别是 4、9、0。

注意：在 C 语言中，单引号括起来的是字符常量，数据类型是 char，占用 1 个字节，如'a'、'+'等。由双引号括起来的是字符串常量，数据类型是 char *，如"a"、"汉字是方块字"等，长度根据具体内容而定，C 语言中是没有专门表示字符串类型的。但是在 C++中，用专门的数据类型 std::string 来表示字符串。

子串和主串：串中任意个连续的字符组成的子序列称为该串的子串，包含子串的串相应地称为主串。通常把字符在序列中的序号称为该字符在串中的位置，子串在主串中的位置则以子串的第一个字符在主串中的位置来表示。空串是任意串的子串，任意串是其自身的子串。

例 4.2　有 3 个字符串：A="data"，B="structure"，C="data structure"。求子串 A 和子串 B 在主串 C 中的位置。

子串在主串中的位置是子串的第一个字符在主串中的位置，因此，子串 A 在主串 C 中的位置是 0，而子串 B 在主串 C 中的位置是 5。

串的比较：通过组成串的字符之间的比较来进行。给定两个串 $X="x_0x_1\cdots x_{n-1}"$ 和 $Y="y_0y_1\cdots y_{m-1}"$，则：

（1）当 $n=m$ 且 $x_0=y_0, x_1=y_1, \cdots, x_{n-1}=y_{m-1}$时，称 $X=Y$；

（2）当下列条件之一成立时，称 $X<Y$：

①$n<m$ 且 $x_i=y_i(0\leqslant i<n)$；

②存在 $k<\min(m,n)$，使得 $x_i=y_i(0\leqslant i<k-1)$且 $x_k<y_k$。

例 4.3　现有 3 个字符串 S_1="ab12cd"、S_2="ab12"、S_3="ab13"，比较其大小。

根据串的比较规则，通过组成串的字符之间的比较得到 $S_2<S_1$、$S_2<S_3$。

4.1.2　串的常用操作

串的数据对象就是属于某种字符集的字符构成的集合，数据元素间的关系是线性关系，对于串可以进行的基本操作可以包括取值、求子串、连接两个字符串、判等、求长度、查找某个字符的位置、查找某个子串的位置等操作。

需要注意的是，在 C 语言函数库中提供了各种串处理函数。比如：gets(str)可以输入一个串；puts(str) 可以输出一个串；strcat(str1,str2)可以连接两个串 str1 和 str2；strcpy(str1,str2)可以将 str1 复制到 str2 中；strcmp(str1,str2)可以比较 str1 和 str2 的大小；strlen(str)可

以求串 str 的长度等。而在 C++标准库中的<string>内也定义了串的各种操作，可以直接使用。而且这里介绍的串操作不是它的全部操作，只是一些基本操作，在使用中也可以通过这些基本操作来定义复杂操作。

4.1.3 串的存储

存储字符串的方法和存储线性表的方法一样，有顺序存储结构和链式存储结构，只是串中数据元素都是单个字符。

1. 串的顺序存储结构

用一组地址连续的存储单元存储串的字符序列，构成串的顺序存储，简称为顺序串。串的顺序存储结构可以分为定长顺序存储和堆存储两种。

（1）串的定长顺序存储表示。

按照预定义的串的大小，为每个定义的串变量分配一个固定长度的存储区，可采用 char 类型的定长数组进行描述或表示。

串的实际长度可在这预定义长度的范围内随意取值，超过部分将被舍去，或称为截断。按这种串的表示方法实现串的运算时，其基本操作为“字符序列的复制”。比如进行字符串连接时会形成一个新串，将两个要连接的串合并到一起，如图 4.1 所示。

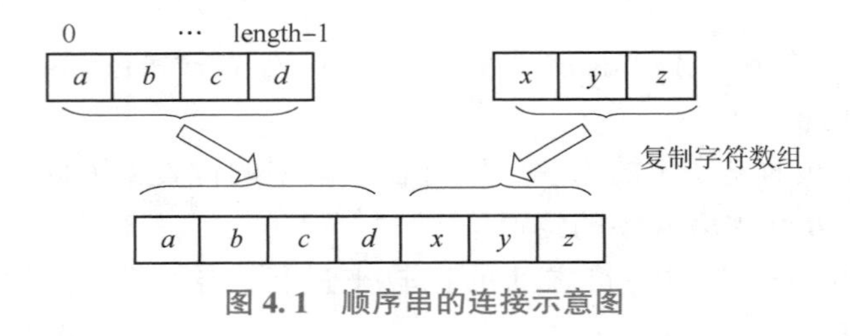

图 4.1　顺序串的连接示意图

（2）串的堆存储表示。

串的堆存储也是以一组地址连续的存储单元存放串值字符序列，但存储空间是在程序执行过程中动态分配的。在 C++中的 string 就是用堆存储的，而在 C 语言中堆存储的串可以定义成以下形式，在程序执行中动态地分配字符串空间。

程序 4.1：

```
typedef struct {
    char * ch;        // 若是非空串,则按串长分配存储区;否则 ch 为 NULL
    int   length;     // 串长度
} HString;
```

2. 串的链式存储结构

用链表来存储字符串，可以是单字符链表或者块链表。单字符链表是每个结点只存储一个字符，而块链表是每个结点包含若干字符，如图 4.2 所示。

链式结构的存取较为复杂，需要从头开始查找，时间复杂度为 $O(n)$。单字符链表插入不需要移动元素，只需要找到插入位置，改变链表地址信息。块链表插入时找到了指定插入

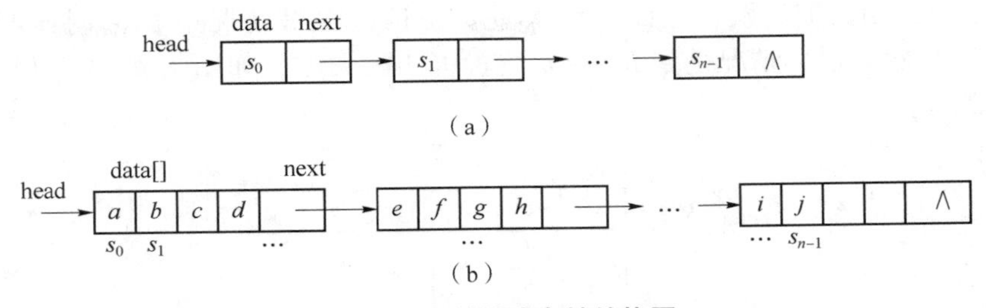

图 4.2 串的链式存储结构图

(a) 单字符链表；(b) 块链表

结点后还需要在结点内部移动元素。链式存储结构占用的空间多，操作也较耗时，效率比较低。实际中很少使用这种存储结构。

4.1.4 串的模式匹配算法

几乎在所有对文本型数据进行编辑的软件中，都提供“查找”功能，而查找子串的操作通常称为串的模式匹配。给定主串 Target="$t_0t_1\cdots t_{n-1}$"和模式串 Pattern="$p_0p_1\cdots p_{m-1}$"，在主串 Target 中寻找模式串 Pattern 的过程称为模式匹配。如果匹配成功，返回 Pattern 在 Target 中的位置，如果匹配失败，则返回-1。模式匹配算法可以分成多种，这里介绍简单模式匹配算法（Brute-Force 算法）和无回溯模式匹配算法（KMP 算法）。

1. 简单模式匹配算法（Brute-Force 算法）

串的模式匹配实际上是对于合法的位置 $0\leqslant i\leqslant n-m$ 依次将目标串中的子串 target[$i..i+m-1$]和模式串 pattern[$0..m-1$]依次进行比较，若相等则称从位置 i 开始的匹配成功，也称模式在目标中出现；若不等则称从位置 i 开始的匹配失败。具体的匹配过程如图 4.3 所示。

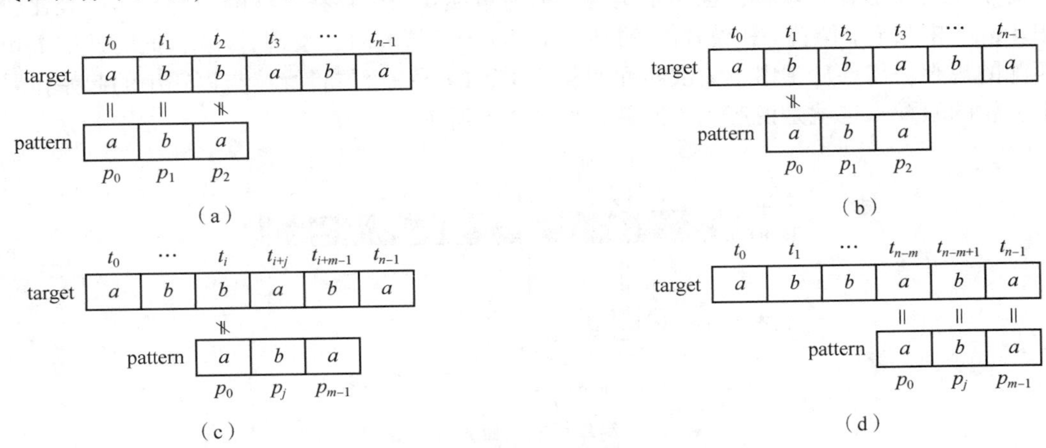

图 4.3 简单模式匹配过程

(a) $i=0$，子串"$t_0t_1t_2$"与模式串比较，比较 3 次，匹配失败；

(b) $i=1$，子串"$t_1t_2t_3$"与模式串比较，比较 1 次，匹配失败；

(c) $i=2$，子串"$t_it_{i+1}\cdots t_{i+m-1}$"与模式串比较，比较 1 次，匹配失败；

(d) $i=3$，子串"$t_{n-m}t_{t-m+1}\cdots t_{n-1}$"与模式串比较，比较 3 次，匹配成功，返回 t_i 的序号 i

因此，简单模式匹配的基本思想是用一个循环来依次检查主串 Target 中 $n-m+1$ 个 i 位置（$0\leqslant i\leqslant n-m$）是否为正确匹配位置，如果匹配则返回位置 i；如果不匹配，继续向下检查，直至 $i>n-m$，则匹配失败，返回-1。如此方法匹配最好情况是 $i=0$ 时匹配就成功了，如图 4.4（a）所示。最坏情况是到 $i=n-m$ 位置仍匹配失败，如图 4.4（b）所示。平均情况介于两者之间。

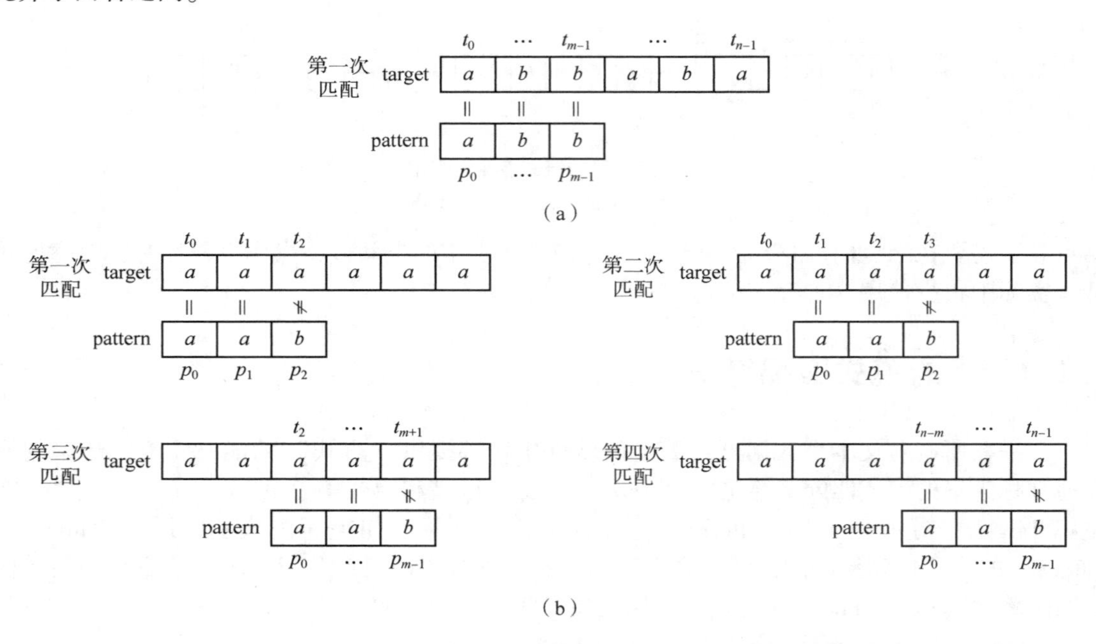

图 4.4　简单模式匹配过程的最好情况和最坏情况

（a）最好情况，"$t_0t_1\cdots t_{m-1}$"="$p_0p_1\cdots p_{m-1}$"，比较次数为模式串长度 m，时间复杂度为 $O(m)$；

（b）最坏情况，每次匹配比较 m 次，匹配 $n-m+1$ 次，时间复杂度为 $O(n\times m)$

简单模式匹配容易理解，也易于实现。但简单模式匹配存在这样的问题，当已经比较到主串 Target 中第 i 个位置 t_i 和模式串 Pattern 中第 j 个位置 p_j 时，发现 $t_i\neq p_j$，此时按照简单模式匹配的规则，需要从主串中该次匹配的起始位置的下一个位置继续与模式串的起始位置开始下一轮的匹配，也就是说产生了回溯，如图 4.5 所示。

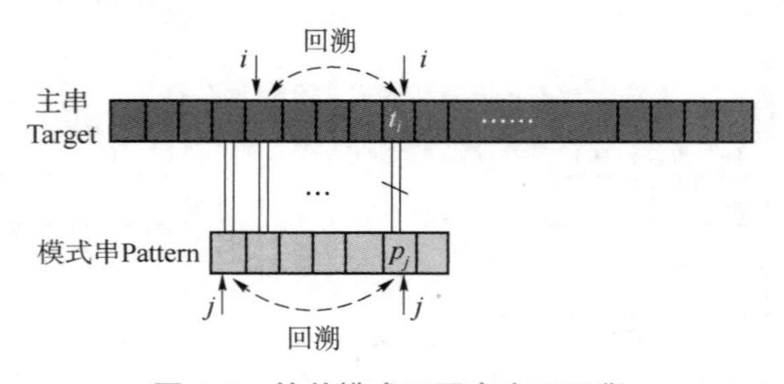

图 4.5　简单模式匹配产生了回溯

这样最坏情况下，每次主串 Target 中 t_{i+m-1} 和模式串 Pattern 的最后一个字符 p_{m-1} 比较时发现不相等，则模式串 Pattern 再从头 p_0 开始和主串 Target 的下一个字符 t_{i+1} 进行比较，开始下一轮的匹配。如此下去直到最后，则共要比较 $m\cdot(n-m+1)$ 次，时间复杂度为 $O(m\cdot n)$。而一般用模式匹配的问题规模通常很大，常常需要在大量信息中进行匹配，这样比较次数 $m\cdot(n-m+1)$ 就会很多，使算法效率低。但其实前面的字符已经进行过比较，也就是说已经得到了字符比较的一些信息，比如图 4.6 所示的状态。图 4.6（a）中主串 Target 已经比较到第 3 个字符 t_2 了，因为 $t_2 \neq p_2$，则下次要从 t_0 的下一位 t_1 再开始和 p_0 比较，如图 4.6（b）所示。此时 Target 串出现了回溯（回到前面的位置重新开始比较）。但图 4.6（a）中第一次匹配可以得到 $t_0=p_0$、$t_1=p_1$、$t_2 \neq p_2$，而且 Pattern 串本身 $p_0 \neq p_1$，由此可知 $t_1 \neq p_0$，因此下一次匹配不必从 t_1 开始比较，而直接从 t_2 开始与 p_0 比较即可。也就是说，图 4.6（b）可以省略，匹配过程由图 4.6（a）直接到图 4.6（c），这样匹配过程就消除了回溯，减少了比较次数。而这正是改进的模式匹配，即无回溯模式匹配算法的思路。

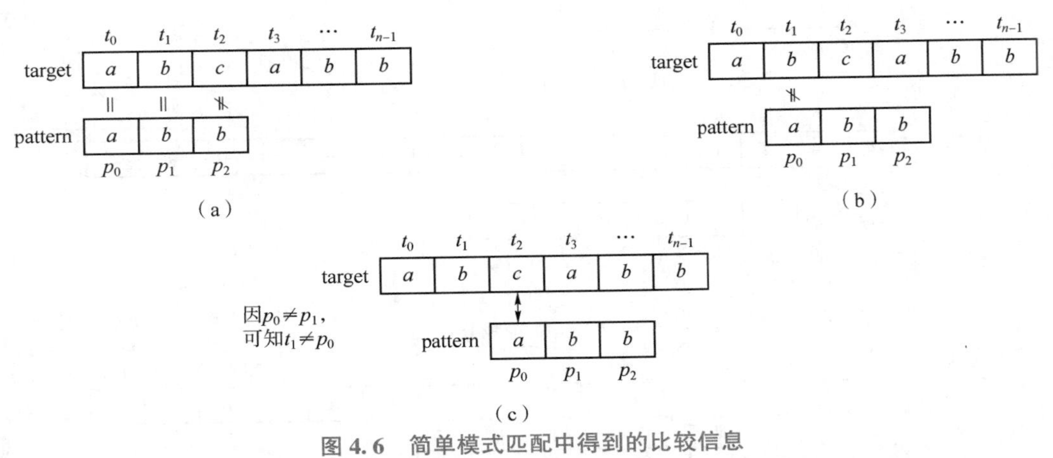

图 4.6　简单模式匹配中得到的比较信息

（a）目标串的"$t_0t_1t_2$"子串与模式串进行匹配；（b）$t_2 \neq p_2$，则下次从 t_1 和 p_0 开始比较；（c）目标串不回溯，下一次匹配比较 $t_2=p_0$

2. 无回溯模式匹配算法（KMP 算法）

按照目标串无回溯的思想，在 KMP 算法的匹配过程中，一旦比较不等，$t_i \neq p_j$，则下一轮匹配时主串 Target 继续从 t_i 开始比较，消除主串在匹配过程中的回溯。并且利用前一次匹配的比较结果，得到 t_i 要与模式串 p_k 继续进行比较，那么如何求 p_k 就是无回溯模式匹配 KMP 算法的核心所在，如图 4.7 所示。

在图 4.7（a）中，比较到 $t_2 \neq p_2$，因为由模式串本身特点和上次比较结果知，$t_1 \neq p_0$，所以下次 t_2 和 p_0 比较，如图 4.7（b）所示。此时 $t_2 \neq p_0$，所以下次 p_0 要和 t_3 进行比较，也就是 t_2 和 p_{-1} 比较，如图 4.7（c）所示。如此比较下去，比较到 $t_i \neq p_j$ 时，因为有"$t_{i-k} \cdots t_{i-1}$"="$p_{j-k} \cdots p_{j-1}$"="$p_0 \cdots p_{k-1}$"="ab"，即模式串 Pattern 中存在相同的前缀子串和后缀子串（长度为 $k=2$），则模式串 Pattern 下一次从 p_k 开始和主串 Target 中 t_i 比较，如图 4.7（d）所示。

下面总结如何求 p_k。当主串中 t_i 和模式串中 p_j 发生"失配"（不等）即 $t_i \neq p_j$ 时，有

主　串：	$t_0 \cdots\cdots\cdots$	$t_{i-j} \cdots t_{i-1}$	$t_i \cdots$
模式串：		$p_0 \cdots p_{j-1}$	$p_j \cdots$

而前面的字符对应相等，得到关系式

$$"p_0p_1 \cdots p_{j-k} \cdots p_{j-1}" = "t_{i-j}\ t_{i-j+1} \cdots t_{i-k} \cdots t_{i-1}" \quad ①$$

由于 $t_i \neq p_j$，接下来设 t_i 将与 p_k 继续比较，即

主　串：	$t_0 \cdots\cdots\cdots$	$t_{i-k} \cdots t_{i-1}$	$t_i \cdots$
模式串：		$p_0 \cdots p_{k-1}$	$p_k \cdots$

即模式串中的前 $k-1$ 个字符的子串必须满足下列关系式：$(k<j)$，有

$$"p_0\cdots p_{k-1}"="t_{i-k}\cdots t_{i-1}" \qquad ②$$

由式①可得 $"p_{j-k}\cdots p_{j-1}"="t_{i-k}\cdots t_{i-1}"$

由式①和式②综合得 $"p_0\cdots p_{k-1}"="p_{j-k}\cdots p_{j-1}"$

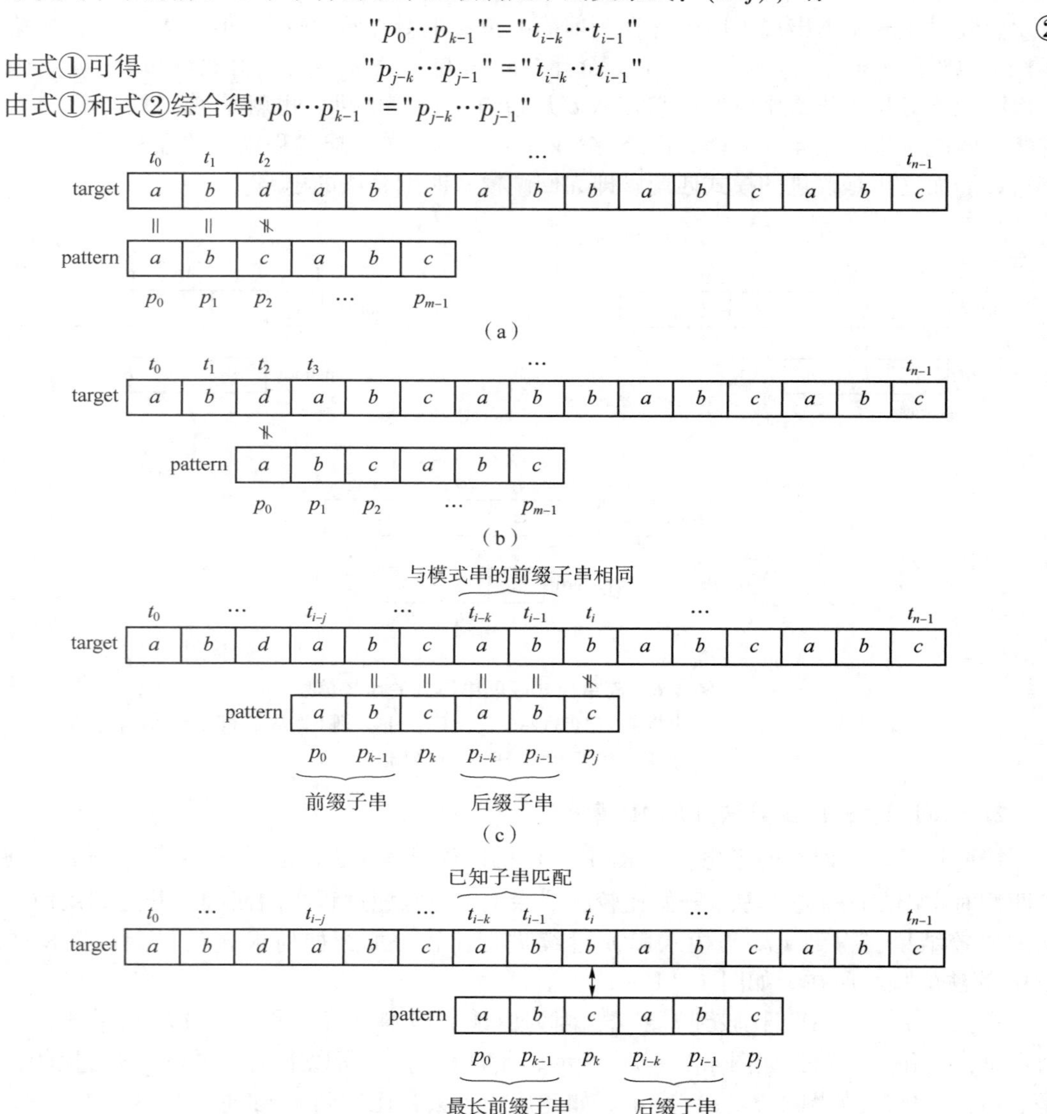

图 4.7　无回溯模式匹配部分过程

(a) 第一次匹配，$t_2 \neq p_2$，目标串不回溯，下一次 t_2 与 p_0 比较；(b) 第二次匹配，$t_2 \neq p_0$，下一次 t_3 与 p_0 比较；(c) 当 $t_i \neq p_j$ 时，因为有 $"t_{i-k}\cdots t_{i-1}"="p_{i-k}\cdots p_{j-1}"="p_0\cdots p_{k-1}"="ab"$，即存在相同的前缀子串和后缀子串（长度 $k=2$），则模式串下一次从 p_k 开始比较；(d) 下一次，t_i 继续与 p_k 比较

也就是说，当主串中 t_i 和模式串中 p_j 发生“失配”时，主串 t_i 要和模式串中 p_k 继续比较，此时 k 的求法就是求模式串 p_j 前的子串“$p_0\cdots p_{j-1}$”中前 k 位和后 k 位相同的这个 k 值。如此，针对模式串中每个 p_j 处失配时，可以计算出对应的下次匹配的新起点 k，令 $k=\text{next}[j]$，则

$$\text{next}[j]=\begin{cases}-1 & j=0\\ k & 0\leqslant k<j\end{cases} \quad \text{且使}"p_0\cdots p_{k-1}"="p_{j-k}\cdots p_{j-1}"\text{的最大整数}$$

例 4.4　用 KMP 算法求模式串 Pattern = "abcabc" 在主串 Target = "abdabcabbabcabc" 中的位置（模式匹配）。

解 首先，求模式串Pattern的next［］数组，也就是求当模式串中p_j和主串某个t_i失配时，下次和t_i进行比较的p_k的k是多少。由上面next［j］的计算公式可以得到表4.1。

表4.1 next数组的计算

j	0	1	2	3	4	5
模式串	a	b	c	a	b	c
next[j]	−1	0	0	0	1	2

然后，根据模式串的next[ ]数组进行无回溯模式匹配（KMP），如图4.8所示。

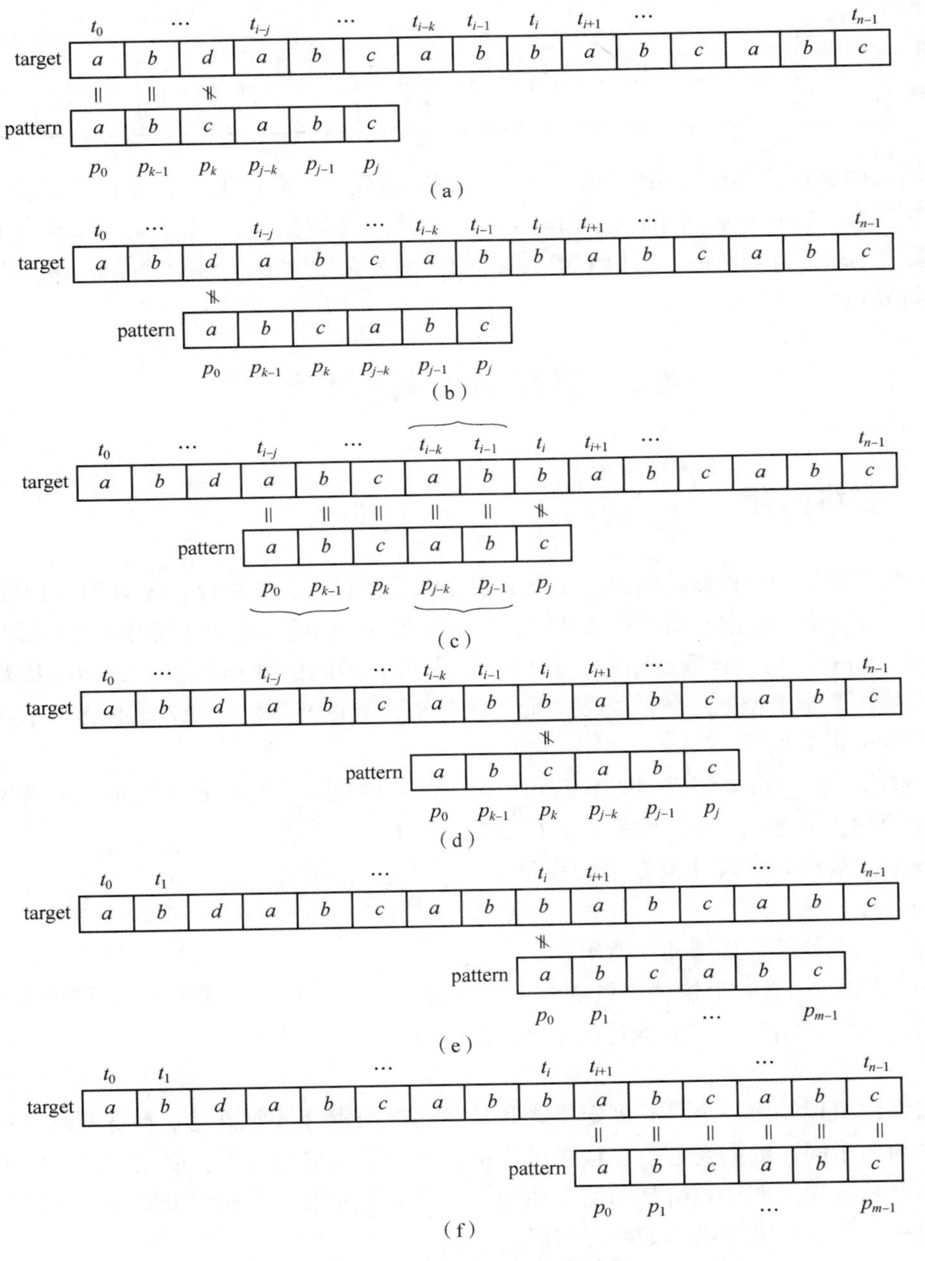

图4.8 无回溯模式匹配全过程

在图 4.8（c）中，$t_i \neq p_5$时，由 k=next[j]=next[5]=2，模式串继续从 $p_k=p_2$开始比较。此时，$p_2=p_5$，即 $p_k=p_j$，所以可知 $t_i \neq p_k$，则下一次匹配开始不必从 t_i和 p_k开始比较，而是让 t_i和 $p_{next[k]}$开始比较，即省略图 4.8（d）中的比较，由图 4.8（c）直接到图 4.8（e）。这样可以得到改进的 next[ ]数组结果，如表 4.2 所示。

表 4.2　改进 next 数组的计算

j	0	1	2	3	4	5
模式串	a	b	c	a	b	c
next[j]	-1	0	0	0	1	2
p_k和 p_j比较		≠	≠	=	=	=
改进 next[j]	-1	0	0	-1	0	0

使用无回溯模式匹配 KMP 算法，主串比较时位置 i 不会回退，因此在进行模式匹配时字符比较次数在$[m,n+m]$范围内，而求 next 数组的过程就是模式串上的模式匹配过程，其比较次数在$[m,2m]$范围内，所以 KMP 算法的时间复杂度为 $O(n+m)$。若 $m \ll n$，则 KMP 算法的时间复杂度为 $O(n)$。

4.2　多维数组与特殊矩阵

4.2.1　多维数组

数组是很常见的一种数据结构，在很多程序设计语言中，数组已经实现为一种数据类型。不同的程序设计语言采用不同的存储结构表示多维数组，因此有必要了解数组的存储机制。

数组（array）是一种数据结构，其数组元素具有相同的数据类型。其中一维数组是数据元素为某种原子类型顺序的线性表。而多维数组是数据元素仍是线性表的线性表。具体可以将 n 维数组定义如下。

n 维数组：由一组类型相同的数据元素构成的有序集合，其中每个数据元素称为一个数组元素（简称为元素），每个元素受 n（$n \geq 1$）个线性关系的约束，每个元素在 n 个线性关系中的序号 i_1、i_2、…、i_n称为该元素的下标。

比如，二维数组，如图 4.9 所示。

$$A=\begin{pmatrix} a_{00} & a_{01} & \cdots & a_{0,n-1} \\ a_{10} & a_{11} & \cdots & a_{1,n-1} \\ \vdots & \vdots & & \vdots \\ a_{m-1,0} & a_{m-1,1} & \cdots & a_{m-1,n-1} \end{pmatrix}$$

图 4.9　二维数组示例图

其中，元素 a_{22}受两个线性关系的约束，在行上有一个行前驱 a_{21}和一个行后继 a_{23}，在列上有一个列前驱 a_{12}和一个列后继 a_{32}。

可以将数组理解成一个具有固定格式和数量的数据集合，数组元素本身可以具有某种结构，但必须属于同一数据类型。在程序设计中关注的是数组的使用，而数据结构则关注数组的内部存储和实现。那么数组是如何存储的呢？当数组元素格式和数量固定时称其为静态数组。先看一下静态一维数组是如何存储的。

一维数组可以采用顺序存储结构，占用连续的存储空间，元素属于同一种数据类型，设第一个元素的存储地址为 $\mathrm{Loc}(a_0)$，每个元素占用 c 字节，则数组的其他元素 a_i 的存储位置 $\mathrm{Loc}(a_i)$ 可以直接计算，即 $\mathrm{Loc}(a_i)=\mathrm{Loc}(a_0)+i \cdot c$，如图 4.10 所示。

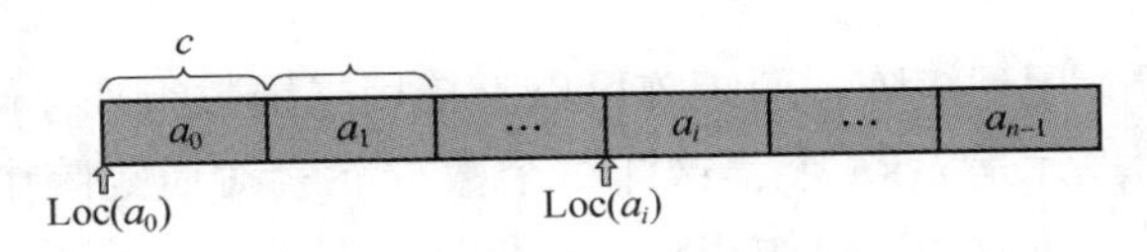

图 4.10　静态一维数组的存储示意图

而多维数组可以看作线性表的扩展。例如，一个 m 行 n 列的二维数组可以看成由 m 个一维数组行组成，也可以看成 n 个一维数组列组成的线性表，如图 4.11 所示。

行 \ 列	0	1	…	$n-1$
0	a_{00}	a_{01}	…	$a_{0,n-1}$
1	a_{10}	a_{11}	…	$a_{1,n-1}$
⋮	⋮	⋮	⋮	⋮
$m-1$	$a_{m-1,0}$	$a_{m-1,0}$	…	$a_{m-1,n-1}$

图 4.11　二维数组线性表示意图

二维数组每个元素 $a_{ij}(0\leqslant i<m,0\leqslant j<n)$：有两个前驱，即行前驱 $a_{i-1,j}$ 和列前驱 $a_{i,j-1}$；有两个后继，即行后继 $a_{i+1,j}$ 和列后继 $a_{i,j+1}$；起点 a_{00} 没有前驱，终点 $a_{m-1,n-1}$ 没有后继；$a_{0,j}$ 和 $a_{i,0}$ 只有一个前驱，$a_{m-1,j}$ 和 $a_{i,n-1}$ 只有一个后继。对于该数组可以按行为主序存储，即

$$a_{00},a_{01},\cdots,a_{0,n-1},a_{10},a_{11},\cdots,a_{1,n-1},\cdots,a_{m-1,0},\cdots,a_{m-1,n-1}$$

行主序静态存储时，$\mathrm{Loc}(a_{ij})=\mathrm{Loc}(a_{00})+(i \cdot n+j) \cdot c$，如图 4.12（a）所示。

该数组也可以按列为主序存储，即

$$a_{00},a_{10},\cdots,a_{m-1,0},a_{01},a_{11},\cdots\ a_{m-1,1},\cdots,a_{0,n-1},\cdots,a_{m-1,n-1}$$

列主序静态存储时，$\mathrm{Loc}(a_{ij})=\mathrm{Loc}(a_{00})+(j \cdot m+i) \cdot c$，如图 4.12（b）所示。

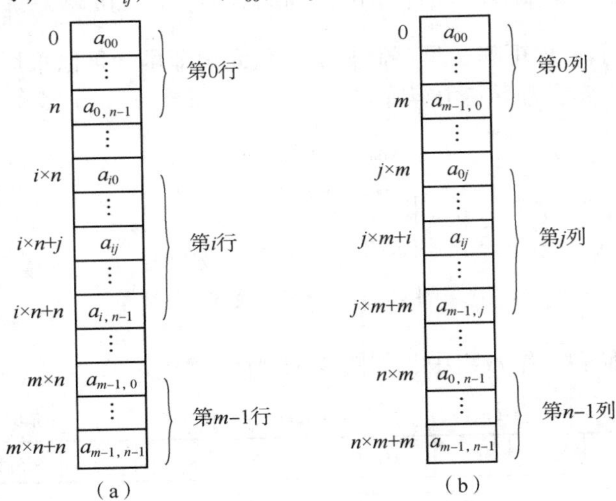

图 4.12　静态二维数组存储示意图

（a）行主序；（b）列主序

更多维数组的存储可以继续推广。在 C/C++中，二维数组是按照行主序存储的。

4.2.2　特殊矩阵的压缩存储

在很多运算中经常会用到矩阵，而矩阵可以直接用二维数组来存储。当使用二维数组存储矩阵时，占用的存储单元是 $m \times n$ 个，这样每个数据元素对应矩阵中的一个元素，元素关系也可以明确表示出来，所以用二维数组表示存储矩阵是非常适宜的一种数据结构。但有些矩阵比较特殊，比如对称矩阵，上半个矩阵和下半个矩阵元素相同，直接用二维数组存储将会重复存储一半的元素。再比如稀疏矩阵，矩阵中非零元素个数很少，其他都是零，这时数组中会有大量的零元素。

对于这种情况，为了节省存储单元，可以采用压缩存储的方法，对于重复元素只存一份；对于零元素不进行存储，只存储有用的非零元素。

1. 对称矩阵的压缩存储

对称矩阵的特点是 $a_{ij}=a_{ji}$，也就是说有一半的元素是重复的。对于这种情况，可以只存储其一半元素。比如存储矩阵下三角（也可存储上三角）中的元素，而矩阵上三角中的元素和矩阵下三角中的元素相同，不需要重复存储。另外，还有一种特殊矩阵称为三角矩阵，矩阵只有上三角或者只有下三角有非零元素，而另一个三角中元素值都为 0。三角矩阵和对称矩阵的压缩存储相同，都是只存储半个矩阵中的元素即可。图 4.13 举例说明了 3 种特殊矩阵。

$$
\begin{pmatrix} 3 & 6 & 4 & 7 & 8 \\ 6 & 2 & 8 & 4 & 2 \\ 4 & 8 & 1 & 6 & 9 \\ 7 & 4 & 6 & 0 & 5 \\ 8 & 2 & 9 & 5 & 7 \end{pmatrix}
\quad
\begin{pmatrix} 3 & 4 & 8 & 1 & 0 \\ 0 & 2 & 9 & 4 & 6 \\ 0 & 0 & 1 & 5 & 7 \\ 0 & 0 & 0 & 6 & 8 \\ 0 & 0 & 0 & 0 & 7 \end{pmatrix}
\quad
\begin{pmatrix} 3 & 0 & 0 & 0 & 0 \\ 6 & 2 & 0 & 0 & 0 \\ 4 & 8 & 1 & 0 & 0 \\ 7 & 4 & 6 & 6 & 0 \\ 8 & 2 & 9 & 5 & 7 \end{pmatrix}
$$

（a）　　　　（b）　　　　（c）

图 4.13　对称矩阵、上三角矩阵和下三角矩阵

（a）对称矩阵；（b）上三角矩阵；（c）下三角矩阵

对于对称矩阵和下三角矩阵，只存储其下三角元素即可。可以采用行主序存储该下三角中非零元素。图 4.14 所示为下三角矩阵。

$$
\boldsymbol{A}_{n\times n}=\begin{bmatrix} a_{00} & 0 & \cdots & 0 \\ a_{10} & a_{11} & \cdots & 0 \\ \vdots & \vdots & & \vdots \\ a_{n-1,0} & a_{n-1,1} & \cdots & a_{n-1,n-1} \end{bmatrix}
$$

图 4.14　下三角矩阵

按行主序压缩存储在一维数组中，如图 4.15 所示。

0	1	2	…	$i(i+1)/2$		$i(i+1)/2+j$		$i(i+1)/2+n-1$		$n(n-1)/2$		$n(n+1)/2-1$
a_{00}	a_{10}	a_{11}	…	a_{i0}	…	a_{ij}	…	$a_{i,n-1}$	…	$a_{n-1,0}$	…	$a_{n-1,n-1}$

第0行　第1行　第i行　第$n-1$行

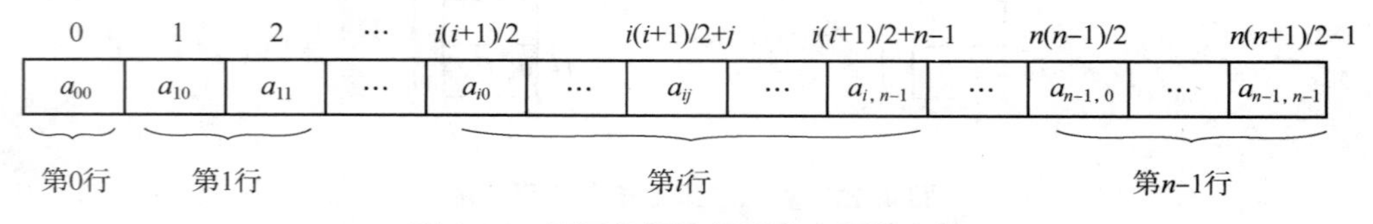

图 4.15　下三角矩阵的行主序压缩存储

那么如何找到元素 a_{ij} 呢？元素 a_{ij} 的位置可以计算出来，矩阵存储到一维数组中，而且是按行主序存储的，因此第0行存储了1个元素 a_{00}，第1行存储了两个元素 a_{10} 和 a_{11}，第 $i-1$ 行存储了 i 个元素，第 i 行在第 j 个元素 a_{ij} 之前还有 $a_{i0} \sim a_{i,j-1}$ 共 j 个元素，因此在一维数组中 a_{ij} 之前共存储了 $1+2+\cdots+i+j$ 个元素。因此

$$\text{Loc}(a_{ij}) = \text{Loc}(a_{00}) + \frac{i \cdot (i+1)}{2} + j \quad 0 \leqslant j \leqslant i < n$$

如此存储可以节省一半的存储空间，只是在存取数据时需要将下标变换一下。

对称矩阵的存储也是一样，只不过当元素在上三角时，即 $j>i$ 时，需要利用对称矩阵的特征 $a_{ij}=a_{ji}$，即可找到其元素位置。

$$\text{Loc}(a_{ij}) = \text{Loc}(a_{00}) + \frac{j \times (j+1)}{2} + i \quad 0 \leqslant i < j < n$$

上三角矩阵的存储也是类似的，只不过是第0行存储 n 个元素，第1行存储 $n-1$ 个元素，依次类推，第 i 行存储 $n-i$ 个元素，到最后一行即第 $n-1$ 行存储1个元素。因此，进行行主序压缩存储的上三角矩阵中元素 a_{ij} 的位置为

$$\text{Loc}(a_{ij}) = \text{Loc}(a_{00}) + \frac{i \times (2n-i-1)}{2} + j \quad 0 \leqslant i \leqslant j < n$$

注意一下，有时上三角矩阵中下三角元素不是0而是一个常数 c，或者下三角矩阵中上三角元素不是0而是常数 c，此时可以将该常数 c 存储到压缩存储的一维数组 $(n(n+1)/2)$ 位置即可。

2. 稀疏矩阵的压缩存储

稀疏矩阵中非零元素个数很少，且分布无规律。如果直接用二维数组存储该矩阵会存储大量的0，从而造成空间的浪费。为了节省空间，可以只存储非零元素，但由于其位置无规律，所以还需要存储其位置信息。这样就用一个三元组来存储一个元素及其位置，如图4.16所示。

行号	列号	元素值
row	column	value

图4.16　三元组示意图

例如，稀疏矩阵 $\boldsymbol{A}$ 如图4.17所示。

$$\boldsymbol{A}_{5\times6} = \begin{bmatrix} 0 & 0 & 11 & 0 & 17 & 0 \\ 0 & 20 & 0 & 0 & 0 & 0 \\ 0 & 0 & 0 & 0 & 0 & 0 \\ 19 & 0 & 0 & 0 & 0 & 28 \\ 0 & 0 & 0 & 0 & 50 & 0 \end{bmatrix}$$

图4.17　稀疏矩阵

写成三元组形式为 {(0,2,11),(0,4,17),(1,1,20),(3,0,19),(3,5,28),(4,4,50)}，如此，稀疏矩阵的存储就变成了三元组构成的线性表的存储了。可以用顺序表实现，也可以用链式结构实现。

用三元组为元素的顺序线性表存储稀疏矩阵 $\boldsymbol{A}$ 的数据，具体存储结构如图4.18所示。

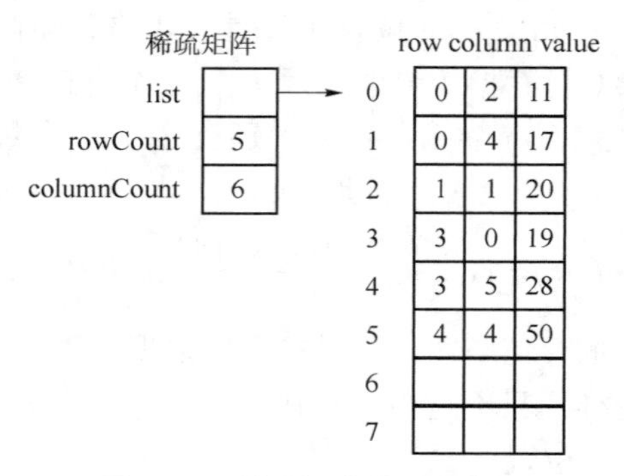

图 4.18　稀疏矩阵的顺序存储

这种表示方法，在矩阵足够稀疏的情况下，对存储空间的需求量比一般存储全部数据少得多。而且该顺序存储中三元组存储结构是按行优先存放，存在以下规律：元组中的第一列按行号的顺序由小到大排列，元组中的第二列是列号，列号在行号相同时也是由小到大排列。但是三元组是一种压缩矩阵的存储方法，元素不能直接计算得到其位置，即不能随机存取。既然不能随机存取，那么在三元组存储的稀疏矩阵中存取一个元素如何去做？其时间复杂度如何？

现在要存取一个元素 a_{ij}，则需要扫描所有元素，先找到行号 $=i$，继续找到列号 $=j$ 的元素取出。该操作的时间复杂度分成最好、最坏和平均情况来分析。

最好情况：扫描第一个即找到。

最坏情况：扫描的最后一个也没有找到。

平均情况：扫描一半的元素。

因此，该操作按平均和最坏来计算时间复杂度为 $O(n)$，n 为元素个数。

除了顺序存储的三元组表外，采用链式存储结构存储稀疏矩阵的三元组线性表称为三元组链表。三元组链表主要有 3 种：单链表、行（列）链表、十字链表。其中后两种是结合了顺序存储结构和链式存储结构而设计的，具有两者的优点。

①三元组单链表：将所有非零元素的三元组存储在一个单链表中，以及存储矩阵的行数和列数，如图 4.19 所示。

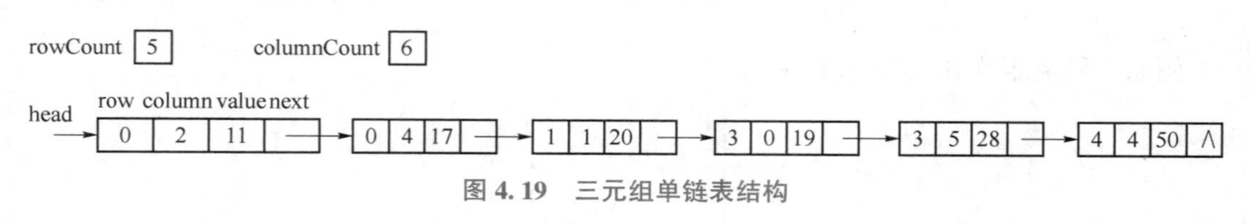

图 4.19　三元组单链表结构

②行（列）单链表：将上述单链表进行行（列）改造，分成若干较短的单链表，即按行（列）将每行（列）排成一个单链表，每条单链表的指针存放在行（列）指针数组中，如图 4.20 所示。

③十字链表：按行单链表存储的稀疏矩阵可以很快查找同一行的下一个元素，但很难找到同一列的下一个元素，为此可以采用十字链表（行链表+列链表），如图 4.21 所示。

在十字链表中，为进一步节省存储空间，表元素中的行号和列号也是可以去掉的，可以通过所在行链表和所在列链表找到该元素的行和列。

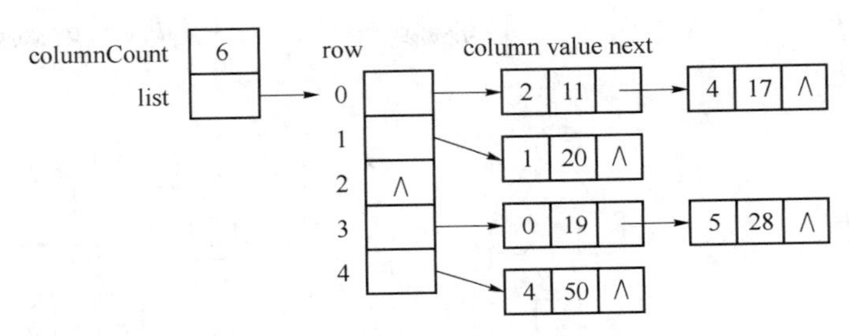

图 4.20 三元组行链表结构

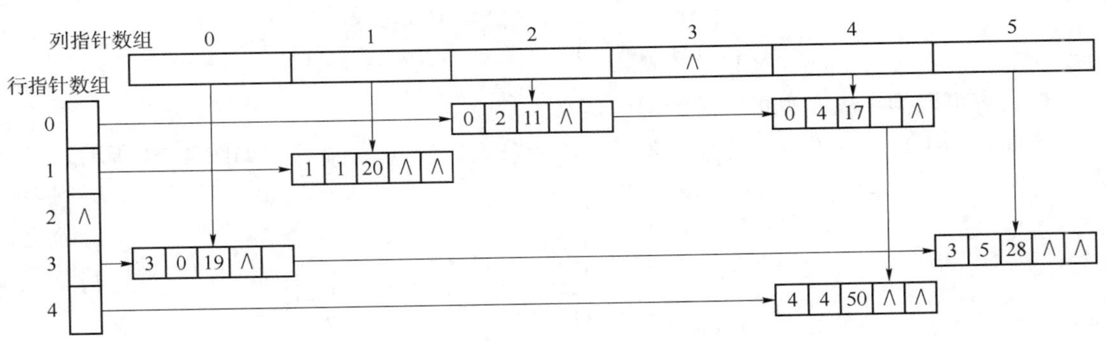

图 4.21 三元组十字链表结构

稀疏矩阵的存储采用哪种方式取决于要对其进行的操作，这里不再进行深入的研究，感兴趣的同学可以自行参考其他资料。

4.3 广义表

4.3.1 广义表的概念

广义表是线性表的扩展和推广。在第 2 章中，把线性表定义为 $n \geqslant 0$ 个元素 $a_0, a_1, a_2, \cdots, a_{n-1}$的有限序列。线性表的元素仅限于原子项，原子是作为结构上不可分割的成分，它可以是一个数或一个结构，若放松对表元素的这种限制，允许它们具有其自身结构，就产生了广义表的概念。

广义表是 $n(n \geqslant 0)$个元素 $a_0, a_1, a_2, \cdots, a_{n-1}$的有限序列，其中 a_i或者是原子项，或者是一个广义表。通常记为

$$GL=(a_0, a_1, \cdots, a_{n-1})$$

式中：GL 为广义表的名字；n 为广义表的长度。若 a_i是广义表，则称它为 GL 的子表。通常用大写字母表示广义表，用小写字母表示单元素。

比如，$L=(a,(b,c),d,e,(f,g,h))$，L 是表名，a、d、e 是原子项的元素，(b,c)和(f,g,h)则是广义表元素。

由广义表的元素既可以是原子项又可以是广义表的性质，广义表可以用来存储树结构、图结构的数据，这使得广义表在人工智能、文本处理、计算机图形学等领域有着广泛的应

用。比如：$L=(a,b)$，$T=(c,L)=(c,(a,b))$，$G=(d,L,T)=(d,(a,b),(c,(a,b)))$，表示成图如图 4.22 所示。

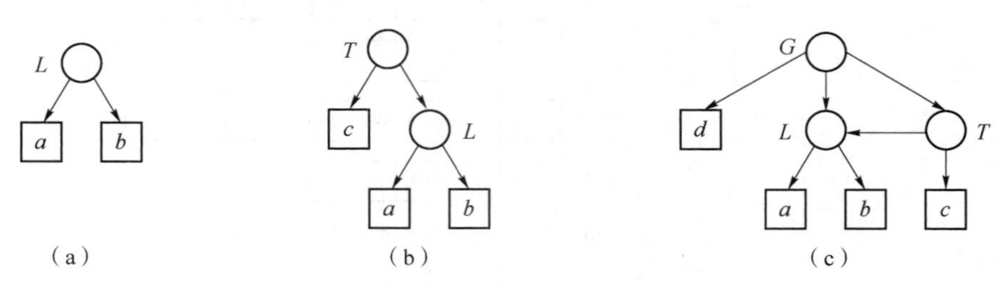

图 4.22　广义表表示的树结构和图结构

(a) 树型；(b) 树型；(c) 图型

广义表可以为空表，也可以进行递归定义。

比如：$S=()$，$S_1=(S)=(())$，$Z=(e,Z)=(e,(e,(e,(\cdots))))$，如图 4.23 所示。

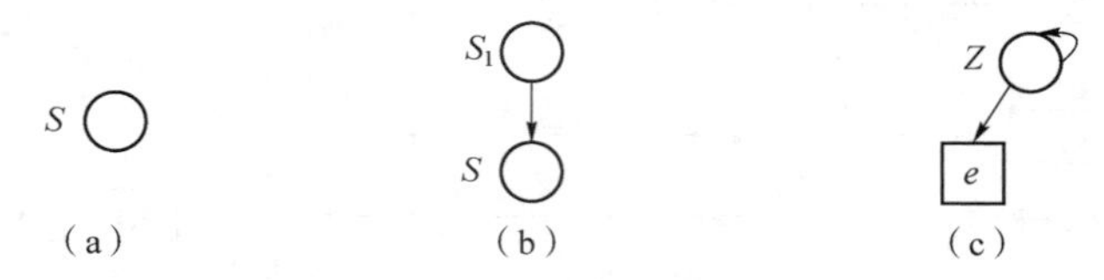

图 4.23　广义表的几种形式

(a) 空表；(b) 空表作为元素的广义表；(c) 递归定义广义表

当广义表非空时：广义表的表头指的是表中第一个元素；广义表的表尾指的是除了表头外，表中其余元素构成的子表。

用 GetHead( )表示取表头运算，用 GetTail( )表示取表尾运算，则取广义表 $Y=((a,b),(c,d))$表头的运算就可以写成 GetHead(Y)。因为广义表 Y 中第一个元素为子表(a,b)，所以 GetHead(Y)$=(a,b)$。同样地，要求广义表 Y 的表尾可以写成 GetTail(Y)。因为广义表 Y 中第一个元素为(a,b)，剩余元素构成子表为(c,d)，因此 GetTail(Y)$=(c,d)$。还可以把求表头、求表尾嵌套起来使用，比如 GetTail(GetHead(Y))，意为先求参数内广义表的表头，然后将该表头作为新的广义表求其表尾，可以得到 GetTail(GetHead(Y))$=(b)$。

在求表头、表尾时一定要注意，表头可以是原子或子表，而表尾一定是子表。

广义表的特点如下：

(1) 有次序性。每个广义表元素（无论是原子项还是广义表）都有一个直接前驱和一个直接后继，这也是线性表的特性。

(2) 有长度。广义表的长度指的是表中元素个数。每个原子项元素计数为 1，每个广义表元素同样计数为 1。比如广义表 $A=(\ )$为空表，长度为 0；广义表 $B=(e)$，只有一个元素 e，长度为 1；广义表 $C=(A,B,d)$，有 3 个元素 A、B 和 d，长度为 3；广义表 $E=(a,E)$，有两个元素 a 和 E，长度为 2。

(3) 有深度。广义表的深度指的是表中括号的重数。比如广义表 $A=(\ )$为空表，深度为 1；广义表 $B=(e)$，元素是原子项，深度为 1；广义表 $C=(A,B,d)=((),(e),d)$，有 3 个元素，其中两个子表()和(e)及一个原子项 d，子表内没有再嵌套子表，因此子表使得总括号重数加 1，因此 C 的深度为 2；广义表 $E=(a,E)$，有两个元素 a 和 E，子表 E 又嵌套子表 E，即 $E=(a,E)=(a,(a,E))=(a,(a,(a,\cdots)))$，括号层数无限，因此深度为$\infty$。

(4) 可递归。也就是说，广义表自己可以作为自己的子表。比如 $Z=(e,Z)=(e,(e,(e,(\cdots))))$ 就是递归定义的。

(5) 可共享。广义表可以为其他广义表所共享。比如 $A=(a,b)$、$B=(c,A)$、$C=(A,B)$，则广义表 B 和广义表 C 就共享了广义表 A。

除了前面在广义表的定义和特点中提到的求表头、求表尾、求长度、求深度外，广义表作为一种数据结构还可以进行很多其他操作，比如建立广义表、判断是否为空表、判断元素类型（是原子还是子表）、遍历广义表、插入数据元素、删除数据元素等，这里不再详细介绍，有兴趣的同学可以参考相关资料。

4.3.2 广义表的存储

广义表的元素可以是不同的类型，也就是说可以是不同的数据结构，所以很难用顺序存储结构来存储，通常用链式存储结构。通常广义表可以有单链表存储结构和双链表存储结构。

1. 广义表的单链表存储

单链表存储的广义表结点结构包括 3 个域，即

（元素类型 atom，元素数据 data，地址域 next）

其中 atom=1，表示元素为原子，data 保存数据；atom=0，表示元素为子表，data 保存子表第一个结点地址。

例 4.5 $G=(d,L,T)=(d,L(a,b),T(c,L(a,b)))$ 的单链表存储结构如图 4.24 所示。

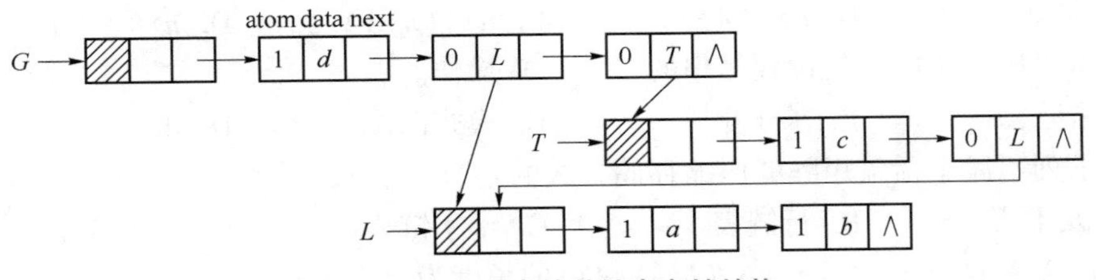

图 4.24 广义表的单链表存储结构

2. 广义表的双链表存储

广义表也可以用双链表存储，双链表的结点有 3 个域，即

（数据域 data，子链表 child，地址域 next）

例 4.6 $G=(d,L,T)=(d,L(a,b),T(c,L(a,b)))$ 的双链表存储结构如图 4.25 所示。

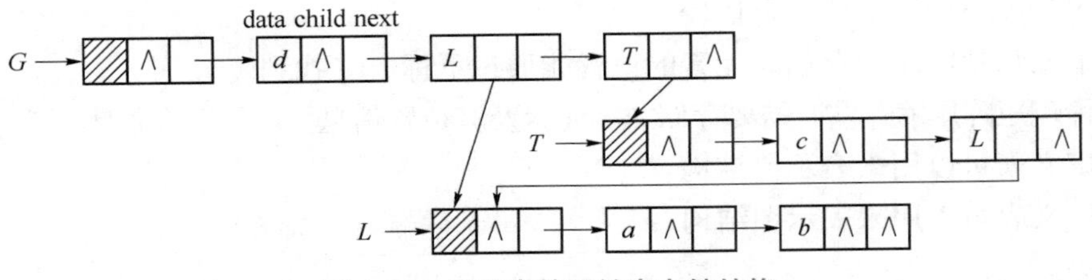

图 4.25 广义表的双链表存储结构

本章小结

本章学习了几种特殊的线性结构及其扩展，即串、数组和广义表。串是一种元素类型限定只能为字符的特殊的线性表。串也称为字符串，对于串的操作，和线性表也有所不同，对于串常用的操作有连接、求子串等。串在程序设计中被广泛应用，一般程序设计语言中都会实现该数据结构。数组也是一种常用的数据结构，一维数组可以看作线性表的顺序存储结构，多维数组可以看作元素类型为线性表的线性表。数组经常用来存储矩阵数据，对于稀疏矩阵、特殊矩阵可以用一维数组进行压缩存储。而广义表是线性表的扩展，广义表的特殊性在于它的元素既可以是原子类型，又可以是广义表类型，因此，广义表可以表示更复杂的数据结构，如树结构、图结构等，因此广义表广泛地应用在计算机图形学、人工智能等领域。对广义表的使用及其操作有很多，本章只介绍了广义表的概念以及求长度、深度、表头、表尾等基本操作。

习 题

1. 选择题

（1）字符串 S="Data Structure"的长度为（　　）。

A. 13　　B. 2　　C. 14　　D. 7

（2）一个 $n \times n$ 的对称矩阵进行压缩存储，共存储（　　）个元素。

A. $n \times n$　　B. $n \times (n+1)$　　C. $n \times (n+1)/2$　　D. $n \times (n-1)$

（3）求子串在主串中的位置是串的（　　）操作。

A. 连接　　B. 求子串　　C. 模式匹配　　D. 求长度

（4）下列不属于稀疏矩阵的压缩存储方式的是（　　）。

A. 三元组表　　B. 行链表　　C. 十字链表　　D. 二维数组

（5）广义表 $G=(a,(b,c),(a,(b,c),d))$ 的长度为（　　）。

A. 2　　B. 3　　C. 7　　D. 4

（6）广义表 $G=(a,(b,c),(a,(b,c),d))$ 的深度为（　　）。

A. 2　　B. 3　　C. 7　　D. 4

2. 判断题

（1）字符串是一种操作受限的线性表。（　　）

（2）串长度不同时不能进行比较。（　　）

（3）下三角矩阵压缩存储时元素的位置能通过下标 i、j 找到。（　　）

（4）稀疏矩阵压缩存储时需要存储非零元素及其位置信息，不需要存储零元素。（　　）

（5）广义表可以用来表示树结构。（　　）

（6）广义表可以用来表示图结构。（　　）

3. 填空题

（1）串是________________的线性表。

（2）设 substring(S,i,k)是求 S 中从第 i 个位置开始的连续 k 个字符组成的子串的操作，则对于 S='Beijing&Nanjing'，substring(S,3,5)= ______________ 。

（3）设 W 为一个二维数组，其每个数据元素占用 4 个字节，行下标 i 从 0 到 7，列下标 j 从 0 到 3，则二维数组 W 的数据元素共占用______________个字节。

（4）设有一个 10 阶的对称矩阵 **A** 采用下三角行优先压缩存储，$A[0][0]$为第一个元素，其存储地址为 d，每个元素占用 1 个存储单元，则元素 $A[8][4]$的存储地址为________。

（5）稀疏矩阵压缩存储时，每个数据元素用一个__________来表示。

（6）广义表 LS=((a,b,c),(d,e))，其表头是 ________ ，表尾是______________ 。

4. 综合题

（1）一个下三角矩阵如何进行压缩存储？

（2）广义表有哪几种存储方式？

习题答案

第5章 树与二叉树

树是一种非线性结构，比线性结构更复杂。树结构中每个数据元素可以有一个前驱，多个后继。在日常生活中，树结构是非常常见的，如族谱、体育比赛安排等。树也被广泛应用在计算机各个领域，如计算机的文件夹管理、数据库中的数据组织、信源的最优编码等。在树结构里最简单也最实用的一种树结构是二叉树。本章主要介绍二叉树的概念、基本特征以及二叉树的应用。

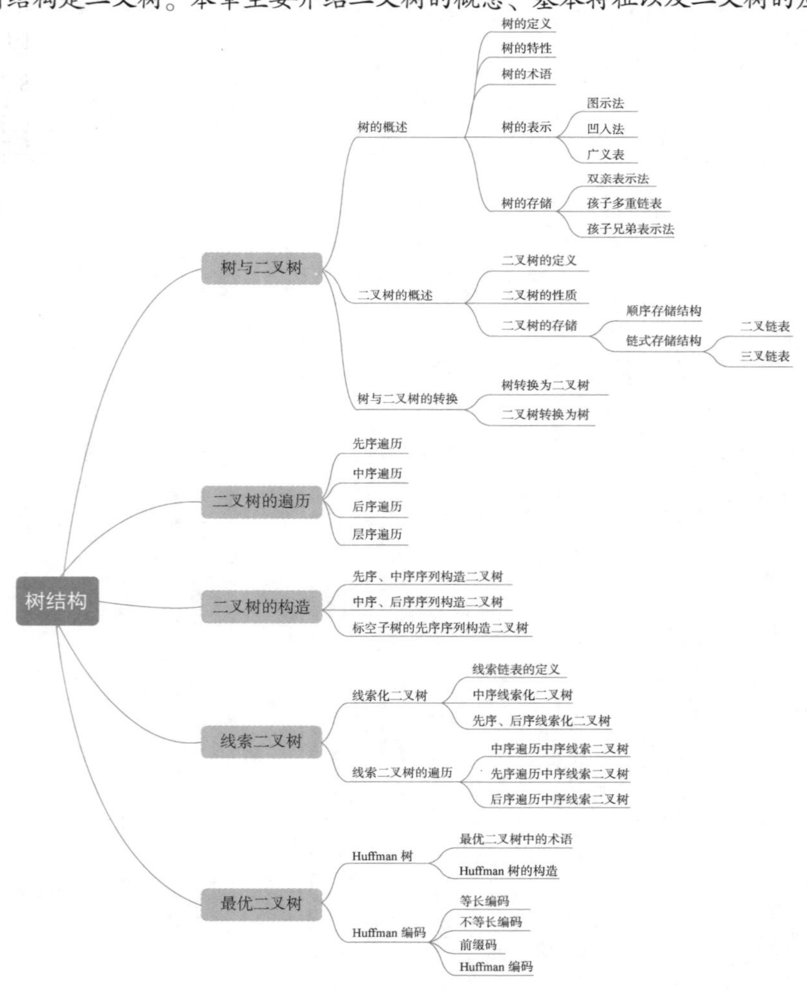

5.1 树与二叉树

本节介绍树与二叉树的基本概念、特性及存储方式，并介绍将树、二叉树进行相互转换的方法。

5.1.1 树的概述

树结构的结点之间既有分支关系又有层次关系，非常类似于自然界中的树。

一棵树有一个树根、若干个枝干，枝干上面又有很多树叶。把树结构抽象出来，树结构即由根、分枝及叶子构成。这样的树结构在现实世界中广泛存在，如家谱、单位的行政组织机构等。在家谱中，最上面的祖先就相当于树根，祖先后面的每一辈的人分别相当于树上的分枝和叶子，如图 5.1（a）所示。树在计算机领域中也有着广泛的应用，DOS 和 Windows 操作系统中对磁盘文件的管理就采用树型目录结构，其中“我的电脑”就是树根，“我的电脑”下面不同的盘符就是分枝，各个盘符上的不同的文件夹仍是分枝，文件夹下的文件就是叶子，如图 5.1（b）所示。在数据库中，树结构也是数据库中数据的重要组织形式之一，比如数据层次模型就是用一棵“有向树”来表示各类实体以及实体间的联系，树中每个结点代表一个记录类型，树结构表示实体型之间的联系，如图 5.2 所示。

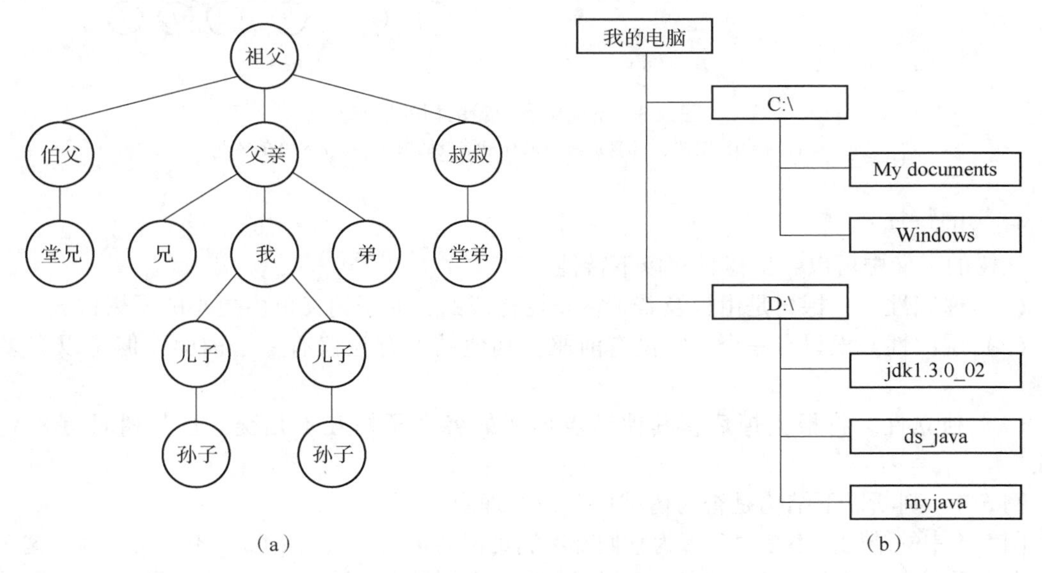

图 5.1 树的实例

（a）家谱；（b）Windows 文件系统

1. 树的定义

树是一种非线性结构，其数据元素可以有一个前驱，多个后继。一般树用递归的方法定义。

树（tree）是由 $n(n\geqslant 0)$ 个结点组成的有限集合。$n=0$ 的树称为空树；$n>0$ 的树 T：

（1）有且仅有一个特定的没有前驱的结点，称为根（root）结点。

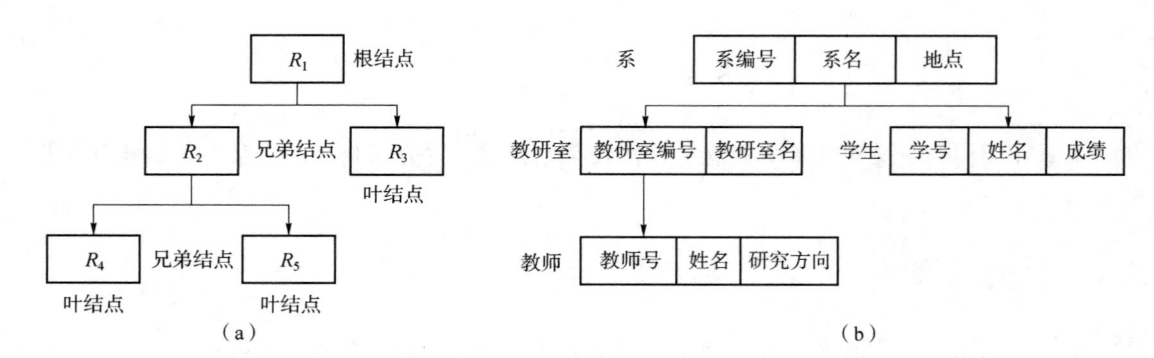

图 5.2　数据库中的层次模型树

(a) 层次模型示例；(b) 教师学生数据层次模型

（2）当 $n>1$ 时，除根外的其余结点可分成 $m(m>0)$ 个互不相交的有限集合 T_1，T_2，…，T_m。其中，每一个集合本身又是一棵树，称为根的子树（subtree）。

不同节点数量的树的形态如图 5.3 所示。

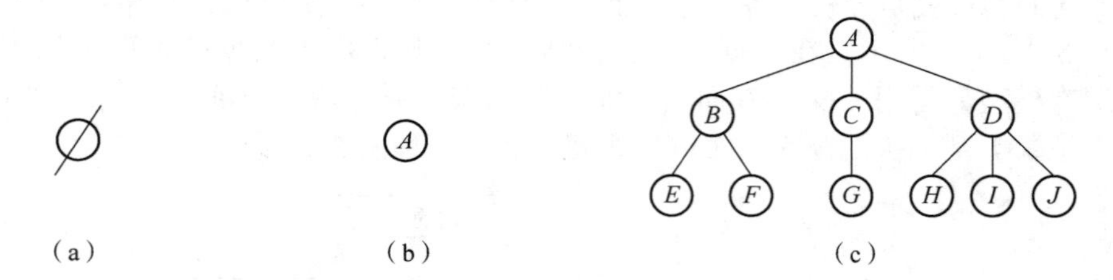

图 5.3　不同结点数量的树的形态

(a) $n=0$，空树；(b) $n=1$，只有根结点的树；(c) $n=10$ 的树

2. 树的特性

从树的定义中可以看出树具有以下特性。

（1）递归性。一棵树是由根及若干棵子树构成的，而子树又可由更小的子树构成。

（2）层次性。根只有一个，它没有前驱；其他结点有且仅有一个前驱，但可以有多个后继。

（3）独立性。将根去掉后，其他结点形成的各个子树互不相交，且与树具有相同的定义。

例 5.1　判断以下结构是否为树结构并说明理由。

图 5.4 中的结构都不是树，因为它们都不满足树的定义。图 5.4（a）不是树，因为这 3 个结点中出现了两个可称为根的结点，而树只能有一个根结点。图 5.4（b）和图 5.4（c）所示的结构也不是树，如果把其中某个结点看成根结点，其余结点构成的子树出现了相交的情况。

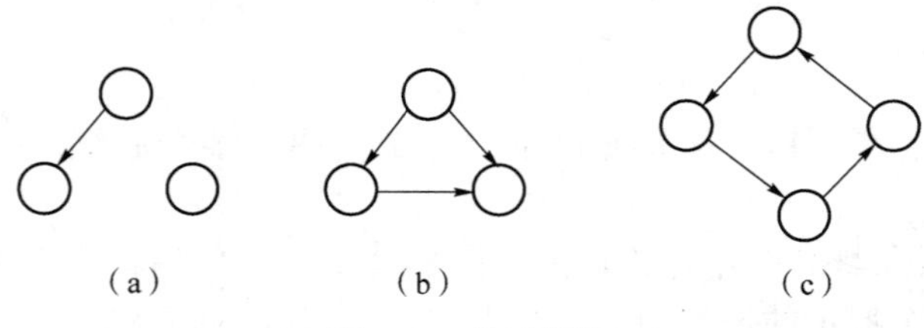

图 5.4　非树结构

3. 树的术语

先来看一棵树，如图 5.5 所示。

1）度、叶子结点和非叶子结点

树的结点包括一个数据元素及若干指向其子树的分枝。结点拥有的子树个数称为结点的度（degree），树中所有结点的度的最大值为该树的度。如图 5.5 所示的树，所有的圆圈圈起来的结点都是树的结点，*A* 结点的度为 3，*B* 结点的度为 2，*C* 结点的度为 1，*E* 结点的度为 0。整棵树的度为 3（最大的结点的度）。度为 0 的结点称为叶子结点（leaf）或终端结点，度不为 0 的结点称为非叶子结点、非终端结点或分枝结点，除根结点外的非终端结点称为内部结点。在图 5.5 中，*E*、*F*、*G*、*H*、*I*、*J* 为终端结点（叶子），*A*、*B*、*C*、*D* 为非终端结点（非叶子），*B*、*C*、*D* 为内部结点。

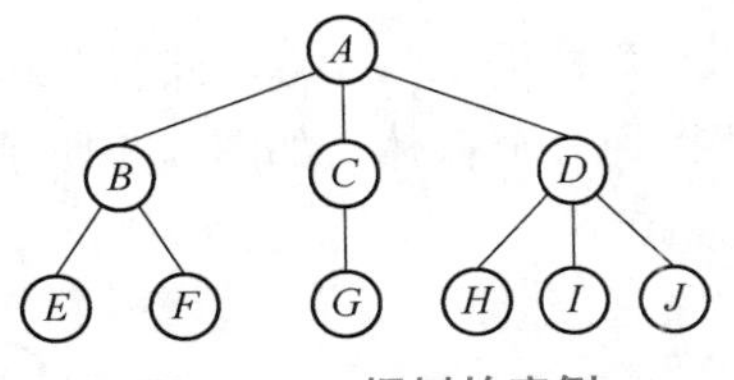

图 5.5 一棵树的实例

2）双亲、孩子和兄弟

结点的子树的根称为该结点的孩子（child），相应地，该结点称为孩子的双亲（parent）或父亲。同一双亲结点的孩子结点之间互称为兄弟（sibling）。结点的祖先是指从根结点到该结点所经分枝上的所有结点；反之，以某结点为根的子树中的所有结点都称为该结点的子孙。在图 5.5 中，*B* 是 *A* 的孩子，*A* 就是 *B* 的双亲；*H* 是 *D* 的孩子，*D* 是 *H* 的双亲。*B*、*C*、*D* 互为兄弟，*E*、*F* 互为兄弟。*A* 是 *E* 的祖先，*E* 是 *A* 的子孙。

3）层次、高度、堂兄弟

从根开始算起，根为第一层，根的孩子为第二层，若某结点在 *L* 层，则其子树的根就在 *L*+1 层。树中结点的最大层次称为树的深度（depth）或高度。双亲在同一层上的结点互为堂兄弟。将树中结点按照从上层到下层、同层从左到右的次序依次给它们编以从 0 开始的连续自然数就得到了树的层序编号。如图 5.6 所示的树中，*A* 在第一层，*B*、*C*、*D* 在第二层，*E*、*F*、*G*、*H*、*I*、*J* 在第三层。树的高度为 3，*E* 和 *G*、*F* 和 *H* 等互为堂兄弟。对树中结点进行层序编号，则 *A*(0)、*B*(1)、*C*(2)、*D*(3)、*E*(4)、*F*(5)、*G*(6)、*H*(7)、*I*(8)、*J*(9)。

4）路径

如果树的结点序列 $n_1, n_2, \cdots, n_k$ 有如下关系：结点 n_i 是 n_{i+1} 的双亲（$1 \leq i < k$），则把 $n_1, n_2, \cdots, n_k$ 称为一条由 $n_1 \sim n_k$ 的路径；路径上经过的分枝的数量称为路径长度。如图 5.6 所示的树中，从 *A* 到 *E* 有一条路径（*A*-*B*-*E*），该路径长度为 2。

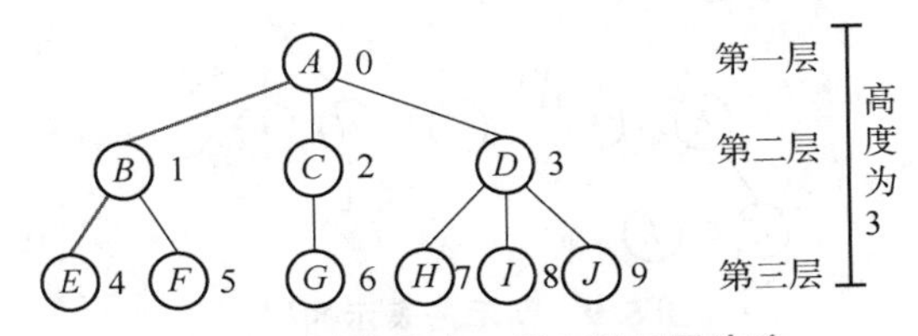

图 5.6 树的层次、层序编号及高度

5）有序树与无序树

如果将树中结点的各个子树看成从左至右是有序的（不能互换），则称该树为有序树；否则称其为无序树。比如当用树来描述家谱时，应将树看作有序树，有序树中某结点最左边子树的根称为该结点的第一个孩子，最右边子树的根称为最后一个孩子。而当用树来描述某单位的行政组织结构时，可将树看作无序树。

6）森林

森林是 $m(m\geqslant 0)$ 棵互不相交的树的集合，树和森林的概念很密切，删去一棵树的根，就得到一个森林，如图 5.7 所示。

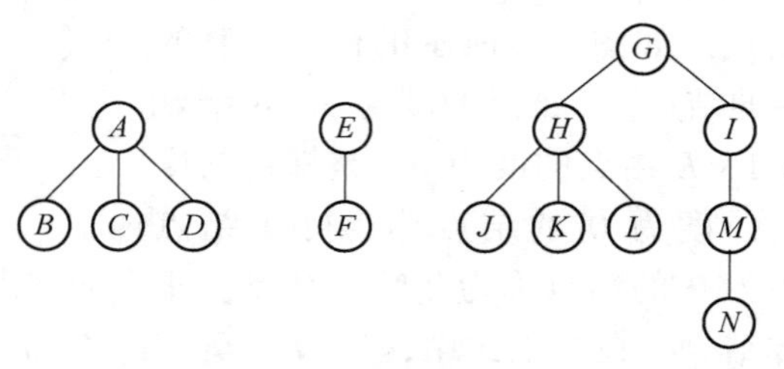

图 5.7　一个三棵树构成的森林

7）同构

如果有两棵树，若通过对结点适当重命名，就可以使这两棵树完全相等（结点对应相等，结点间的关系也相等），则称这两棵树同构，如图 5.8 所示。

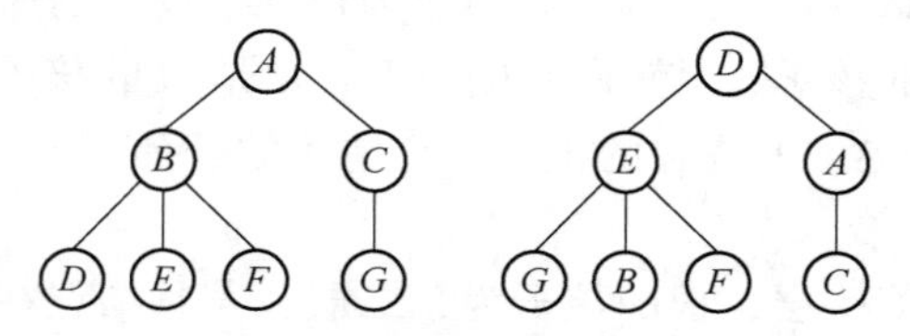

图 5.8　两棵同构的树

4. 树的表示

树结构的逻辑特征可用树中结点之间的父子关系来描述：除根结点外，树中任一结点可以有零个或多个孩子（后继）结点，但只能有一个双亲（前驱）结点。树中根结点无双亲（前驱）结点，叶子结点无孩子（后继）结点。树可以有不同的描述方法，下面介绍常见的 3 种。

（1）图示法。用树的图形来描述树的逻辑结构。具体表示如图 5.9 所示。

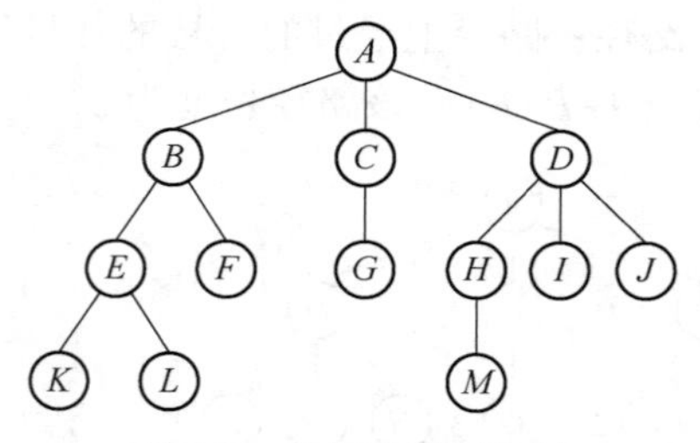

图 5.9　图示法表示的树

（2）横向凹入表示法。将图 5.9 表示成横向凹入法，如图 5.10 所示。

（3）广义表表示。前面说过可以通过广义表表示树，图 5.9 所示的树表示成广义表形式为 $A(B(E(K,L),F)$，$C(G)$，$D(H(M),I,J))$。

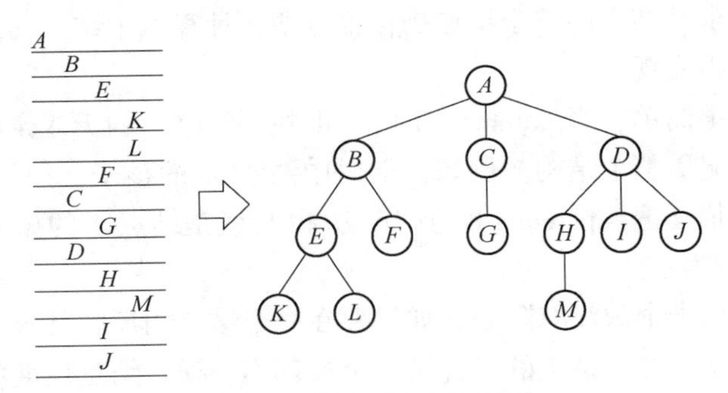

图 5.10　横向凹入法表示树

树结构与线性结构的区别见表 5.1。

表 5.1　树结构与线性结构的区别

类型	线性结构	树结构
无前驱的结点	第一个数据元素（只有一个）	根结点（只有一个）
无后继的结点	最后一个数据元素（只有一个）	叶子结点（可以有多个）
其他结点	一个前驱、一个后继（一对一）	一个双亲，多个孩子（一对多）

5. 树的存储结构

在大量应用中，可使用多种形式的存储结构来存储树。下面介绍 3 种常用的树的存储表示方法。

1）双亲表示法

设以一组地址连续的空间存放树的结点，每个结点中除了存放结点的信息外，还增设一个整型指针域，指示其双亲结点所在的位置序号。这样的存储结构称为静态链表结构。静态链表结构可反映一棵树中结点之间的逻辑关系，即可唯一地表示一棵树，该表示方法称为双亲表示法。

图 5.11 表示一棵树的双亲表示法存储结构。结构类型说明如下。

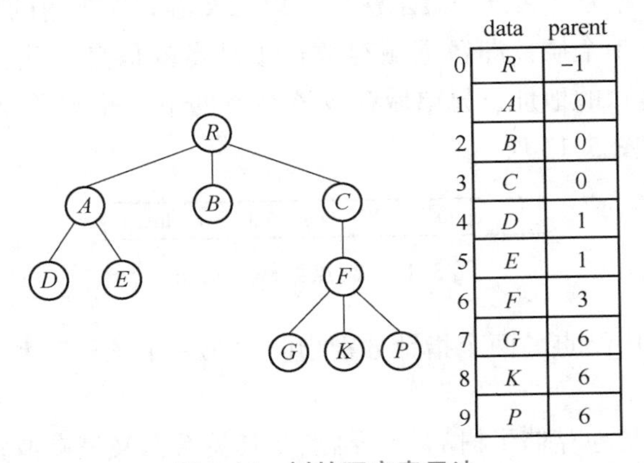

	data	parent
0	R	-1
1	A	0
2	B	0
3	C	0
4	D	1
5	E	1
6	F	3
7	G	6
8	K	6
9	P	6

图 5.11　树的双亲表示法

这种存储结构利用了树中除根结点以外的每一个结点都有且只有一个双亲结点的特点。

在这种存储结构上，求某结点的双亲结点操作很方便，计算每个结点的双亲结点所花时间相同，可在常量级时间内实现。

求树的根结点也很简单，当 parent=-1 时，即找到了唯一的无双亲的根结点。但是求某结点的孩子时则需要遍历整个结构。例如，求树中结点 A 的孩子，须将结点 A 在表中的序号 1 在整个结构中扫描一遍。parent=1 的结点 D 和 E 就是结点 A 的孩子。

2）孩子多重链表表示法

树中每个结点的孩子个数没有限制，如果要在一个结点内反映其孩子结点的个数和孩子结点的地址，则会使树中每个结点的指针域的个数都不一样，结点长度各不相同。这样的结点结构会使树上的各种操作的算法复杂到无法实现。

因此，可以设计成每个结点的长度相等，即以树的度 k 来设计结点的结构，每个结点含有 k 个指针域，分别指示 k 个孩子。当该结点不足 k 个孩子时，剩余指针为空，如图 5.12 所示。

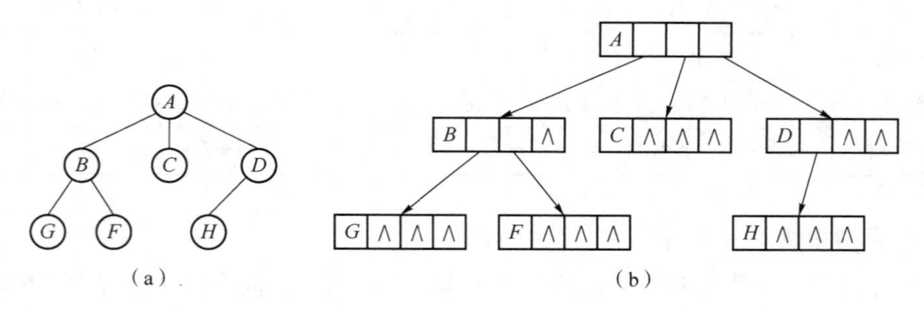

图 5.12　树的孩子多重链表表示法

（a）树；（b）多重链表存储的树

这样虽然结点的长度是定长了，但在 n 个结点的树中，总的指针域有 $k\times n$ 个，真正用到的指针域是 $n-1$ 个，空指针域的数目是 $k\times n-(n-1)=n\times(k-1)+1$，这样会造成很大的空间浪费，而且树中的度无法扩张。

3）孩子兄弟表示法

孩子兄弟表示法又称为二叉链表表示法，即以二叉链表作为树的存储结构。链表中每个结点的结构相同，都有 3 个域，即数据域存放树中结点的信息、孩子域存放该结点的第一个孩子结点（从左算起）的地址、兄弟域存放该结点的下一个兄弟结点（从左向右）的地址。结点结构示意图如图 5.13 所示。

child	data	brother

图 5.13　结点结构示意图

孩子兄弟链表结构中结点的两个指针分别指向“第一个孩子”和“下一个兄弟”，具体如图 5.14 所示。

如此表示的树既清楚地存储了树的各个结点及其关系，又没有浪费过多的空间，是一种较好的树的存储结构，目前树多用该种方法存储。

对于树来说，可以进行：树结点的插入、删除，遍历树中所有结点，获取某结点的双

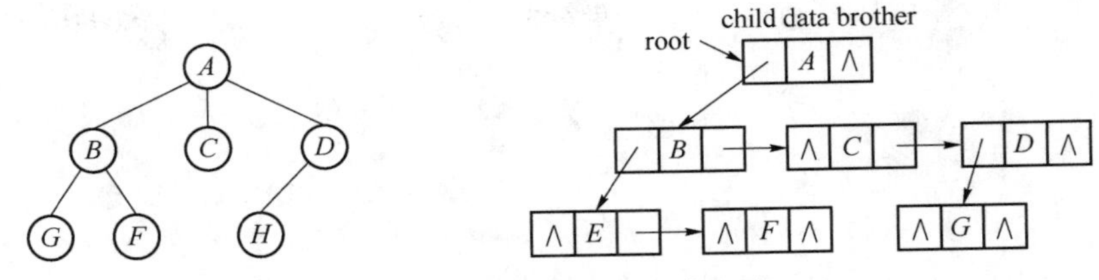

图 5.14　树的孩子兄弟表示法

亲，获取某结点的孩子、兄弟，获取根结点，判断是否为空树等操作。但是树的分枝数、层次都不确定，使得对树的操作十分复杂。为此可以将树简化，从简单的、特殊的二叉树开始学习。

5.1.2　二叉树的概述

1. 二叉树的定义

二叉树是树的一个重要类型，许多由实际问题抽象出来的数据结构往往都是二叉树的形式。一般的树也可转换为二叉树，而且二叉树的存储结构及其操作都较为简单。二叉树，顾名思义，就是分枝数量不超过 2 的树，具体定义如下。

二叉树（binary tree）是 $n(n\geqslant 0)$ 个结点的有限集合。

$n=0$ 时，为空集，称为空二叉树，如图 5.15（a）所示。

$n\neq 0$ 时，二叉树由一个根结点及两棵互不相交、分别称为左子树和右子树的二叉树组成。

图 5.15 所示为不同形态的二叉树。

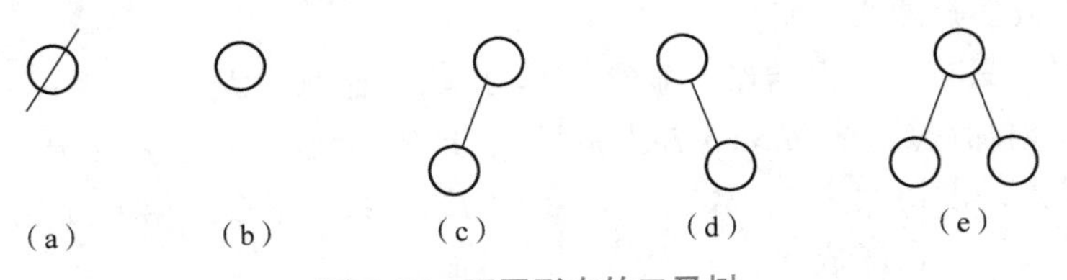

图 5.15　不同形态的二叉树

注意：二叉树中每个结点的度不大于 2，而且二叉树的子树有左、右子树之分，也就是说二叉树的左、右子树是有次序的。

因此，图 5.15（c）和图 5.15（d）是不同的两棵树。

下面来看 3 个结点的树（无向）和 3 个结点的二叉树（有向）有哪些不同形态。

树不区分左、右子树，3 个结点的树只有两种形态，如图 5.16（a）所示。而二叉树由于有左、右子树之分，所以即使只有 3 个结点，也有 5 种形态，如图 5.16（b）所示。

大家考虑一下，二叉树如果只有一个方向的子树，那么树会是什么样子呢？例如，有 4 个结点的二叉树，树中只有左子树或者右子树，则二叉树的形态如图 5.17 所示，这种树称为斜树。其中，所有结点都只有左子树的二叉树称为左斜树；所有结点都只有右子树的二叉树称为右斜树。在斜树中，每一层只有一个结点；斜树的结点个数与其深度相同。

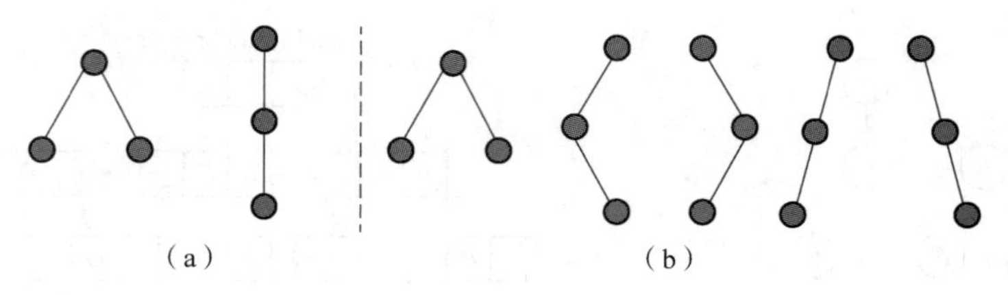

图 5.16　3 个结点的树和 3 个结点的二叉树的不同形态

（a）3 个结点的树的形态；（b）3 个结点的二叉树的形态

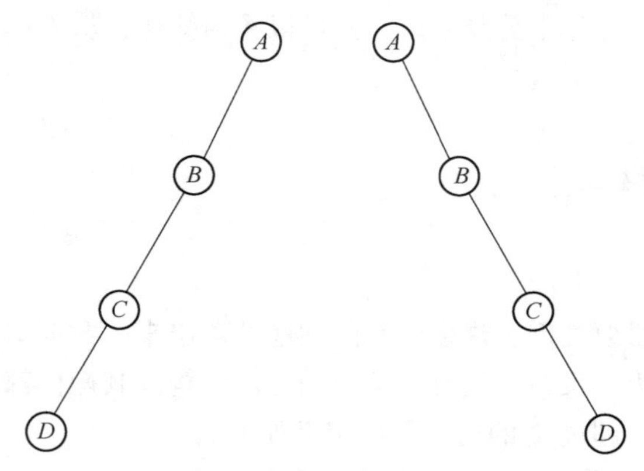

图 5.17　斜树

2. 二叉树的性质

二叉树是一种特殊的树，其性质如下。

性质 1　若根结点的层次为 1，则二叉树第 i 层最多有 2^{i-1}（$i \geqslant 1$）个结点。

证明：可用数学归纳法证明。

①当 $i=1$ 时，只有一个根结点。显然 $2^{i-1}=2^0=1$，命题成立。

②设 $i=L-1$ 时命题成立（$L>1$，L 为常量），即第 $L-1$ 层上至多有 2^{L-2} 个结点。由于二叉树的每一个结点的度最大为 2，故在第 L 层上的结点数，最多是第 $L-1$ 层上最大结点数的 2 倍，即 $2 \times 2^{L-2}=2^{L-1}$。命题成立。

即第 i 层最多结点数为 2^{i-1}。

性质 2　在高度为 k 的二叉树中，最多有 2^k-1 个结点（$k \geqslant 0$）。

证明：利用性质 1 可得，深度为 k 的二叉树的结点数最多为每层最大的结点数相加，即 $\sum 2^{i-1} = 2^k - 1$。

性质 3　设一棵二叉树的叶子结点数为 n_0，2 度结点数为 n_2，则 $n_0=n_2+1$。

证明：设 n_1 为二叉树中度为 1 的结点数，n 为二叉树中总的结点数，则 $n=n_0+n_1+n_2$。

从二叉树中的孩子数目看，除了根结点外的其余结点都是其他结点的孩子。因此，孩子总数为 $B=n-1$。另外，从树的概念知：度为 1 的结点有 1 个孩子，度为 2 的结点有 2 个孩子，度为 0 的结点没有孩子，则孩子总数为 $B=0 \cdot n_0+1 \cdot n_1+2 \cdot n_2$，所以 $n_1+2n_2=n-1=n_0+n_1+n_2-1$，即 $n_0=n_2+1$。

满二叉树：一棵深度为 k 且有 2^k-1 个结点的二叉树称为满二叉树，图 5.18 是一棵深度为 3 的满二叉树。

由满二叉树的定义可知，满二叉树中每一层上的结点数都达到最大值；满二叉树中不存在度为 1 的结点，每一个结点均有两棵高度相同的子树，叶子结点都在最下面的同一层上。

完全二叉树：若在一棵深度为 $k(k>1)$ 的二叉树中，第 1 层到第 $k-1$ 层构成一棵深度为 $k-1$ 的满二叉树，第 k 层的结点不满 2^{k-1} 个结点，而这些结点都满放在该层最左边，则此二叉树称为完全二叉树。图 5.19 是一棵完全二叉树。

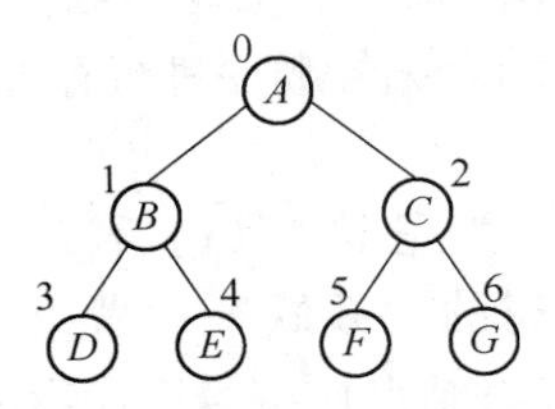

图 5.18 满二叉树

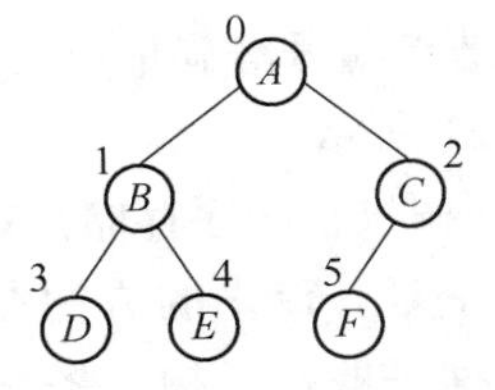

图 5.19 完全二叉树

由完全二叉树的定义可知，叶子结点只可能出现在二叉树中层次最大的两层上；最下一层的结点一定是从最左边开始向右满放的；若某个结点没有左孩子，则它一定没有右孩子。换句话说，如果对完全二叉树进行层序编号，则完全二叉树上存在的结点编号和满二叉树上的结点编号完全相同。

满二叉树是完全二叉树，但完全二叉树不一定是满二叉树，完全二叉树的定义更广泛些。图 5.20 所示为满二叉树、完全二叉树及非完全二叉树。

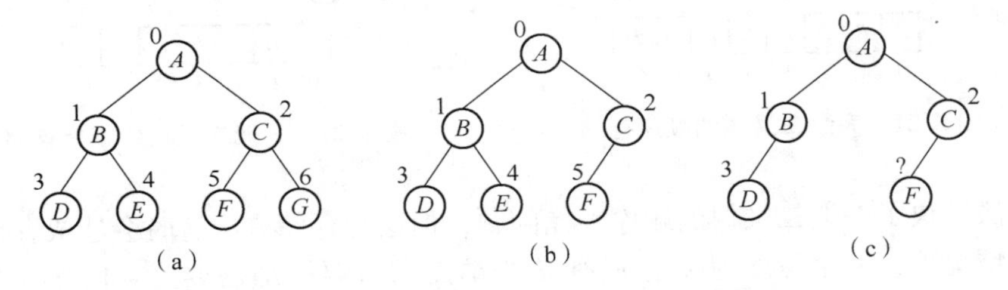

图 5.20 满二叉树、完全二叉树及非完全二叉树

(a) 满二叉树；(b) 完全二叉树；(c) 非完全二叉树

性质 4 一棵具有 n 个结点的完全二叉树，其高度为

$$k=\lfloor\log_2 n\rfloor+1$$

证明：设所求完全二叉树的深度为 k，则它的前 $k-1$ 层可视为深度为 $k-1$ 的满二叉树，共有 $2^{k-1}-1$ 个结点，所以该完全二叉树的总结点数 n 一定满足 $n>2^{k-1}-1$

根据性质 2，可确定 $n\leqslant 2^k-1$，则可得

$$2^{k-1}-1<n\leqslant 2^k-1,\ 2^{k-1}\leqslant n<2^k$$

于是有

$$k-1\leqslant\log_2 n<k$$

因为 k 是整数，所以 $k-1=\lfloor\log_2 n\rfloor$，$k=\lfloor\log_2 n\rfloor+1$，得证。

性质 5 对一棵有 n 个结点的完全二叉树，其结点按层自左向右编号，对序号为 $i(0\leqslant i<n)$的结点，有以下性质。

①若 $i=0$，则 i 为根结点，无父母结点；若 $i>0$，则 i 的父母结点序号为$\lfloor(i-1)/2\rfloor$。

②若 $2i+1<n$，则 i 的左孩子结点序号为 $2i+1$；否则 i 无左孩子。

③若 $2i+2<n$，则 i 的右孩子结点序号为 $2i+2$；否则 i 无右孩子。

性质 5 是二叉树顺序存储的重要基础。

3. 二叉树的存储

1）二叉树的顺序存储

顺序存储就是用一组地址连续的存储单元来存放一棵二叉树的结点。显然，必须要按规定的次序来存放，这种次序应能反映结点之间的逻辑关系（父子关系）；否则二叉树上的基本操作在顺序存储结构上难以实现。根据性质 5 可知，完全二叉树中结点之间的逻辑关系可以清楚地通过结点编号准确地反映出来，因此，按结点编号顺序进行存储是可行的顺序存储方式，如图 5.21 所示。

对于一般二叉树进行顺序存储，只能将其“转化”为完全二叉树后，再按照完全二叉树的顺序存储方式存储。转化的方法是在非完全二叉树的“残缺”位置上增设“虚结点”。图 5.22 所示为一棵一般二叉树，将它“完全化”后，将结点按编号顺序存入向量中。如此，通过结点的位置关系可以确定结点之间的逻辑关系。图中“∧”表示空，不存在此结点。

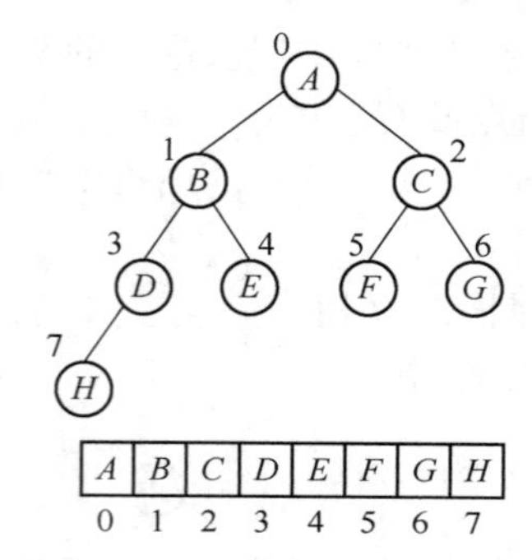

图 5.21　完全二叉树的顺序存储

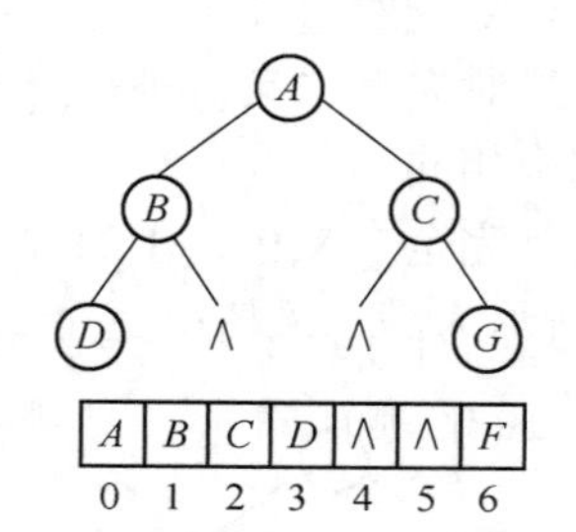

图 5.22　一般二叉树的顺序存储

上述方法解决了一般二叉树的顺序存储问题，但这种存储方法有时会造成存储空间的浪费。最坏的情况下，一个深度为 k 且只有 k 个结点的右斜树却需要 2^k-1 个结点的存储空间，如图 5.23 所示，空间浪费比较大。

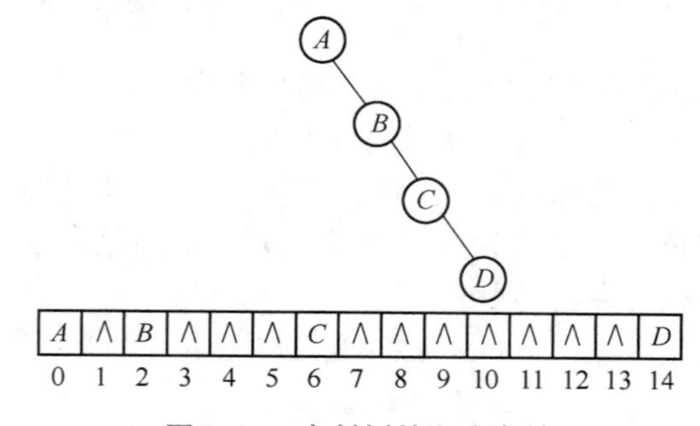

图 5.23　右斜树的顺序存储

非完全二叉树的顺序存储结构存储时会浪费存储空间，因此二叉树在存储时可以考虑链式存储结构实现。

2）二叉树的链式存储

二叉树的链式存储结构需要设计二叉树的结点结构。根据结点结构的不同，二叉树的链式存储结构可以分为二叉链表存储结构及三叉链表存储结构。

（1）二叉链表存储结构。由二叉树的定义得知，二叉树的结点由一个数据元素和分别指向其左、右子树的两个指针构成。因此，链式存储二叉树的结点结构如图 5.24 所示。结点包括 3 个域，即数据域（data）和左（left）、右（right）指针域。

left	data	right

图 5.24　链式存储二叉树的结点结构

如此可以定义二叉链表结点类 tree_node，由此可以进一步声明 BinaryTree，C++代码如下。

程序 5.1：

```
template<typename T>
class BinaryTree{
public:
    //声明结点类
    struct tree_node {
        tree_node * _left = nullptr;
        tree_node * _right = nullptr;
        T _data;
        tree_node(T d, tree_node*  l = nullptr, tree_node*  r = nullptr)
        : _data(d), _left{l}, _right{r} { }
    };
protected:
    tree_node*  _root = nullptr;
public:
    BinaryTree(tree_node * node = nullptr) : _root{node} { }
    //其他操作
};
```

用_root 指示二叉树的根，当_root = nullptr 时，二叉树为空。在具有 n 个结点的二叉树中，共有 $2n$ 个指针域，其中 $n-1$ 个指针域用来指示结点的左、右孩子，其余的 $n+1$ 个指针域为空。图 5.25（a）所示的二叉树的二叉链表存储结构如图 5.25（b）所示。

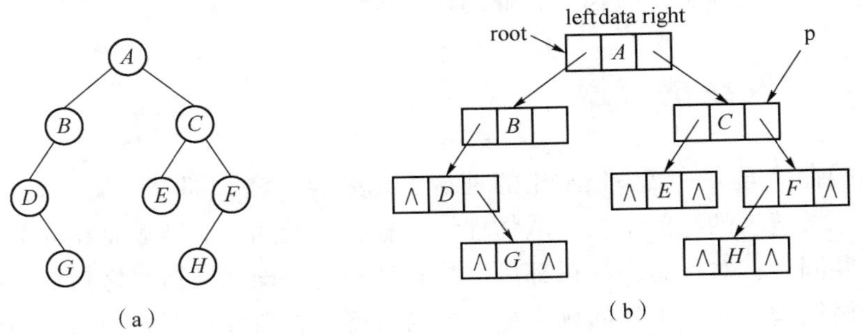

图 5.25　二叉树的二叉链表存储结构

（a）一棵二叉树；（b）二叉链表

（2）三叉链表存储结构。有时为了便于找到结点的双亲，结点结构中增加一个指向其双亲（parent）结点的指针域，对应的结点类型如图 5. 26 所示。

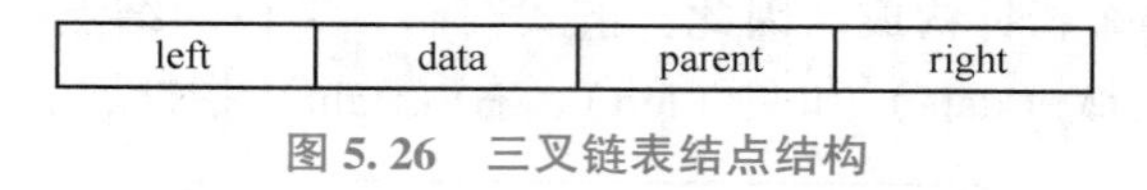

图 5. 26　三叉链表结点结构

图 5. 27 所示为带双亲指针域的二叉树的三叉链表存储结构示意图。

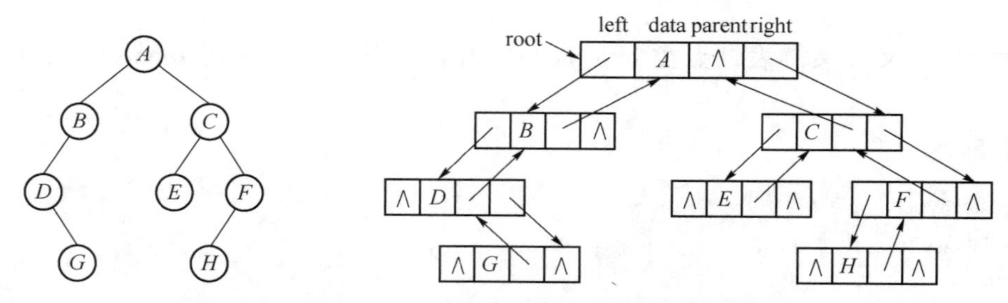

图 5. 27　带双亲指针域的二叉树的三叉链表存储结构

程序 5. 2：

```
//声明结点类
    struct tree_node {
        tree_node * _left = nullptr;
        tree_node * _right = nullptr;
        tree_node * _parent = nullptr;
        T _data;
        tree_node(T d, tree_node*  l = nullptr, tree_node*  r = nullptr, tree_node*  p = nullptr)
        : _data(d), _left{l}, _right{r}, _parent{p} { }
};
```

三叉链表实现的结点相比于二叉链表，虽然多占用一个指针空间，但在实现二叉树的有关操作时，可以避免递归或者额外栈的使用，因此实践中，如 C++的标准模板库（stl），一般采用三叉链表作为二叉树的链式存储结构。本书后续对于二叉树的操作既可以用二叉链表，也可以用三叉链表作为二叉树的存储结构。

5. 1. 3　树与二叉树的转换

树有不同的存储方法，其中最常用的是孩子兄弟表示法，即以二叉链表作为存储结构。而二叉树也有二叉链表的存储结构。从物理结构看，它们的二叉链表是相同的，只是解释不同。基于这个共同点，对任意一棵树都可以找到唯一的一棵二叉树与之对应。因为二叉树是最简单的一种树结构，对二叉树的操作更加容易，所以在研究树时常把它转换为二叉树进行研究。图 5. 28 直观地展示了树和二叉树之间的对应关系。

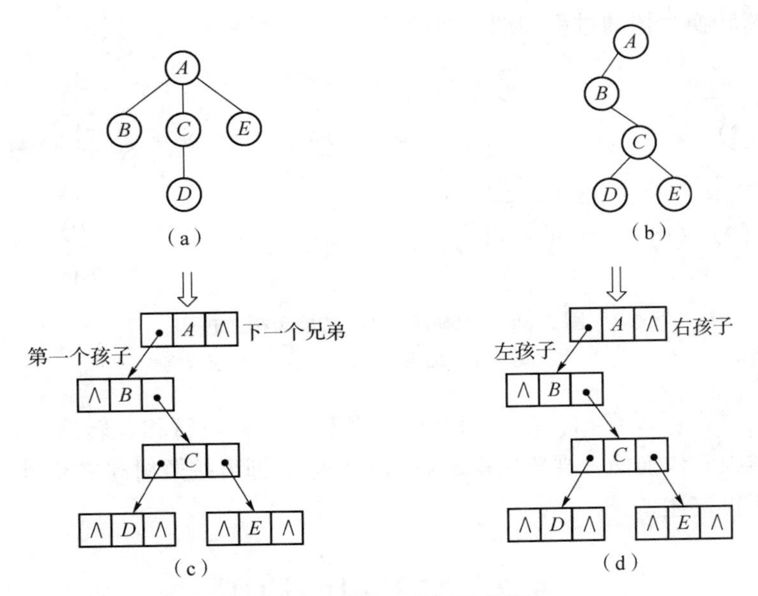

图 5.28 树和二叉树的转换

（a）树；（b）树转换为对应的二叉树；（c）树对应的孩子兄弟链表的逻辑含义；（d）二叉树对应的二叉树链表的逻辑含义

1. 树转换为二叉树的具体方法

（1）加线。树中所有相邻兄弟之间加一条连线。

（2）去线。对树中的每个结点，只保留它与第一个孩子结点之间的连线，删去它与其他孩子结点之间的连线。

（3）层次调整。以根结点为轴心，将树顺时针方向转动一定的角度，使之层次分明。

具体树转换为二叉树的过程如图 5. 29 所示。

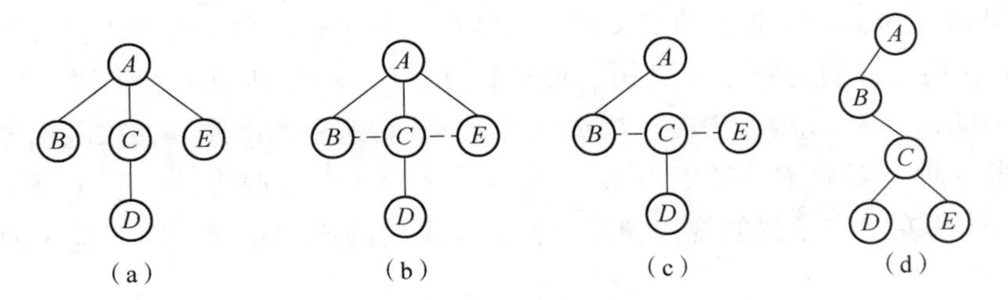

图 5. 29 具体树转换为二叉树的过程

（a）树；（b）加线；（c）去线；（d）层次调整

2. 二叉树转换为树的具体方法

树可以转换为二叉树，相应地二叉树也可以转换为树。转换的具体方法如下。

（1）加线。若某结点 x 是其双亲 y 的左孩子，则把结点 x 的右孩子、右孩子的右孩子、……，都与结点 y 用线连起来。

（2）去线。删去原二叉树中所有的双亲结点与右孩子结点的连线。

（3）层次调整。整理由（1）、（2）两步所得到的树，使之层次分明。

具体二叉树转换为树的过程如图 5.30 所示。

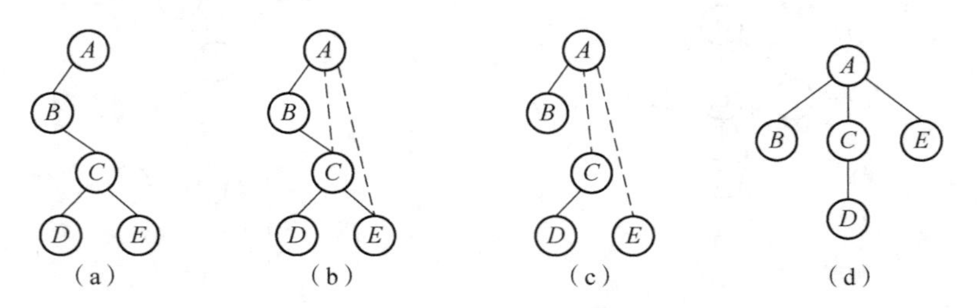

图 5.30　具体的二叉树转换为树的过程

（a）二叉树；（b）加线；（c）去线；（d）层次调整

树与二叉树之间可以互相转换，森林也可以和二叉树进行相互转换，只需要把森林中后面一棵树的树根看作前面一棵树树根的右边的兄弟，即可按照树与二叉树的转换方式进行转换了，具体不再赘述。

5.2　二叉树的遍历

在二叉树上可以进行的操作很多，比如左/右孩子结点的插入、删除、获取根结点、判断是否为空树、返回树的高度、求结点个数等。除了这些操作外，还有一种操作—遍历—在二叉树的应用中最为常用。在实际应用中常常要求对二叉树中全部结点逐一进行某种处理，这就需要依次访问二叉树中的结点，即遍历二叉树。遍历二叉树是指从根结点出发，按某种次序访问二叉树中的所有结点，使得每个结点被访问一次且仅被访问一次。其中“访问”是一个抽象操作，可以是对结点进行的各种处理，如分析结点的信息、对结点计数等，也可以简单地理解为输出结点的数据。

二叉树的遍历过程是将非线性结构的二叉树中的结点排列在一个线性序列上的过程。二叉树的定义是递归的，一棵非空的二叉树由根结点、左子树、右子树组成，若能依次遍历这 3 个基本部分，便可以遍历整个二叉树。假如以 *L*、*D*、*R* 分别表示左子树、根结点和右子树，则可有 *DLR*、*LDR*、*LRD*、*DRL*、*RDL*、*RLD* 共 6 种遍历的次序。如果限定先左子树后右子树，则将前 3 种方案 *DLR*、*LDR*、*LRD* 分别称为先序（根）遍历、中序（根）遍历和后序（根）遍历。遍历左、右子树的规律和遍历整个二叉树的规律相同，因而这 3 种遍历都具有递归性。

二叉树的 3 种遍历顺序如图 5.31 所示。

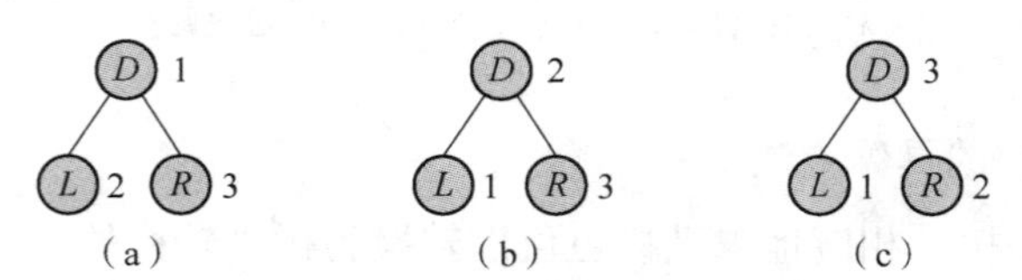

图 5.31　二叉树的 3 种遍历顺序

（a）先序遍历 *DLR*；（b）中序遍历 *LDR*；（c）后序遍历 *LRD*

另外，还有一种遍历方式是按层次遍历，即从第一层开始，访问第一层结点、第二层结点、……、最后一层结点，它的遍历顺序和层序编号刚好一致，因此称为层序遍历。下面分别介绍这几种遍历方法。

5.2.1 二叉树的先序遍历

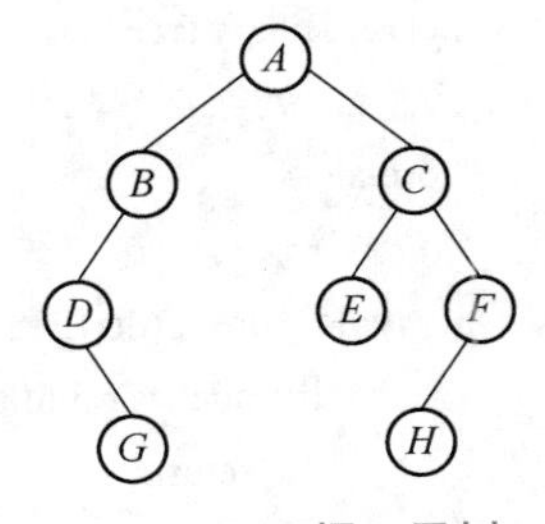

图 5.32 一棵二叉树

若二叉树为空，则返回空；否则：

①访问当前结点；

②先序遍历当前结点的左子树；

③先序遍历当前结点的右子树。

下面以图 5.32 所示的二叉树为例，讲解如何进行先序遍历。

如图 5.33（a）所示，将整棵树分成根结点 A、左子树 T_0、右子树 T_1，则先序遍历序列（简称先序序列）为

$$G=AT_0T_1$$

而左、右子树又是相同的访问次序。左子树 T_0 的先序序列为

$$T_0=BT_{00}T_{01}=B\ D\wedge G\wedge$$

式中：B 为 T_0 子树的根结点；T_{00} 为 T_0 的左子树；T_{01} 为 T_0 的右子树，此时为空，用"∧"表示空，即 $T_{01}=\wedge$；$T_{00}=D\wedge G$，其中 D 是 T_{00} 子树的根结点，其左子树为∧，右子树只有 G 结点。右子树 T_1 的先序序列为

$$T_1=CT_{10}T_{11}=CE\wedge\wedge FH\wedge$$

式中：C 为 T_1 子树的根结点；T_{10} 为 T_1 的左子树；T_{11} 为 T_1 的右子树；继续 $T_{10}=E\wedge\wedge$，其中 E 是 T_{10} 子树的根结点，其左子树为∧，右子树也为∧；而 $T_{11}=FH\wedge$，其中 F 是 T_{11} 子树的根结点，其左子树为 F，右子树为∧。因此

$$G=AT_0T_1=ABD\wedge G\wedge CE\wedge\wedge FH\wedge=ABDGCEFH$$

具体访问顺序如图 5.33（b）所示。

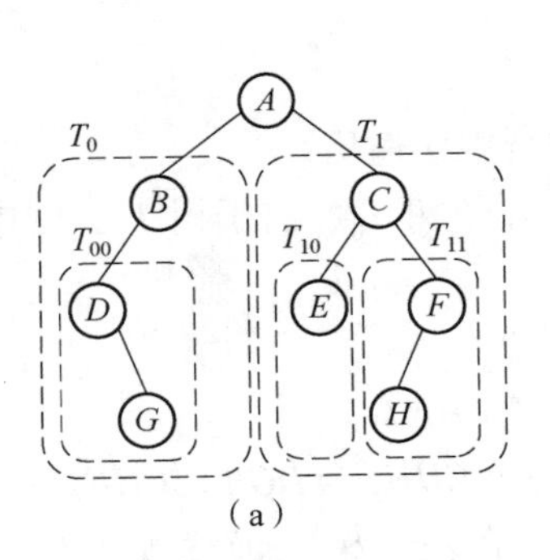

（a）

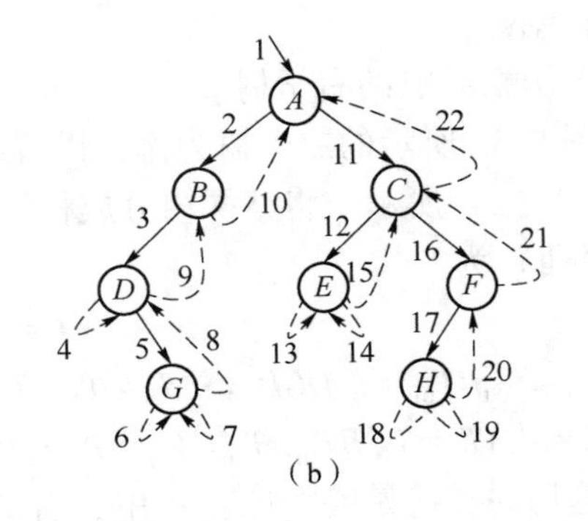

（b）

图 5.33 先序遍历的访问顺序

（a）一棵二叉树；（b）二叉树的先根次序遍历过程

在先序遍历时，应始终按照中、左、右的顺序，在左子树上仍然按照中、左、右的顺序，在右子树上也按照中、左、右的顺序，即使到达最后一棵子树，也应始终按照中、左、右的顺序访问。可以根据这个顺序写出它的算法程序（递归）如下。

程序 5.3：

```
template<typename T>
class BinaryTree{
    ...//其他代码,结点的定义等
private:
  //先序遍历的递归核函数,函数参数 func 表示遍历中对当前结点的处理函数,默认为输出结点内容
    void _pre_order(tree_node * node, void(* func)(tree_node* )) const{
        if(node == nullptr)
            return;
        func(node);  //表示对当前结点的处理函数,默认为输出结点的内容
        _pre_order(node->_left, func);
        _pre_order(node->_right, func);
    }
public:
    //前序遍历,函数参数 func 表示遍历中对当前结点的处理,默认为输出结点内容
    void pre_order(void(* func)(tree_node* ) = [](tree_node * n) {std::cout << n->_data << " ";}) const{
        assert(_root);
        _pre_order(_root, func);
    }
    ...//其他代码
};
```

5.2.2 二叉树的中序遍历

若二叉树为空，返回空；否则：

①中序遍历根结点的左子树；

②访问根结点；

③中序遍历根结点的右子树。

下面以图 5.32 所示的二叉树为例，讲解如何进行中序遍历。

如图 5.33（a）所示，将整棵树分成根结点 A、左子树 T_0、右子树 T_1，则中序遍历序列（简称中序序列）为

$$G=T_0AT_1$$

其中，$T_0=T_{00}BT_{01}=\wedge DGB\wedge$；$T_1=T_{10}CT_{11}=\wedge E\wedge CHF\wedge$。

因此，$G=T_0AT_1=T_{00}BT_{01}AT_{10}CT_{11}=\wedge DGB\wedge A\wedge E\wedge CHF\wedge=DGBAECHF$。

在中序遍历时，应始终按照左、中、右的顺序，在左子树上仍然按照左、中、右的顺序，右子树上也按照左、中、右的顺序，即使到达最后一棵子树，也应始终按照左、中、右的顺序访问。可以参照前序遍历写出中序遍历的递归实现。

5.2.3 二叉树的后序遍历

若二叉树为空，返回空；否则：

①后序遍历根结点的左子树；

②后序遍历根结点的右子树；

③访问根结点。

下面以图 5. 32 所示的二叉树为例，讲解如何进行后序遍历。

该二叉树的子树划分如图 5. 33（a）所示，其后序遍历序列（简称后序序列）为

$$G=T_0T_1A$$

其中，$T_0=T_{00}T_{01}B=\wedge GD\wedge B$；$T_1=T_{10}T_{11}C=\wedge\wedge EH\wedge FC$。

因此，$G=T_0T_1A=T_{00}T_{01}BT_{10}T_{11}CA=\wedge GD\wedge B\wedge\wedge EH\wedge FCA=GDBEHFCA$。

在后序遍历时，应始终按照左、右、中的顺序，在左子树上仍然按照左、右、中的顺序，在右子树上也按照左、右、中的顺序，即使到达最后一棵子树，也应始终按照左、右、中的顺序访问。

3 个遍历完整的递归版代码如下。

程序 5. 4：

```
template<typename T>
class BinaryTree{
    ...//其他代码
private:
    ...//其他代码
    //中序遍历的递归核函数
    void _in_order(tree_node * node, void(* func)(tree_node* )) const{
        if(node == nullptr)
            return;
        _in_order(node->_left, func);
        func(node);
        _in_order(node->_right, func);
    }

    //先序遍历的递归核函数
    void _pre_order(tree_node * node, void(* func)(tree_node* )) const{
        if(node == nullptr)
            return;
        func(node);
        _pre_order(node->_left, func);
        _pre_order(node->_right, func);
    }
    //后序遍历的递归核函数
    void _post_order(tree_node * node, void(* func)(tree_node* )) const{
        if(node == nullptr)
            return;
        _post_order(node->_left, func);
        _post_order(node->_right, func);
        func(node);
```

```
    }
public:
    //中序遍历,函数参数 func 表示遍历中对当前结点的处理,默认为输出结点内容
    void in_order(void(* func)(tree_node* ) = [](tree_node * n) {std::cout << n->_data << " ";}) const{
        assert(_root);
        _in_order(_root, func);
    }
    //前序遍历,函数参数 func 表示遍历中对当前结点的处理,默认为输出结点内容
    void pre_order(void(* func)(tree_node* ) = [](tree_node * n) {std::cout << n->_data << " ";}) const{
        assert(_root);
        _pre_order(_root, func);
    }
    //后序遍历,函数参数 func 表示遍历中对当前结点的处理,默认为输出结点内容
    void post_order(void(* func)(tree_node* ) = [](tree_node * n) {std::cout << n->_data << " ";}) const{
        assert(_root);
        _post_order(_root, func);
    }
    ...//其他代码
};
```

5.2.4　二叉树的层序遍历

二叉树的层序遍历（也称层次遍历）是指从二叉树的第一层（根结点）开始，从上至下逐层遍历，在同一层中，则按从左到右的顺序对结点逐个访问。

下面以图 5.32 所示的二叉树为例，讲解如何进行层序遍历。

层序遍历比较易于理解，遍历过程和结果如图 5.34 所示。

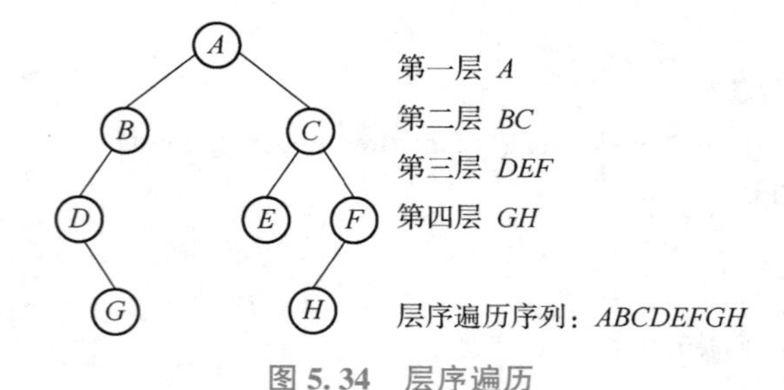

图 5.34　层序遍历

层序遍历的实现：在层序遍历中，每一层都是从左至右进行访问的，即该层中先被访问结点的孩子在下一层中也会先被访问，而这个特性和之前学过的队列是相同的，因此，可以在访问结点元素时将其左、右孩子入队，下次访问出队的结点元素，直至队列为空，遍历完成。因此，层序遍历的算法程序如下。

程序 5.5：

```
//层序遍历,函数参数 func 表示遍历中对当前结点的处理,默认为输出结点内容
void level_order(void(* func)(tree_node* ) = [](tree_node * n) { std::cout << n->_data << " ";}) const {
```

```
    std::queue<tree_node* > q;                   //辅助队列,此处用的标准库中提供的队列(也可用第
                                                  3 章中自定义的队列)
    if(_root == nullptr)                          //空树直接返回
        return;
    q. push(_root);
    while(q. empty() ! = true){
        tree_node*  t = q. front();
        q. pop();
        if(t- >_left ! = nullptr) q. push(t- >_left);  //将非空的左孩子压入队列
        if(t- >_right ! = nullptr) q. push(t- >_right);//将非空的右孩子压入队列
        func(t);
    }
}
```

5.2.5 二叉树中序遍历的非递归实现

5.2.2 小节已经讨论过用递归方式实现的二叉树中序遍历。这种方式逻辑清晰、实现简单，方便大家理解遍历的过程，但是递归过程本身会影响执行效率且当递归层级过深时还会产生栈空间不足的问题，因此本节将讨论二叉树中序遍历的非递归实现。

1. 利用辅助栈实现非递归中序遍历

由于递归过程的执行本身会用到系统栈，实际上可以看成系统“自动”地帮助我们利用栈来完成遍历过程。因为，为了避免递归过程，可以通过主动使用辅助栈来模拟系统栈的工作过程。具体来说，对于某个二叉树的结点，在其左子树中的所有结点遍历完成前，一直要被保存在栈中，因为对该结点的访问要等到其左子树遍历完成后进行。而一旦该元素出栈，则意味着其左子树已经遍历完毕，后续的遍历不再需要该结点的信息。

因此，整体思路是，对于一个非空的根结点，要将从它开始直到以它为根的二叉树的最左下的结点这一路径上的所有结点压入栈中，然后每次弹出栈顶元素，访问该元素。如果弹出的元素有非空的右孩子，则将该右孩子看成一棵子树的根，重复上述入栈过程。具体描述如下：

(1) 若根为空，结束；

(2) 从根开始直到二叉树最左下的结点这一路径上的所有结点压入栈中；

(3) 若栈空，结束；

(4) 栈顶元素出栈；访问该结点；若该结点无右孩子则转 (3)；

(5) 从其右孩子开始直到以该右孩子为根的二叉树的最左下的结点这一路径上的所有结点压入栈中，转 (3)。

完整的代码如下。

程序 5.6：

```
void in_order_w_stack(void(* func)(tree_node * ) = [](tree_node * n) {std::cout << n- >_data << " ";})
const{
    if(_root == nullptr)
        return;
```

```
    std::stack<tree_node * > s;    //辅助栈,此处用的标准库中提供的栈,也可用第3章中自定义的栈
    tree_node *  t = _root;
    while(t){                      //从根开始直到最左下的结点依次入栈
        s. push(t);
        t = t- >_left;
    }
    while(s. empty() ! = true){
        t = s. top();              //栈顶元素出栈
        s. pop();
        func(t);                   //访问该元素
        t = t- >_right;
        while(t){                  //从栈顶元素的右孩子开始直到以该右孩子为根的二叉树的最左下的
                                     结点依次入栈
            s. push(t);
            t = t- >_left;
        }
    }
}
```

2. 三叉链表支持下的非递归中序遍历

无论是递归版中序遍历还是带有辅助栈的非递归版中序遍历，使用栈的根本原因是在遍历中提供了一个从下层结点回到上层结点的方式，因此，对于用三叉链表实现的二叉树，利用结点本身拥有指向父亲结点的指针就可以在不使用额外栈或者递归的情况下完成中序遍历。

实现的关键为，对于给定的一个结点，如何找到其中序遍历下的后继结点即中序后继。根据二叉树中序遍历的要求，如果某个结点有右子树，则其中序后继一定是该右子树中最左下的点，如图 5. 33 中的 C 结点，其中序后继是 H 结点；如果没有右子树，则该结点一定是某棵子树中序遍历中的最后一个结点，如图 5. 33 中的 G 结点，它是以结点 D 为根的子树的中序遍历时的最后一个结点，因此它的中序后继应该是该子树的根的父亲结点 B。

根据上述分析可知，为了实现三叉链表下的非递归中序遍历，需要实现两个子函数：①返回给定二叉树中最左下的非空结点；②返回某结点的中序后继结点。

其中子函数①非常简单，从给定二叉树的根结点不断向其左孩子方向移动，直到某结点的左孩子为空。具体代码如下。

程序 5. 7：

```
tree_node*  _find_most_left_node(tree_node * node){
    while(node- >_left ! = nullptr){
        node = node- >_left;
    }
    return node;
}
```

其中子函数②分为两种情况：对于给定的结点 X，如果它有右子树，则 X 的中序后继就是右子树最左下的点，可以通过_find_most_left_node(X->_right)直接得到；否则，所求

的中序后继就是 X 的父亲或者祖先结点里的某一个。根据前述分析，如果 X 是 X 的父亲结点的右孩子，那么 X 的父亲结点不是 X 的中序后继，需要将 X 向上移动一层重复判断，直到某个时刻某结点是其父亲结点的左孩子或者其父亲结点是空结点时停止。具体程序如下。

程序 5.8：

```
tree_node*  _inoder_successor(tree_node * node) const {
    if(node->_right != nullptr)
        return _find_most_left_node(node->_right);          //右子树不空时,直接返回右子树中最左下的点
    tree_node*  p = node->_parent;                          //当前结点的父亲结点
    while(p != nullptr && node == p->_right){               //当前结点不断向上移动直至找到所求
        node = p;
        p = node->_parent;
    }
    return p;
}
```

基于上述两个子函数，可以写出三叉链表支持下的二叉树非递归中序遍历。具体程序如下。

程序 5.9：

```
void in_order_no_stack(void(* func)(tree_node* ) = [](tree_node * n) {std::cout << n->_data << " ";})
const{
    if(_root == nullptr)                              //空树直接返回
        return;
    tree_node*  cur = _find_most_left_node(_root);   //中序遍历的第一个结点
    do{
        func(cur);                                    //访问该结点
        cur = _inoder_successor(cur);                 //找到当前结点的中序后继
    }while(cur != nullptr);
}
```

5.3 二叉树的构造

图示法能够直观地描述二叉树的逻辑结构，但不便于计算机的输入。二叉树的逻辑结构特点如下。

（1）结点与其父母结点间存在层次关系。

（2）左、右子树兄弟结点间存在次序关系。

如果能够清楚地描述这两个关系，就能够确定一棵二叉树。

遍历可以让非线性的树结构变成一个线性序列，也就是说，一棵确定的二叉树经过遍历后可以得到唯一的先序序列、中序序列、后序序列及层次序列。反之，一个先序序列或者一个中序序列或者一个后序序列能唯一地确定一棵二叉树吗？下面来看两个例子。

例如，有一个先序序列 ABC，那么可能的二叉树的形态如图 5.35 所示。

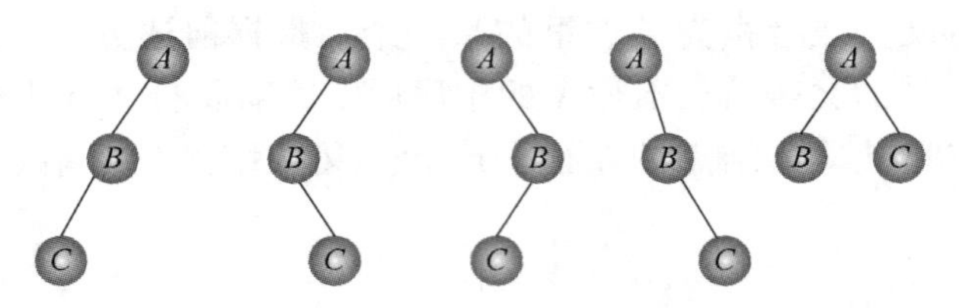

图 5.35　先序序列 *ABC* 构造的二叉树

这是因为如果只有一个先序序列 *ABC*，可以确定 *A* 为二叉树的根，但不能确定 *BC* 的位置，*B* 可以为左孩子，也可以为右孩子；*C* 可以为 *A* 的孩子，也可以是 *A* 的子孙。也就是说，只有一个先序序列无法确定二叉树的形态。同样，一个中序序列或者一个后序序列都无法确定一个唯一的二叉树。

那么在先序序列和后序序列都给定的情况下，能否确定二叉树的唯一形态呢？例如，已知先序序列为 *ABC*，后序序列为 *CBA*，用这两种序列来构造二叉树。

由先序序列可以确定二叉树的根为 *A*，而 *B* 为 *A* 的孩子，但为 *A* 的左孩子还是右孩子无法确定；而在知道 *A* 为根的情况下，后序序列中 *C* 在 *B* 前面，说明 *C* 要么是 *B* 的孩子，要么是 *B* 左边的兄弟；又因为先序序列中 *BC* 的顺序，*C* 不能为 *B* 的左兄弟，所以，*C* 为 *B* 的孩子，但为 *B* 的左孩子还是右孩子无法确定。因此，可以得到二叉树的形态如图 5.36 所示。

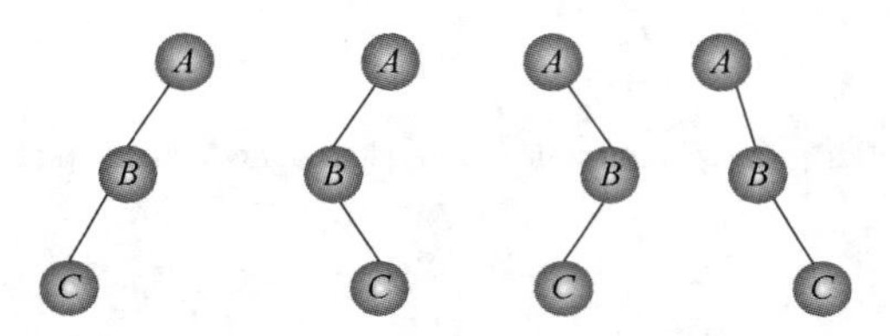

图 5.36　先序序列和后序序列构造的二叉树

这里也无法确定二叉树的唯一形态，因为先序序列和后序序列都只能确定层次关系（父子），无法确定左、右次序关系。

5.3.1　先序序列和中序序列构造二叉树

在先序序列和中序序列已知的情况下，能否构造唯一的二叉树呢？比如，已知先序序列为 *ABC*，中序序列为 *CBA*，构造二叉树。

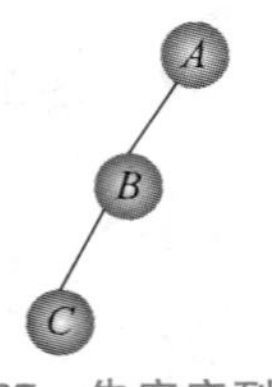

图 5.37　先序序列和中序序列构造的二叉树

由先序序列可以确定二叉树的根为 *A*，而 *B* 为 *A* 的孩子，但为 *A* 的左孩子还是右孩子无法确定；而在知道 *A* 为根的情况下，中序序列中 *CB* 在 *A* 的前面说明 *CB* 均在 *A* 的左子树上；因此再由前面分析说明 *B* 为 *A* 的孩子，则 *B* 为 *A* 的左孩子；*CB* 都在左子树上说明 *C* 是 *B* 的孩子，再由中序序列中 *C* 在 *B* 的前面得到 *C* 是 *B* 的左孩子。因此，二叉树的形态就确定下来了，如图 5.37 所示。

也就是说，先序序列和中序序列构造出了唯一的一棵二叉树。这是因为先序序列的次序反映了父母与孩子的层次关系（先父母、后孩子），而中序序列的次序反映了兄弟的左、右次序（先左孩子、后右孩子），如此既有层次关系，又有左、右次序关系，即可唯一确定二叉树。下面来看一个例子，通过这个例子，看一下由先序序列和中序序列构造二叉树的一般方法。

例 5.2 已知一棵二叉树的先序遍历序列和中序遍历序列分别为 *ABCDEFGHI* 和 *BCAEDGHFI*，描述两种序列构造的二叉树。

分析 根据先序序列分层次，中序序列分左、右的原则，逐步构造这棵二叉树。

(1) 找到根，并划分左、右子树，如图 5.38 所示。

先序序列：*ABCDEFGHI*，第一个元素即根元素，所以 *A* 为二叉树的根。

中序序列：*BCAEDGHFI*，*A* 为根，则 *A* 左边的即左子树，*A* 右边的即右子树。

(2) 对左子树进行 (1) 的操作，即找到左子树的根并给左子树划分下一级的左、右子树，如图 5.39 所示。

先序序列：*B C*，第一个元素即左子树的根，所以 *B* 为左子树的根。

中序序列：*B C*，*B* 为该子树的根，*C* 在 *B* 的右边，则 *C* 为 *B* 的右子树。

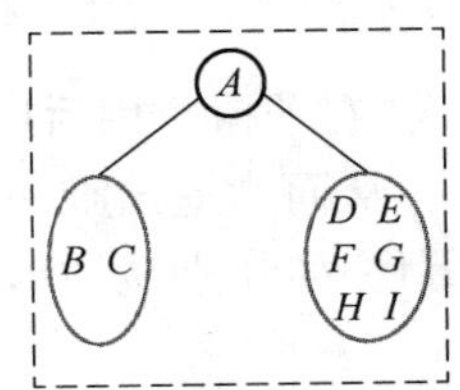

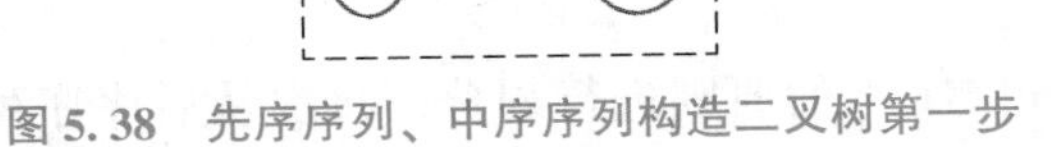

图 5.38 先序序列、中序序列构造二叉树第一步

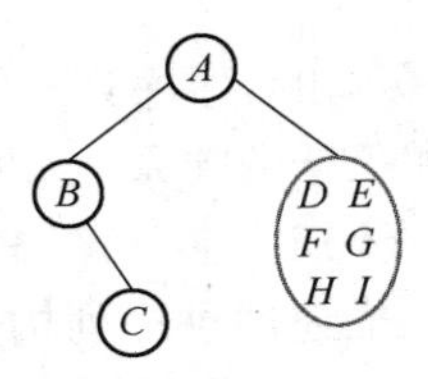

图 5.39 先序序列、中序序列构造二叉树第二步

(3) 对右子树进行 (1) 的操作，即找到右子树的根并给右子树划分下一级的左、右子树，如图 5.40 所示。

先序序列：*D E F G H I*，第一个元素即右子树的根，所以 *D* 为左子树的根。

中序序列：*E D G H F I*，*D* 为该子树的根，*E* 在 *D* 的左边，则 *E* 为 *D* 的左子树，*GHFI* 在 *D* 的右边，则 *GHFI* 为 *D* 的右子树。

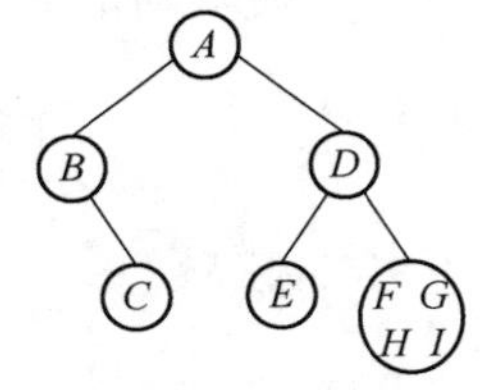

图 5.40 先序序列、中序序列构造二叉树第三步

(4) 对剩余的还没有构造好的子树重复 (1) 的操作，如图 5.41 所示。

先序序列：*F G H I*，*F* 为该子树的根。

中序序列：*G H F I*，*GH* 为该子树的左子树，*I* 为该子树的右子树。

(5) 继续对剩余的还没有构造好的子树重复 (1) 的操作，如图 5.42 所示。

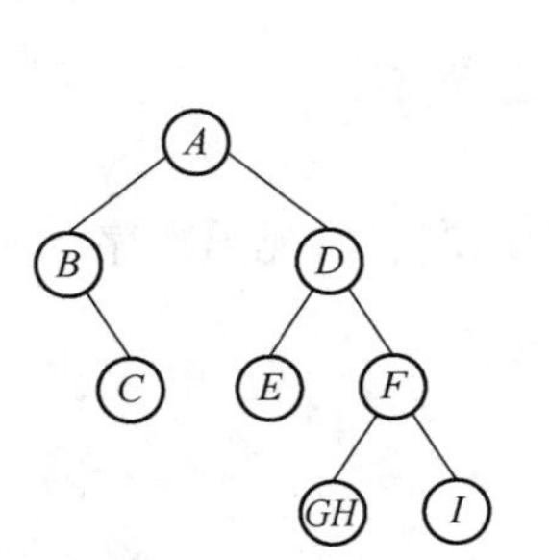

图 5.41 先序序列、中序序列构造二叉树第四步

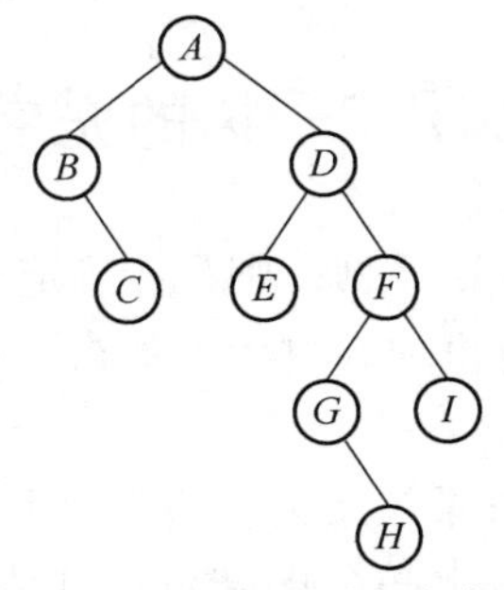

图 5.42 由先序序列和中序序列构造的二叉树

先序序列：*G H*，*G* 为该子树的根。

中序序列：*GH*，*H* 为该子树的右子树。

由此可以推得，由先序序列和中序序列可以构造唯一一棵二叉树，具体构造的方法如下。

①根据先序序列的第一个元素建立根结点。

②在中序序列中找到该元素，确定根结点的左、右子树的中序序列。

③在先序序列中确定左、右子树的先序序列。

④由左子树的先序序列和中序序列建立左子树。

⑤由右子树的先序序列和中序序列建立右子树。

根据先序序列分层次，中序序列分左、右，对于整棵树及每一棵子树均如此，即可得到最终的二叉树。

5.3.2 中序序列和后序序列构造二叉树

在中序序列和后序序列已知的情况下，用中序序列区分左、右子树，用后序序列区分层次关系（根和孩子的关系），对于整棵树及每一棵子树均如此，从而构造出唯一的二叉树。

例 5.3 已知一棵二叉树的后序遍历序列和中序遍历序列分别为 *DGEBHIFCA* 和 *DBGEAHFIC*，描述两种序列构造的二叉树。

分析 按照“中序序列分左右，后序序列分层次”的原则进行划分，每次从后序序列的最后找到根，将中序序列分成左、右子树，递归进行下去，直至所有的子树都确定下来，则整棵二叉树就确定了，如图 5.43 所示。

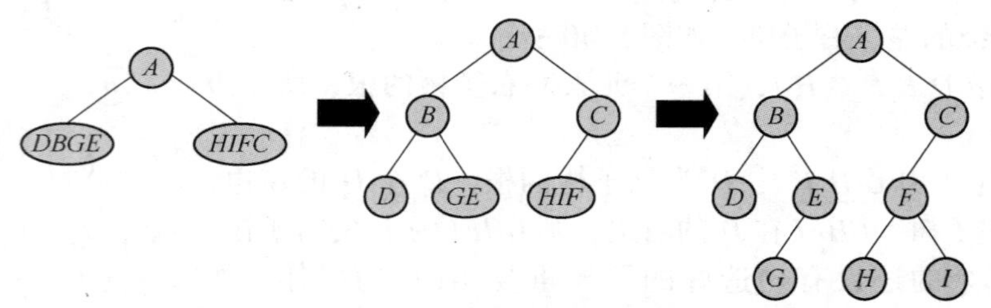

图 5.43 由中序序列和后序序列构造的二叉树

至此可知，由遍历序列的先序序列和中序序列可以唯一构造一棵二叉树，由中序序列和后序序列也可以唯一构造一棵二叉树。由单一的先序序列无法构造唯一的二叉树，那么如果给先序序列增加一些信息，是否能构造唯一的二叉树呢？

5.3.3 用标明空子树的先序序列来构造二叉树

如果只有先序序列，则只能确定其层次关系，不知道左、右兄弟次序。如果在先序序列中将空子树信息也加入进去，即可区分出左、右兄弟。

为了建立一棵二叉树，将二叉树中每个结点的空指针引出一个虚结点，其值为一特定值，如“#”，以标识其为空，把这样处理后的二叉树称为原二叉树的扩展二叉树。

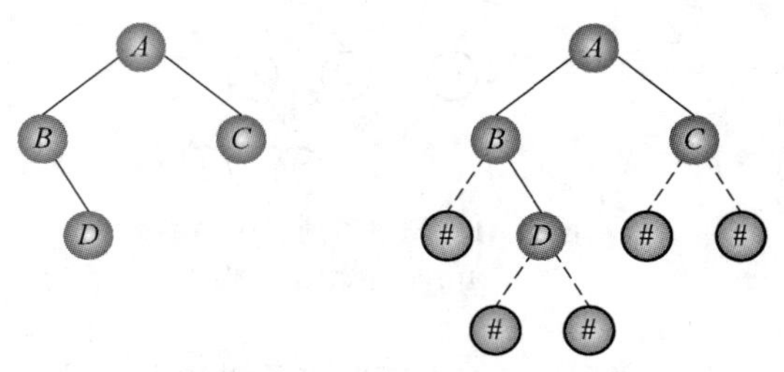

图 5.44 扩展二叉树

例如，图 5.44 所示的二叉树扩展后，先序序列是什么样子呢？

扩展二叉树的先序遍历序列：*A B # D # # C # #*。下面来看一下如何从该序列构造一棵二叉树。

设二叉树中的结点元素内容均为字符，扩展二叉树的先序序列可以由键盘输入，也可以存储在一个字符数组 Preorder 中。二叉树的建立过程为：首先输入根结点，若输入的是一个“#”字符，则表明该二叉树为空树；否则输入的字符即根元素，之后依次递归建立它的左子树和右子树。具体步骤如下。

步骤 1：先序序列的第一个元素 Preorder[0] 是二叉树的根。

步骤 2：Preorder[i] 不空，则创建其结点，其左孩子是 Preorder[$i+1$]；否则，返回上一层结点。

步骤 3：返回当前结点时，下一个位置的元素为当前结点的右孩子；当左、右孩子都建好后，返回上一层结点。

步骤 4：重复步骤 2、步骤 3，直至返回根结点，完成。

例 5.4 给定一个含空子树的扩展二叉树先序序列 *ABD###C#E##*，用它来构造二叉树，如图 5.45 所示。

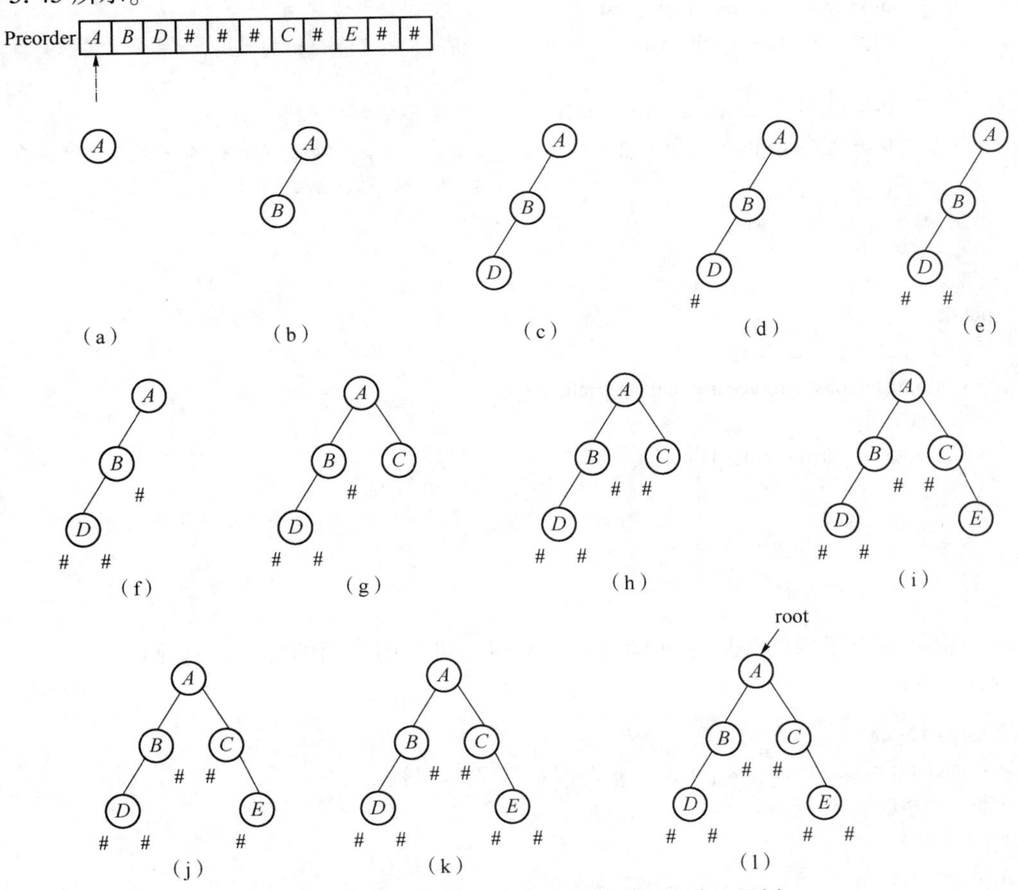

图 5.45 由含空子树的二叉树先序序列构造二叉树

(a) 建立根结点 *A*；(b) 建立 *A* 的左孩子结点 *B*；(c) 建立 *B* 的左孩子结点 *D*；(d) *D* 的左子树为空；(e) *D* 的右子树为空；(f) *B* 的右子树为空；(g) 建立 *A* 的右孩子结点 *C*；(h) *C* 的左子树为空；(i) 建立 *C* 的右孩子结点 *E*；(j) *E* 的左子树为空；(k) *E* 的右子树为空；(l) root 指向 *A* 结点

在程序设计时，通常使用含空子树的扩展二叉树先序序列来构造二叉树，因为此种方法易于程序实现，下面介绍用标明空子树的先序序列来构造二叉树的程序。

程序 5.10：

```
template<typename T>
class BinaryTree{
    ...//其他代码
private:
            //先序序列构建二叉树的递归部分
    tree_node*   _create_core(const std::vector<char>& prelist, int& i){
        if(i >= prelist. size())
            return nullptr;
        T elem = prelist[i];
        ++i;
        tree_node*  p = nullptr;
        if(elem ! = '#'){
            p =new tree_node(elem);
            p->_left =_create_core(prelist, i);          //递归建立左子树
            if(p->_left) p->_left->_parent = p;          //三叉链表存储结构时用,如果是二叉链表存储结
                                                           构该行可以省略
            p->_right =_create_core(prelist, i);         //递归建立右子树
            if(p->_right) p->_right->_parent = p;        //三叉链表存储结构时用,如果是二叉链表存储结
                                                           构该行可以省略
        }
        return p;
    }
 public:
    //先序序列构建二叉树
    void create(const std::vector<char>& prelist) {
        int i = 0;
        _root = _create_core(prelist, i);
    }
    ...//其他代码
};
```

对于用标明空子树的先序序列构造的二叉树，可以用下面的程序进行测试。

程序 5.11：

```
BinaryTree<char> a;
a. create(std::vector<char>{'a','b','#','d','#','#','c','#','#'});
a. pre_order();
printf("\n");
a. in_order();
printf("\n");
a. post_order();
```

该测试构建的二叉树如图 5.44 所示。

前面介绍了二叉树的构造、各种遍历，再加上二叉树结点的插入、删除，求高度、求双亲等操作，二叉树这个数据结构就可以定义出来了。

5.4 线索二叉树

遍历二叉树的实质是对一个非线性结构进行线性化操作，使每个结点（除第一个和最后一个外）在这些线性序列中有且仅有一个直接前驱和直接后继。当以二叉链表作为存储结构时，只能找到结点的左、右孩子信息，而不能直接得到结点在任意序列中的前驱和后继信息，这些信息只能在遍历的动态过程中才能得到。为了保存这种在二叉树遍历过程中得到的信息，可以采用以下两种方法。

（1）在每个结点上增加两个指针域，即 fwd 和 bkwd，分别指示结点的前驱和后继。但这会浪费存储空间。

（2）在 n 个结点的二叉链表中必定存在 $n+1$ 个空链域，利用这些空链域来存放结点的前驱和后继信息。但这会使指针链混乱，无法区分到底是左、右孩子还是前驱、后继链。

为了能保存所需的前驱、后继信息，综合考虑，可以采用第 2 种办法，并在结点上增加标志域，指明是前驱、后继链还是左、右孩子链，则二叉链表的结点结构如图 5.46 所示。

left	l_type	data	r_type	right

图 5.46 线索链表结点结构

图 5.46 所示的结点结构称为线索链表结点，由线索链表结点构造出的二叉树的存储结构称为“线索链表”。其中，当 left 和 right 指向结点前驱和后继时称为线索。加上线索的二叉树称为线索二叉树。线索为先序遍历次序的前驱和后继线索的二叉树称为先序线索二叉树。线索为中序遍历次序的前驱和后继线索的二叉树称为中序线索二叉树。线索为后序遍历次序的前驱和后继线索的二叉树称为后序线索二叉树。线索为层序遍历次序的前驱和后继线索的二叉树称为层序线索二叉树。使二叉链表中结点的空链域存放其前驱或后继信息的过程称为线索化。

线索链表结点定义如下。

程序 5.12：

```
template<typename T>
class BinaryThreadTree{
public:
        //声明结点类
          struct tree_node {                                  //线索二叉树的结点声明

          tree_node * _left = nullptr;
          tree_node * _right = nullptr;

          enum class NODE_TYPE{THREAD, LINK};  //指针类型
          NODE_TYPE _l_type = NODE_TYPE::LINK;
          NODE_TYPE _r_type = NODE_TYPE::LINK;

          T _data;
```

```
            tree_node(T d,tree_node*  l = nullptr, tree_node*  r = nullptr)
                :_data(d), _left{l}, _right{r}{ }
        };
    …//其他代码
};
```

利用线索链表结点可以定义线索链表如下。

程序 5.13：

```
template<typename T>
class BinaryThreadTree{
public:
  //声明结点类
  struct tree_node{
      ……
  };
public:
    tree_node*  _root = nullptr;
    …//其他代码
};
```

5.4.1 二叉树的线索化

1. 中序线索化二叉树

对一棵二叉树进行中序线索化即依照中序遍历次序在二叉树相应结点上加入前驱和后继的线索信息。也就是在原二叉链表的基础上建立线索链表，实质上就是将二叉链表中的左、右空指针域修改为指向前驱或后继的线索，而前驱或后继的信息只有在遍历该二叉树时才能得到。因此，手工进行线索化的过程如下。

（1）得到该二叉树的中序遍历序列，列出该序列。

（2）找到二叉链表中空的指针位置，将空链位置用短杠标出。

（3）将空指针处（短杠标出位置）依据中序遍历序列中的前后关系链接起来。

至此就完成了二叉树的中序线索化过程。按照这种方法对图 5.47 所示的二叉树进行中序线索化。

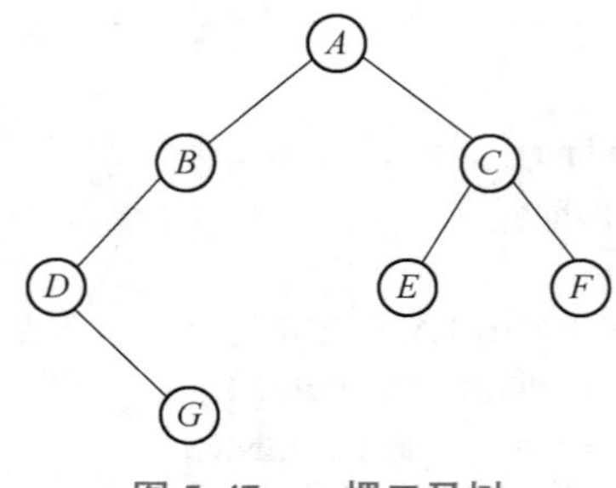

图 5.47　一棵二叉树

具体操作如图 5.48 所示。

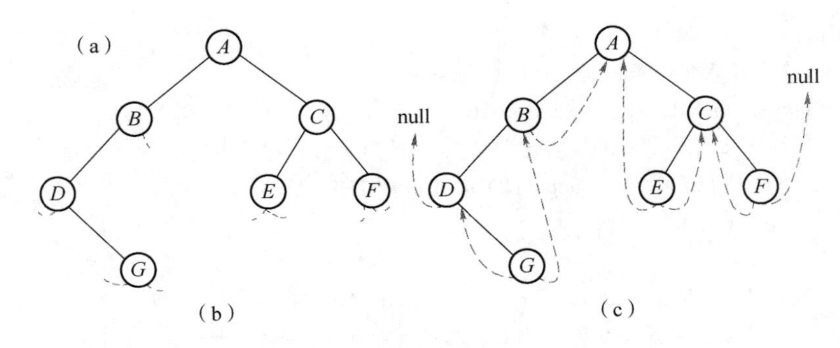

图 5.48 中序线索化二叉树

(a) 中序序列：*DGBAECF*；(b) 找到空链位置，标出；(c) 按照中序序列链接前驱和后继

注意：中序遍历中第一个结点 *D* 既没有左子树，也没有前驱，因此令它的前驱链为 null（空）。中序遍历的最后一个结点 *F*，既没有右子树也没有后继，因此令它的后继链为 null（空）。

用计算机进行中序线索化时，可以考虑用一个 front 来指向 p 在中序次序下的前驱结点，当 p 所指结点的 left/right 域为空时，只改写它的 left（装入前驱 front），而其 right（后继）留给下一结点来填写。即当前结点的 p 的地址应当放入前驱结点 front 的 right 中。

因此，中序线索化的过程为：中序遍历二叉树，p 指向某结点，front 为其前驱，初值为空，p 初值为根。

①中序线索化其左子树。

②若 p 的左子树为空，则设置 p 的 left 指向其前驱 front，设置左线索标志 l_type 为线索。

③若前驱 front 不空且右子树为空，则 p 为 front 的后继，front 的 right 链指向 p，front 的右线索标志 r_type 为线索。

④front 指向结点 p。

⑤中序线索化其右子树。

中序线索化二叉树的程序如下。

程序 5.14：

```
template<typename T>
class BinaryThreadTree{
public:
    //声明结点类
    struct tree_node{
        ……
    };
public:
        tree_node*   _root = nullptr;
        …//其他代码


        //线索化的递归核函数
        void inorder_threading(tree_node*   p, tree_node*   &pre) {
```

```
        if(p){
            //递归线索化左子树
            inorder_threading(p->l_child, pre);
            if(p->l_child == NULL){//p 没有左孩子,则 p 的左指针为线索,指向前驱
                p->l_thread =tree_node::NODE_TYPE::THREAD;
                p->l_child = pre;
            }
            if(pre != NULL && pre->r_child == NULL){
                //前驱不空且没右孩子,则前驱右指针为线索,指向当前结点
                pre->r_thread =tree_node::NODE_TYPE::THREAD;
                pre->r_child = p;
            }
            //更新前驱结点为当前结点
            pre = p;
            //递归线索化右子树
            inorder_threading(p->r_child, pre);
        }
    }

    //线索化
    void inorder_threading(){
        if(_root == nullptr)
            return;
        tree_node* pre = nullptr;
        inorder_threading(_root, pre);
        pre->r_thread =tree_node::NODE_TYPE::THREAD;
        pre->r_child =NULL;
    }
};
```

2. 先序、后序线索化二叉树

对二叉树进行先序线索化及后序线索化的过程与中序线索化的过程相似。对一棵二叉树进行先序线索化即依照先序遍历次序在二叉树相应结点上加入前驱和后继的线索信息，就是将二叉链表中的左、右空指针域修改为指向先序前驱或后继的线索。对一棵二叉树进行后序线索化即依照后序遍历次序在二叉树相应结点上加入前驱和后继的线索信息，就是将二叉链表中的左、右空指针域修改为指向后序前驱或后继的线索。具体做法如下。

（1）先得到该二叉树的先序或后序遍历序列，列出该序列。

（2）找到二叉链表中空的指针位置（手动进行线索化时，将空链位置用短杠标出）。

（3）将空指针处（短杠标出位置）依据先序或后序遍历序列中的前后关系链接起来。如此就完成了二叉树的先序或后序线索化过程。

对图 5. 47 所示的二叉树，进行先序和后序线索化得到的线索二叉树如图 5. 49 所示。

先序和后序线索化二叉树的过程与中序线索化过程类似，这里不再赘述。

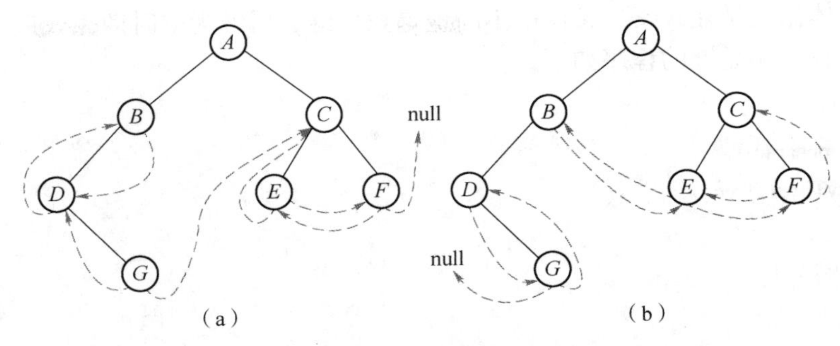

图 5.49 先序和后序线索二叉树

(a) 先序线索二叉树（先序序列：*ABDGCEF*）；(b) 后序线索二叉树（后序序列：*GDBEFCA*）

5.4.2 线索二叉树的遍历

在二叉树上增加了结点的前驱、后继信息后的线索二叉树在遍历时能方便地找出当前结点在遍历序列中的前驱结点和后继结点。因此，在对二叉树进行遍历时就更加容易，具体遍历方法就是先找到遍历序列中的第一个结点（可以将第一个结点用一个变量来标明），然后依据后继线索依次找结点后继，直至其后继为空为止（到达最后一个结点）。那么当结点没有后继线索时，如何找其后继结点呢？不同的遍历方法有不同的找法，下面以中序线索二叉树为例看一下对线索二叉树如何进行中序遍历。

在中序线索二叉树中沿着左孩子链一直找到没有左孩子的结点，此即遍历的第一个结点。如果结点有中序后继线索，则沿着后继线索指示找到下一个结点，如果无后继线索，则找到该结点右子树上的最左边结点为其后继结点。

1. 中序遍历中序线索二叉树

中序遍历序列的第一个结点是树中最左边的结点，可以用 FirstNode 来指示该结点。当该结点有右孩子时，其右孩子为根的子树最左边的结点即其后继结点；当该结点没有右孩子而有后继链时，其后继链指示的结点即其后继结点。依次找到后继，直到后继没有结点则遍历完成。通过下面的例子来展示如何中序遍历中序线索二叉树。

例 5.5 在图 5.48 所示的中序线索二叉树上进行中序遍历。

中序遍历过程如图 5.50 所示，星星线路即中序遍历的线路。在中序线索二叉树上，*D* 为第一个遍历的结点，*D* 的中序后继是 *D* 的右子树上的最左端结点 *G*，*G* 的中序后继是沿后继链找到的 *B* 结点，*B* 的中序后继是沿后继链找到的 *A* 结点，*A* 的后继是 *A* 的右子树上的最左端结点 *E*，*E* 的中序后继是沿后继链找到的 *C* 结点，*C* 的中序后继是 *C* 的右子树上最左端结点 *F*。

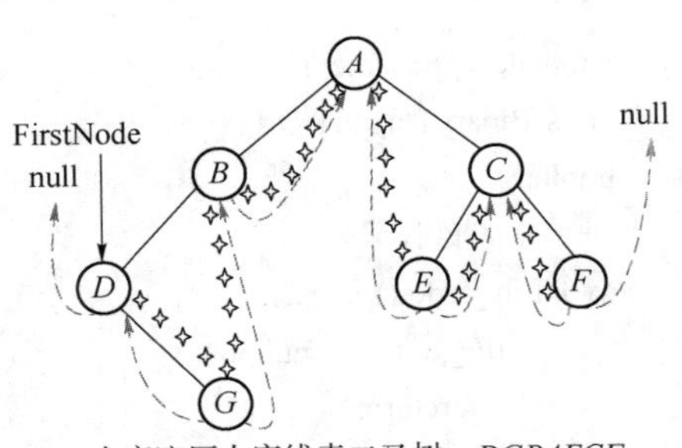

中序遍历中序线索二叉树：*DGBAECF*

图 5.50 中序遍历中序线索二叉树

另外，值得说明的是，在对线索二叉树进行遍历时，遍历不再需要通过递归实现，而是通过线索辅助完成，具体做法是在线索二叉树中不断地寻找后继，后继为空时即完成遍历。在中序线索二叉树上寻找中序后继的程序如下。

程序5.15：

```
template<typename T>
class BinaryThreadTree{
public:
    …//其他代码

private:
    tree_node*  _find_most_left_node(tree_node * node) const {
        while(node->_l_type == tree_node::NODE_TYPE::LINK){
            node = node->_left;
        }
        return node;
    }

    tree_node*  _inoder_successor(tree_node * node) const {
        if(node->_r_type == tree_node::NODE_TYPE::LINK)
            return _find_most_left_node(node->_right);  //右子树不空时,直接返回右子树中最左下的点
        //否则该结点的右指针是一个线索指针,指向的就是 node 的中序后继
        return node->_right;
    }
public:
    …//其他代码

};
```

中序遍历中序线索二叉树可以从中序遍历的第一个结点（令 p 指向根，沿着 p 的左子树方向找到最左端结点）开始，循环找中序后继来完成整个遍历。具体中序遍历中序线索二叉树程序如下。

程序5.16：

```
template<typename T>
class BinaryThreadTree{
public:
    …//其他代码
  void in_order() const{
        if(_root == nullptr)                              //空树直接返回
            return;
        tree_node*  cur = _find_most_left_node(_root);    //中序遍历的第一个结点
        do{
            func(cur);                                    //访问该结点
            cur = _inoder_successor(cur);                 //找到当前结点的中序后继
```

```
        }while(cur ! = nullptr);
    }
};
```

对于中序线索二叉树的先序和后序遍历，大家可以按照上面的思路自行设计，此处不再赘述。

5.5 最优二叉树

从二叉树的基础知识可知，n 个结点的二叉树可以有多种形态，那么这些不同形态的二叉树中哪种最好呢？或者说哪种是最优的呢？下面来看一下什么是最优树。先来看几个概念。

(1) 路径：若在一棵树中存在一个结点序列 $k_1,k_2,\cdots,k_j$，使得 k_i 是 $k_{i+1}(1\leqslant i\leqslant j)$ 的双亲，则称此结点序列是从 k_1 到 k_j 的路径。

(2) 路径长度：从 k_1 到 k_j 所经过的分枝数称为这两个点之间的路径长度，它等于路径上的结点数减 1。

(3) 结点的权：给树上的结点赋予一个有着某种意义的实数，称此实数为该结点的权。

(4) 结点的带权路径长度：从根结点到该结点之间路径长度与该结点上权的乘积。

(5) 树的带权路径长度：树中所有叶子结点的带权路径长度之和，记为 WPL，即

$$\mathrm{WPL}=\sum_{i=0}^{n-1}(w_i\cdot l_i)$$

式中：n 为叶子结点个数；w_i为叶子结点 i 的权，l_i为根到叶子结点 i 的路径长度。

在所有含 n 个叶子结点并带相同权值的 m 叉树中，必存在一棵其带权路径长度取最小值的树，称为“最优树”。如果这棵树是二叉树，则称其为最优二叉树。

例 5.6 现有 4 个带权叶子结点，权值分别为(1,2,5,7)，将其安排在不同形态的二叉树中，可以得到不同的带权路径长度，如图 5.51 所示。

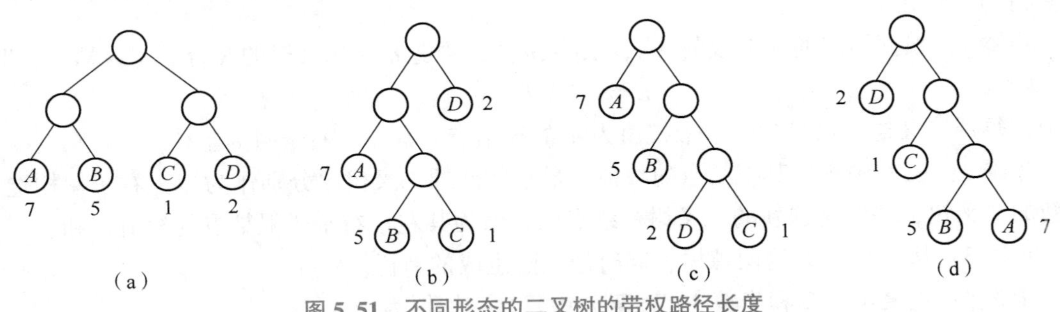

图 5.51 不同形态的二叉树的带权路径长度

(a) WPL=7×2+5×2+1×2+2×2=30；(b) WPL=7×2+5×3+1×3+2×1=34；
(c) WPL=7×1+5×2+2×3+1×3=26；(d) WPL=2×1+1×2+5×3+7×3=40

图 5.51 中只列出了 4 种形态的二叉树，拥有 4 个叶子的二叉树形态还有很多，此处不

一一列出。那么在所有的不同形态的二叉树中如何寻找最优的那棵二叉树呢？需要一一列出然后比较吗？还是有特别的方法呢？

显然，将全部二叉树的形态列举出来是费时又费力的。下面介绍一种构造最优二叉树的方法。

5.5.1 最优二叉树——哈夫曼树

有一种树称为哈夫曼树，它根据给定的一组具有确定权值的叶子结点，按照一定的规则构造出带权路径长度最小的二叉树，即最优二叉树。哈夫曼树是一种最优二叉树，而最优二叉树不一定是按照哈夫曼树构造方法来构造的。但由于哈夫曼最早给出了这种带有一般规律的构造最优二叉树的方法，因此一般人们会把哈夫曼树直接称为最优二叉树。

哈夫曼树的特点如下。

（1）权值越大的叶子结点越靠近根结点，而权值越小的叶子结点越远离根结点。

（2）只有度为0（叶子结点）和度为2（分枝结点）的结点，不存在度为1的结点。

在例5.6中，图5.51（c）即为要寻找的哈夫曼树，权值最大的叶子结点7最靠近根结点，权值最小的叶子结点1和2最远离根结点；整棵树中只有度为0和度为2的结点。

但哈夫曼树并不唯一，如图5.52所示。

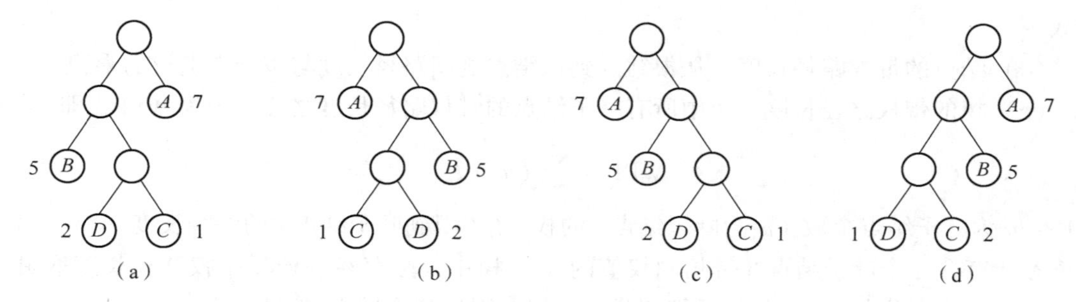

图5.52 不同形态的哈夫曼树

图5.52中都是哈夫曼树，也就是说4棵二叉树都具有最小的带权路径长度26。构造哈夫曼树的步骤如下。

步骤1：根据给定的n个权值$\{w_1,w_2,\cdots,w_n\}$，构造n棵二叉树的集合F（森林），即

$$F = \{T_1,T_2,\cdots,T_n\}$$

其中，每棵二叉树中均只含一个带权值为w_i的根结点，其左、右子树为空树。

步骤2：在F中选取其根结点的权值为最小的两棵二叉树，分别作为左、右子树构造一棵新的二叉树，并置这棵新的二叉树根结点的权值为其左、右子树根结点的权值之和。

步骤3：从F中删去这两棵树，同时加入刚生成的新树。

步骤4：重复步骤2和步骤3，直至F中只含一棵树为止。

例5.7 已知叶子结点权值$W=\{7,5,1,2\}$，构造哈夫曼树，如图5.53所示。

哈夫曼树在实际中应用十分广泛，在通信系统中进行信源编码时，利用哈夫曼树得到哈夫曼编码就是一种最优的信源编码。

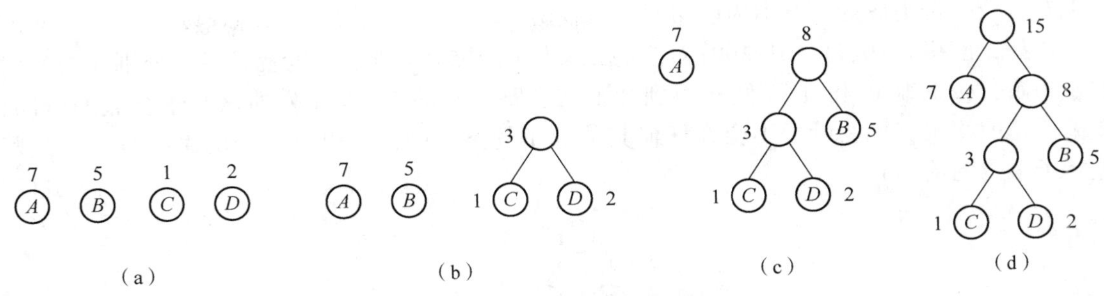

图 5.53 哈夫曼树的构造过程

(a) n 棵二叉树的森林 F；(b) 选择两棵权值最小的二叉树{1}{2}，作为左、右子树合并，新树根结点权值为两者之和 3；(c) 合并{3}{5}，新树根结点权值为 8；(d) 合并{7}{8}，哈夫曼树

5.5.2 哈夫曼编码

在进行通信时，基本过程是发送方发送消息，通过信道传输，接收方收到消息。而消息要在信道上传输，要将消息进行 0、1 编码后再进行传输。对消息进行编码有很多不同的编码方法，下面介绍几类不同的编码方法。

（1）等长编码：码的长度相等的编码。

比如，对{A,B,C,D}进行等长编码，可以为 A、B、C、D 编码为{00、01、10、11}，每个字符编码为 2 位长度的二进制码。设要传输消息“*AAAABBBCDDBBAAA*”，用该等长编码进行编码后得到传输序列“000000000101011011110101000000”，共 30 位。

等长编码的特点：编码简单；但传送电文较长。

（2）不等长编码：码的长度不相同的编码。

比如，对{A,B,C,D}进行不等长编码，可以为 A、B、C、D 编码为{0,1,10,11}，各个字符的编码长度不同。设要传输消息“*AAAABBBCDDBBAAA*”，用该不等长编码进行编码后得到传输序列“000011110111111000”，共 18 位。

不等长编码的特点：将使用频度高的字符尽量用短码表示，使传送的电文缩短。

但经过不等长编码后不易译码，也就是无法得到唯一的消息序列。比如上面传输的序列，该序列“000011110111111000”可以译为“*AAAABBBCDDBBAAA*”，也可以译为“*AAAABBBBABBBBBBAAA*”，还可以译为“*AAAADDADDDAAA*”等，也就是说译码不唯一。传过来的消息变了，这是不能接受的，如何能让电文尽量短又能唯一译码呢？使用前缀码进行编码即可解决这个问题。

（3）前缀码：给定一个码序列的集合，若没有一个序列是另一个序列的前缀，则称这个集合中的码为前缀码。

比如，对{A,B,C,D}进行前缀编码，编码为{0,11,101,100}。各个字符的编码长度不同，但没有任何一个码字是其他码字的前缀。设要传输消息“*AAAABBBCDDBBAAA*”，用该前缀码进行编码后得到传输序列“00001111111011001001111000”，共 26 位。译码时可以唯一译码为“*AAAABBBCDDBBAAA*”。

前缀码的特点：既可以缩短报文长度，又容易翻译。

前缀码拥有与它一一对应的二叉树，两者可以相互转化。以二叉树中结点的最长路径决定码长的最大位数，并约定左分枝表示“0”，右分枝表示“1”。从根结点到叶子结点的路径上各分枝字符组成的字符串为前缀码。

比如，前缀码{0,11,101,100}对应的二叉树如图 5.54 所示，也就是说，分别在二叉树的左、右分枝上编'0'和'1'，则从根到叶子结点路径上的 0、1 序列即该叶子结点的编码，该编码是前缀码（因为叶子不会在任何其他叶子的路径中，所以该叶子的编码也不会是其他叶子编码的前缀）。

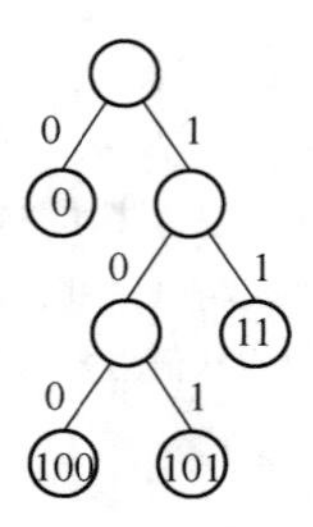

图 5.54　二叉树与前缀码对应图

前缀码既可以比等长编码短，又可以唯一译码，但它的平均编码长度不一定最短。

（4）哈夫曼编码：前缀码和二叉树是一一对应的，而哈夫曼树又是最优二叉树。所以，以每个消息符号作为叶子结点，以每个消息符号出现的频率为叶子结点的权重来构造哈夫曼树，对哈夫曼树的各个左、右分枝上分别编'0'和'1'，则从根到叶子结点路径上的 0、1 序列编码即为平均码长最短的前缀码——哈夫曼编码。

例如，前面消息序列“*AAAABBBCDDBBAAA*”，字符集{*A*、*B*、*D*、*C*}，字符出现次数为 7、5、2、1，以此为 *A*、*B*、*C*、*D* 的权值，构造哈夫曼树及其对应前缀哈夫曼编码如图 5.55 所示。

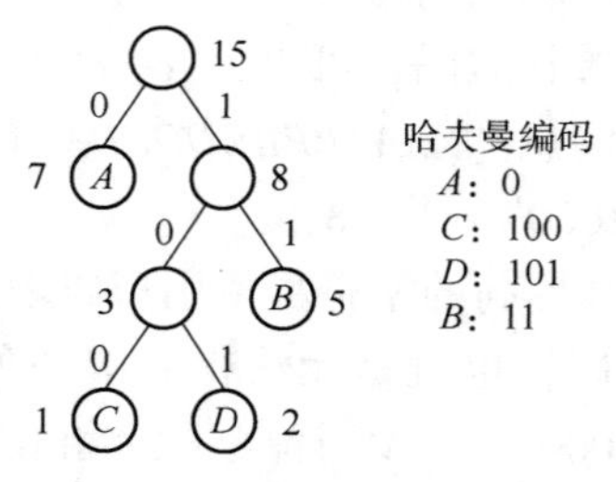

图 5.55　哈夫曼树及其编码

如此得到的不等长哈夫曼编码即最优编码，也就是说它是编码后平均码长最短的编码。为什么说它是最优编码呢？下面来分析一下。

一段消息编码后的电文总长度可以计算如下。

设字符在电文中出现的次数为 w_i，编码长度为 l_i（字符集中有 n 个字符），则电文总长为

$$\text{总长度} = \sum_{i=0}^{n-1}(w_i \cdot l_i)$$

而哈夫曼树的带权路径长度可以计算如下。

以 w_i 为权构造带权二叉树叶子结点，从根到叶子的路径长度为 l_i，则树的带权路径长度为

$$\mathrm{WPL} = \sum_{i=0}^{n-1}(w_i \cdot l_i)$$

因此，求电文总长最短，就是求树的带权路径长度最小，而哈夫曼树就是带权路径长度最小的树。因此，设计电文总长最短的前缀码就演化为构造一棵以字符在电文中出现的次数为树叶的权的哈夫曼树。

注意： 若根据每个消息符号出现的次数计算每个符号出现的概率 p_i，每个符号的编码长度为 l_i，则平均码长为

$$l_{平均} = \sum_{i=0}^{n-1}(p_i \cdot l_i)$$

若以每个消息符号出现的概率 p_i 为哈夫曼树叶子结点的权重，则此时的 WPL 即为平均码长。

本章小结

本章学习了树与二叉树的基本概念、二叉树的操作及其应用、树与二叉树的转换。二叉树是本章学习的重点，包括二叉树的概念、性质、遍历、存储等。在二叉树的基础上可以构造线索二叉树，并利用线索方便地进行遍历。二叉树也可以有许多应用，如构造哈夫曼树与哈夫曼编码等。实际应用中，可以将树转换为二叉树进行操作，这样既简化存储又方便操作。

习 题

1. 选择题

（1）3 个结点的二叉树有（　　）种形态。

A. 3　　B. 4

C. 5　　D. 1

（2）高度为 h 的二叉树最多有（　　）个结点。

A. h　　B. $h\times(h+1)$

C. 2^h-1　　D. $h-1$

（3）二叉树如图 5.56 所示，其先序遍历结果为（　　）。

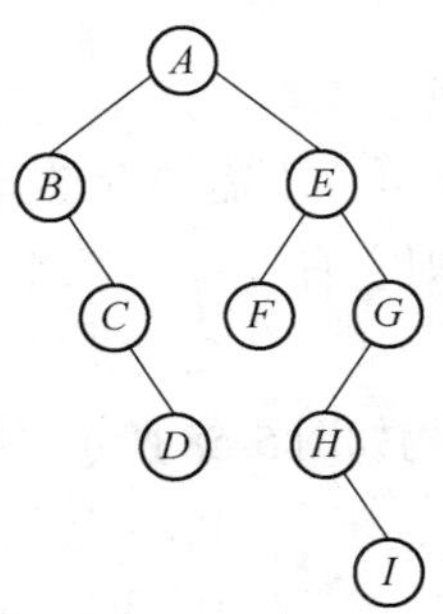

图 5.56　二叉树

A.（*ABCDEFGHI*）　　B.（*BCDEFGHIA*）

C.（*DCBFIHGEA*）　　D.（*BCDFEHIGA*）

（4）现有线索二叉树如图 5.57 所示，则其为（　　）。

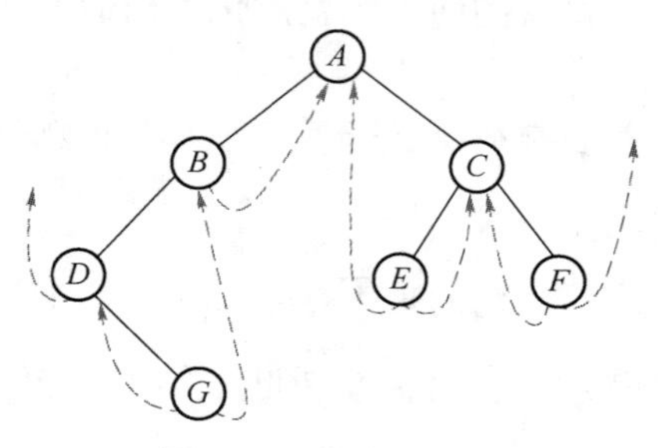

图 5.57　线索二叉树

A. 先序线索二叉树　　B. 中序线索二叉树

C. 后序线索二叉树　　D. 层序线索二叉树

（5）树的度是指（　　）。

A. 结点拥有的子树的个数　　B. 结点度的值的和

C. 结点度中最大的值　　D. 结点度中最小的值

（6）现有叶子权值序列为(1,2,5,7)，由其构造的哈夫曼树为（　　）。

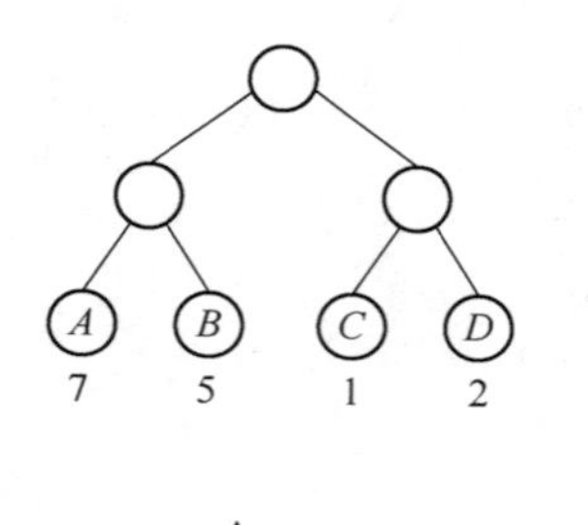

A.

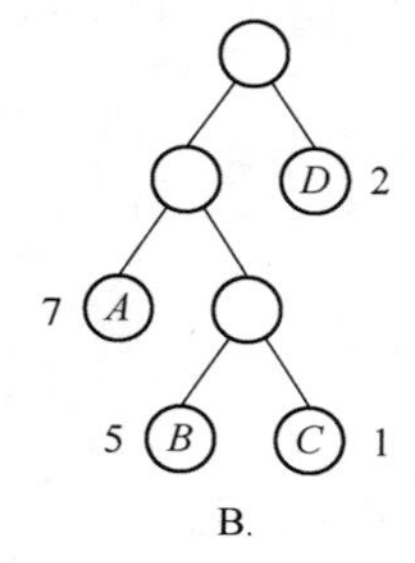

B.

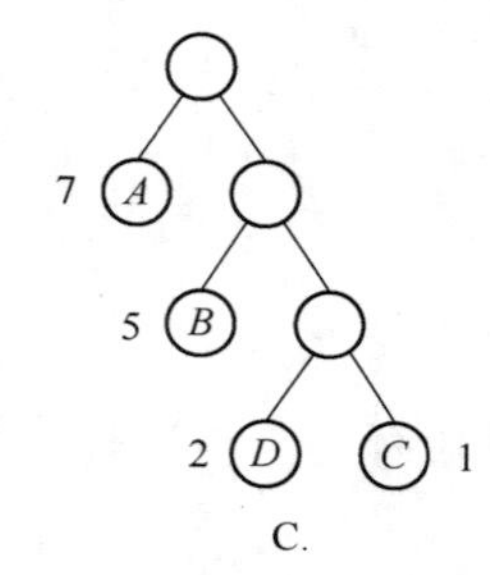

C.

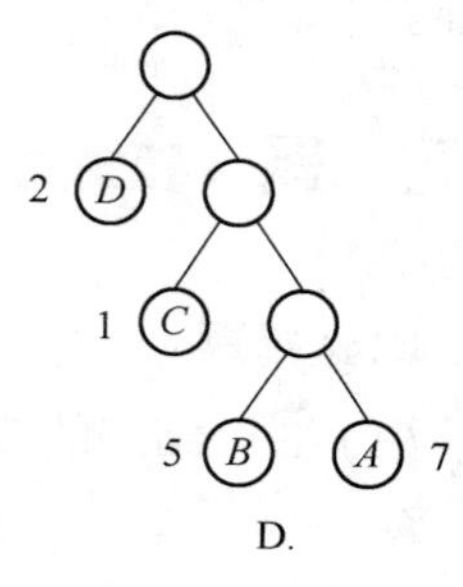

D.

（7）如上题得到的哈夫曼树的带权路径长度 WPL 为（　　）。

A. 30　　B. 26　　C. 25　　D. 15

（8）下列关于树的存储结构，错误的是（　　）。

A. 树可以用孩子多重链表结构存储

B. 树可以用双亲表示法存储

C. 树可以用孩子兄弟表示法存储

D. 树用顺序存储结构存储元素即可，不需要存储元素间关系

（9）二叉树有 22 个叶子结点，则它有（　　）个 2 度结点。

A. 21　　B. 20　　C. 23　　D. 不确定

（10）现有完全二叉树顺序存储结构如图 5.58 所示，则 5 号结点 *F* 的双亲结点是（　　）。

A. 2 号结点 *C*　　B. 4 号结点 *E*

C. 1 号结点 *B*　　D. 3 号结点 *D*

0
1
2
3
4
5
⋮
n-1
A
B
C
D
E
F
G
H

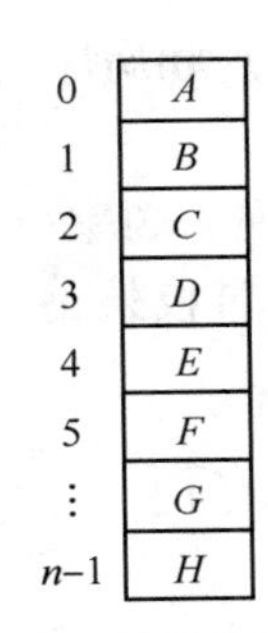

图 5.58　完全二叉树的顺序存储结构

2. 判断题

（1）二叉树可以没有根结点。（　　）

（2）二叉树遍历的结果是一个线性序列。（　　）

（3）哈夫曼树中结点的度可以是 0，1，2。（　　）

（4）哈夫曼树是最优二叉树。（　　）

（5）森林不可以转换为二叉树。（　　）

（6）由 n 个结点构造出的不同的二叉树的高度都是一样的。（　　）

3. 填空题

（1）对完全二叉树进行顺序存储，根结点编号为 0，则编号为 i 结点的双亲结点编号为______，左孩子结点编号为__________，右孩子结点编号为________。

（2）二叉树的遍历算法有________、________、________及________算法。

（3）深度为 6（根层次为 1）的二叉树至多有________个结点，第 3 层最多有________个结点。

（4）中序线索二叉树中，若某结点的左孩子为空，则 left 指向其________。

4. 综合题

（1）对于任何一棵二叉树 T，如果其终端结点的个数为 n_0，度为 2 的结点个数为 n_2。证明：$n_0=n_2+1$。

（2）现有完全二叉树顺序存储结构如图 5.59 所示，试画出该二叉树。

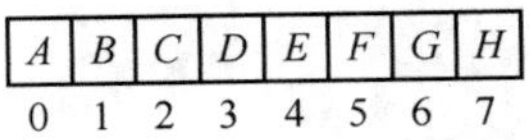

A B C D E F G H
0 1 2 3 4 5 6 7

图 5.59　一棵完全二叉树的顺序存储结构

（3）如图 5.60 所示的二叉树，

A
B
E
C
D
F
G

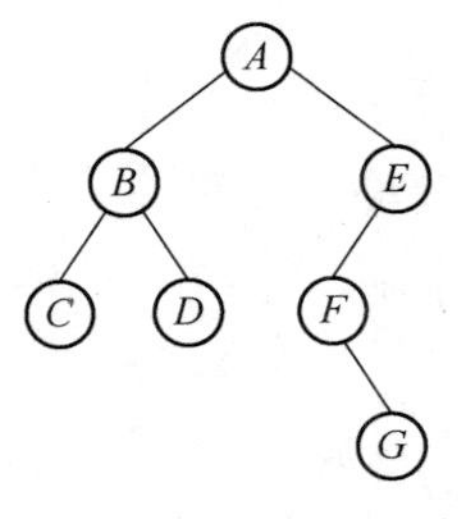

图 5.60　一棵二叉树

求：①对应的先序（根）、中序（根）和后序（根）遍历序列。

②画出其中序线索二叉树。

（4）已知字符$\{a,b,c,d,e,f,g,h\}$出现的频率分别为$\{4,2,9,10,6,3,7,4\}$，要求画出哈夫曼树，对其进行哈夫曼编码，并计算其带权外路径长度 WPL。

（5）考虑图 5.61 所示的树结构，

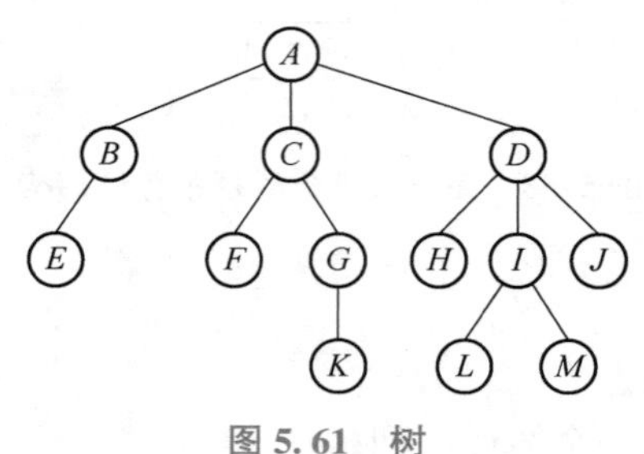

图 5.61　树

①将该树转换成二叉树。

②分别写出转换后二叉树的先序、中序和后序序列。

习题答案

第6章 图

图是本章学习的主要内容。图是一种比线性结构、树结构更加复杂的非线性结构，它的任意两个元素之间都可能有关联，因此每个元素可以有多个前驱、多个后继。图的应用非常广泛，如交通图、行政区划图、电路图、通信网络图等，因此图是一种十分重要的数据结构。本章主要介绍图的基本概念、图的存储结构、图的简单应用，如图的遍历、图的最小生成树、图上的最短路径、关键路径等。通过学习，了解图在计算机中如何存储及使用。

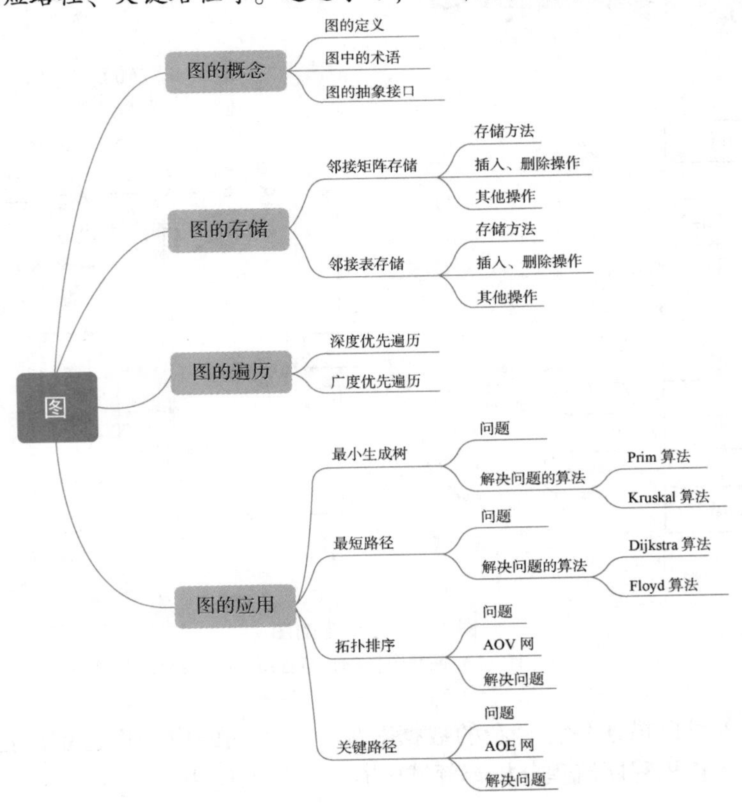

6.1 图的基本概念

图是一种比树结构更复杂、更灵活的非线性结构。在树结构中，结点之间具有分支层次关系，每一层上的结点只能和上一层中的至多一个结点相关，但可能和下一层中的多个结点相关。而在图结构中，任意两个结点之间都可能相关，结点之间的邻接关系是任意的。现实生活中有很多图，比如图 6.1 所示的规划图、网络图、流程图、线路图等。

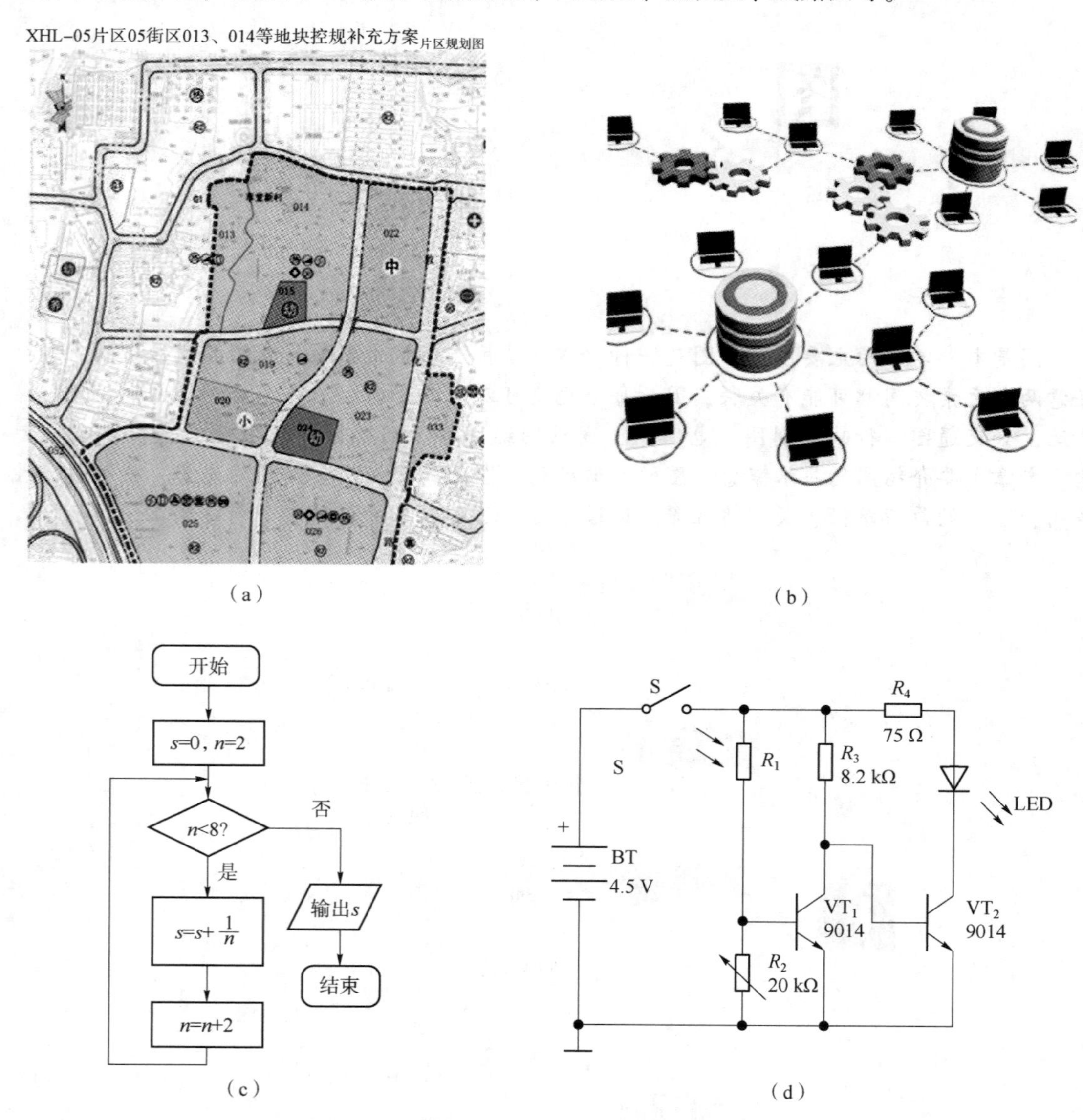

图 6.1 生活中的图

（a）规划图；（b）网络图；（c）流程图；（d）线路图

图结构由于其可以描述各种复杂的数据对象，所以图的应用也特别广泛，如在人工智能、网络研究、计算机程序流程分析等领域中有着广泛的应用。

6.1.1 图的术语

1. 图的定义

图是一种数据结构，由顶点的有穷非空集合和顶点之间关系的集合组成，通常表示为

$$G=(V,E)$$

式中：G 为一个图；V 为具有相同特性的数据元素的集合，称为顶点集；E 为图 G 中顶点之间关系的集合，称为边集或弧集。一个图 G 顶点集合 V 不能为空，边集合 E 可以为空，若 E 为空，则该图 G 是只有顶点没有边的图。

2. 无向图和有向图

若顶点 v 和 w 之间的边没有方向，则称这条边为无向边，将两个端点用圆括号括起表示为边（v,w），（v,w）和（w,v）是相同的。此时图的边集合 $E=\{(v,w)|v,w\in V$ 且 $P(v,w)\}$。谓词 $P(v,w)$ 定义了边（v,w）的意义或信息。如果图的任意两个顶点之间的边都是无向边，则称该图为无向图，如图 6.2（a）所示。

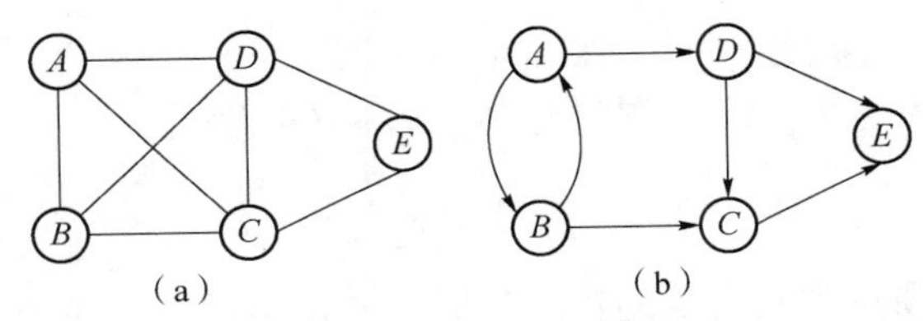

图 6.2 无向图和有向图

（a）无向图；（b）有向图

在图 6.2（a）中，A、$D\in U$，$(A,D)\in E$，则（A,D）是无向图中顶点 A 和顶点 D 之间的一条边。（A,D）和（D,A）被认为是同一条边。

若从顶点 v 到 w 的边有方向，则称这条边为有向边，将两个端点用尖括号括起，表示为 $<v,w>$。此时称 v 为弧尾，也称始点，w 为弧头，也称终点，这条弧从 v 指向 w。$<v,w>$ 和 $<w,v>$ 是不同的两条弧。此时图的边集合 $E=\{<v,w>|v,w\in V$ 且 $P(v,w)\}$，谓词 $P(v, w)$ 定义了弧 $<v,w>$ 上的意义或信息。如果图的任意两个顶点之间的边都是有向边，则称该图为有向图。如图 6.2（b）所示，其中 A、$D\in V$，$<A,D>\in E$，则 $<A,D>$ 是有向图中从顶点 A 到顶点 D 的一条弧，A 是弧尾（tail）（始点），D 是弧头（head）（终点）。

3. 完全图

用 n 表示图中顶点的数目，e 表示图中边或弧的数目。在有 n 个顶点的无向图中，e 的取值范围是 $0\sim n(n-1)/2$。有 n 个顶点且有 $n(n-1)/2$ 条边的无向图称为无向完全图。如图 6.3（a）中是 5 个顶点、10 条边的无向完全图。

在有 n 个顶点的有向图中，e 的取值范围是 $0\sim n(n-1)$。n 个顶点有 $n(n-1)$ 条弧的有向图称为有向完全图。如图 6.3（b）中是 3 个顶点、6 条边的有向完全图。

4. 带权图

有时图的边或弧附有相关的数值，这种数值称为权（weight）。这些权可以表示一个顶点到另一个顶点的距离，或时间耗费、开销耗费等。每条边或弧都带权的图称为带权图，又称为网（network），如图 6.4 所示。

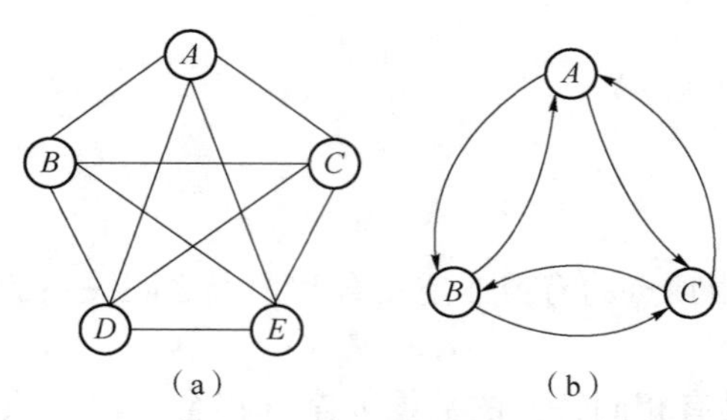

图 6.3　无向完全图和有向完全图

(a) 无向完全图；(b) 有向完全图

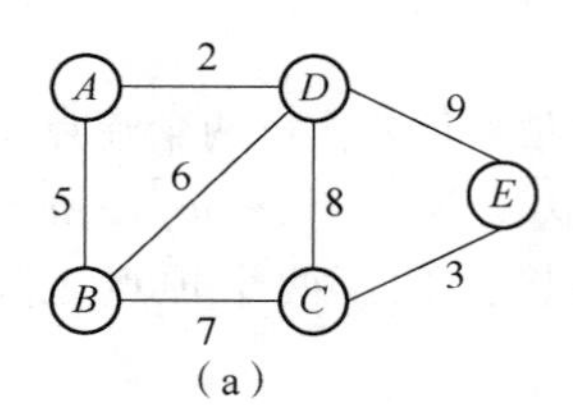

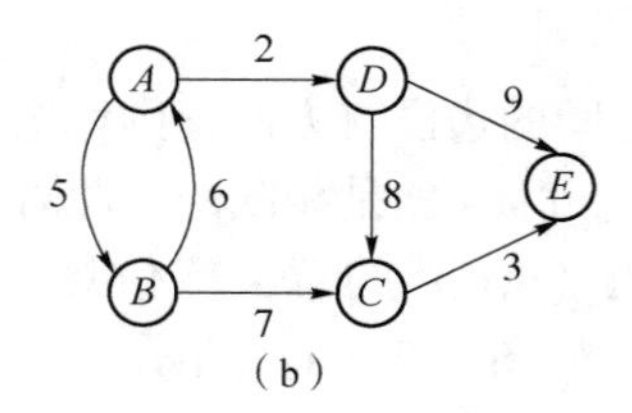

图 6.4　带权图

(a) 带权无向图；(b) 带权有向图

5. 简单图

在图中，若不存在顶点到其自身的边，且同一条边不重复出现，则称其为简单图；否则称为非简单图，如图 6.5 所示。

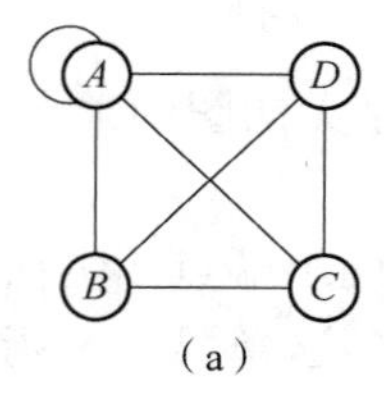

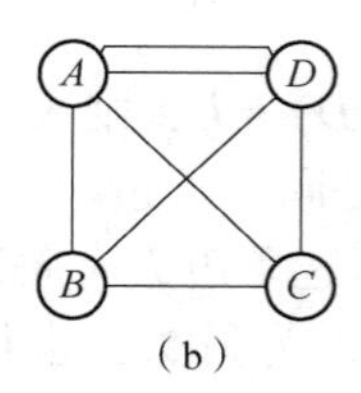

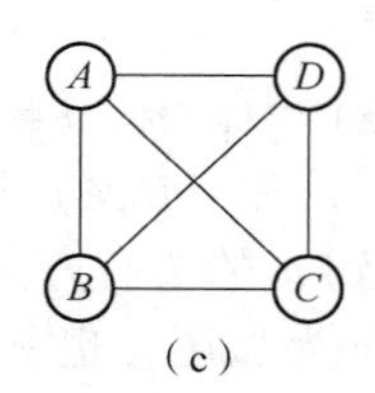

图 6.5　简单图和非简单图

(a) 存在顶点到其自身的边的非简单图；(b) 边重复出现的非简单图；(c) 简单图

6. 邻接、依附

无向图中，对于任意两个顶点 v 和顶点 w，若存在边（v,w），则称顶点 v 和顶点 w 互为邻接点，同时称边（v,w）依附于顶点 v 和顶点 w，或称边（v,w）与顶点 v 和顶点 w 相关联。

有向图中，对于任意两个顶点 v 和顶点 w，若存在弧$<v,w>$，则称顶点 v 邻接到顶点 w，顶点 w 邻接自顶点 v，同时称弧$<v,w>$依附于顶点 v 和顶点 w ，或称弧$<v,w>$与顶点 v 和顶点 w 相关联。

在图 6.2（a）所示的无向图中，A 的邻接点是 B、C 和 D，B 的邻接点有 A、C 和 D。边（A,B）依附于顶点 A 和顶点 B。

在图 6.2（b）所示的有向图中，A 邻接到 B 和 D，A 邻接自 B。B 邻接自 A，B 邻接到 A 和 C。弧$<A,B>$依附于顶点 A 和顶点 B。

7. 子图

设 $G=(V,E)$ 是一个图，$G'=(V',E')$ 也是一个图，如果 V' 是 V 的子集，E' 是 E 的子集，且 E' 中的边仅与 V' 中顶点相关联，则称 G' 为 G 的子图（subgraph）。当 $V'=V$ 时，该子图称为生成子图；否则称为真子图。当 $V'=V$、$E'=E$ 时，则 $G'=G$，也就是说，图 G 是自身的子图，如图 6.6 和图 6.7 所示。

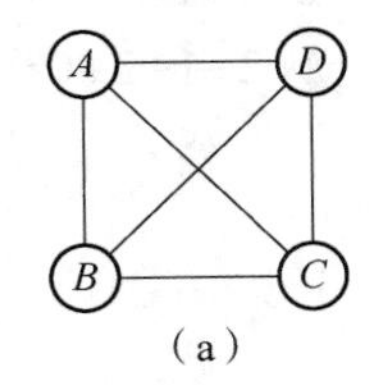

（a）

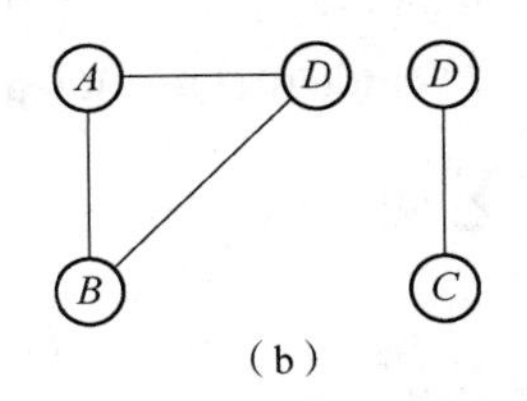

（b）

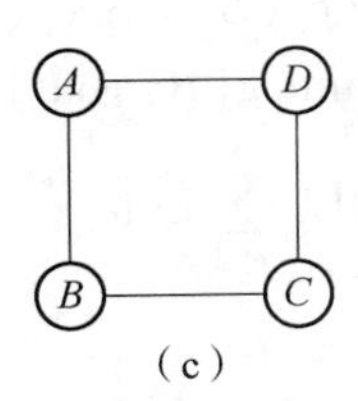

（c）

图 6.6　无向图的子图

（a）无向完全图 K；（b）K 的部分真子图；（c）K 的部分生成子图

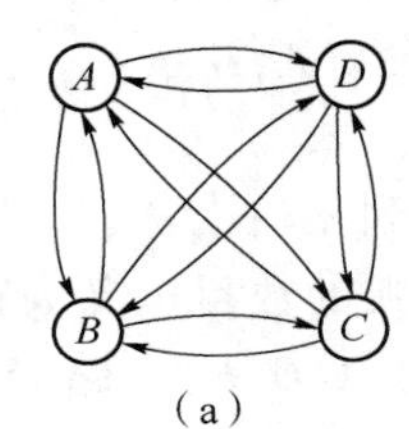

（a）

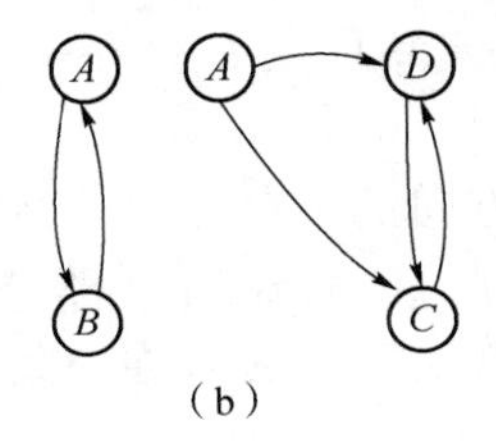

（b）

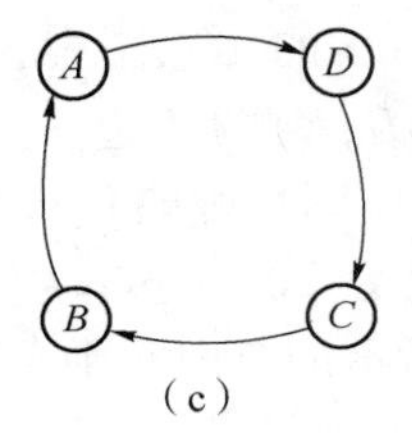

（c）

图 6.7　有向图的子图

（a）有向完全图 K；（b）K 的部分真子图；（c）K 的部分生成子图

8. 顶点的度

无向图中顶点 v 的度（degree）是依附于顶点 v 的边数，即和顶点 v 相关联的边的数目，记为 $\deg(v)$。

有向图中顶点 v 的入度（indegree）是以顶点 v 为终点（弧头）的弧的数目，记为 $\text{indeg}(v)$，顶点 v 的出度（outdegree）是以顶点 v 为始点（弧尾）的弧的数目，记为 $\text{outdeg}(v)$，顶点 v 的度记为 $\deg(v)=\text{indeg}(v)+\text{outdeg}(v)$。

在图 6.2（a）所示的无向图中，$\deg(A)=3$，$\deg(B)=3$，$\deg(C)=4$，$\deg(D)=4$，$\deg(E)=2$。

在图 6.2（b）所示的有向图中，$\deg(A)=\text{indeg}(A)+\text{outdeg}(A)=1+2=3$。

$\deg(B)=\text{indeg}(B)+\text{outdeg}(B)=1+2=3$，$\deg(C)=\text{indeg}(C)+\text{outdeg}(C)=2+1=3$，

$\deg(D)=\text{indeg}(D)+\text{outdeg}(D)=1+2=3$，$\deg(E)=\text{indeg}(E)+\text{outdeg}(E)=2+0=2$。

顶点的度和依附于顶点的边数是有关的，那么在具有 n 个顶点、e 条边的无向图 G 中，各顶点的度之和与边数之和之间有什么关系？

因为无向图中每一条边依附于两个顶点，所以在计算各顶点的度时被计算了两次，因此，$\sum_{i=1}^{n}\deg(v_i)=2e$。在图 6.2（a）所示的无向图中，$\deg(A)+\deg(B)+\deg(C)+\deg(D)+\deg(E)=16$，边数 $e=8$，所以 $\sum_{i=1}^{n}\deg(v_i)=2e$。

在具有 n 个顶点、e 条弧的有向图 G 中，各顶点的入度之和与各顶点的出度之和的关系

如何？与弧数之和间又有什么关系？

因为有向图中一条弧必然邻接自一个顶点，邻接到另一个顶点，也就是说一顶点出，一顶点入，所以各顶点的入度之和与各顶点的出度之和是相同的。又因为每一条弧只能出自一个顶点，所以所有顶点出度之和为边数，而每一条弧也只能入一个顶点，所以所有顶点入度之和为边数。在图 6.2（b）所示的有向图中，有

$indeg(A)+indeg(B)+indeg(C)+indeg(D)+indeg(E)=1+1+2+1+2=7$,

$outdeg(A)+outdeg(B)+outdeg(C)+outdeg(D)+outdeg(E)=2+2+1+2+0=7$,

边数 $e=7$,所以 $\sum_{i=1}^{n} indeg(v_i) = \sum_{i=1}^{n} outdeg(v_i) = e$。

9. 路径

无向图 $G=(V,E)$ 若存在一个顶点序列 $x=v_{i0},v_{i1},v_{i2},\cdots,v_{in}=y$，其中，$(v_{i0},v_{i1})\in E$，$(v_{i1},v_{i2})\in E,\cdots,(v_{i(n-1)},v_{in})\in E$，则称顶点 x 到顶点 y 存在一条路径（path）。在不带权图中路径上的边的数目定义为路径长度，带权图中路径上各边的权之和定义为路径长度。在图 6.2（a）所示的无向图中，顶点 A 到顶点 E 存在一条路径 (A,D,E)，路径长度为 2，包括(A,D)、(D,E)两条边。

若 G 是有向图，则路径也是有方向的，存在一个顶点序列 $x=v_{i0},v_{i1},v_{i2},\cdots,v_{in}=y$，其中，$<v_{i0},v_{i1}>\in E,<v_{i1},v_{i2}>\in E,\cdots,<v_{i(n-1)},v_{in}>\in E$。路径上的弧的数目定义为路径长度。在图 6.2（b）所示的有向图中，顶点 A 到顶点 E 存在一条路径 (A,D,E)。路径长度为 2，包括$<A,D>$、$<D,E>$两条弧。

路径序列中顶点不重复出现的路径称为简单路径。路径中第一个顶点和最后一个顶点相同的路径称为回路或环（cycle）。除了第一个顶点和最后一个顶点外，其余顶点不重复出现的回路称为简单回路。

在图 6.2（a）中，(A,B,C,D,E) 就是一条简单路径，(A,B,C,D,A) 就是一条简单回路。

10. 连通性

在无向图中，如果从一个顶点 v_i 到另一个顶点 $v_j(i\neq j)$ 有路径，则称顶点 v_i 和 v_j 是连通的。如果图中任意两个顶点都是连通的，则称该图是连通图。图 6.2（a）即为连通图。

连通分量：无向图的极大连通子图称为连通分量。其中“极大”表示含有极大顶点数以及依附于这些顶点的所有边。连通图的连通分量就是自身，而非连通图的连通分量是对无向图的一种划分，如图 6.8 所示。

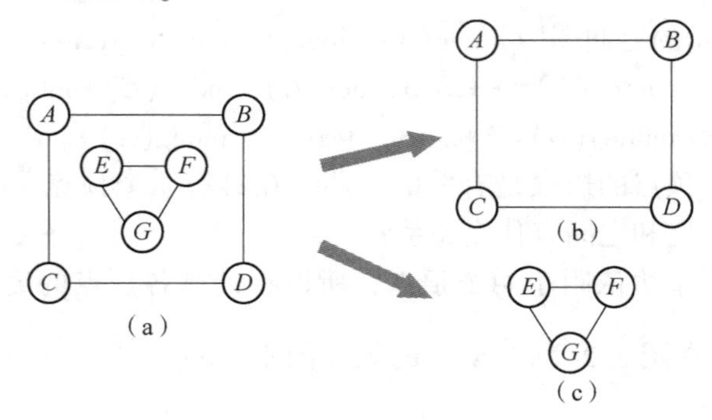

图 6.8 无向图的连通分量

（a）非连通图；（b）连通分量 1；（c）连通分量 2

在有向图中，对图中任意一对顶点 v_i 和 $v_j(i\neq j)$，若从顶点 v_i 到顶点 v_j 和从顶点 v_j 到顶点 v_i 均有路径，则称该有向图是强连通图。图 6.7（a）即为强连通图。

强连通分量：有向图的极大强连通子图。强连通图的强连通分量就是自身，而非连通图的强连通分量是原图的强连通子图，如图 6.9 所示。

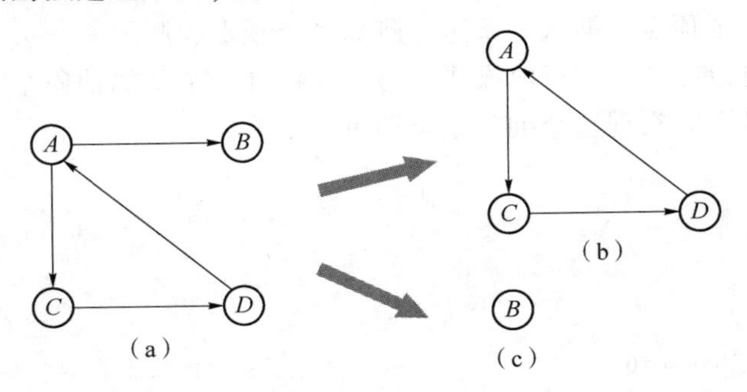

图 6.9 有向图的强连通分量

（a）非强连通图；（b）强连通分量 1；（c）强连通分量 2

11. 生成树和生成森林

（1）生成树。n 个顶点的连通图 G 的生成树是包含 G 中全部顶点的一个极小连通子图。n 个顶点的图 G 的生成树有 $n-1$ 条边。这里含有 $n-1$ 条边是不能多也不能少的，多了会使子图中构成回路，少了又会使子图不连通。

（2）生成森林。在非连通图中，由每个连通分量都可以得到一棵生成树，这些连通分量的生成树就组成了一个非连通图的生成森林。

生成树和生成森林如图 6.10 所示。

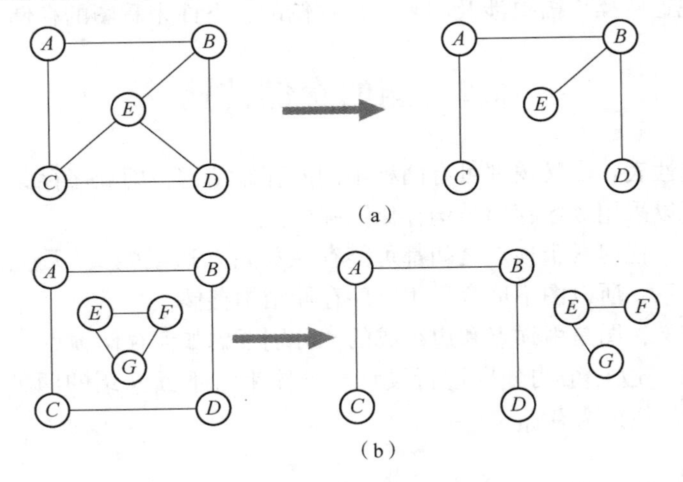

图 6.10 生成树和生成森林

（a）生成树；（b）生成森林

12. 稀疏图和稠密图

稀疏图是边数很少的图，若图的边数为 e、顶点数为 n，在稀疏图中一般 $e<n\log_2 n$；反之，如果 $e\geqslant n\log_2 n$，也就是说图中的边数很多，则称它为稠密图。

6.1.2 图的抽象类

图是一种比较复杂的非线性结构，那么图可以进行哪些操作呢？比如取某个顶点、求图的顶点总数、插入一个顶点、插入一条边、删除一个顶点、删除一条边、返回邻接顶点、遍历图等，这些都是可以在图上进行的操作。可以先设计一个图的抽象基类，将图可以进行的操作定义好，在用到图时实现这个抽象基类即可。

程序 6.1：

```
template<typename T>
class _graph {
public:
    int vertexCount() const=0;                          //返回图中的顶点数
    T get(int i) const=0;                               //返回第 i 个顶点 vi 元素值
    void insertVertex(T vertex)=0;                      //图中插入新顶点 vertex
    bool insertEdge(int i,int j,int weight)=0;          //插入边(vi,vj),边上权值为 weight
    bool removeVertex(int v)=0;                         //删除顶点 v
    bool removeEdge(int i,int j)=0;                     //删除边(vi,vj)
    int getFirstNeighbor(int v) const=0;                //返回顶点 v 的第一个邻接顶点序号
    int getNextNeighbor(int v,int w) const=0;           //返回顶点 v 在邻接顶点 w 后的下一个邻接顶点
    void depthfs(int v);                                //从顶点 v 开始深度优先遍历图
    void breadthfs(int v);                              //从顶点 v 开始广度优先遍历图
};
```

具体如何实现这些操作需要涉及图是如何存储的，下面来看图的存储结构。

6.2 图的存储结构

前面讲到的线性表、二叉树都可有两种不同的存储结构，即顺序存储和链式存储结构来存储。那么是否可以采用顺序存储结构存储图呢？

由于图的特点：任何两个顶点之间都可能存在关系（边或弧），无法通过存储位置表示这种任意的逻辑关系，所以图不适合采用顺序存储结构存储。

考虑到图的定义，图是由顶点和边组成的，分别考虑如何存储顶点、如何存储边。对图中的顶点结构和弧（边）结构分别进行设计。具体来看下面介绍的两种常用的存储方法，即邻接矩阵存储和邻接链表存储。

6.2.1 图的邻接矩阵存储

图的邻接矩阵存储是用一个一维数组存储图中顶点的信息，用一个二维数组（称为邻接矩阵）存储图中各顶点之间的邻接关系。

设 $G=(V,E)$ 是一个图，含有 n 个顶点，G 的邻接矩阵（adjacency matrix）是表示图中顶点之间相邻关系的 n 阶方阵。邻接矩阵表示法既适用于无向图，又适用于有向图，n 阶方

阵 **A** 的元素具有以下性质，即

$$a_{ij}=\begin{cases}1 & 若(v_i,v_j)\in E 或<v_i,v_j>\in E\\0 & 若(v_i,v_j)\notin E 或<v_i,v_j>\notin E\end{cases}$$

图 6.11 所示为无向图和有向图的邻接矩阵表示。

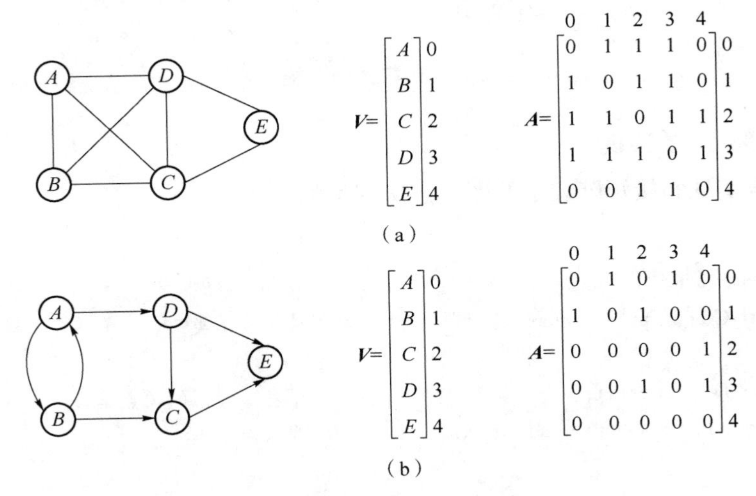

图 6.11 邻接矩阵表示

(a) 无向图的邻接矩阵表示；(b) 有向图的邻接矩阵表示

1. 邻接矩阵的特点

下面首先看一下无向图的邻接矩阵有什么特点。由图 6.11 (a) 可以看到，无向图的邻接矩阵中主对角线为 0 且一定是对称矩阵。对于无向图的邻接矩阵存储的图，求顶点 v_i 的度也很简单，顶点 v_i 的度就是邻接矩阵的第 i 行（或第 i 列）非零元素的个数。如需判断顶点 v_i 和 v_j 之间是否存在边，也只要看邻接矩阵中相应位置的元素 a_{ij}是否为 1 即可，为 1 则存在边，否则不存在边。求顶点 v_i 的所有邻接点即将数组中第 i 行元素扫描一遍，若 a_{ij} 为 1，则顶点 v_j 为顶点 v_i 的邻接点，如此可以找到 v_i 的所有邻接顶点。

再来看一下图 6.11 (b) 中有向图的邻接矩阵。可以看到，该矩阵并不对称。有向图的邻接矩阵其实也不一定不对称，比如有向完全图的邻接矩阵就是对称的。有向图邻接矩阵存储时求顶点 v_i 的出度即为第 i 行非零元素个数。反过来顶点 v_i 的入度就是邻接矩阵的第 i 列非零元素个数。那么整个顶点 v_i 的度就是邻接矩阵中第 i 行非零元素个数和第 i 列非零元素个数之和。

当图的边上带有权值时，顶点存储不变，带权图的邻接矩阵元素定义为

$$a_{ij}=\begin{cases}w_{ij} & 若(v_i,v_j)\in E(或<v_i,v_j>\in E)\\0 & 若 i=j\\\infty & 其他\end{cases}$$

则带权图的邻接矩阵如图 6.12 所示。

邻接矩阵存储的优点是容易实现图的操作，如求某顶点的度、判断顶点之间是否有边（弧）、找顶点的邻接点等。缺点是 n 个顶点需要 $n\times n$ 个单元存储边（弧）。空间复杂度为 $O(n^2)$。对稀疏图而言尤其浪费空间。

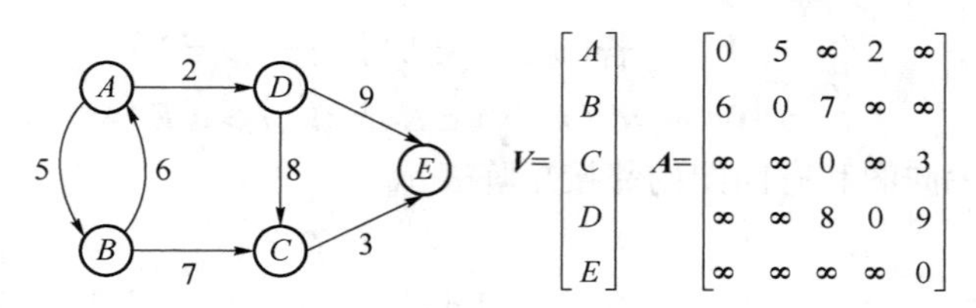

图 6.12　带权图的邻接矩阵

2. 图的邻接矩阵的实现

用 C++语言实现邻接矩阵表示的图，定义图类如下。

程序 6.2：

```
template<typename T>
class AdjMatrixGraph : public _graph<T>{                    //邻接矩阵图类
private:
    std::vector<T> _vertexList;                             //顺序表存储图的顶点集合
    std::vector<std::vector<int>> _adjmatrix;               //图的邻接矩阵
public:
                                                            //具体操作
};
```

（1）图的插入操作。

图的插入操作可以分为插入顶点和插入边两种操作，插入顶点 v 即在顶点表里插入一个新元素 v，而插入边时无向图和有向图的插入边操作有所不同。无向图中插入边（v_i,v_j）即在邻接矩阵相应的第 i 行第 j 列位置以及第 j 行第 i 列插入新的边上的权值或者“1”；有向图中插入弧 $<v_i,v_j>$ 即在邻接矩阵相应的第 i 行第 j 列位置插入新的弧上的权值或者“1”。

例如，在图 6.13 所示的无向带权图中插入一个顶点 F 以及插入一条边（A,F），权值为 21，插入后结果如图 6.14 所示。

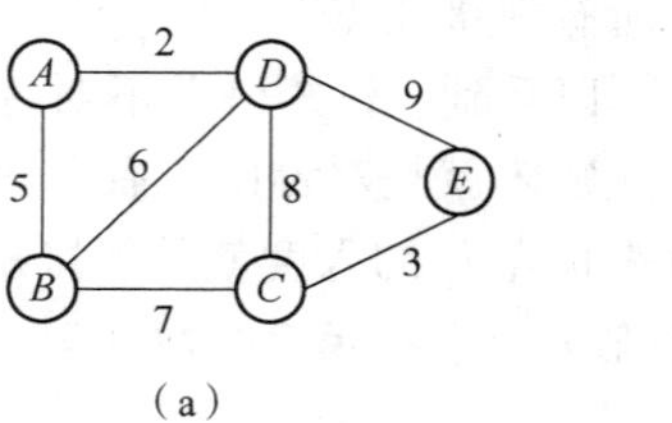

（a）

0	A
1	B
2	C
3	D
4	E

（b）

0	5	∞	2	∞
5	0	7	6	∞
0	7	0	8	3
2	6	8	0	9
∞	∞	3	9	0

（c）

图 6.13　无向带权图及其邻接矩阵表示

（a）无向带权图；（b）顶点顺序表 vertexList；（c）邻接矩阵 adjmatrix

插入顶点：当以邻接矩阵作为存储结构时，插入一个顶点只需要在顶点顺序链表最后插入一个元素即可。

程序 6.3：

```
void insertVertex(T vertex) {
    _vertexList. push_back(vertex);                 //在顺序表最后插入一个元素
```

```
    _adjmatrix. resize(_vertexList. size());          //扩张邻接矩阵
    for(int i=0; i < _vertexCount(); ++i){
        _adjmatrix[i]. resize(vertexCount(),MAX_WEIGHT);
}
```

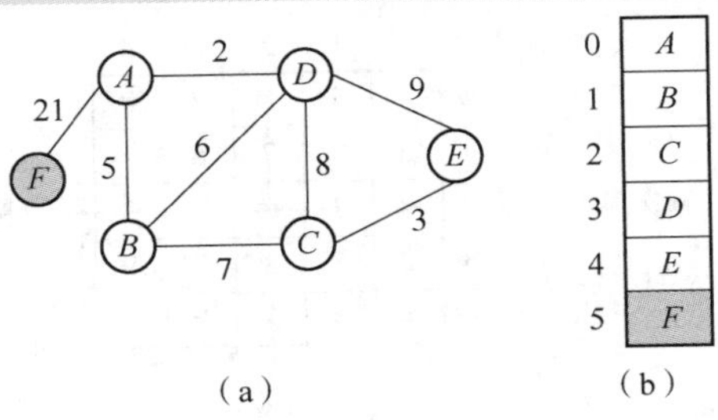

0	5	∞	2	∞	21
5	0	7	6	∞	∞
0	7	0	8	3	∞
2	6	8	0	9	∞
∞	∞	3	9	0	∞
21	∞	∞	∞	∞	0

（a）　　（b）　　（c）

图 6.14　邻接矩阵存储结构的带权图插入后的状态

（a）在图上插入新顶点 F 及边 (A,F)；（b）在顶点表上插入新顶点 F；

（c）邻接矩阵上插入新顶点行列及设置新边位置的权值

插入边：插入一条边就是在矩阵对应的 (i,j) 位置插入相应权值（对于无向图，需要调用该操作两次来完成插入边操作）。

程序 6.4：

```
bool insertEdge(int i,int j,int weight) {
    if(i >= 0 && i < vertexCount() && j >= 0 && j < vertexCount() && i! =j &&
        _adjmatrix[i][j] == MAX_WEIGHT) {   //端点在规定范围内且原来没有边的情况下
        _adjmatrix[i][j]=weight;
        return true;                        //插入并返回 true
    }
    return false;                           //数据非法时返回 false
}
```

（2）图的删除操作。

图的删除操作也分为删除顶点操作和删除边操作两种。删除边比较简单，只需要将邻接矩阵中相应位置的值置 0（不带权图）或者∞（带权图）；删除顶点比较麻烦，需要将与顶点相关联的边一起删除。

删除边：带权图中将邻接矩阵中该边置为∞（这里用 MAX_WEIGHT 表示）即可。

程序 6.5：

```
bool removeEdge(int i,int j)                    //删除边〈vi,vj〉,若成功则返回 true
{
    if(i >= 0 && i < vertexCount() && j >= 0 && j < vertexCount() && i ! = j &&
        _adjmatrix[i][j] ! = MAX_WEIGHT)         //端点在规定范围内且有这条边
    {
        _adjmatrix[i][j]=MAX_WEIGHT;             //设置该边的权值为无穷大
        return true;                             //删除完成后返回 true
    }
    return false;                                //数据非法时返回 false
}
```

删除顶点：删除顶点时需要将邻接矩阵中相应的行列删除，修改后面顶点的编号，并将顶点表中相应顶点删除。

例如，在图 6. 15 所示的无向带权图中删除一个顶点 C 以及相关联的边，删除后结果如图 6. 16 所示。

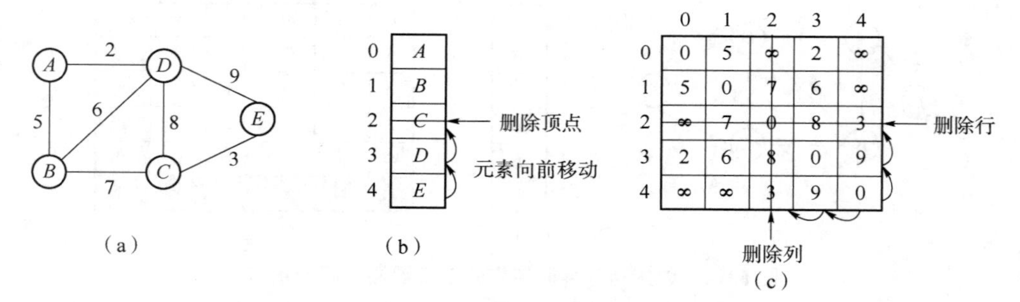

图 6. 15　在带权无向图中欲删除顶点 C

（a）无向带权图；（b）顶点表中删除顶点 C 需要进行的操作；

（c）邻接矩阵中删除相应行列需要进行的操作

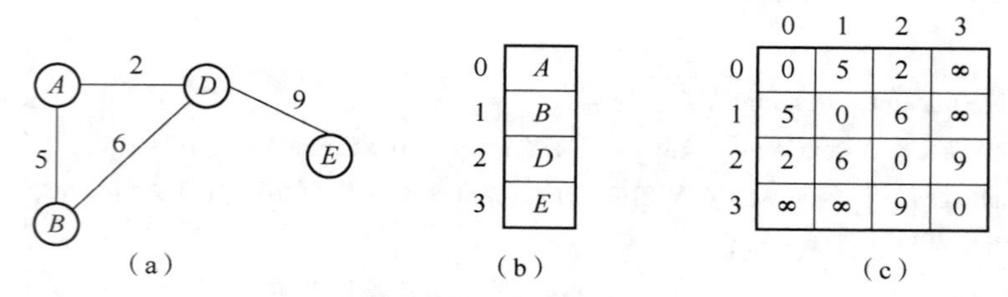

图 6. 16　在带权无向图中删除顶点 C

（a）删除顶点 C 后的图；（b）顶点表删除 C 后的状态；

（c）邻接矩阵中删除相应行列后的状态

删除顶点的具体过程为：先在顶点顺序表中删除该顶点；然后在邻接矩阵中找到该顶点行，将后面的行依次前移一行；并在邻接矩阵中找到该顶点列，将后面的列依次前移一列。

程序 6. 6：

```
bool removeVertex(int v) {                               //删除序号为 v 的顶点及其关联的边
    int n=vertexCount();                                 //删除之前的顶点数
    if(v >= 0 && v < n){
        _vertexList. erase(_vertexList. begin()+v);      //删除顺序表的第 i 个元素,顶点数减 1
        _adjmatrix. erase(_adjmatrix. begin()+v);        //删除邻接矩阵第 v 行
        for(int i=0; i < n; ++i){
            _adjmatrix[i]. erase(_adjmatrix[i]. begin()+v);  //删除邻接矩阵第 v 列
        }
        return true;
    }
    return false;
}
```

（3）获取邻接顶点。

①获取某邻接顶点后的下一个邻接顶点：在图的邻接矩阵存储结构中，图的顶点按照在顺序表中的存储次序进行编号（存储下标），顶点顺序即为此编号顺序。获取某顶点 v 的邻接顶点时，考虑到图中顶点的邻接顶点数量不确定，所以逐个获取其邻接顶点。已经获取了编号在前面的邻接顶点 w 后，再获取下一个邻接顶点就是找编号在给定邻接顶点编号 w 后且编号最小的、和现顶点 v 有邻接关系的那个邻接顶点。具体就是在相应邻接矩阵的第 v 行中找邻接矩阵中非 0 非∞ 的点 v_j。

程序 6.7：

```
int getNextNeighbor(int v,int w){                          //返回 v 在 w 后的下一个邻接顶点
    if(v >= 0 && v < vertexCount() && w >= - 1 && w < vertexCount() && v ! = w)
        for(int j=w+1; j < vertexCount(); j++)             //w=-1 时 j 从 0 开始寻找下一个邻接顶点
            if(_adjmatrix[v][j] > 0 && _adjmatrix[v][j] < MAX_WEIGHT)
                return j;
    return - 1;
}
```

②获取第一个邻接顶点：在图的邻接矩阵存储结构中，获取顶点 v 的第一个邻接顶点即为编号最小的那个邻接顶点，也就是说，顶点编号在-1 后的、编号最小的邻接顶点。

程序 6.8：

```
int getFirstNeighbor(int v){                 //返回顶点 v 的第一个邻接顶点的序号
    return _getNextNeighbor(v,- 1);          //若不存在第一个邻接顶点，则返回-1
}
```

图的邻接矩阵存储结构下的基本操作就先介绍这些，深度优先遍历（depthfs）和广度优先遍历（breadthfs）在 6.3 节会详细介绍。

6.2.2 图的邻接表存储

邻接表（adjacency link list）是图的一种链式存储结构。适用于无向图，也适用于有向图。在邻接表中，对图中的每个顶点建立一个单链表。这个单链表有一个表头结点，存储顶点信息；有若干表结点，存储和这个顶点相关联的边的信息。所有边表的表头结点存入向量中构成了顶点表。

表头结点的结构如图 6.17 所示。

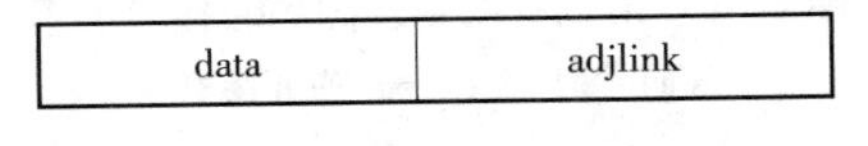

图 6.17　邻接表表头结点结构

其中，data 域存放图中某个顶点 v_i 的信息；adjlink 域为链，指向对应的单链表中的表头。

单链表中的结点称为表结点，结构如图 6.18 所示。

dest	weight	next

图 6.18　邻接表表结点结构

其中，dest 域存放与顶点 v_i 相邻接的顶点在顶点表中的序号；weight 为边的权值（不带权图可省略）；next 域为链，指向与顶点 v_i 相邻接的下一条边的表结点。

下面看一个带权无向图的邻接表结构，如图 6.19 所示。

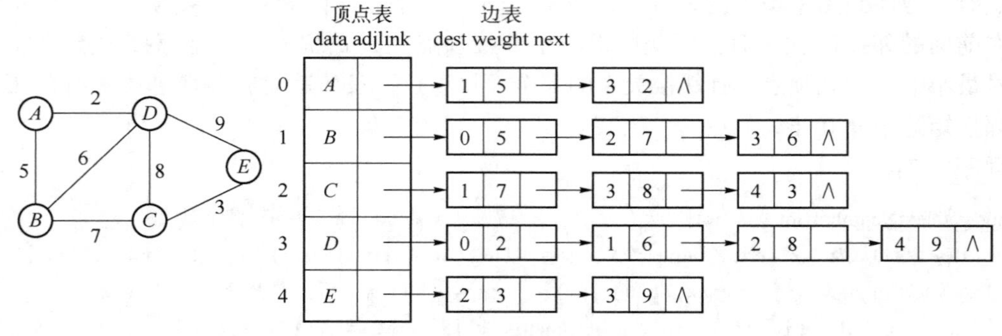

图 6.19　带权无向图的邻接表表示

1. 邻接表的特点

从无向图的邻接表中可看到，一条边依附于两个顶点，所以它会出现在两个顶点的边链表中，也就是说，一条边对应两个表结点，所以所有表结点的总数是边数 e 的 2 倍。

以无向图的邻接链表为存储结构时，求图中某个顶点的度（依附于该顶点的边数）很容易，就是该顶点的单链表中表结点的数目。要判断顶点 v_i 和顶点 v_j 之间是否存在边，只需查找顶点 v_i 的边链表中是否存在终点为 v_j 的结点即可。

对于有向图来说，由于有向图的弧是从某个顶点（始点）出发，进入另一个顶点（终点），所以有向图的邻接表分成邻接表（出边表）和逆邻接表（入边表），如图 6.20 所示。

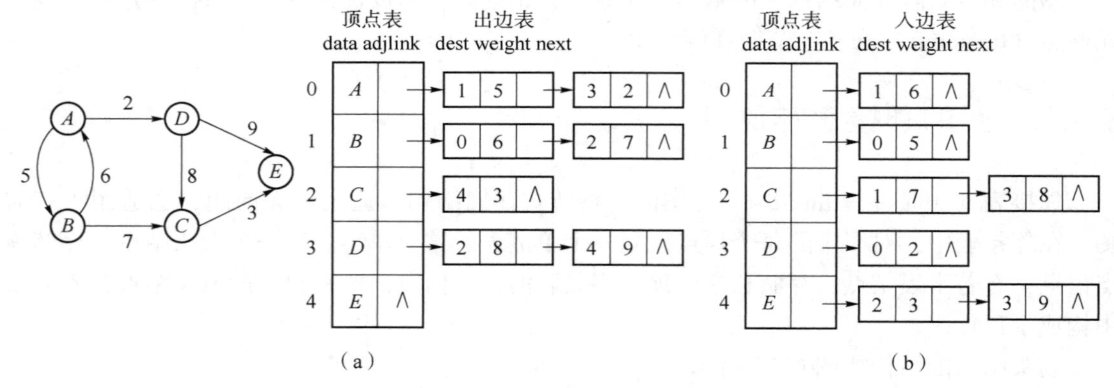

图 6.20　带权有向图及图的邻接表表示

（a）邻接表；（b）逆邻接表

邻接表中的出边表存储的是以表头顶点为弧尾的边，而逆邻接表中的入边表存储的是以表头顶点为弧头的边。

对于邻接表（出边表）存储结构，求图中某个顶点的出度很容易，就是该顶点的单链表中表结点的数目。而求某个顶点的入度有点复杂，需按该顶点在表头向量中的序号在所有的单链表的表结点中查询，表结点中 dest 域和其序号一致的表结点个数就是该顶点的入度。

在逆邻接链表（入边表）中求有向图中顶点的入度很方便，但求出度则相反，变得不方便了。所以，对于一个有向图，是选用邻接链表还是选用逆邻接链表作为图的存储结构，要看具体操作而定。

邻接表存储的优点是：在边稀疏的情况下，比邻接矩阵节省存储空间，当和边相关的信息较多时更是如此。缺点是：某些操作会更复杂，比如在邻接表上容易找到任一顶点的第一个邻接点和下一个邻接点，但要判定任意两个顶点之间是否有边或弧相连则需搜索两个链表，不及邻接矩阵方便。

2. 图的邻接表实现

在邻接表的表示法中，有时为了把边描述得更清楚，会将表结点用边类型来描述。也就是说，将边的起点、终点和权值，以及指向下一条边的链都放在邻接表中的每一个表结点中，即边结点，如图 6.21 所示。

start	dest	weight	next

图 6.21　邻接表的另一种表结点结构

定义图的邻接表结构如下。

程序 6.9：

```
struct Edge{                                   //边类的定义
    int _start;                                //边的起点序号
    int _dest;                                 //边的终点序号
    int _weight;                               //边的权重
};
template<typename T>                           //邻接表的表头结点定义
struct Vertex{
    Vertex(T vertex) : _data(vertex) { }
    T _data;                                   //顶点数据域
    std::list<Edge> _adjlink;                  //该顶点的边链表
};
template<typename T>
class AdjListGraph : public _graph<T> {        //邻接链表图类
private:
    std::vector<Vertex<T> > _vertexList;       //顺序表存储图的顶点集合
public:
                                               //具体操作
};
```

图 6.22 是用边结点定义邻接表中表结点后的存储结构表示。

（1）插入顶点和边。

图的插入操作可以分为插入顶点和插入边两种操作，插入顶点 v 即在表头结点表里插入一个新元素 v，而插入边时无向图和有向图的插入边操作有所不同。无向图中插入边 (v_i, v_j) 需要在邻接表中 v_i 的链表及 v_j 的链表中插入新的表结点；有向图中插入弧 $\langle v_i, v_j \rangle$ 只需在邻接表中 v_i 的链表中插入新的表结点。

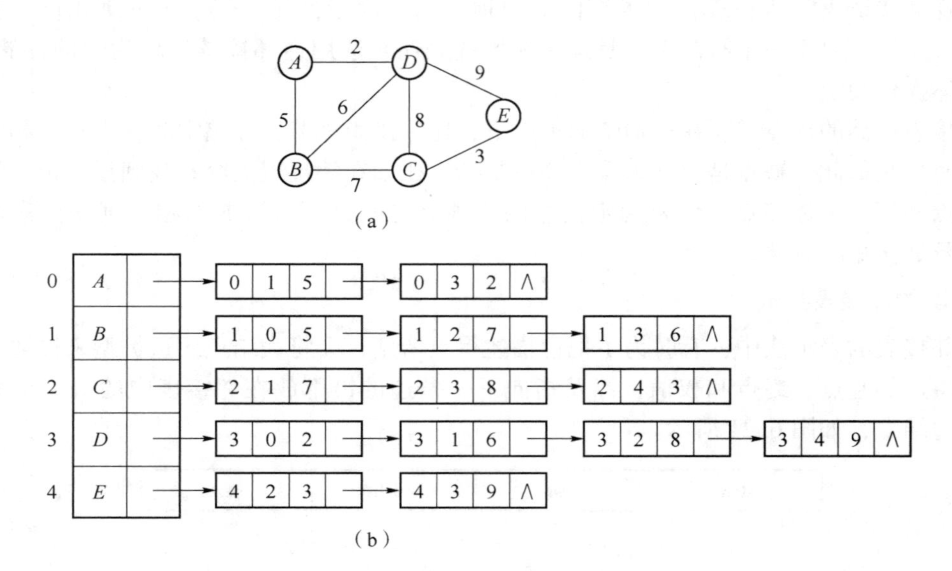

图 6.22　图及图的邻接表存储结构

（a）无向带权图；（b）无向带权图的邻接表表示

例如，在图 6.22 所示的图上插入一个顶点 F，再插入一条边 (A,F)，权为 21。插入过程如图 6.23 所示，其中在邻接表中新插入的顶点和边用椭圆圈出。

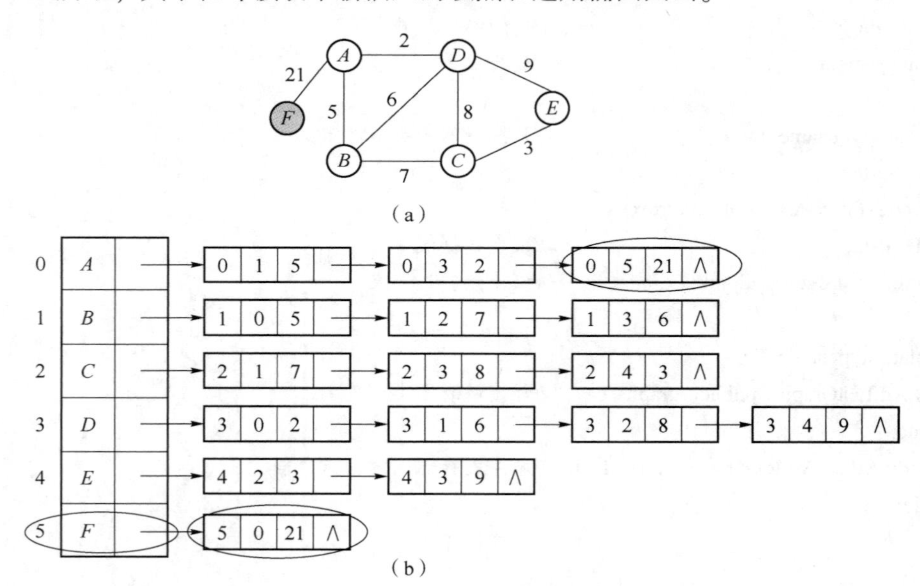

图 6.23　邻接表中插入顶点和边

（a）无向带权图中插入新顶点 F 及新边 (A,F)；（b）插入顶点 F 及边 (A,F) 后邻接表的变化

插入顶点：在顶点表最后插入顶点信息即可。

插入边：找到边的第一个顶点的对应边链表，插入边信息；如果是无向图，还需要找到边的第二个顶点的对应边链表，再次插入边信息。

程序 6.10：

```
bool insertVertex(T vertex) {                              //插入一个顶点,若成功,则返回 true
    _vertexList. push_back(Vertex<T>(vertex));              //在顺序表最后插入顶点元素
}
bool insertEdge(int i,int j,int weight) {                  //插入一条权值为 weight 的边(vi,vj)
                                                            //i,j 在规定范围内
    if(i >= 0 && i < vertexCount() && j >= 0 && j < vertexCount() && i ! = j) {
        std::list<Edge> slink=_vertexList[i]. _adjlink;    //获取到第 i 个顶点的边单链表
        slink. push_back(Edge(i,j,weight));                 //在第 i 条单链表增加边结点
        return true;
    }
    return false;
}
```

（2）删除顶点和边。

图的删除操作也分为删除顶点操作和删除边操作两种。删除边时需要找到相应顶点对应的边链表，然后在边链表中删除相应结点；删除顶点时需要将顶点及与顶点相关联的边一起删除。

例如，在图 6.22 所示的邻接表存储结构的图中删除顶点 C，此时不仅需要删除顶点 C，还需要删除依附于顶点 C 的所有边。同时，删除该顶点后，编号在其后的顶点编号要减 1，相应边链表中顶点编号也要跟着变化。删除后的图如图 6.24 所示。

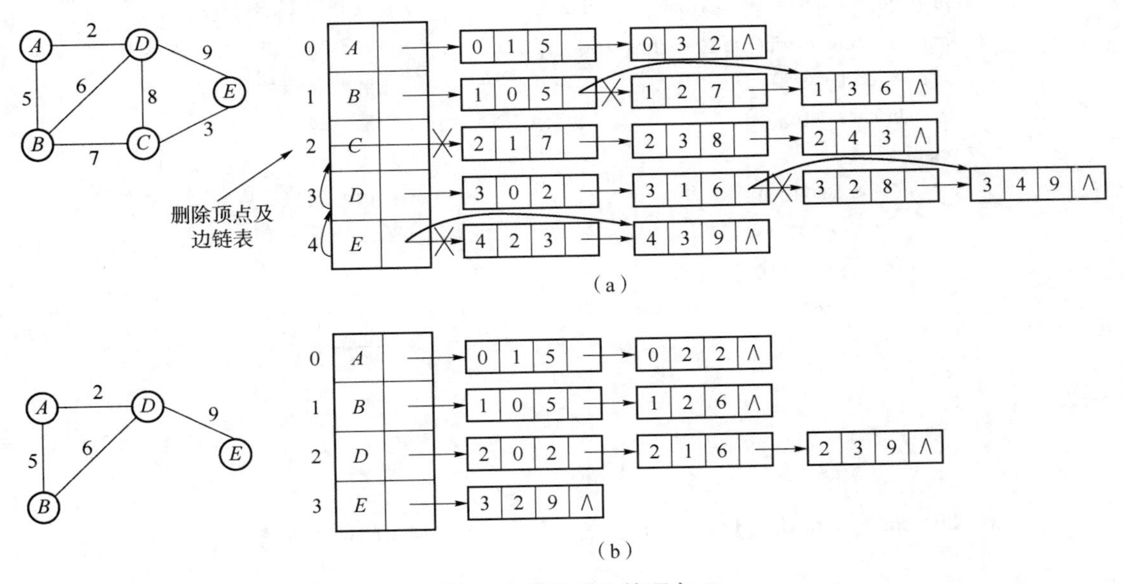

图 6.24　删除图上的顶点 C

（a）在邻接表存储结构中删除顶点 C 的过程；（b）删除顶点 C 之后邻接表的状态

删除边（v_i,v_j）：在带权图中找到邻接表中的第 i 条边链表，删除相应另一个端点为 v_j 的表结点即可。如为无向图，再次调用删除边（v_j,v_i）即可。

删除顶点：首先删除与顶点相关联边的信息，即查找所有边的单链表，找到边中顶点为

v_i 的删除（注意：不仅是 v_i 顶点的边链表，还有所有其他边链表中含有顶点 v_i 的边都要删除）；然后将原编号在 v_i 后的顶点编号减 1，即查找边表中 v_i 后的顶点编号，依次使其减 1；最后在顶点表中删除顶点。

具体删除边和删除顶点的程序如下。

程序 6.11：

```
void removeEdge(int i,int j) {                                    //删除边(vi,vj),i、j 指定顶点序号
    if(i >= 0 && i < vertexCount() && j >= 0 && j < vertexCount() && i ! = j){
        std::list<Edge> slink=_vertexList[i]._adjlink;            //获取到第 i 个顶点的边单链表
        for(auto it=slink.begin(); it ! = slink.end(); ++it)      //遍历每条边
            if( it->_dest == j)                                   //找到该边(vi,vj)
                it=slink.erase(it);                               //在 vi 的边链表中删除边
    }
}
void removeVertex(int i) {                                        //删除序号为 vi 的顶点及其关联的边
    int n=vertexCount();                                          //删除之前的顶点数
    if(i < 0 || i > n)                                            //顶点不存在时
        return;
    for(int j=0; j < n; j++){
        if(j == i)
            continue;
        std::list<Edge> slink=_vertexList[j]._adjlink;            //获取顶点 vj 的边表
        for(auto e=slink.begin(); e ! = slink.end();){            //对每条边 e 进行下列处理
            if(e->_dest == i)                                     //边和被删除的顶点相关联
                slink.erase(e);                                   //删除该边
            else{
                if(e->_start > i)                                 //边的端点编号在被删顶点编号后
                    e->_start--;                                  //顶点编号减 1
                if(e->_dest > i)
                    e->_dest--;
                ++e;                                              //下一条边
            }

        }
    }
    _vertexList.erase(_vertexList.begin()+i);                     //删除顶点 vi
}
```

（3）获取邻接顶点。

在邻接表存储结构的图中，获取邻接顶点十分方便，即为顶点后的边链表中的边的另一个端点。同样，每次只获取一个邻接顶点，即获得 v_i 在 v_j 后的下一个邻接顶点的序号，当 $j=-1$ 时，返回第一个邻接顶点的序号，若不存在下一个邻接顶点，则返回 -1。注意，该函数默认边表中的边按照 dest 序号从小到大的顺序放置。

程序 6.12：

```
int getNextNeighbor(int i,int j){
    //该函数默认边表中的边按照 dest 序号从小到大的顺序放置
    int n=vertexCount();
    if(i >= 0 && i < n && j >= 0 && j < n && i != j) {//i、j 在规定范围内
        std::list<Edge>& slink=_vertexList[i]._adjlink;
        for(auto e=slink.begin(); e != slink.end(); ++e){
            //遍历顶点 vi 的边链表,j=-1 时返回第一个邻接顶点的序号
            if(e->_dest > j){
                return e->_dest;
            }
        }
    }
    return -1;
}
```

6.3 图的遍历

图的遍历是在从图中某一顶点出发，对图中所有顶点访问一次且仅访问一次。这里的访问是抽象操作，可以是对结点进行的各种处理，这里简化为输出结点的数据。经过遍历操作将图中的顶点按照某种顺序排成一个线性序列，不同的遍历方法导致排序顺序不同。下面看一下最常用的两种图的遍历方法，即深度优先搜索（也称深度优先遍历）和广度优先搜索（也称广度优先遍历）。

6.3.1 图的深度优先搜索

要进行图的遍历，首先要解决以下几个关键问题。

①如何选取遍历的起始顶点？

可以约定从编号小的顶点开始。这里的编号是图的顶点存储时的位置编号。

②从某个起点开始可能达不到（没有路径相连）所有其他顶点怎么办？

可以多次调用从某顶点出发遍历图的算法，这里的“某顶点”指还没被访问过的顶点，也就是每次从没访问过的顶点出发，调用遍历算法，访问图中各个顶点。

③因图中可能存在回路，某些顶点可能会被重复访问，那么如何避免遍历不会因回路而陷入死循环？

由于图中任意两个顶点都有可能有边相关联，因此有可能从某个顶点出发遍历时会又回到前面访问过的顶点。为了解决这个问题，可以对每个顶点附设访问标志数组 visited[n]，已访问过的顶点在再次遇到时就跳过不再访问。

④在图中，一个顶点可以和其他多个顶点相连，当这样的顶点访问过后，如何选取下一个要访问的顶点？

这个问题就是访问顺序问题，前面说过不同的访问顺序导致不同的遍历方法，本书中介

绍的是两种遍历顺序的遍历方法，即深度优先搜索和广度优先搜索。现在先来看深度优先搜索过程是怎样的。

假设初始时图中所有顶点未曾被访问，则深度优先搜索（Depth-First Search，DFS）的搜索思路为：从图中某个顶点 v 出发，首先访问此顶点，然后从任选一个 v 的未被访问的邻接点 w 出发，继续进行深度优先搜索，直至图中所有和 v 有路径相通的顶点都被访问到；若此时图中还有顶点未被访问，则另选一个图中未曾被访问的顶点作始点，重复上面的过程，直至图中所有的顶点都被访问。

例如，对图 6.25（a）从 2 顶点出发对图进行深度优先搜索，则搜索过程如图 6.25（b）所示。

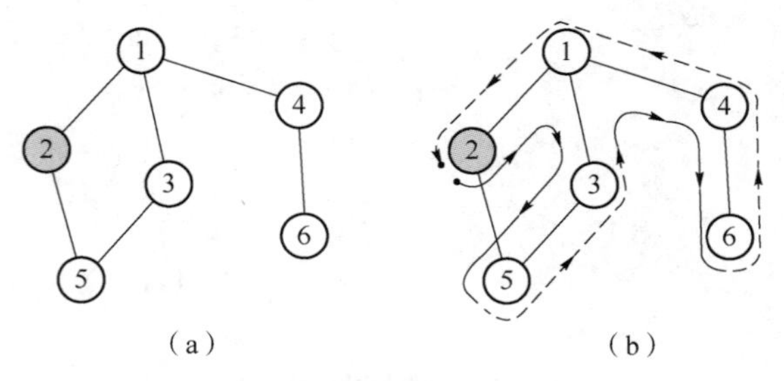

图 6.25　深度优先搜索过程

（a）无向图；（b）搜索过程

深度优先搜索后得到的顶点序列为：2，1，3，5，4，6。

将深度优先搜索过程归纳得到深度优先搜索的步骤如下。

步骤 1：访问图中某一起始顶点 v。

步骤 2：由 v 出发，访问它的任一邻接顶点 w_1；再从 w_1 出发，访问与 w_1 邻接但还未被访问过的顶点 w_2；然后再从 w_2 出发，进行类似的访问…… 如此进行下去，直至 w_i 所有的邻接顶点都被访问过。

步骤 3：当 w_i 所有的邻接顶点都被访问过，则退到前一次刚访问过的顶点 w_{i-1}，看是否还有其他没有被访问的 w_{i-1} 的邻接顶点。如果有，则访问该顶点，之后再从该顶点出发，进行步骤 2 的搜索；如果没有，就再退回一步，重复步骤 3 的搜索。重复上述过程，直到连通图中所有顶点都被访问过为止。

按照这个步骤，可以写出深度优先搜索的递归部分程序。

程序 6.13：

```
void depthfs(int v){
    std::vector<int> visited(vertexCount(),0);
    _depthfs_core(v,visited);
}
    void _depthfs_core(int v,std::vector<int>& visited){
    std::cout << get(v) << " ";
    visited[v]=1;                          //置已访问标记
    int w=getFirstNeighbor(v);             //获得第一个邻接顶点
    while(w ! = -1)                        //若存在邻接顶点
    {  if(! visited[w])                    //若邻接顶点 w 未被访问
```

```
            depthfs(w,visited);              //从 w 出发的深度优先搜索遍历,递归调用
            w=getNextNeighbor(v,w);          //返回 v 在 w 后的下一个邻接顶点的序号
        }
    }
```

按照该程序深度优先搜索的是一个连通图或者一个非连通图的连通分量，如果非连通图整体要进行深度优先搜索，则可以：将图中每个顶点的访问标志设为 0；搜索图中每个顶点，如果未被访问，则以该顶点为起始点，进行深度优先搜索，否则继续检查下一顶点。

如此循环检查完每个顶点后，非连通图的所有连通分量都通过深度优先搜索访问到了，完成搜索过程。

前面讲过，图可以有邻接矩阵和邻接表两种存储结构，那么该深度优先搜索算法适合在哪种图的存储结构上完成呢？

分析：设图中有 n 个顶点、e 条边，如果用邻接矩阵来表示图，遍历图中每一个顶点都要从头扫描该顶点所在行，因此遍历全部顶点所需的时间为 $O(n^2)$。如果用邻接表来表示图，虽然有 $2e$ 个表结点，但只需扫描 e 个结点即可完成遍历，加上访问 n 个头结点的时间，因此遍历图的时间复杂度为 $O(n+e)$。因此，稠密图适于在邻接矩阵上进行深度遍历；稀疏图适于在邻接表上进行深度遍历。

6.3.2 图的广度优先搜索

除了深度优先搜索外，图也可以进行广度优先搜索。假设图中所有顶点未曾被访问，则广度优先搜索（Breadth-First-Search，BFS）的搜索思路为：从图中某个顶点 v 出发，访问此顶点，然后依次访问 v 的各个未被访问的邻接点，再分别从这些邻接点出发依次访问它们的各个未被访问的邻接点（邻接点出发的次序按“先被访问的先出发”的原则）。图中顶点的所有邻接点都被访问到后，若此时图中还有顶点未被访问，则另选图中一个未曾被访问的顶点作始点，重复上面的过程。

图的广度优先搜索是类似树的层次遍历的一种遍历方法，比如，对图 6.26 从 3 顶点出发对图进行广度优先搜索，则搜索过程如图 6.26 中虚线所示。

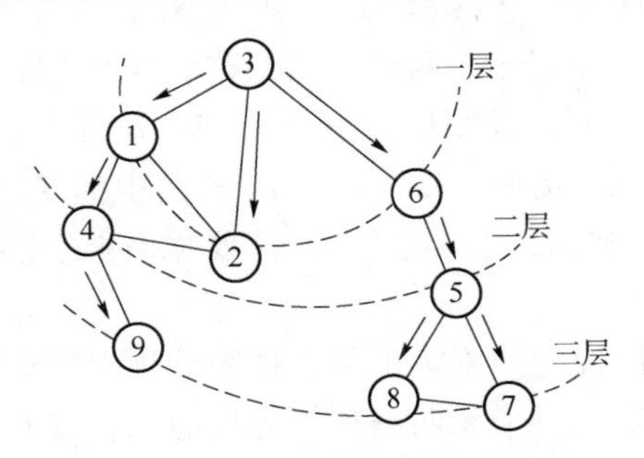

图 6.26 图的广度优先搜索过程

得到的广度优先搜索顶点序列为：3，1，2，6，4，5，9，8，7。

这里值得注意的是，广度优先搜索是一种分层搜索过程，每向前走一步可能访问一批顶点，不像深度优先搜索那样有回退的情况。因此，广度优先搜索不是一个递归的过程，其算

法也不是递归的。而在广度优先搜索中，搜索一层结点时需要借助队列，按顺序存储访问的顶点，之后进行下一层访问时也按照先访问顶点的邻接点先访问的顺序，继续后面的搜索过程。因此，广度优先搜索的步骤如下。

步骤 1：访问起始结点 v，将 v 入队并标记之。

步骤 2：队列非空时取出队头结点 v，获得 v 的第一个邻接顶点，访问，并入队。

步骤 3：依次获得 v 的其他邻接顶点，访问并入队。

步骤 4：重复步骤 2、步骤 3，直到所有结点都被访问过。

按照这个步骤，广度优先搜索的算法程序如下。

程序 6.14：

```
void breadthfs(int v){
    std::cout << get(v) << " ";                          //访问顶点 v
    std::vector<int> visited(vertexCount(),0);
    visited[v]=1;                                        //设立访问标志
    std::queue<int> q;                                   //创建队列
    q.push(v);                                           //访问过的顶点 v 的序号入队
    while(!q.empty())  {                                 //当队列不空时循环
        v=q.front();
        q.pop();                                         //出队
        int w=getFirstNeighbor(v);                       //获得顶点 v 的第一个邻接顶点序号
        while(w != -1){                                  //当邻接顶点存在时循环
            if(!visited[w])  {                           //若该顶点未被访问过
                std::cout << get(w) << " ";              //访问顶点
                visited[w]=1;                            //设立访问标志
                q.push(w);                               //访问过的顶点 w 的序号入队
            }
            w=getNextNeighbor(v,w);                      //返回 v 在 w 后的下一个邻接顶点的序号
        }
    }
}
```

同样，图可以有邻接矩阵和邻接表两种存储结构，那么广度优先搜索算法适合在哪种图的存储结构上完成呢？分析一下，设图中有 n 个顶点、e 条边，如果使用邻接表来表示图，则 BFS 循环的总时间代价为 $d_0+d_1+\cdots+d_{n-1}=O(\mathrm{e})$，其中的 d_i 是顶点 v_i 的度。如果使用邻接矩阵，则 BFS 对于每一个被访问到的顶点，都要循环检测矩阵中的整整一行（n 个元素），总的时间代价为 $O(n^2)$。

图的深度优先搜索和广度优先搜索除了可以把图的顶点排列成一个线性序列外，还可以用来测试图的连通性。要想判定一个无向图是否为连通图，或有几个连通分量，通过对无向图遍历搜索即可得到结果。连通图是仅需从图中任一顶点出发，进行深度优先搜索（或广度优先搜索），便可访问到图中所有顶点。非连通图是需从多个顶点出发进行搜索，而每一次从一个新的起始点出发进行搜索过程中得到的顶点访问序列恰为其各个连通分量中的顶点集。

6.4 图的应用

图在现实生活中有很多的应用，如交通导航系统、通信网络、课程体系规划、工程建设过程等都用到了图这种数据结构。

6.4.1 最小通信网

在 n 个城市之间建立通信网络，那么如何构造一个能将 n 个城市都连通起来的通信网络呢？在 n 个城市之间，最多可能设置的直接线路是 $n(n-1)/2$ 条，要连通 n 个城市只需要 $n-1$ 条线路即可，而每一条线路都有一个造价预算，如何在这些可能的线路中选择 $n-1$ 条以使总的耗费最少而又实现通信网络呢？

要想解决这个问题，首先要了解一些基本概念。

1. 图的生成树

连通的、无回路的无向图称为无向树，树是一种特殊的图，如图 6.27 所示。

对给定的连通图 G，其极小连通子图是 G 的生成树。生成树中包含连通图 G 中的所有顶点和 $n-1$ 条边，如图 6.28 所示。

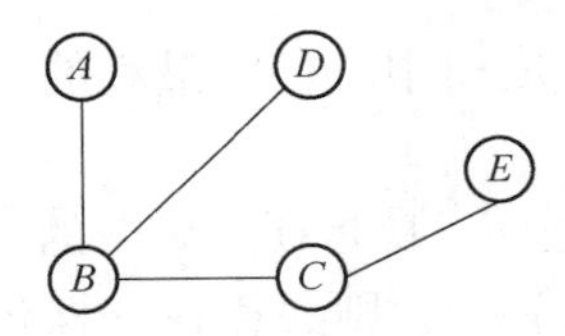

图 6.27 无向树

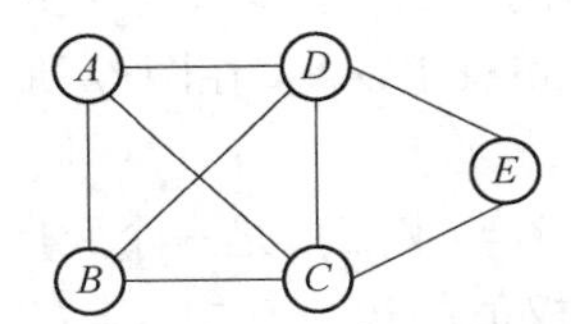

图 6.28 连通图的生成树

具有 n 个顶点的连通图 $G=(V,E)$，可从 G 的任一顶点出发，作一次深度优先搜索或广度优先搜索，就可将 G 的所有顶点都访问到。在搜索过程中，从一个已访问过的顶点 v_i 到下一个要访问的顶点 v_j 必定要经过 G 中的一条边 (v_i,v_j)，由于图中的每一个顶点只访问一次，初始出发点的访问和边无关，因此搜索过程中共经过 $n-1$ 条边，而正是这 $n-1$ 条边将 G 中 n 个顶点连接成 G 的极小连通子图，该极小连通子图就是 G 的一棵生成树。具有 n 个顶点的连通图 G 的生成树不一定是唯一的。

不带权图用不同搜索方法产生不同的树，如图 6.29 所示。

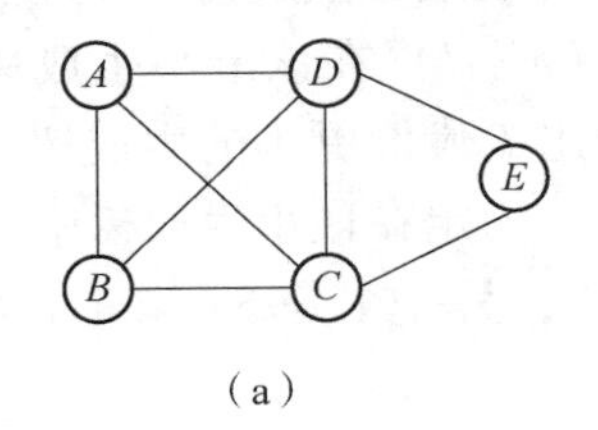

(a)

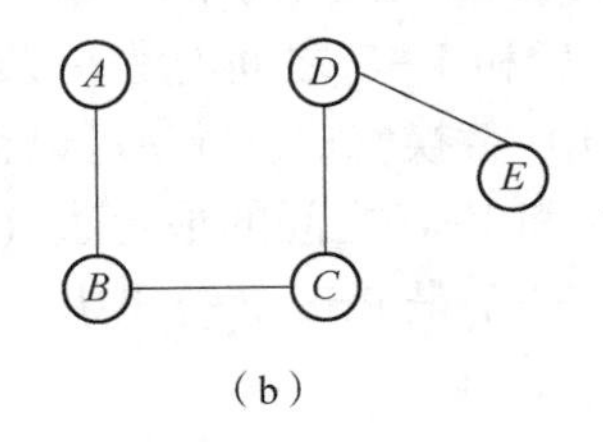

(b)

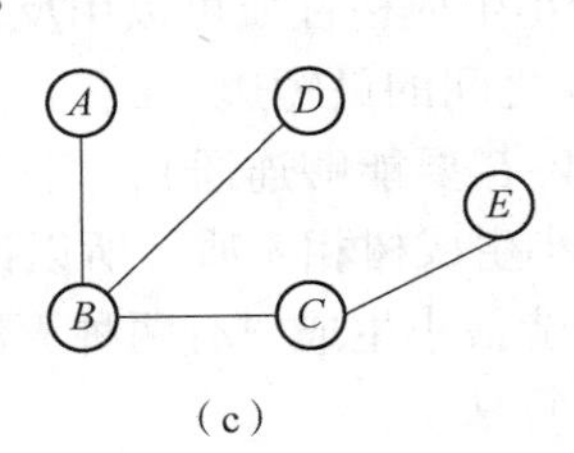

(c)

图 6.29 不带权图的不同生成树

(a) 连通无向图；(b) 从 A 出发的一棵深度优先生成树；(c) 从 B 出发的一棵广度优先生成树

带权图的不同搜索方法产生的不同的树如图 6.30 所示。

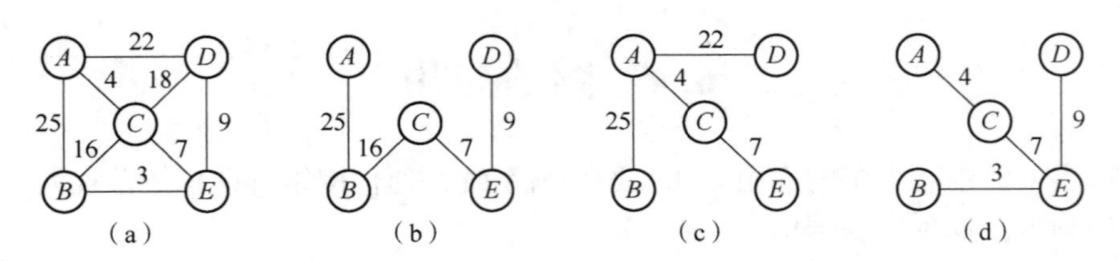

图 6.30　带权图的不同生成树

（a）带权无向图；（b）深度优先生成树代价为 57；

（c）广度优先生成树代价为 58；（d）生成树代价为 23

可以看到在带权图中，不同的生成树代价不同。生成树的代价可以定义为：设 $G=(V,E)$ 是一个无向连通网，生成树上各边的权值之和称为该生成树的代价。

2. 最小生成树

在前面提到的最小通信网问题中，可以用连通网表示 n 个城市及 n 个城市之间可能设置的通信线路，其中顶点表示城市，边表示两城市之间的通信线路，边上的权值表示线路造价预算。

n 个顶点的连通网可以有多个生成树，每一棵生成树都可以是一个通信网络。要建造通信网络，就要建造一个造价低又能连通的一个网络，选择一棵总造价最少的生成树是我们要解决的问题。这就是构造最小生成树的问题，简称最小生成树问题。

最小生成树（Minimum Cost Spanning Tree）：在图 G 所有生成树中，代价最小的生成树称为最小生成树。

最小生成树（MST）性质：假设 $G=(V,E)$ 是一个无向连通网，U 是顶点集 V 的一个非空子集。若 (u,v) 是一条具有最小权值的边，其中 $u\in U$，$v\in V-U$，则必存在一棵包含边 (u,v) 的最小生成树，如图 6.31 所示。

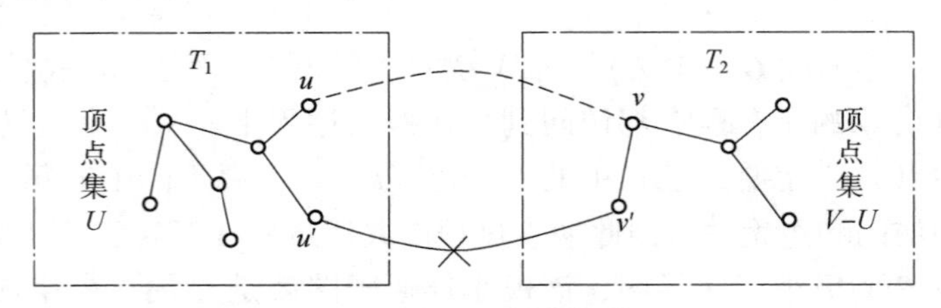

图 6.31　最小生成树性质图示

最小生成树性质可以用反证法证明。这里简单说明一下，假设最小生成树 T 中不包含 U 和 $V-U$ 之间的最短边 (u,v)，则 U 和 $V-U$ 之间有另一条边 (u',v') 在该最小生成树 T 中（U 和 $V-U$ 要能够连通），用 (u,v) 替换 (u',v')，可以得到比 T 代价更小的生成树，这和 T 为最小生成树相矛盾，所以说 U 和 $V-U$ 之间的最短边 (u,v) 一定在最小生成树中。

构造最小生成树有两种算法：一个是 Prim（普里姆）算法；另一个是 Kruskal（克鲁斯卡尔）算法。

1）Prim（普里姆）算法

Prim 算法是著名的构造连通网的最小生成树的算法，它利用了最小生成树 MST 性质完成最小生成树的构造。

设 $G=(V,E)$ 是连通网，构造的最小生成树为 $T=(U,TE)$，算法的描述如下。

（1）初始化 $U=\{u_0\}$，TE=｛ ｝，u_0 为任一顶点。

（2）在所有 $u \in U$，$v \in (V-U)$ 的边 $(u,v) \in E$ 中，找一条最短（权最小）的边 (u_i, v_i)，将该边并入最小生成树边集合 TE，即 TE+$\{(u_i,v_i)\}$->TE，边的另一个端点并入最小生成树顶点集合 U，即 $\{v_i\}+U$ -> U。

（3）如果 $U=V$，则算法结束，否则重复（2）。

在 Prim 算法中，利用 MST 性质，对应 $V-U$ 中的每个顶点，保留一条从该顶点到 U 中各顶点的最短边，构造出候选的最短边集，然后从候选集中找出最短边。

例 6.1 用 Prim 算法构造图 6.30（a）所示的最小生成树。

解 构造最小生成树的步骤如下。

①对于给定的图 6.30（a）所示的带权无向图，初始时 $U=\{A\}$，TE=｛｝，如图 6.32（a）所示。

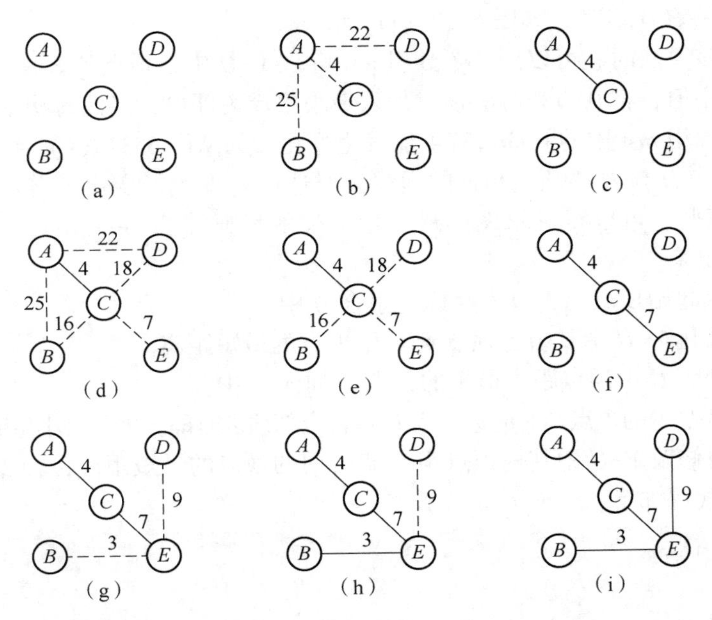

图 6.32 Prim 算法构造最小生成树过程

（a）最初 $U=\{A\}$，TE=｛｝；（b）在集合 $\{(A,B),(A,C),(A,D)\}$ 中找到最短边；（c）$U=\{A,C\}$，TE=$\{(A,C)\}$；（d）在集合 $\{(A,B),(B,C),(A,D),(C,D),(C,E)\}$ 中找最短边；（e）在候选边集合 $\{(B,C),(C,D),(C,E)\}$ 中找最短边；（f）$U=\{A,C,E\}$，TE=$\{(A,C),(C,E)\}$；（g）在候选边集合 $\{(B,E),(D,E)\}$ 中找最短边；（h）$U=\{A,C,E,B\}$，TE=$\{(A,C),(C,E),(B,E)\}$，在候选边集合 $\{(D,E)\}$ 中找最短边；（i）$U=\{A,C,E,B,D\}=V$，TE=$\{(A,C),(C,E),(B,E),(D,E)\}$

②接着找 U 集合和 $V-U$ 集合之间的最短边，也就是在集合 $\{(A,B),(A,C),(A,D)\}$ 中找到最短边，如图 6.32（b）所示。找到最短边为 (A,C)，将 C 顶点加入 U 中，边 (A,C) 加入 TE，则 $U=\{A,C\}$，TE=$\{(A,C)\}$，如图 6.32（c）所示。

③继续找 U 集合和 $V-U$ 集合之间的最短边，也就是在集合 $\{(A,B),(B,C),(A,D),(C,D),(C,E)\}$ 中找最短边，如图 6.32（d）所示。但此时可以发现边数量比较多，会有多条边连接 $V-U$ 中的一个顶点。比如集合 $V-U$ 中的顶点 B，与集合 U 中顶点 A、C 均有边相连 (A,B) 25 和 (B,C) 16，其中 (A,B) 25 比 (B,C) 16 要大，而选择的规则是每次

找最短边，所以边（A,B）25 肯定不会是要选择的最短边。实际上，对于每个 $V-U$ 中的顶点只保留一条到 U 中顶点的最短边作为候选边，这样候选边的数量不会超过集合 $V-U$ 中顶点的个数。也就是说，在选择候选边时，对于每个 $V-U$ 中的顶点，如果有多条边和 U 中顶点相连，则选择其中最小权值的边作为候选边，如图 6.32（e）所示。找到候选边集合 $\{(B,C),(C,D),(C,E)\}$ 中的最短边为（C,E），将 E 顶点加入 U 中，边（C,E）加入 TE，则 $U=\{A,C,E\}$，$TE=\{(A,C),(C,E)\}$，如图 6.32（f）所示。

④继续找 U 集合和 $V-U$ 集合之间的最短边，也就是在候选边集合 $\{(B,E),(D,E)\}$ 中找最短边，如图 6.32（g）所示。找到最短边为（B,E），将 B 顶点加入 U 中，边（B,E）加入 TE，则 $U=\{A,C,E,B\}$，$TE=\{(A,C),(C,E),(B,E)\}$，如图 6.32（h）所示。

⑤继续找 U 集合和 $V-U$ 集合之间的最短边，此时候选边就只有 $\{(D,E)\}$，(D,E) 即为要找最短边，将 D 顶点加入 U 中，边（D,E）加入 TE，则 $U=\{A,C,E,B,D\}$，$TE=\{(A,C),(C,E),(B,E),(D,E)\}$，如图 6.32（i）所示。

如此在实现该算法时就可以用一个数组 mst 存放 $V-U$ 中各顶点到 U 中顶点的最短距离，每次从中取出最小值，将其边和对应顶点加入最小生成树即可。当然每次最小生成树中有新顶点加入后，该数组 mst 中的候选边有可能发生变化，如从图 6.32（e）到图 6.32（g）时，$V-U$ 中的顶点 B 和 D 与 U 中顶点相连的虚线（候选边）发生了变化，需要更新候选边集合 mst 中的内容。据此，可以得到求图的最小生成树的经典算法——Prim 算法。首先将 Prim 算法按步骤描述出来。

步骤 1：选取起始顶点 v_0，放入生成树集合 U 中。

步骤 2：初始化 $V-U$ 中其余各顶点到 U 中顶点的最短距离。

步骤 3：找到距 U 中顶点距离最短的顶点 w 加入 U 中。

步骤 4：输出 U 中的顶点和对应边，当 U 包含全部顶点时即产生了最小生成树，算法结束。

步骤 5：同时修改 $V-U$ 中其他顶点距 U 集合内的顶点的最短距离，转步骤 3。

Prim 算法伪代码如下：

```
MST- Prim(G,U)
1. k=u;
2. for 每个结点 v
3.      初始化(u,v)距离数组 mst,起点 u,终点 v,权值为 u 到 v 的权值
4. for V-U 中的顶点 v_i
5.      k=min mst(). 权值
6.      输出顶点 v_k 及边(最小生成树中的边)
7.      for 所有剩余顶点 v_j
8.           if 原 mst(j). 权值 >edge(k,j)
9.           {  mst(j). 权值= edge(k,j)
                mst(j). 起点 =k          }
10. return
```

由于 Prim 算法程序稍多，限于篇幅原因不再描述，感兴趣的同学可以按照伪代码描述将其用 C/C++语言实现。下面来分析该算法的时间复杂度。从伪代码程序可以看到，设带权连通图有 n 个顶点，则算法的主要执行时间消耗在第 4 行和第 7 行组成的二重循环处。求 mst 中权值最小的边，频度为 $n-1$；对所有剩余顶点修改 mst 中最小权值边，频度为 n。因

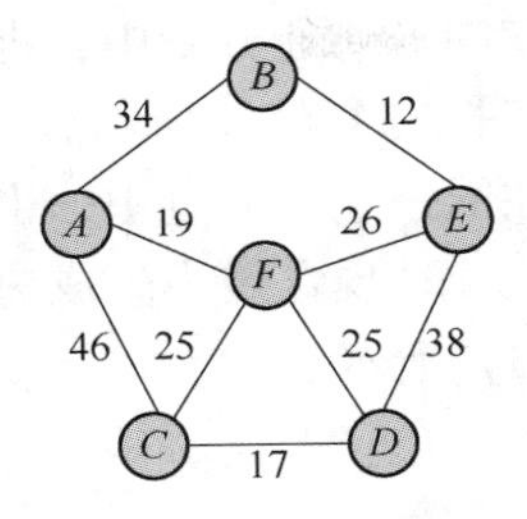

图 6.33 用 Prim 算法求顶点 A 开始的最小生成树

此，整个算法的时间复杂度是 $O(n^2)$，与边的数目无关。

练习 如图 6.33 所示，请按照 Prim 算法的过程从顶点 A 开始构造其最小生成树。

2）Kruskal 算法

求图的最小生成树，除了 Prim 算法外，还可以用 Kruskal 算法。Prim 算法是从一个顶点开始构造最小生成树，而 Kruskal 算法是直接从最小边构造最小生成树，是一种更加直观的方法。

设无向连通网为 $G=(V,E)$，令 G 的最小生成树为 $T=(U,\mathrm{TE})$，其初态为 $U=V$，$\mathrm{TE}=\{\}$，也就是最小生成树初始时含有 G 的 n 个顶点，把这些顶点看成 n 个孤立的连通分量。将所有的边按权从小到大排序。然后从第一条边开始，依边权递增的顺序查看每一条边，若被考察的边的两个顶点属于 T 的两个不同的连通分量，则将此边作为最小生成树的边加入 T 中，同时把两个连通分量连接为一个连通分量；若被考察边的两个顶点属于同一个连通分量，则舍去此边，以免造成回路，如此下去，当 T 中的连通分量个数为 1 时，此连通分量便为 G 的一棵最小生成树。

例 6.2 用 Kruskal 算法构造图 6.30（a）的最小生成树。

解 构造最小生成树的步骤如下。

①带权无向图 G，将边从小到大排序，得到边序列集合 $\{(B,E),(A,C),(C,E),(D,E),(B,C),(C,D),(A,D),(A,B)\}$，如图 6.34（a）所示。

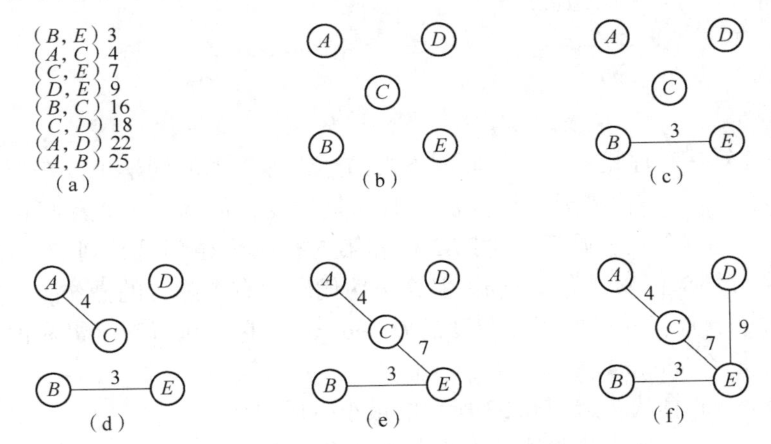

图 6.34 Kruskal 算法构造最小生成树

（a）将所有边排序；（b）T 有 n 个顶点 0 条边，$U=\{A,B,C,D,E\}$，$\mathrm{TE}=\{\}$；（c）选择权最小的边（B,E）加入 T，$\mathrm{TE}=\{(B,E)\}$；（d）加入边（A,C），$\mathrm{TE}=\{(B,E),(A,C)\}$；（e）加入边（$C,E$），$\mathrm{TE}=\{(B,E),(A,C),(C,E)\}$；（f）加入边（$D,E$），$\mathrm{TE}=\{(B,E),(A,C),(C,E),(D,E)\}$

②Kruskal 算法构造最小生成树的初始状态为 $U=\{A,B,C,D,E\}$，$\mathrm{TE}=\{\}$，如图 6.34（b）所示。

③选择权值最小的边（B,E），顶点 B 和顶点 E 原来不在同一连通分量中，也就是说不连通，所以将其加入 TE，$\mathrm{TE}=\{(B,E)\}$，如图 6.34（c）所示。

④选择第二条权值最小的边（A,C），顶点 A 和顶点 C 原来不在同一连通分量中，也就是说不连通，所以将其加入 TE，$\mathrm{TE}=\{(B,E),(A,C)\}$，如图 6.34（d）所示。

⑤选择第三条权值最小的边（C,E），顶点 C 和顶点 E 原来不在同一连通分量中，也就是说不连通，所以将其加入 TE，TE = $\{(B,E),(A,C),(C,E)\}$，如图 6. 34（e）所示。

⑥选择第四条权值最小的边（D,E），顶点 D 和顶点 E 原来不在同一连通分量中，也就是说不连通，所以将其加入 TE，TE = $\{(B,E),(A,C),(C,E),(D,E)\}$。现在最小生成树中包含所有 n 个顶点和 $n-1$ 条边，最小生成树构造完毕，如图 6. 34（f）所示。

按照 Kruskal 算法的思路，写出 Kruskal 算法的步骤如下。

步骤 1：将所有的边按权值从小到大排序。

步骤 2：设各个顶点为独立的点集，最小生成树 T 的边集 TE 为空集。

步骤 3：依序扫描每一条边（v_i,v_j），若 v_i、v_j 不在同一点集中，则将该边加入最小生成树 T 的边集 TE 中，并合并 v_i、v_j 所在的两个点集；否则舍弃该边。

步骤 4：T 中已加入 $n-1$ 条边则算法结束；否则继续步骤 3。

Kruskal 算法的伪代码描述如下：

```
Mst- Kruskal(G,w)
1. T =空集
2. for 图中每个顶点 v ∈ Vertexlist [n]
3.     Make- set(v)                    //独立的集合
4. 根据边权 w 的非递减顺序对边集 E 的边进行排序
5. for 每条边(u,v) ∈E,按权的非递减次序
6.     if Find- set(u) ≠ Find- set(v)    //不连通
7.        {  TE ← TE ∪{(u,v)}
8.              Union(u,v)         }
9.   return T
```

由于 Kruskal 算法程序稍多，篇幅原因不再描述，感兴趣的同学可以按照伪代码描述将其用 C/C++语言实现。下面来分析该算法的时间复杂度，从伪代码程序可以看到，设带权连通图有 n 个顶点、e 条边，则算法中第 2 行和第 5 行两个循环是并列的，而不是嵌套的，所以这两个循环分别执行频度为 n 和 e；但算法伪代码中有个隐含的操作，就是第 4 行中对边集合进行排序，排序算法的时间复杂度是 $O(e\log_2 e)$，它是执行频度最高的，所以整个算法的时间复杂度是 $O(e\log_2 e)$。

练习　用 Kruskal 算法构造图 6. 33 所示的最小生成树。

注意：要写出 Kruskal 算法构造最小生成树的构造过程。

6. 4. 2　图的最短路径

在不带权图中，最短路径是指两顶点之间经历的边数最少的路径。在带权图中，最短路径是指两顶点之间经历的边上权值之和最短的路径。一般都在带权图上求最短路径。

求最短路径（shortest path）是个很有实际应用价值的问题。比如在城市交通导航图中，常常关心以下问题：从一个地方到另一个地方如何才能最快到达？或者如何才能使所花的交通费最小？

当把城市及其相互的交通状况看作一张图时（其中城市是顶点，交通线路是边）。不同的人关心不同的信息在图上表示为边的权，权的值表示两城市间的距离，或是途中所需要的

时间，或是交通费用等。此时路径代价即为路径上的权值之和。

另外，如果边上的权表示行驶时间，而两城市的海拔高度不同，例如，A 城市有条公路通到 B 城市，A 城市海拔高于 B 城市，考虑上坡下坡的车速不同，则边 $<A,B>$ 和 $<B,A>$ 上表示行驶时间的权值也不同，考虑到交通网络的这种有向性，所以，城市交通导航图应该是有向带权图。而要求路径上代价最小，就可以理解为路径经过的弧上所带权值总和最小，简称最短路径问题。求最短路径常见有两种形式：一种是求从某源点到其余各顶点之间的最短路径，比如计算机网络传输中怎样找到一种最经济的方式，从一台计算机向网上所有其他计算机发送一条消息；另一种是求每一对顶点之间的最短路径，如求交通图中任意两城市间的最短路径。下面分别来看一下这两种问题如何求解。

1. 从某源点到其余各顶点之间的最短路径——Dijkstra 算法

设一有向网络 $G=(V,E)$，如图 6.35 所示。

要求图 6.35 中从 A 到其他各个顶点间的最短路径，可以采用一个按“路径长度递增的次序”产生最短路径的算法——Dijkstra 算法来求解。

Dijkstra 算法的基本思想：设置一个集合 S 存放已经找到最短路径的顶点，S 的初始状态只包含源点 v，对 $v_i \in V-S$，求源点 v 到 v_i 的最短路径。每求得一条最短路径 $v,\cdots,v_k$，就将 v_k 加入集合 S 中，直到集合 V 中全部顶点加入集合 S 中。

在 Dijkstra 算法中有一个基本原则，就是所有的最短路径是按路径长度递增的次序产生的，简单说就是从短到长产生所有最短路径。最短路径要么是直达弧路径，要么是经过已求得最短路径的顶点中转的路径，如图 6.36 所示。

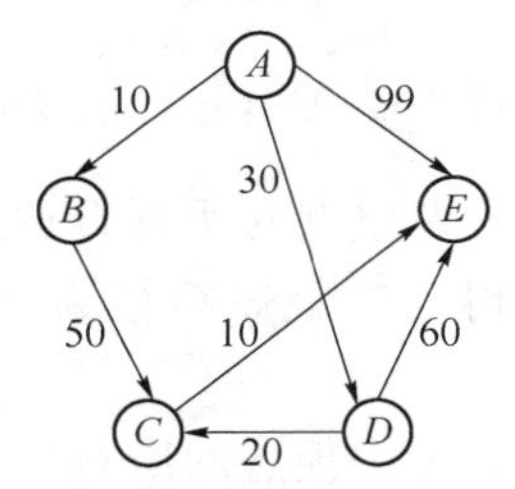

图 6.35　有向带权图

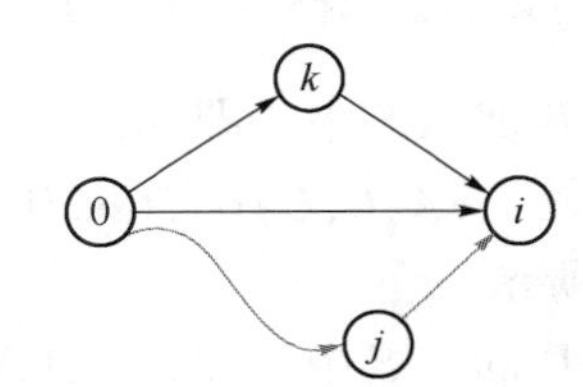

图 6.36　Dijkstra 算法求解示意图

设从 v_0 到其他各个顶点的最短路径集合 $M=\{P_{0,i},P_{0,i}$ 是 v_0 到 v_i 的最短路径 $|i=1,\cdots,n-1\}$，若 $P_{0,k}=(v_0,v_k)$ 是 M 中的最短路径，则该路径一定是从 v_0 到其他各个顶点的最短直达弧(反证：如果不是直达弧，而是经过某 v_t 中转的，则 (v_0,v_t) 会比 (v_0,v_k) 更短，和 (v_0,v_k) 为最短路径矛盾，所以所有顶点的最短路径中最短的一条一定是直达弧)。接下来求 M 中的次短路径 $P_{0,i}$，则 $P_{0,i}$ 只能是 (v_0,v_i) 或 $(v_0,v_k)+(v_k,v_i)$ 这两个之一(反证：设 $P_{0,i}$ 是从 j 中转得到的，则 $P_{0,j}$ 应该比 $P_{0,i}$ 更短，则 $P_{0,j}$ 应该是次短路径，这与 $P_{0,i}$ 是次短路径矛盾，所以 $P_{0,i}$ 不可能从其他顶点中转过来，只能是直达弧或者经过已求得的最短路径顶点中转)。继续，每次求的下一条最短路径，要么是直达弧，要么是经过已求得的最短路径顶点中转得到的，而且求得的各个顶点的最短路径是从短到长依次求得的。

例 6.3　求图 6.35 中从 A 到其他各个顶点间的最短路径。

解　具体解题步骤如下，其中 $V=\{A,B,C,D,E\}$。

①开始时已求得最短路径的顶点集合 S 中只有起点 A，即 $S=\{A\}$，找 A 到其他 $V-S$ 中

顶点的所有直达路径 $\{(A,B)10,(A,D)30,(A,E)99\}$，求得最短路径为 $(A,B)10$，如图 6.37（a）所示。

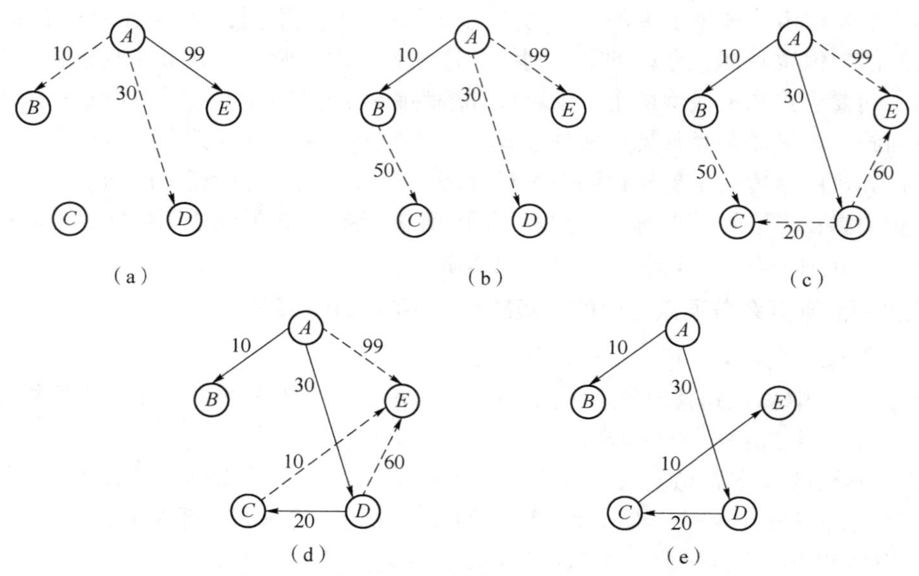

图 6.37　用 Dijkstra 算法求最短路径的过程

(a) 初始时，$S=\{A\}$，在 $\{(A,B),(A,D),(A,E)\}$ 中找到 (A,B) 为当前最短路径；
(b) 将顶点 B 加入 S 中，即 $S=\{A,B\}$，在 $\{(A,B,C),(A,D),(A,E)\}$ 中找到 (A,D) 为当前最短路径；
(c) 将顶点 D 加入 S 中，即 $S=\{A,B,D\}$，在 $\{(A,B,C),(A,D,C),(A,E),(A,D,E)\}$ 中找到 (A,D,C) 为当前最短路径；
(d) 将顶点 C 加入 S 中，即 $S=\{A,B,D,C\}$，在 $\{(A,E),(A,D,E),(A,D,C,E)\}$ 中找到 (A,D,C,E) 为当前最短路径；
(e) 将顶点 E 加入 S 中，即 $S=\{A,B,D,C,E\}$，从 A 到其他各个顶点的最短径都已求出

②将顶点 B 加入 S 中，即 $S=\{A,B\}$，找 A 到其他 $V-S$ 中顶点的所有直达路径或经过 B 中转的所有路径 $\{(A,B,C)60,(A,D)30,(A,E)99\}$，求得其中最短路径为 $(A,D)30$，如图 6.37（b）所示。

③将顶点 D 加入 S 中，即 $S=\{A,B,D\}$，找 A 到其他 $V-S$ 中顶点的所有直达路径或经过 B 或 D 中转的所有路径 $\{(A,B,C)60,(A,D,C)50,(A,E)99,(A,D,E)90\}$，求得其中最短路径为 $(A,D,C)50$，如图 6.37（c）所示。

④将顶点 C 加入 S 中，即 $S=\{A,B,D,C\}$，找 A 到其他 $V-S$ 中顶点的所有直达路径或经过 B、D 或 C 中转的路径 $\{(A,E)99,(A,D,E)90,(A,D,C,E)60\}$，求得其中经过的最短路径为 $(A,D,C,E)60$，如图 6.37（d）所示。

⑤将顶点 E 加入 S 中，即 $S=\{A,B,D,C,E\}$，从 A 到其他各个顶点的最短路径都已求得，分别为 $(A,B)10$、$(A,D)30$、$(A,D,C)50$、$(A,D,C,E)60$，如图 6.37（e）所示。

分析求解过程发现，有时出现了多条路径到达同一个顶点，比如图 6.37（c）中，有两条路径 (A,D,E) 和 (A,E) 可以到达 E，其中长的那条路径不可能是要求的最短路径，所以可以只保留一条到 E 的当前最短路径 (A,D,E)。因此可以设置一个临时数组 Dist，用来存储当前计算得到的源点到各个其他顶点的最短路径长度值。初始时 Dist 中只有从源点到其他各个顶点的直达弧上的长度，没有直达弧的顶点记录其最短路径为∞。在 Dist 中寻找最短的路径值，这就是找到的第一条最短路径。之后按照 Dijkstra 算法的原理，次短路径要么是直达弧，要么是经过已求得最短路径的顶点中转，于是将经过已求得最短路径顶点中转的路

径长度与之前记录的路径长度值进行比较，记录下较小的值。

比如在图 6.37（c）中，*A* 到 *C* 有两条路径，其中（*A*,*B*,*C*)60 要比（*A*,*D*,*C*)50 长，也就是说（*A*,*B*,*C*)60 不可能是要找的最短路径，所以可以将它去掉，只保留较短的（*A*,*D*,*C*)50 作为可能的候选最短路径存入 Dist 中。同样，*A* 到 *E* 有两条路径，而（*A*,*E*)99 要比经过 *D* 中转的路径（*A*,*D*,*E*)90 长，也只保留较短的（*A*,*D*,*E*)90 作为可能的候选最短路径存入 Dist 中。在 Dist 中寻找最短的路径值（已求得的不再参与比较），这就是找到的次短路径。依此逐步求得第三短路径、第四短路径、……，最后求得所有最短路径。以图 6.37 的求解过程为例，将 Dist 数组的变化情况用表格展示出来，同时用 Path 数组记录中转顶点编号，该题目中顶点 *A*、*B*、*C*、*D*、*E* 编号分别为 0、1、2、3、4。

①从源点 *A* 到其他顶点的最短路径中，最短的一条首先求得，如表 6.1 所示。

表 6.1 求最短路径时的 Dist 表内容

指标	*A*	*B*	*C*	*D*	*E*
Dist	0	10	∞	30	99
S	1	0	0	0	0
Path	0	0	0	0	0

Dist 数组中最小值，即第一条最短路径为 *A*→*B*：<*A*,*B*>10。

②求得从源点 *A* 到其他各顶点的最短路径中次短的一条路径，如表 6.2 所示。

表 6.2 求次短路径时的 Dist 表内容

指标	*A*	*B*	*C*	*D*	*E*
Dist	0	10	~~∞~~ 60	30	99
S	1	1	0	0	0
Path	0	0	1	0	0

还未求得最短路径顶点（还未加入 *S* 数组中，在 *S* 数组中标志为 0 的顶点）在 Dist 数组中的最小值，即次短路径为 *A*→*D*：<*A*，*D*>30。

③此顺序产生从源点 *A* 到其他各顶点的最短路径中的第三短路径，如表 6.3 所示。

表 6.3 求第三短路径时的 Dist 表内容

指标	*A*	*B*	*C*	*D*	*E*
Dist	0	10	~~60~~ 50	30	~~99~~ 90
S	1	1	0	1	0
Path	0	0	3	0	3

目前要求的 *S* 中标志为 0 且 Dist 中的最小值，即第三短路径为 *A*→*C*：<*A*,*D*>，<*D*,*C*>50。

④以此顺序产生从源点 *A* 到其他各顶点的最短路径中的第四短路径，如表 6.4 所示。

表 6.4　求第四短路径时的 Dist 表内容

指标	*A*	*B*	*C*	*D*	*E*
Dist	0	10	50	30	~~90~~ 60
S	1	1	1	1	0
Path	0	0	3	0	2

目前要求的 *S* 中标志为 0 的只有 *E*，因此第四短路径为 $A\rightarrow E$：<*A*,*D*>，<*D*,*C*>，<*C*,*E*>60。

注意，Path 里面记录的是最后一次中转的顶点，比如 $A\rightarrow E$ 的路径，Path[*E*] = 2，也就是最后到达 *E* 之前是经过 2 号顶点 *C* 中转，而 $A\rightarrow C$ 的路径又是经过 Path[*C*] = 3 号顶点 *D* 中转的，$A\rightarrow D$ 的路径中 Path[*D*] = 0，说明从 *A* 直接到 *D*，没有中转。所以，$A\rightarrow E$ 的最短路径为<*A*,*D*>,<*D*,*C*>,<*C*,*E*>60。

由此总结 Dijkstra 算法步骤如下。

步骤 1：初始化图结构，置 *S* 中 v_0 为源点。

步骤 2：存储最短路径的数组 Dist 初始置为源点到其他点的直达弧的权值。

步骤 3：在 Dist 中选择最短路径并将其另一个端点加入 *S* 中，同时修改 Dist 中的最短路径长度，并用 Path 记录最短路径经过的中间结点。

步骤 4：所有顶点都加入 *S* 中时算法结束；否则转步骤 3。

Dijkstra 算法的伪代码如下：

```
ShortestPath_Dijkstra(AdjMatrixGraph G, int v0)
1    S={v0};                                  //初始化,v0 顶点属于 S 集
2    for 其他每一个顶点
3       D[v]=G. adjmatrix [v0][v];             //其他顶点属于 V-S 集
4    for 其余 n-i 个顶点
5    {
6       min(v)=min D[i];                        //记录当前所知离 v0 顶点的最近距离
7       S =S+{v}
8       for(w=0;w<n;++w)                        //更新当前最短路径及距离
9         if(min+G. adjmatrix [v][w]<D[w])
10        {
11              D[w]=min+G. adjmatrix [v][w];
12              记录路径中间结点 v;
13        }
14   }
```

由于 Dijkstra 算法程序稍多，限于篇幅原因不再描述，感兴趣的同学可以按照伪代码描述将其用 C/C++语言实现。下面来分析该算法的时间复杂度。从伪代码程序可以看到，设带权连通图有 *n* 个顶点、*e* 条边，则算法中第 2 行的循环执行频度为 *n*，第 4 行和第 8 行的两个循环是嵌套的，这两个循环执行频度都为 *n*，嵌套后即为 n^2，所以整个算法的时间复杂度是 $O(n^2)$。

2. 求每一对顶点之间的最短路径——Floyd 算法

给定带权有向图 $G=(V,E)$，对任意顶点 v_i、$v_j\in V(i\neq j)$，求顶点 v_i 到顶点 v_j 的最短

路径。

解决这个问题有两种方案：方案一，每次以一个顶点为源点，重复执行 Dijkstra 算法 n 次。这样，便可求得每一对顶点之间的最短路径；方案二，采用形式更直接的弗洛伊德（Floyd）算法。

Floyd 算法的基本思想：对于从 v_i 到 v_j 的弧，进行 n 次试探：首先考虑路径 v_i、v_0、v_j 是否存在，如果存在，则比较 v_i、v_j 和 v_i、v_0，v_j 的路径长度，取较短者为从 v_i 到 v_j 的中间顶点的序号不大于 0 的最短路径。在路径上再增加一个顶点 v_1，求从 v_i 到 v_j 的中间顶点的序号不大于 1 的最短路径。依此类推，在经过 n 次比较后，最后求得的必是从顶点 v_i 到顶点 v_j 的中间顶点的序号不大于 $n-1$ 的最短路径，即从顶点 v_i 到顶点 v_j 的最短路径。

为了使算法能顺利实现，定义 $D^{(k)}(i,j)$ 为从 v_i 到 v_j，由序号不大于 k 的顶点为中间点（或直达）可构成的最短路径。

比如：$D^{(-1)}(i,j)$ 就是 v_i 到 v_j 的直达最短路径值，如图 6.38 所示。

图 6.38　从 v_i 到 v_j 的直达最短路径

$D^{(0)}(i,j)$ 就是 v_i 到 v_j 且中间顶点序号不大于 0 的最短路径值，如图 6.39 所示。

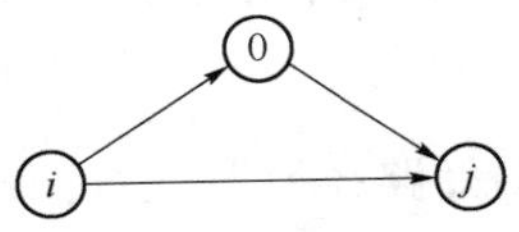

图 6.39　从 v_i 到 v_j 的中间顶点序号不大于 0 的最短路径

$D^{(k)}(i,j)$ 就是 v_i 到 v_j 且中间顶点序号不大于 k 的最短路径值，如图 6.40 所示。

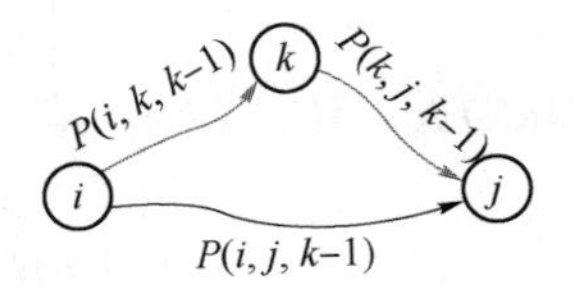

图 6.40　v_i 到 v_j 的中间顶点序号不大于 k 的最短路径

有了 $D^{(k)}(i,j)$ 定义后，Floyd 算法求任意两点最短路径步骤如下。

步骤 1： 初始化从 v_i 到 v_j 的目前已知较短路径为从 v_i 到 v_j 的直达弧。

步骤 2： 对每两顶点对 (v_i,v_j) 依次计算 $D^{(k)}(i,j)$，$k=0,\cdots,n-1$，计算规则为

$$D^{(k)}(i,j)=\min(D^{(k-1)}(i,k)+D^{(k-1)}(k,j),D^{(k-1)}(i,j))$$

步骤 3： 计算得到的 $D^{(n-1)}(i,j)$ 即为 i 到 j 间的最短距离。

例 6.4　用 Floyd 算法求图 6.41 中任意两点间的最短路径。

解　初始的时候，直达最短路径 $D^{(-1)}(i,j)$ 就是该有向图的邻接矩阵，即

$$D^{(-1)}=\begin{bmatrix}0 & 1 & \infty & 4\\ \infty & 0 & 9 & 2\\ 3 & 5 & 0 & 8\\ \infty & \infty & 6 & 0\end{bmatrix}，此时路径均为直达路径 P^{(-1)}=\begin{bmatrix}0 & AB & \infty & AD\\ \infty & 0 & BC & BD\\ CA & CB & 0 & CD\\ \infty & \infty & DC & 0\end{bmatrix}。$$

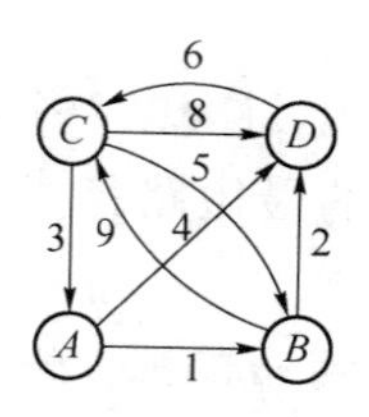

图 6.41　带权有向图求最短路径

按照 $D^{(k)}(i,j)=\min\{D^{(k-1)}(i,j)、D^{(k-1)}(i,k)+D^{(k-1)}(k,j)\}$ 递推计算每一个 $D^{(k)}(i,j)$，可以得到具体计算过程如下。

①求中间顶点序号不大于 0 的最短路径 $D^{(0)}(i,j)$，即

$$\boldsymbol{D}^{(0)}=\begin{bmatrix}0&1&\infty&4\\\infty&0&9&2\\3&4&0&7\\\infty&\infty&6&0\end{bmatrix}，同时记录下路径\ \boldsymbol{P}^{(0)}=\begin{bmatrix}0&AB&\infty&AD\\\infty&0&BC&BD\\CA&CAB&0&CAD\\\infty&\infty&DC&0\end{bmatrix}。$$

②求中间顶点序号不大于 1 的最短路径 $D^{(1)}(i,j)$，即

$$\boldsymbol{D}^{(1)}=\begin{bmatrix}0&1&10&3\\\infty&0&9&2\\3&4&0&6\\\infty&\infty&6&0\end{bmatrix}，同时记录下路径\ \boldsymbol{P}^{(1)}=\begin{bmatrix}0&AB&ABC&ABD\\\infty&0&BC&BD\\CA&CAB&0&CABD\\\infty&\infty&DC&0\end{bmatrix}。$$

③求中间顶点序号不大于 2 的最短路径 $D^{(2)}(i,j)$，即

$$\boldsymbol{D}^{(2)}=\begin{bmatrix}0&1&10&3\\12&0&9&2\\3&4&0&6\\9&10&6&0\end{bmatrix}，同时记录下路径\ \boldsymbol{P}^{(2)}=\begin{bmatrix}0&AB&ABC&ABD\\BCA&0&BC&BD\\CA&CAB&0&CABD\\DCA&DCAB&DC&0\end{bmatrix}。$$

④求中间顶点序号不大于 3 的最短路径 $D^{(3)}(i,j)$，有

$$\boldsymbol{D}^{(3)}=\begin{bmatrix}0&1&9&3\\11&0&8&2\\3&4&0&6\\9&10&6&0\end{bmatrix}，同时记录下路径\ \boldsymbol{P}^{(3)}=\begin{bmatrix}0&AB&ABDC&ABD\\BDCA&0&BDC&BD\\CA&CAB&0&CABD\\DCA&DCAB&DC&0\end{bmatrix}。$$

最终求得任意两个顶点间最短路径值在 $\boldsymbol{D}^{(3)}$ 中，最短路径经过的顶点在 $\boldsymbol{P}^{(3)}$ 中。

6.4.3　图的拓扑排序

现实生活中，工作计划、施工过程、生产流程、程序流程等都可以称为“工程”。除了很小的工程外，一般都把工程分为若干个叫作“活动”的子工程。完成这些活动，整个工程就可以完成了。例如，计算机专业学生的学习过程就是一个工程，每一门课程的学习就是整个工程的一些活动。其中有些课程要求先修课程，有些则不要求。这样在有的课程之间有领先关系，有的课程可以并行地学习，如图 6.42 所示。

在图 6.42 中，C_1、C_2 课程可以并行学习，而 C_3 必须在学完 C_1、C_2 后才能学习，将课程间的关系用更直观的图来表示，如图 6.43 所示。

课程代号	课程名称	先修课程
C_1	高等数学	
C_2	程序设计基础	
C_3	离散数学	C_1，C_2
C_4	数据结构	C_3，C_2
C_5	高级语言程序设计	C_2
C_6	编译方法	C_5，C_4
C_7	操作系统	C_4，C_9
C_8	普通物理	C_1
C_9	计算机原理	C_8

图 6.42 计算机专业学习的部分课程关系

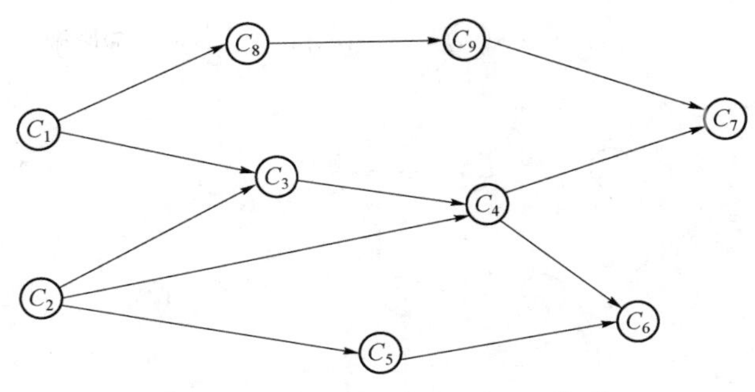

图 6.43 计算机专业部分课程关系

这里，课程就是顶点，也称为工程中的活动，课程间的关系用有向的弧表示，弧的弧尾的课程需要先于弧头的课程学习，课程之间没有先后关系的可以并行学习。

这种顶点表示活动的有向图称为 AOV（Activity On Vertices）网络。AOV 网络可以用来表示一个工程，其中用顶点表示活动，弧表示关系，有向弧 $<V_i,V_j>$ 表示 V_i 活动必须先于活动 V_j 进行。

在 AOV 网络中，如果活动 V_i 必须在活动 V_j 之前进行，则存在有向边 $<V_i,V_j>$，AOV 网络中不能出现有向回路，即有向环。在 AOV 网络中如果出现了有向环，则意味着某项活动应以自己作为先决条件。因此，对给定的 AOV 网络，必须先判断它是否存在有向环。

检测有向环的一种方法是对 AOV 网络构造它的拓扑有序序列。即将各个顶点（代表各个活动）排列成一个线性有序的序列，使得 AOV 网络中所有应存在的前驱和后继关系都能得到满足，也就是说，弧头顶点排在弧尾顶点之后，顶点间没有前驱、后继关系的可以任意排列。这种构造 AOV 网络全部顶点的拓扑有序序列的运算就叫作拓扑排序。如果通过拓扑排序能将 AOV 网络的所有顶点都排入一个拓扑有序的序列中，则该 AOV 网络中必定不会出现有向环；相反，如果得不到满足要求的拓扑有序序列，则说明 AOV 网络中存在有向环，此 AOV 网络所代表的工程是不可行的。

例如，对图 6.43 进行拓扑排序，可以得到拓扑有序序列$(C_1,C_2,C_3,C_4,C_5,C_6,C_8,C_9,C_7)$或$(C_1,C_8,C_9,C_2,C_5,C_3,C_4,C_7,C_6)$，或者还有其他拓扑序列，书中不再一一列出。

进行拓扑排序的过程如下。

（1）输入 AOV 网络。令 n 为顶点个数。

（2）在 AOV 网络中选一个没有前驱的顶点，并输出之。

（3）从图中删去该顶点，同时删去所有它发出的有向边。

（4）重复以上（1）和（2）步骤，直到全部顶点均已输出，拓扑有序序列形成，拓扑排序完成；或图中还有未输出的顶点，但已跳出处理循环。这说明图中还剩下一些顶点，它们都有直接前驱，再也找不到没有前驱的顶点了。这时 AOV 网络中必定存在有向环。

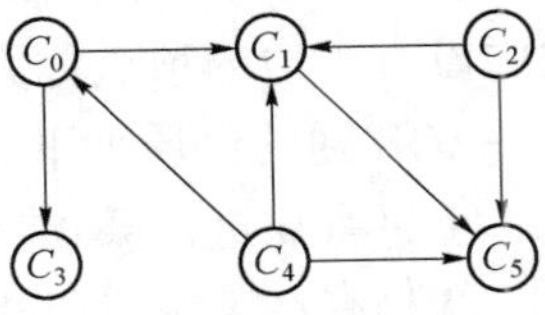

图 6.44 拓扑排序输出图

例 6.5 对图 6.44 进行拓扑排序。

解 拓扑排序过程如下。

①找到图 6.44 中没有前驱的顶点 C_4 和 C_2，选 C_4 输出（可以选其中任何一个），如图 6.45（a）所示。

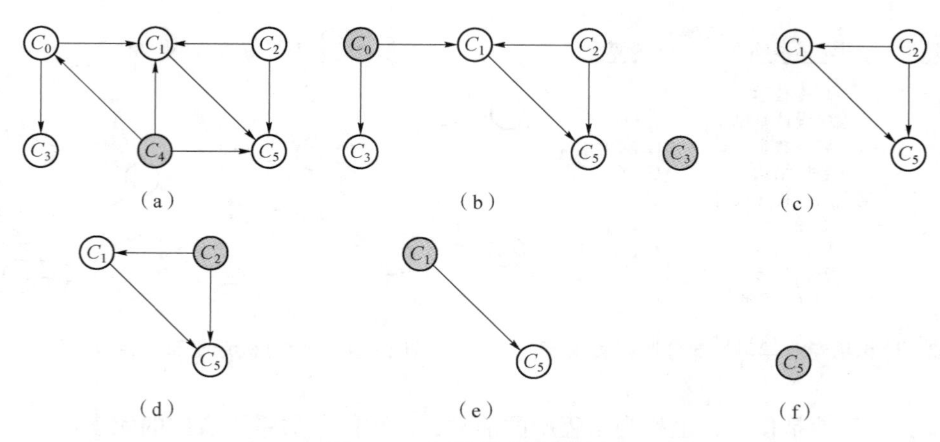

图 6.45　拓扑排序输出过程

(a) 输出顶点 C_4；(b) 输出顶点 C_0；(c) 输出顶点 C_3；(d) 输出顶点 C_2；(e) 输出顶点 C_1；(f) 输出顶点 C_5

②输出 C_4 后，将相应的弧也删除。继续寻找没有前驱的顶点，得到 C_0、C_2，选 C_0 输出，如图 6.45（b）所示。

③输出 C_0 后，将相应的弧也删除。继续寻找没有前驱的顶点，得到 C_3、C_2，选 C_3 输出，如图 6.45（c）所示。

④输出 C_3 后，将相应的弧也删除。继续寻找没有前驱的顶点，得到 C_2，C_2 输出，如图 6.45（d）所示。

⑤输出 C_2 后，将相应的弧也删除。继续寻找没有前驱的顶点，得到 C_1，C_1 输出，如图 6.45（e）所示。

⑥输出 C_1 后，将相应的弧也删除。继续寻找没有前驱的顶点，得到 C_5，C_5 输出，如图 6.45（f）所示。

如此生成的拓扑排序序列为 C_4、C_0、C_3、C_2、C_1、C_5，拓扑序列不是唯一的。它满足图中给出的所有前驱和后继关系。对于本来没有这种关系的顶点，如 C_4 和 C_2，在选择没有前驱的顶点时可以任意选择，也就是说，如果先选择 C_2 输出也可以得到拓扑排序序列，此时得到的拓扑排序序列为 C_2、C_4、C_0、C_3、C_1、C_5。

6.4.4　图的关键路径

前面讲的 AOV 网是顶点表示活动的网络。还有另一种用来表示工程的网络，它用边表示活动，顶点表示事件，这类网络称为 AOE（Activity On Edges）网。

AOE 网：在一个表示工程的带权有向网中，用顶点表示事件，用有向边表示活动，边上的权值表示活动的持续时间，称这样的有向网叫作边表示活动的网，简称 AOE 网。AOE 网中没有入边的顶点称为始点（或源点），没有出边的顶点称为终点（或汇点）。

AOE 网的性质如下。

①只有在进入某顶点的各活动都结束，该顶点所代表的事件才能发生。

②只有在某顶点所代表的事件发生后，从该顶点出发的各活动才能开始。

比如，图 6.46 所示为一个 AOE 网。

事件　　　　事件含义

v_1　　　　开工，始点

v_2　　　　活动 a_1 完成，活动 a_4 可以开始

v_3　　　　活动 a_2 完成，活动 a_5 可以开始

⋮　　　　　⋮

v_9　　　　活动 a_{10} 和 a_{11} 完成，整个工程完成，终点

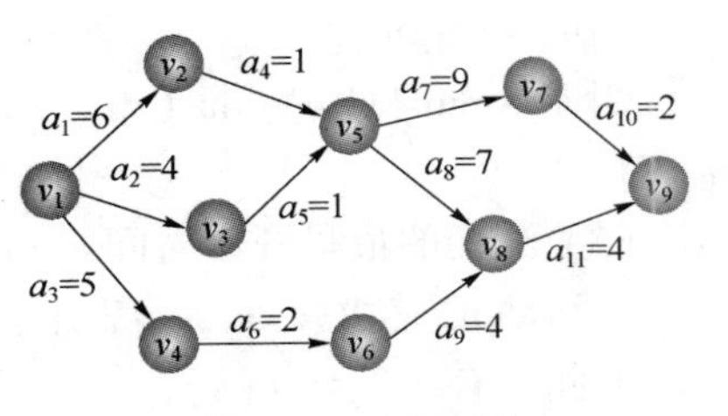

图 6.46　AOE 网

AOE 网常常需要回答下列问题：完成整个工程至少需要多少时间？为缩短完成工程所需的时间，应当加快哪些活动？

在 AOE 网中，始点到终点的路径可能不止一条，只有各条路径上所有活动都完成了，整个工程才算完成。加之 AOE 网中的某些活动能够同时进行，故完成整个工程所需的最短时间取决于从始点到终点的最长路径长度，即这条路径上所有活动的持续时间之和。这条长度最长的路径就叫作关键路径。

关键路径：在 AOE 网中从始点到终点具有最大路径长度（该路径上的各个活动所持续的时间之和）的路径称为关键路径。关键路径上的活动称为关键活动。

要找出关键路径，必须找出关键活动，即不按期完成就会影响整个工程完成的活动。

首先计算以下与关键活动有关的量：

①事件的最早发生时间 ve[k]。

②事件的最迟发生时间 vl[k]。

③活动的最早开始时间 e[i]。

④活动的最晚开始时间 l[i]。

最后计算各个活动的时间余量 $l[i]-e[i]$，时间余量为 0 者即为关键活动。

下面详细介绍如何计算。

（1）事件的最早发生时间 ve[k]。

ve[k] 是指从始点开始到顶点 v_k 的最大路径长度。这个长度决定了所有从顶点 v_k 发出的活动能够开工的最早时间。

比如，图 6.47 中 ve[k] 计算如下：

ve[1]=0；

$\mathrm{ve}[k]=\max\{\mathrm{ve}[j]+\mathrm{dut}(<v_j,v_k>)\}(<v_j,v_k>\in p[k])$，$p[k]$ 表示所有以 v_k 为弧头的弧的集合，$\mathrm{dut}(<v_j,v_k>)$ 为弧 $<v_j,v_k>$ 上的权值。

（2）事件的最迟发生时间 vl[k]。

vl[k] 是指在不推迟整个工期的前提下，事件 v_k 允许的最晚发生时间。

比如，图 6.48 中 vl[k] 计算如下：

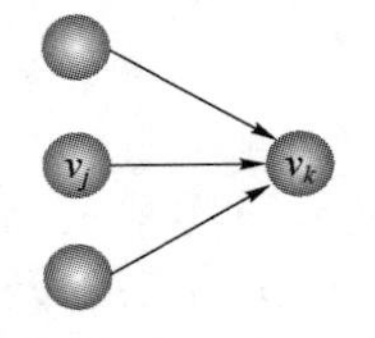

图 6.47　计算 ve[k]

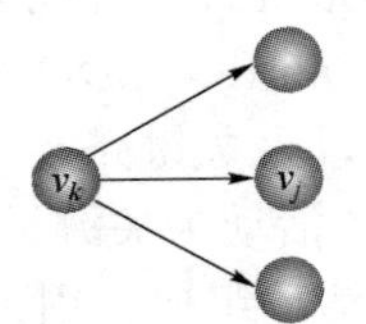

图 6.48　计算 vl[k]

vl[n] = ve[n]；

vl[k] = min{vl[j] − dut(<v_k, v_j>)}(<v_k, v_j> ∈ S[k])，S[k] 为所有以 v_k 为弧尾的弧的集合。

（3）活动的最早开始时间 e[i]。

若活动 a_i 是由弧<v_k, v_j>表示，则活动 a_i 的最早开始时间应等于事件 v_k 的最早发生时间。因此，有 e[i] = ve[k]。

（4）活动的最晚开始时间 l[i]。

活动 a_i 的最晚开始时间是指，在不推迟整个工期的前提下，a_i 必须开始的最晚时间。

若 a_i 由弧<v_k, v_j>表示，则 a_i 的最晚开始时间要保证事件 v_j 的最迟发生时间不拖后。因此，有 l[i] = vl[j] − dut(<v_k, v_j>)。

例 6.6 以图 6.46 为例，计算其关键路径。

解 解题步骤如下。

（1）计算事件的最早发生时间 ve[k]。

根据 ve[1] = 0；ve[k] = max{ve[j] + dut(<v_j, v_k>)}得到图 6.49。

	v_1	v_2	v_3	v_4	v_5	v_6	v_7	v_8	v_9
ve[k]	0	6	4	5	7	7	16	14	18

图 6.49 图 6.46 工程中事件最早发生时间 ve[k] 计算结果

（2）计算事件的最迟发生时间 vl[k]。

根据 vl[n] = ve[n]，vl[k] = min{vl[j] − dut(<v_k, v_j>)}得到图 6.50。

	v_1	v_2	v_3	v_4	v_5	v_6	v_7	v_8	v_9
ve[k]	0	6	4	5	7	7	16	14	18
vl[k]	0	6	6	8	7	10	16	14	18

图 6.50 图 6.46 工程中事件最迟发生时间 vl[k] 计算结果

（3）计算活动的最早开始时间 e[i]。

根据 e[i] = ve[k]得到图 6.51。

	v_1	v_2	v_3	v_4	v_5	v_6	v_7	v_8	v_9
ve[k]	0	6	4	5	7	7	16	14	18
vl[k]	0	6	6	8	7	10	16	14	18

	a_1	a_2	a_3	a_4	a_5	a_6	a_7	a_8	a_9	a_{10}	a_{11}
e[i]	0	0	0	6	4	5	7	7	7	16	14

图 6.51 图 6.46 工程中活动最早开始时间 e[i] 计算结果

（4）计算活动的最晚开始时间 l[i]。

根据 l[i] = vl[j] − dut(<v_k, v_j>)得到图 6.52。

（5）得到关键活动及关键路径。

根据 e[i] = l[i]的活动为关键活动，得到关键活动为 a_1、a_4、a_7、a_8、a_{10}、a_{11}。

关键路径由关键活动组成，用顶点的形式表示为(v_1、v_2、v_5、v_7、v_9)及(v_1、v_2、v_5、v_8、v_9)。

在该 AOE 网中若活动 a_1 时间降为 5，则工程总时间减小 1；若 a_1 继续降为 4，则关键路径增加一条，即有(v_1、v_3、v_5、v_7、v_9) 和 (v_1、v_2、v_5、v_7、v_9)及 (v_1、v_2、v_5、v_8、v_9)；若 a_1 继续降

	v_1	v_2	v_3	v_4	v_5	v_6	v_7	v_8	v_9
ve[k]	0	6	4	5	7	7	16	14	18
vl[k]	0	6	6	8	7	10	16	14	18

	a_1	a_2	a_3	a_4	a_5	a_6	a_7	a_8	a_9	a_{10}	a_{11}
$e[i]$	0	0	0	6	4	5	7	7	7	16	14
$l[i]$	0	2	3	6	6	8	7	7	10	16	14

图 6.52　图 6.46 工程中活动最晚开始时间 $l[i]$ 计算结果

低，则 a_1 不再是关键活动。由此可见，只有在不改变关键路径的情况下，提高关键活动的速度才有效。

在该 AOE 网中若活动 a_7 时间降为 8，则工程总时间并不减少，这是因为还有另一条关键路径没变。由此可见，若有多条关键路径，则仅提高其中一条的关键活动的速度还不够，需要各条关键路径的速度均提高才能减少工程的总时间。

本章小结

本章学习了图的基本概念和基本操作，并讲解了如何将图中顶点进行线性化排列的深度优先遍历搜索和广度优先遍历搜索方法。图之所以重要是因为图在生活中有广泛的应用，包括构造最小通信网络的最小生成树算法，在交通图进行最短导航的最短路径算法，对若干有相互关系的活动进行合理安排的拓扑排序算法，以及求工程最短完成时间的关键路径算法等。通过对图的学习及图的应用算法的介绍，同学们能够学会如何用计算机语言来描述图，在需要用到图的地方能够合理使用，从而有效地解决问题。

习　题

1. 选择题

(1) n 个顶点的强连通图至多有（　　）条边。

A. $n\times(n-1)$　　B. $n\times(n-1)/2$　　C. $n-1$　　D. n

(2) n 个顶点的连通图最少有（　　）条边。

A. $n\times(n-1)$　　B. $n\times(n-1)/2$　　C. $n-1$　　D. n

(3) 关于有向图的说法，错误的是（　　）。

A. 有向图中顶点 v 的入度（indegree）是以顶点 v 为终点（弧头）的弧的数目

B. 有向图中顶点 v 的出度（outdegree）是以顶点 v 为始点（弧尾）的弧的数目

C. 有向图中各顶点的入度之和等于各顶点的出度之和

D. 有向图中各顶点入度之和等于弧数 e 的 2 倍

(4) n 个顶点的图最少有（　　）条边。

A. $n\times(n-1)$　　B. $n\times(n-1)/2$　　C. $n-1$　　D. 0

(5) 图进行广度优先搜索时，下列说法错误的是（　　）。

A. 广度优先搜索后可以得到一个线性的顶点序列

B. 广度优先搜索过程可以生成广度优先生成树

C. 广度优先搜索和深度优先搜索得到的顶点序列一定是不同的

D. 广度优先搜索和深度优先搜索都属于图的遍历

（6）在图的邻接矩阵存储结构中删除一个顶点，下列说法错误的是（　　）。

A. 直接在删除顶点处做删除标记即可

B. 删除顶点顺序表中的该顶点

C. 删除邻接矩阵中该顶点所在的行

D. 删除邻接矩阵中该顶点所在的列

（7）在无向图的邻接表存储结构中插入一个顶点和一条边，不需要进行的操作是（　　）。

A. 在顶点表最后插入顶点信息

B. 找到边的第一个顶点的对应边链表，插入边信息

C. 找到边的第二个顶点的对应边链表，再次插入边信息

D. 把顶点表重新排序

（8）设无向图 $G=(V,E)$ 和 $G'=(V',E')$，如果 G' 是 G 的生成树，则下面的说法错误的是（　　）。

A. G' 为 G 的子图

B. G' 为 G 的连通分量

C. G' 为 G 的极小连通子图且 $V=V'$

D. G' 是 G 的一个无环子图

（9）对图 6.53 所示的无向连通网图从顶点 a 开始用 Prim 算法构造最小生成树，在构造过程中加入最小生成树的前 4 条边依次是（　　）。

A. $(a,b)5,(b,e)3,(e,f)2,(f,d)4$

B. $(a,b)5,(b,f)4,(f,e)2,(e,b)4$

C. $(a,b)5,(b,e)3,(b,f)4,(f,e)2$

D. $(e,f)2,(b,e)3,(d,f)4,(b,f)4$

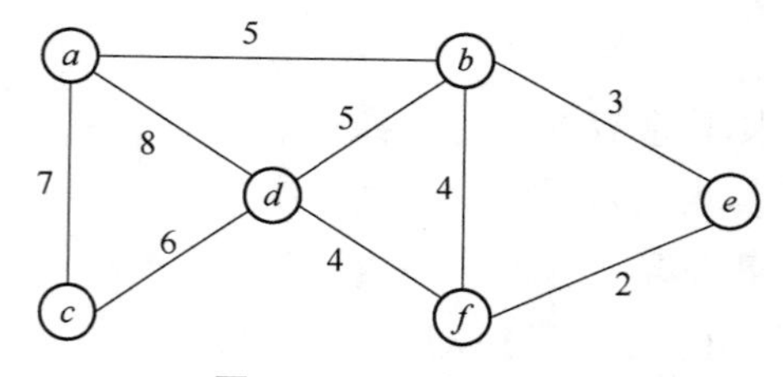

图 6.53　无向连通图

（10）对图 6.53 所示的无向连通图用 Kruskal 算法构造最小生成树，在构造过程中加入最小生成树的前 4 条边依次是（　　）。

A. $(a,b)5,(b,e)3,(e,f)2,(f,d)4$

B. $(a,b)5,(b,f)4,(f,e)2,(e,b)4$

C. $(a,b)5,(b,e)3,(b,f)4,(f,e)2$

D. $(e,f)2,(b,e)3,(d,f)4,(a,b)5$

（11）如图 6.54 所示，求 $v_0 \sim v_7$ 的最短路径是（　　）。

A. (v_0,v_4,v_7)

B. (v_0,v_1,v_5,v_7)

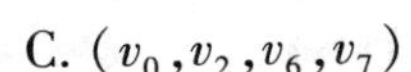
C. (v_0, v_2, v_6, v_7)

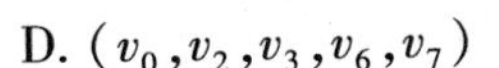
D. $(v_0, v_2, v_3, v_6, v_7)$

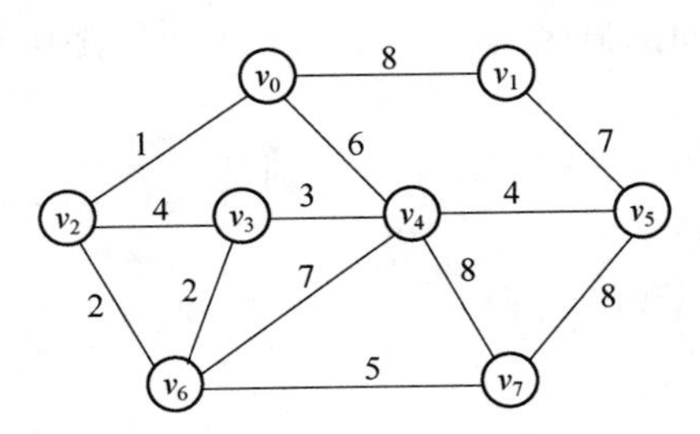

图 6.54　有向带权图

(12) 如图 6.54 所示，用 Dijkstra 算法求 v_0 到各个顶点的最短路径时，首先求得的最短路径和次短路径分别为（　　）。

A. (v_0, v_2)和(v_0, v_4)

B. (v_0, v_2)和(v_0, v_2, v_3)

C. (v_0, v_2)和(v_0, v_2, v_6)

D. (v_0, v_4)和(v_0, v_1)

(13) 图 6.55 所示的拓扑排序序列为（　　）。

A. 123456　　B. 123465　　C. 125643　　D. 123564

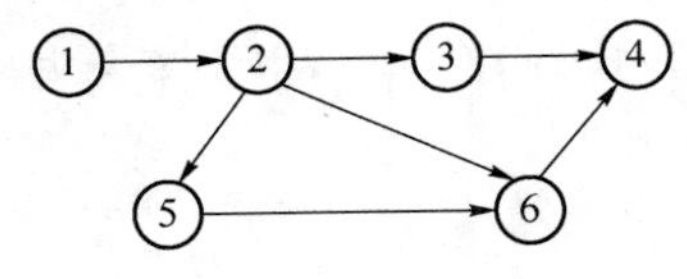

图 6.55　有向图

(14) 下面（　　）可以判断出一个有向图中是否有环（回路）。

A. 广度优先遍历

B. 拓扑排序

C. 求最短路径

D. 求关键路径

(15) 关键路径是 AOE 网络中（　　）。

A. 从源点到汇点的最长路径

B. 从源点到汇点的最短路径

C. 最长的回路

D. 最短的回路

2. 判断题

(1) 图可以只有顶点没有边。（　　）

(2) 无向图肯定是连通的。（　　）

(3) 有向图无法进行深度优先遍历。（　　）

(4) 连通图的最小生成树可以有不同的形态。（　　）

(5) 连通图的最小生成树是唯一的。（　　）

(6) 带权图的最短路径是路径中含边数最少的路径。（　　）

(7) 带环图进行拓扑排序后，序列中不能包含所有顶点。（　　）

(8) Dijkstra 算法是求最小生成树的算法。（　　）

(9) Prim 算法和 Kruskal 算法都可以求图的最小生成树。（　　）

(10) 最短路径和关键路径是一样的。（　　）

3. 填空题

(1) 一个 n 个顶点的无向图最多有________条边，它可以用________或者________

来存储。

（2）一个 n 个顶点的有向图最多有__________条边，图中任意两个顶点间互相都有路径相通，则称该图是__________。

（3）求解图的最小生成树的算法有两个，分别是__________和__________。

（4）图的遍历方法主要是__________和__________。

（5）图的关键路径是源点到汇点的__________路径。

4. 综合题

（1）请读下面程序，并为其中空缺的位置填入正确的语句。

```
private void depthfs(int i,boolean[] visited)
{       System. out. print(this. get(i)+" ");            //访问顶点 vi
        visited[i]=true;                                  //置已访问标记
        int j=this. getNextNeighbor(i,- 1);               //获得 vi 的第一个邻接顶点序号
        while(j! = - 1)                                   //若存在邻接顶点 vj
        {     if(! visited[j])                            //若邻接顶点 vj 未被访问
                  __________ ;                            //从 vj 出发的深度优先搜索遍历,递归调用
              j=this. getNextNeighbor(i,j);               //返回 vi 在 vj 后的下一个邻接顶点序号
        }
}
```

A. visited[j]=true B. depthfs(j,visited)

C. depthfs(i,visited)

（2）请读下面程序，并为其中空缺的位置填入正确的语句。

```
public boolean insertEdge(int i,int j,int weight)                    //插入一条权值为 weight 的边(vi,vj)
{   if(i>=0 && i<vertexCount() && j>=0 && j<vertexCount() && i! =j)//i,j 在规定范围内
    {      LinkedList slink=this. vertexlist. get(i). adjlink;        //获取到第 i 个顶点的边单链表
           return slink. add(__________); }                          //在第 i 条单链表增加边结点
    return false;                                                     //插入失败
}
```

A. new Edge(i,j,weight) B. i,j,weight

C. new Vertex(i)

（3）已知一个图的顶点为 A、B、C、D，其邻接矩阵的上三角元素（包括主对角线元素）全为0，其他元素均为1。请画出该图，并画出其邻接表。

（4）有图 6. 56 所示的无向图。

①请写出图 6. 56 的邻接矩阵表示（结点按照字母顺序升序存储）。

②画出删除图中顶点 C 后的邻接矩阵。

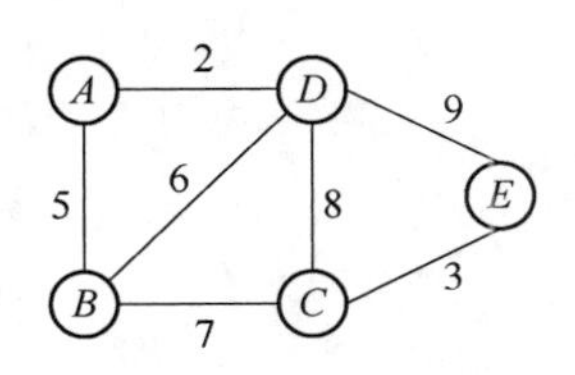

图 6. 56　带权无向图

（5）试写出图 6. 57 所示的深度优先搜索（遍历）序列和广度优先搜索（遍历）序列。提示：邻接点的先后顺序按照从左到右的顺序（即一个顶点有多个邻接顶点时，左边的邻接顶点先访问）。

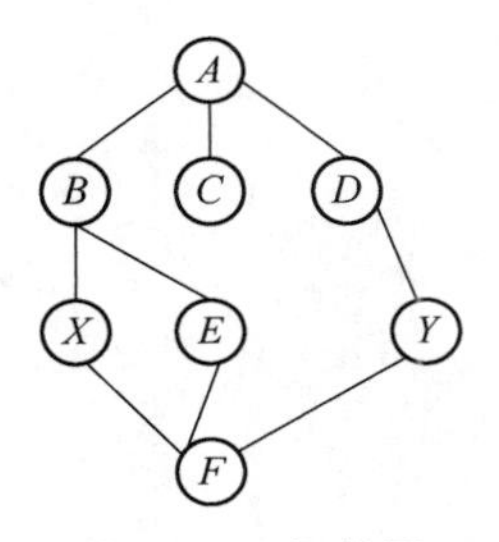

图 6. 57　拓扑图

（6）有图 6. 58 所示无向图，请用 Prim 及 Kruskal 算法求图中的最小生成树，试写出在最小生成树求解过程中依次得到的各条边（要求写出生成过程）。

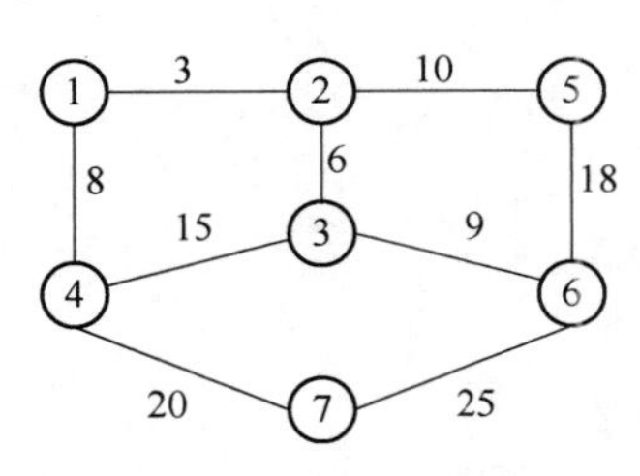

图 6. 58　无向图

（7）假设一个工程的进度计划用 AOE 网表示，如图 6.59 所示。

①求出所有关键路径和关键活动。

②计算该工程完工至少需要多长时间？

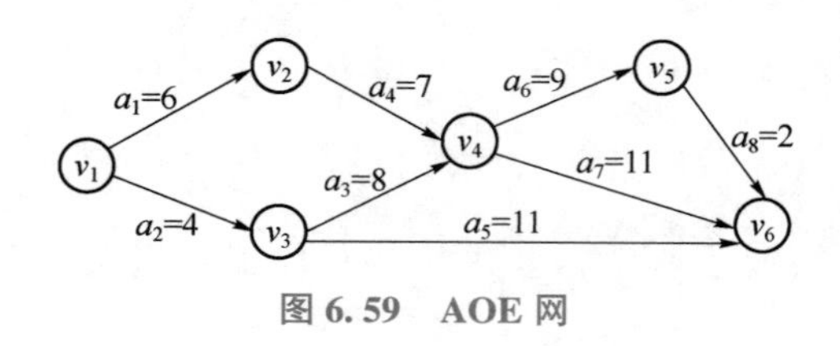

图 6.59　AOE 网

（8）用 Dijkstra 算法求图 6.60 中从顶点 a 到其余各顶点的最短路径和最短路径长度。

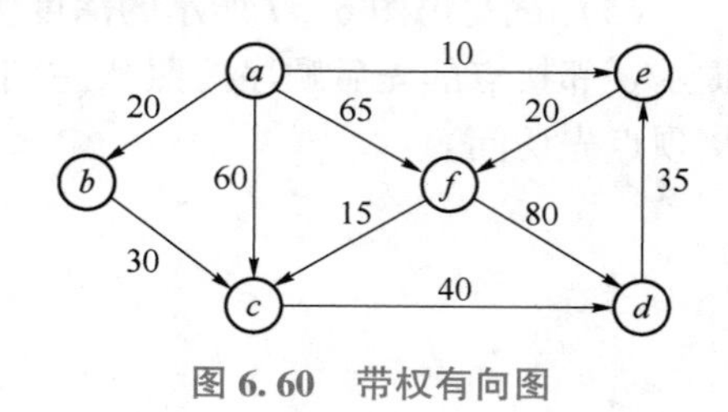

图 6.60　带权有向图

习题答案

第7章 查找

查找又称检索或搜索，是在数据集合中寻找满足给定条件的数据元素。查找是数据处理中使用频繁的一种重要操作，尤其是当数据量相当大时，查找算法的效率就显得十分重要。针对不同的数据结构可以分为很多不同的查找算法，如线性表的顺序查找、有序表的折半查找、二叉排序树和平衡二叉树以及散列表的查找算法等，本章会分类详细介绍。

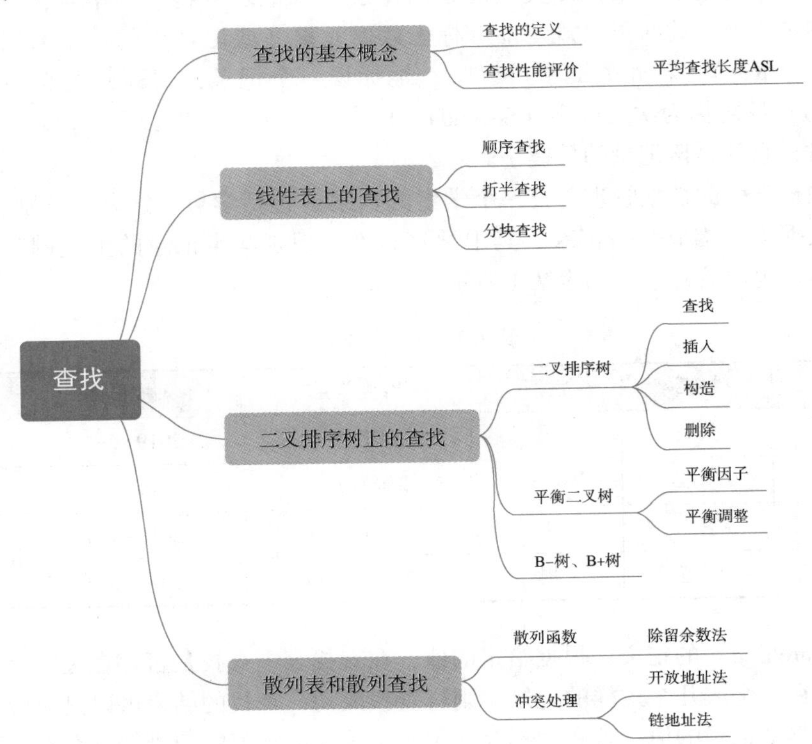

7.1 查找的基本概念

查找是数据结构的一种基本操作，查找的效率依赖于不同的数据结构，不同的数据结构会采用不同的查找算法。要进行查找的数据结构称为查找表，如果在查找过程中只做查找元素的操作，并不进行插入和删除等改变查找表中元素数据的操作，则称其为静态查找表；反之，如在查找表中查找元素不存在的情况下进行插入，或者将不需要的元素删除，或者修改其中某些元素等，即在查找中元素数据发生了变化，则称该查找表为动态查找表。

7.1.1 查找的定义

查找就是在一组数据元素中寻找需要的数据元素。如果数据元素之间仅存在着“同属于一个集合”的松散关系，会给查找带来不便，影响查找的效率。例如，查阅一个英文单词，如果所有的单词无规律地排放在一起，就只能从头至尾一个一个地查找，很长的查找时间会使这种方法变得毫无意义。但如果字典是按单词的字母在字母表中的次序编排的，因此查找时不需要从字典的第一个单词找起，而只要根据待查单词中的每个字母在字母表中的位置去查找即可。

当被查找的数据对象是由同一类型的数据元素（或记录）构成的集合，每个数据元素由若干个数据项组成，此时可以规定能够标识数据元素（或记录）的一个数据项或几个数据项为关键字（Key）。若此关键字可以唯一地标识一个记录，则称此关键字为主关键字（Primary Key）；反之称为次关键字（Secondary Key），它可以标识若干个记录。当记录只有一个数据项时，它就是该记录的关键字。

例如，在校学生的档案管理，每一个学生的档案（包括学号、姓名、性别、出生年月、入校日期等数据项）构成一条记录，其中学号是唯一识别学生记录的主关键字，而其他的数据项都只能视为次关键字，如表 7.1 所示。

表 7.1 学生档案表

学号	姓名	性别	出生年月	入校日期	其他
20190111	张三	男	2001-9-9	2019-9-1	
20190112	李四	女	2000-1-1	2019-9-1	
20190113	王二	男	1999-8-8	2019-9-1	
20190114	赵五	男	2000-9-14	2019-9-1	

查找（Searching）的定义：根据给定的值，在查找表中查找是否存在关键字等于给定值的记录，若存在一个或几个这样的记录，则称查找成功，查找的结果可以是对应记录在查找表中的位置或整个记录的值。若表中不存在关键字等于给定值的记录，则称查找不成功。

查找学生档案表的例子就是对线性表进行顺序查找。而顺序查找的办法就是从第一个元素开始，依次查找关键字是否等于给定值，相等则找到；否则未找到。

7.1.2 查找算法性能评价

一般分析查找算法的性能时可将其分成算法的最佳情况、算法的最差情况和算法的平均情况，下面以顺序表的查找为例分析顺序查找的性能。

（1）算法的最佳情况。如果表中的第一个记录恰恰就是要找的记录，此时只要比较一个记录就行，这是算法运行时间的最佳情况。

（2）算法的最差情况。如果表中最后一个记录才是要找的记录，则要比较所有的记录，这是算法运行时间的最差情况。

（3）算法的平均情况。如果对应的记录是在表中的其他位置，按出现位置等概率情况下计算平均比较次数，就会发现算法平均查找的记录是总的记录个数的一半，这是算法运行时间的平均情况。

一般来说，算法的最佳情况没有实际意义，因为它发生的概率很小，而且对条件的要求也很苛刻。而对于算法的最差情况，可以由它知道算法的最差运行时间是否在算法设计的要求之内，这一点在实际应用中十分重要。通常更希望知道算法运行的平均情况，它是算法运行的“典型”表现。

对于算法运行的平均情况一般会分析查找成功时的算法执行时间及查找不成功时的算法执行时间。而“执行时间”一般用“平均查找长度”来评价。

查找算法性能评价——平均查找长度（Average Search Length，ASL）为

$$ASL = \sum_{i=1}^{n}(p_i \cdot c_i)$$

式中：p_i 为表中第 i 个记录的查找概率；c_i 为要找到第 i 个记录的比较次数。

ASL有查找成功的平均查找长度 $ASL_{成功}$ 和查找不成功的平均查找长度 $ASL_{不成功}$。

下面介绍的几种查找算法，给出了算法的时间分析和分析结果。值得注意的是，在介绍查找算法时，均只介绍关键字的查找，实际中查找关键字成功后会根据关键字找到关联的数据记录的其他内容（Others）。

7.2 线性表的查找

待查找的数据元素的集合中元素按照线性结构来组织，这时的查找就是在线性表上的查找。线性表根据存储结构的不同，可以分为顺序表和链表。下面介绍不同的查找算法可以在不同的线性表上进行。

7.2.1 顺序查找

可以对顺序表或链表作为数据存储结构的线性表进行顺序查找，它对记录在表中存放的先后次序没有任何要求。

顺序查找算法描述：从表的一端开始，依次将每个元素的关键字与给定值进行比较，若有相等者，则查找成功；否则继续比较，直到比较完所有的元素，此时若仍未有相等者，则查找不成功。

1. 顺序表上进行顺序查找

设顺序表存储在数组table中，从表的第一个元素table［0］开始，依次对数组中的元素table[i]($i \in [0,n-1]$)和给定值value进行比较，若当前记录的关键字与value相等，则查找成功，返回记录在表中的位置序号；若扫描结束仍未找到关键字等于value的记录，则查找不成功，返回-1。

程序7.1：

```
#include<vector>
template<typename T>
int sequence_search(const std::vector<T> &table,T value){
    //若查找成功则返回首次出现位置;否则返回-1
    int n=table.size();
    int idx=-1; //查找到的元素下标
    for(int i=0; i < n; ++i){
        if(table[i] == value){
            idx=i;
            break;
        }
    }
    return idx;
}
```

如果每个记录的查找概率相等，则$p_i=1/n$；c_i表示如果第i个记录的关键字和给定值相等，要找到这个记录需和给定值进行比较的次数。显然，c_i取决于所查记录在表中的位置，即$c_i=i$。这样，在等概率情况下，顺序表查找成功的平均查找长度为

$$ASL_{成功}=\frac{1}{n}\sum_{i=1}^{n}(p_i \cdot c_i)=\frac{1}{n}\sum_{i=1}^{n}i=\frac{1}{n}\times\frac{n(n+1)}{2}=\frac{n+1}{2}$$

在上述查找中若出现不成功的情况，一定是将整个表的记录都比较以后才可确定，所以顺序表上顺序查找不成功的查找长度为n，即

$$ASL_{不成功}=n$$

2. 单链表上进行顺序查找

从表的表头开始，依次对链表中的元素和给定值value进行比较，若当前记录的关键字与value相等，则查找成功，返回该结点指针；若扫描结束仍未找到关键字等于value的记录，则查找不成功，返回null。查找算法程序类似上面顺序表的顺序查找程序，仅是循环的部分换为对链表的循环即可。

7.2.2 折半查找

当记录的关键字有序时，可以用折半查找（Binary Search）来实现。折半查找又称为二分查找，它是一种查找效率较高的方法。折半查找要求表中记录按关键字排好序，并且只能在顺序存储结构的有序表上实现。二分查找的基本思想是：每次将给定值value与有序表中间位置上的记录关键字进行比较，确定待查记录所在的范围（在前半部分还是后半部分

中)，然后逐步缩小范围，直至确定找到或找不到对应记录为止。

设有序表 BSTable（Binary Search Table）中记录的关键字按升序排列，整型变量指针 low 和 high 分别指向有序表中待查记录所在范围的下界和上界，中间记录所在位置用 mid 指示，mid=⌊(low+high)/2⌋。将给定值 value 和 mid 所指的记录关键字 BSTable［mid］相比较，有 3 种可能的结果。

①value < BSTable［mid］：待查记录如果存在，必定落在 mid 位置的左半部分。于是，查找范围缩小了一半。修改范围的上界 high=mid −1，继续对左半部分进行折半查找。

②value=BSTable［mid］：查找成功并结束算法，mid 所指的记录就是查到的记录。

③value > BSTable［mid］：待查记录如果存在，必定落在 mid 位置的右半部分。于是，查找范围缩小了一半。修改范围的下界 low=mid+1，继续对右半部分进行折半查找。

重复上述过程，区间每次缩小 1/2，当区间不断缩小，出现查找区间的下界大于上界时，宣告查找不成功并结束算法，确定关键字为 value 的记录不存在。

比如，现有一组记录的关键字有序顺序表为（8,17,26,32,40,72,87,99）。初始时 low=0，high=7，折半查找 40，如图 7. 1 所示。

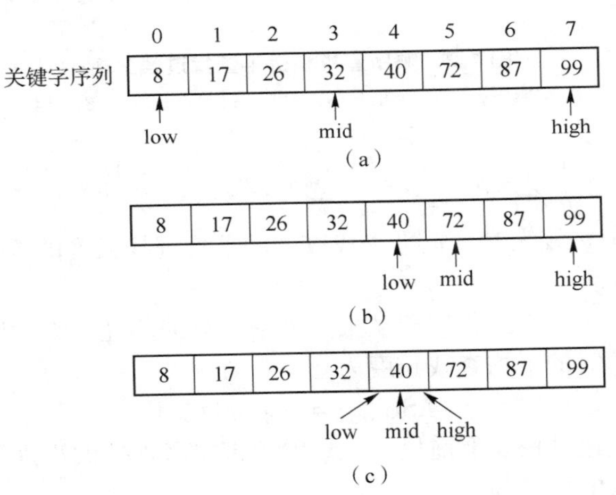

图 7. 1 折半查找过程

(a) value=40，value>BSTable［mid］，继续查找的子序列范围为 mid+1 ~ high；
(b) value<BSTable［mid］，继续查找的子序列范围为 low ~ mid−1；
(c) value=BSTable［mid］，查找成功，比较 3 次，若 valuc=39 则查找不成功

将顺序查找和折半查找过程进行对比分析，看看这两种查找的区别。现有一组记录的关键字的有序顺序表为（8,17,26,32,40,72,87,99），分别用顺序查找方法和折半查找方法查找 25 及 87，查找过程如图 7. 2 所示。图中 n 表示表中元素个数，k 表示查找过程的二叉判定树的高度（二叉判定树指查找过程中走过的路径，是动态的查找过程，而不是数据元素的存储结构）。

从图 7. 2 可以看出，顺序查找方法中需要一个元素一个元素进行比较，导致排在后面的元素查找比较次数就会较多。而折半查找一次可以跳过多个元素，每次和中间元素进行比较，元素无论排在前面还是后面，比较次数都不会超过查找过程二叉树的高度 $h=\lfloor \log_2 n \rfloor+1$，这也是折半查找成功的最差情况。查找成功的最佳情况是一次比较成功（正好查找的是中间元素），因此在每个记录的查找概率相等的情况下，平均查找长度为

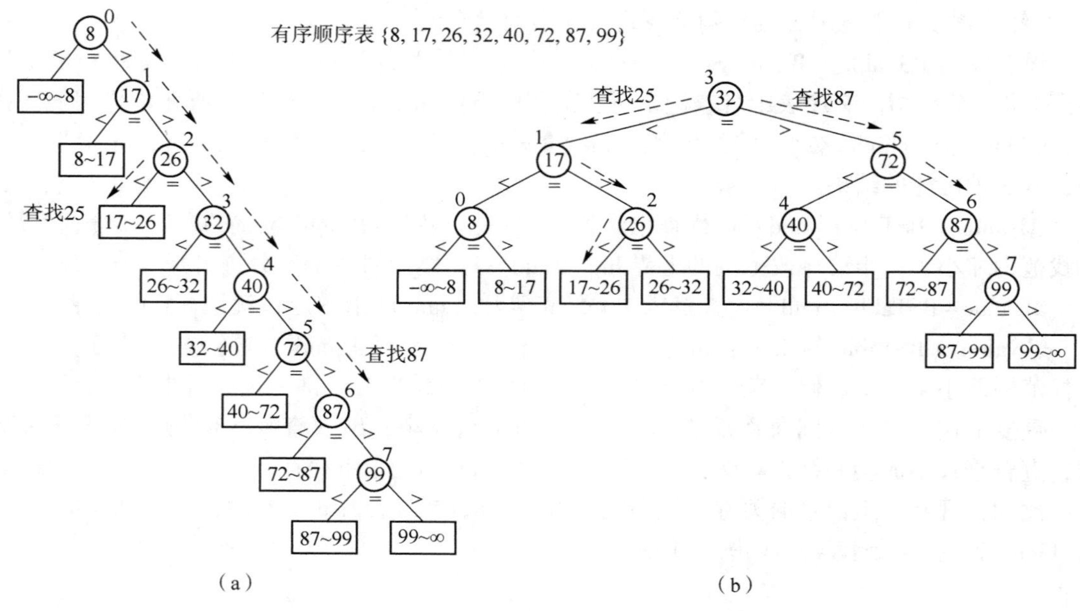

图 7.2　顺序查找和折半查找过程分析

（a）顺序查找（$n=8,k=8$）；（b）折半查找（$n=8,k=4$）

$$\mathrm{ASL}_{成功}=\frac{1}{n}\sum_{i=1}^{n}(p_i\cdot c_i)=\frac{1}{n}\sum_{j=1}^{h}j\cdot 2^{j-1}=\frac{n+1}{n}\log_2(n+1)-1$$

对于长度 n（$n>50$）较大时，折半查找成功的平均查找长度的近似结果为

$$\mathrm{ASL}_{成功}\approx\log_2(n+1)-1$$

查找不成功时，走了从二叉判定树从根到外部结点的路径，因此比较次数为二叉判定树的高度，即查找不成功时的平均查找长度为

$$\mathrm{ASL}_{不成功}=\lfloor\log_2 n\rfloor+1$$

折半查找的优点是速度快。但前提是记录的关键字必须按大小排序，而且必须是顺序存储结构。折半查找算法的程序如下。

程序 7.2：

```
template<typename T>
int bianry_search(const std::vector<T> &table,T value){
    //若查找成功则返回其下标;否则返回-1
    if(table. empty())
        return -1;
    int low=0,high=table. size()-1;
    while(low <= high){
        int mid =(low+high) / 2;
        if(table[mid] == value)                    //查找成功
            return mid;
        else{
            if(table[mid] > value)
                high=mid -1;                       //查找左半边
            else
```

```
            low=mid +1;                    //查找右半边
        }
    }
    return - 1;                            //查找不成功
}
```

在线性表上进行查找时，无论是顺序查找还是折半查找，一般只进行查找，元素内容不会改变（不进行插入、删除、修改等操作），此时该查找表为静态查找表。

7.2.3 分块查找

分块查找（Blocking Search）是前面两种查找方法的综合。当数据量较大时，可以采用索引的方式进行查找，它可以看作顺序查找的一种改进。在查找前先对元素进行分块，对每块建立索引，查找时先从索引开始找，找到对应块后再在块内进行顺序查找。

例如，字典的部首检字法的索引结构如图 7.3 所示。要查“仁”字及其解释，则先在部首检字表中查“亻”，它在检字表的 16 页，然后在检字表中 16 页找到“仁”字，它在字典的第 1065 页，最后在字典的 1065 页就可以找到“仁”字及其解释了。

部首检字表

	部首	页码
1	一	14
	丨	15
	十	15
	亻	16
	人	19
2	工	21
	土	21
	士	21
	艹	22
	氵	32
3	灬	46

检字表

	字	页码
14	一	1471
	七	991
	才	114
	三	1085
15	中	1626
	十	1140
	华	541
16	亿	1490
	仁	1065
21	工	431
	巧	1021
32	江	624
46	杰	645

字典主表

页	字
1	啊
114	才
431	工
541	华
624	江
645	杰
991	七
1021	巧
1065	仁
1085	三
1140	十
1471	一
1490	亿
1626	中

图 7.3 字典的部首检字法

分块查找中查找表分成顺序表和索引表两部分。

①顺序表分块。块间有序，即第 $i+1$ 块的所有记录关键字均大于（或小于）第 i 块记录关键字；块内可以无序。

②有序索引表。在顺序表的基础上附加一个索引表，索引表是按关键字有序的，索引表中记录的构成如图 7.4 所示。

最大关键字	块起始位置

图 7.4 索引表的索引项

索引表中每个数据元素都有索引值，称为完全索引表。此时找到索引就对应可以找到元素，主表不需要有序。索引表中保存部分元素索引，即一个主表块（多个数据元素）共同拥有一个索引，则称分块索引表，此时主表块间要顺序排列。示例如图 7.5 所示。

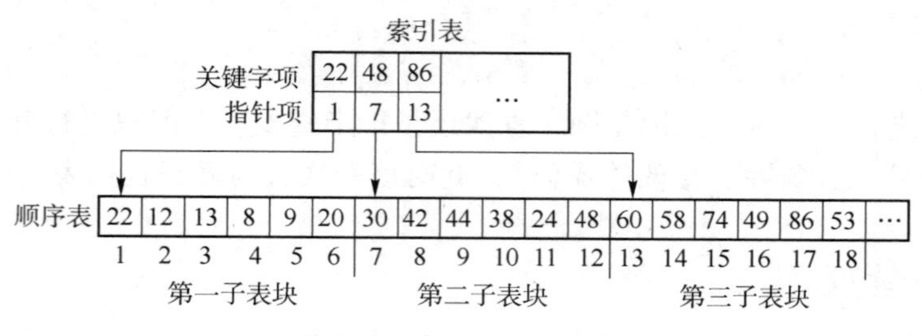

图 7.5　索引顺序表示例

查找时先确定待查记录所在块，再在块内查找（顺序查找）。例如，在图 7.5 所示的索引顺序表里面查找关键字“44”，则先在索引表里查找到“48”（44≤48），然后找到顺序表中的 7 号位置（本块开始位置）开始顺序查找，找到 9 号位置为“44”，查找成功。

分析分块查找的效率。设表长为 n 个记录，均分为 b 块，每块记录数为 s，则 $b=\lceil n/s\rceil$。设记录的查找概率相等，每块的查找概率为 $1/b$，块中记录的查找概率为 $1/s$，则平均查找长度为

$$\mathrm{ASL}_{成功}=\mathrm{ASL}_{块}+\mathrm{ASL}_{块内}=\frac{1}{b}\sum_{j=1}^{b}j+\frac{1}{s}\sum_{i=1}^{s}i=\frac{b+1}{2}+\frac{s+1}{2}=\frac{1}{2}\left(\frac{n}{s}+s\right)+1$$

若用折半查找确定所在块，用顺序查找确定块中记录，则平均查找长度为

$$\mathrm{ASL}_{成功}=\mathrm{ASL}_{块}+\mathrm{ASL}_{块内}\approx\log_2\left(\frac{n}{s}+1\right)+\frac{s}{2}$$

上面的索引表和主表都是顺序表的结构，对于这种结构进行插入和删除时会移动大量元素。比如：对电话簿的处理，电话簿上经常需要插入或删除一些内容，如果是纯粹的顺序表则实现插入或删除时效率会比较低。图 7.6 是电话簿的索引顺序表结构，也称为静态索引结构，不方便进行插入和删除。

索引表

姓	块起始下标
陈	0
邓	
杜	2
高	
华	4
黄	
李	5

主　表

	姓名	电话号码
0	陈玉	…
1	陈春	…
2	杜明	…
3	杜娟	…
4	华瑶	…
5	李文	…
6	李清	…

图 7.6　电话簿的静态索引顺序表

基于此可以对索引顺序表进行改进，用顺序和链式存储结构相结合的方法进行，即索引表仍然是顺序表，每一块主表也顺序存储，但各块间相互独立，索引表通过一个链指向各自索引的块。如此可以得到支持插入和删除操作的索引结构。图 7.7 所示为改进后的索引表结

构，也称为动态索引结构，插入或删除均较为方便。当某一个数据块内满了，则可以另外开辟一块空间来存储新数据元素（记录），将这块数据块链接到原数据块后，如图 7.8 所示。

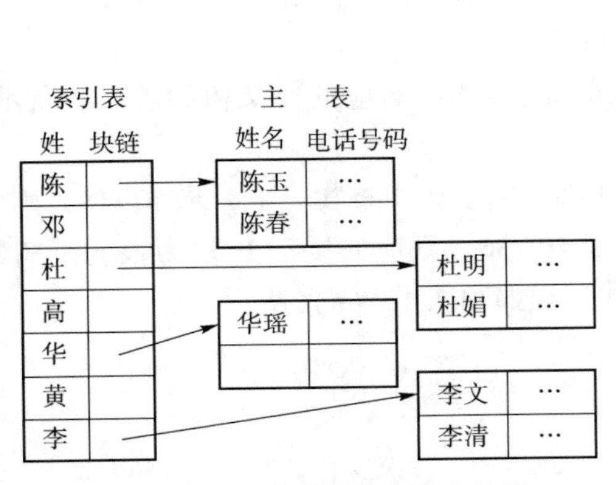

图 7.7 电话簿的动态索引表结构

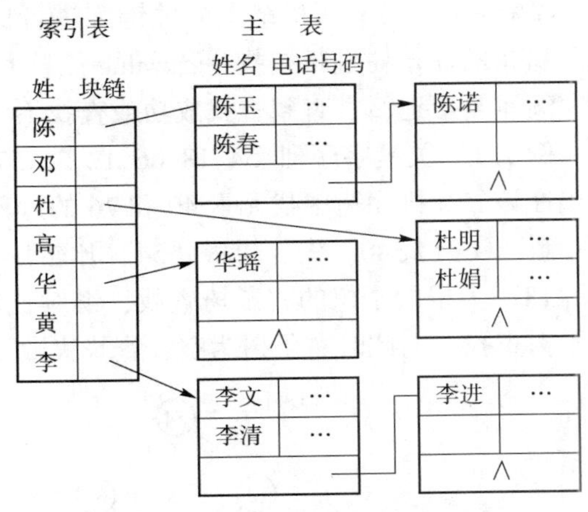

图 7.8 插入新块后的动态索引表结构

7.3 树结构的查找

线性表的顺序查找效率为 $O(n)$，而顺序表的折半查找效率为 $O(\log_2 n)$，但顺序表的插入和删除操作较为复杂，效率低。为了提高查找效率，并且提高插入或删除的效率，可以换一种数据结构来研究查找，也就是研究树结构中的查找。

7.3.1 二叉排序树

将待查找的数据元素按先后顺序组织成一棵二叉排序树，二叉排序树（Binary Sort Tree）或者是一棵空树；或者是具有以下特性的二叉树。

(1) 若它的左子树不空，则左子树上所有结点的值均小于根结点的值。

(2) 若它的右子树不空，则右子树上所有结点的值均大于根结点的值。

(3) 它的左、右子树也都分别是二叉排序树。

图 7.9 所示为一棵二叉排序树。

可以看出，二叉排序树的中序遍历的序列是按结点关键字递增排序的有序序列。

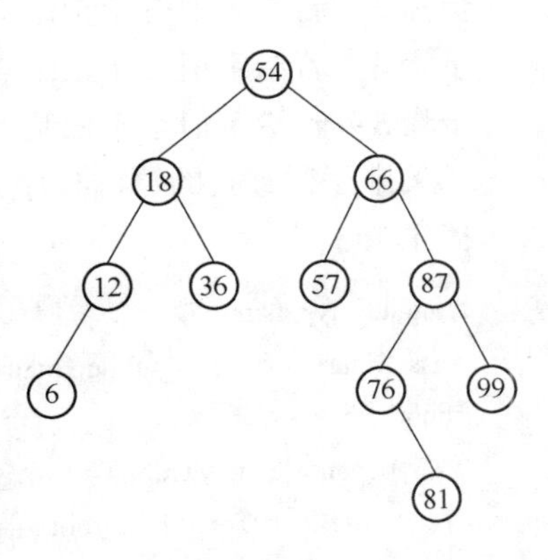

图 7.9 二叉排序树示例

1. 二叉排序树上的查找

在二叉排序树上进行查找如何做呢？结合二叉排序树本身的特点，可以用以下思路进行查找：在一棵二叉排序树上，要找比某结点 x 小的结点，需通过结点 x 的左指针到它的左子树中去找；而要找比某结点 x 大的结点，需通过结点 x 的右指针到它的右子树中去找。具体查找过程如下。

在一棵二叉排序树中，查找值为 value 的结点：

①从根结点开始，设 p 指向根结点；

②将 value 与 p 所指结点的关键字进行比较，若相等则查找成功；若 value 值较小，进入 p 所指的左子树进行查找；若 value 值较大，则在 p 所指的右子树中查找。

③重复上述②，直到查找成功或查找不成功（p 为空）。

例 7.1 关键字序列{54,18,66,12,36,57,87,6,76,99,81}对应的二叉树如图 7.9 所示，写出在该二叉排序树中找元素 40 和 76 的过程。

解 ①查找 40。先与树根“54”比较，40<54 则去左子树中查找；下一步 40>18，则去以“18”为根的子树的右子树查找；继续比较，因 40>36，则应向以“36”为根的子树的右子树查找，而此时右子树为空，查找失败。查找过程如图 7.10（a）所示。

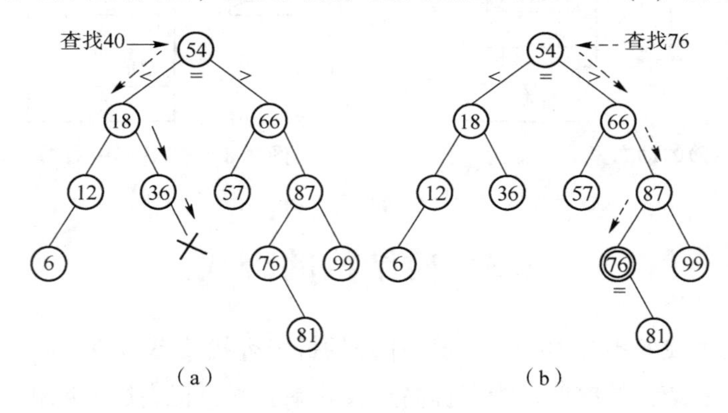

图 7.10 二叉排序树上的查找

（a）查找 40 的过程；（b）查找 76 的过程

②查找 76。先与树根“54”比较，76>54 则去右子树查找；下一步 76>66，则继续去以“66”为根的子树的右子树查找；继续比较，因 76<87，则应向以“87”为根的子树的左子树查找；继续比较，因 76=76，此时查找成功。查找过程如图 7.10（b）所示。

从例 7.1 总结出二叉排序树上查找的步骤如下。

步骤 1：待查关键字值不为空，则转步骤 2；否则返回空。

步骤 2：将给定值和二叉排序树的根结点的关键字进行比较。

步骤 3：若给定值等于根结点的关键字，则根结点就是要查找的结点，返回该结点。

步骤 4：若给定值大于根结点的关键字，则继续在根结点的右子树中查找，转步骤 2。

步骤 5：若给定值小于根结点的关键字，则继续在根结点的左子树中查找，转步骤 2。

二叉排序树查找的算法程序如下。

程序 7.3：

```
template<typename T>
class BinarySortTree : public BinaryTree<T>{
public:
    typename BinaryTree<T>::tree_node*   search(T value){
        if(BinaryTree<T>::_root == nullptr)                    //空树
            return nullptr;
```

```
    typename BinaryTree<T>::tree_node * p=BinaryTree<T>::_root;
    while(p ! = nullptr){
        if(value == p->_data)               //查找成功
            return p;
        else if(value < p->_data)           //待查找数据小于当前结点 key 值
            p=p->_left;                     //进入左子树
        else
            p=p->_right;                    //进入右子树
    }
    return nullptr;                         //没找到
  }
};
```

显然，在二叉排序树上进行查找，若查找成功，则是从根结点出发走了一条从根结点到待查结点的路径；若查找不成功，则一定是从根结点出发一直走到某个结点的空子树而终止的，因此查找过程中与结点关键字比较的次数至多不超过二叉排序树的深度。然而二叉排序树的形态不同，导致树的深度也不同，比如图 7.11 展示了两个高度不同的二叉排序树。

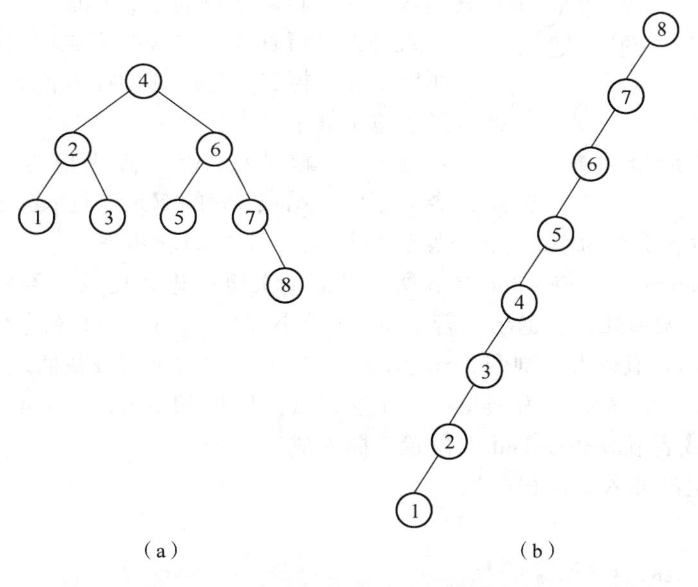

图 7.11　两个不同形态的二叉排序树

(a) 高度同完全二叉树的一棵 8 个结点的二叉排序树（高度为 4）；(b) 8 个结点的左单枝二叉排序树（高度为 8）

下面来计算一下在图 7.11 所示的两棵二叉排序树上进行查找时的平均查找长度，设每个元素的查找概率相同，均为 $1/n$，对于图 7.11（a）所示的二叉排序树来说，则查找成功时的平均查找长度为

$$ASL_{成功} = \frac{1}{n}\sum_{i=1}^{n}(p_i \cdot c_i) = \frac{1}{8}(1\times 1 + 2\times 2 + 3\times 4 + 4\times 1) = \frac{21}{8} = 2.625$$

对于图 7.11（b）所示的二叉排序树来说，则查找成功时的平均查找长度为

$$\mathrm{ASL}_{成功}=\frac{1}{n}\sum_{i=1}^{n}(p_i\cdot c_i)=\frac{1}{n}\sum_{i=1}^{n}i=\frac{n+1}{2}=\frac{8+1}{2}=4.5$$

可以看出，树的高度越矮，平均查找长度越短。

2. 二叉排序树上的插入

在二叉排序树插入时要注意插入元素后的树仍为二叉排序树，也就是说，插入后要满足二叉排序树的规则。所以，一般插入是和查找结合的，若待查元素在二叉排序树中不存在，则在查找不成功的位置进行插入。

例 7.2 关键字序列{54,18,66,12,36,57,87,6,76,99,81}对应的二叉树如图 7.9 所示，在该二叉排序树上插入元素 40。

解 插入元素之前，首先要确定待插元素应该插入的位置，即查找“40”的位置。

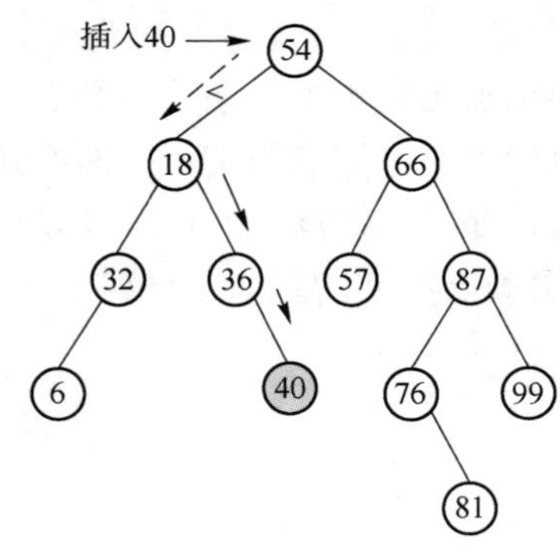

图 7.12 二叉排序树上的插入

40 先与树根“54”比较，因 40<54，则去左子树查找；下一步 40>18，则去以“18”为根的子树的右子树查找；继续比较，因 40>36，则应向以“36”为根的子树的右子树查找，而此时右子树为空，“36”的右子树的位置即为“40”应插入的位置。之后构造“40”的二叉排序树结点，将其插入“36”的右子树位置，如图 7.12 所示。

插入是先进行查找，在查找不成功的位置进行插入。

所以，在一棵二叉排序树中插入值为 value 的结点，其插入过程总结如下。

步骤 1：从根结点开始，如果根为空，则插入根；否则，令 p 指向根结点，p 的双亲结点 parent 为空。

步骤 2：判断 p 是否为空，p 为空则转步骤 4，p 非空时转步骤 3。

步骤 3：令 parent=p。将 value 与 p 所指结点的关键字进行比较，若相等则查找到与插入值相等的元素，无须插入，退出；若 value 值较小，令 p=p->left（进入 p 的左子树查找插入位置）；若 value 值较大，则令 p=p->right（进入 p 的右子树查找插入位置）。转步骤 2。

步骤 4：令 p 所指元素值为 value 的新建结点，根据和 parent->data 的比较结果插入 parent->left 位置或者 parent->right 的位置，插入成功。

二叉排序树上的插入算法程序如下。

程序 7.4：

```
//在类 BinarySortTree 中添加插入方法
template<typename T>
class BinarySortTree : public BinaryTree<T>{
    typedef typename BinaryTree<T>::tree_node tree_node;
public:
    //其他代码
    void insert(T value){
        tree_node*  z=new tree_node{value};
        tree_node * parent=nullptr;
        tree_node * p=BinaryTree<T>::_root;
        while(p ! = nullptr){
```

```
    parent=p;
    if(z->_data < p->_data)
        p = p->_left;
    else if(z->_data>p->_data)
        p = p->_right;
    else{
        printf("Already have an element with key:%d.\n", z->_data);
        delete z;
        return;
        }
    }
    z->parent = parent;
    if(parent == nullptr)
        BinaryTree<T>::_root = z;
    else if(z->_data < parent->_data)
        parent->_left = z;
    else
        parent->_right = z;

}
```

3. 二叉排序树的构造

构造二叉排序树的过程就是从空树开始,不断插入新结点,形成新的二叉排序树,这是一个动态的过程,因此二叉排序树是一种动态查找表。

例 7.3 由关键字序列{54,18,66,87,36,12}构建一棵二叉排序树。

解 构造过程是不断插入关键字的过程。

①插入关键字 54。此时由于还没有二叉排序树，因此插入的“54”即为二叉排序树的树根，如图 7.13（a）所示。

②插入关键字 18。比较 18 比 54 小，所以应该插入 54 的左子树。因此“18”插入后成为“54”的左孩子，如图 7.13（b）所示。

③插入关键字 66。比较 66 比 54 大，所以应该插入 54 的右子树。因此“66”插入后成为“54”的右孩子，如图 7.13（c）所示。

④插入关键字 87。比较 87 比 54 大，所以应该插入 54 的右子树。继续比较 87 比 66 大，所以应该插入 66 的右子树。因此“87”插入后成为“66”的右孩子，如图 7.13（d）所示。

⑤插入关键字 36。比较 36 比 54 小，所以应该插入 54 的左子树。继续比较 36 比 18 大，所以应该插入 18 的右子树。因此“36”插入后成为“18”的右孩子，如图 7.13（e）所示。

⑥插入关键字 12。比较 12 比 54 小，所以应该插入 54 的左子树。继续比较 12 比 18 小，所以应该插入 18 的左子树。因此“12”插入后成为“18”的左孩子，如图 7.13（f）所示。至此，二叉排序树构造完成。

在构造二叉排序树的过程中，每次插入的结点都是叶子结点，则在插入时不必移动其他结点，仅需改动某个结点的左链或者右链，由空变为指向某结点即可。

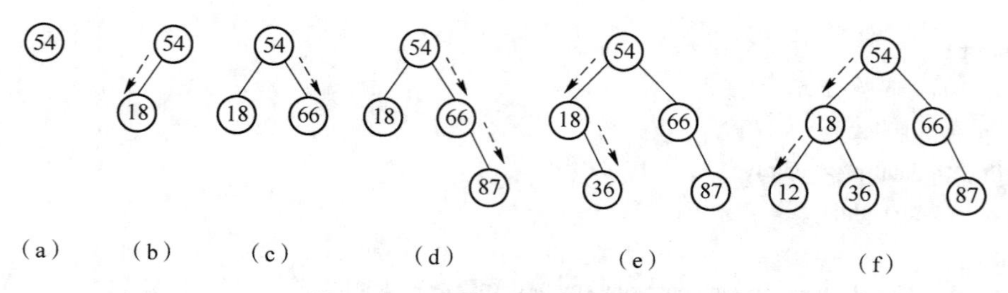

图 7.13　二叉排序树的构造过程

（a）建立根；（b）插入 18；（c）插入 66；（d）插入 87；（e）插入 36；（f）插入 12

另外，二叉排序树进行中序遍历，则可以得到一个关键字的有序序列，即一个无序序列通过构造一棵二叉排序树变成了一个有序序列，也就是说，构造二叉排序树的过程就是排序的过程。

4. 二叉排序树的删除

从二叉排序树中删除一个结点后，要保证删除后所得的二叉树仍是一棵二叉排序树。删除操作首先是进行查找，确定被删除结点是否在二叉排序树中。假设被删除结点为 p 所指结点，其双亲结点为 f 所指结点，被删结点 p 的左子树和右子树分别用 P_L 和 P_R 表示，双亲结点 f 的左子树和右子树分别用 F_L 和 F_R 表示。下面分几种情况讨论如何删除该结点。

（1）若被删除结点是叶子结点，即 P_L 和 P_R 均为空子树，则只需修改被删除结点的双亲结点的指针即可，如图 7.14 所示。

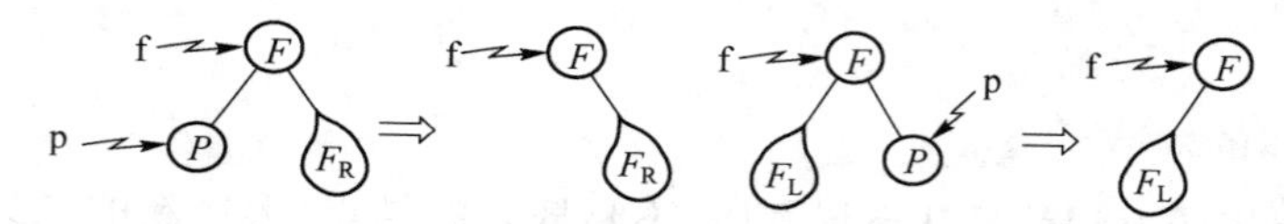

图 7.14　二叉排序树的删除——删除叶子结点

（2）若被删除结点只有左子树 P_L 或只有右子树 P_R，此时只要令 P_L 或 P_R 直接成为其双亲结点的左子树或右子树即可，如图 7.15 所示。

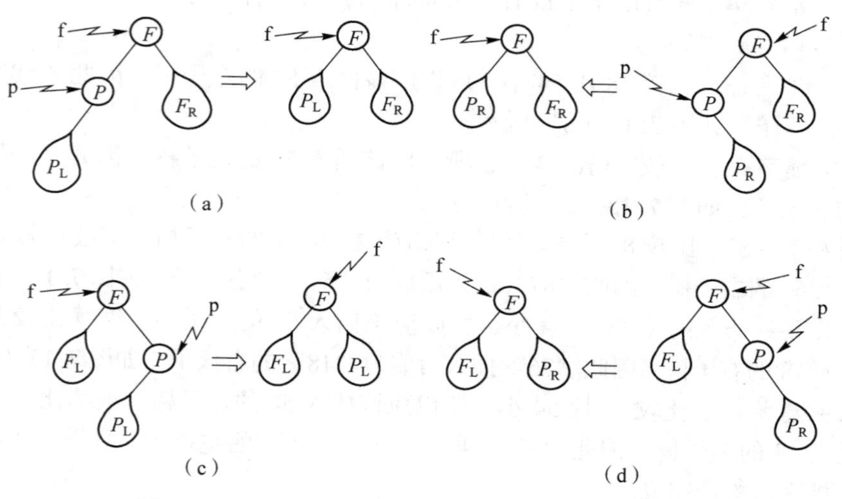

图 7.15　二叉排序树上的删除——删除度为 1 的结点

（3）若被删除结点的左子树和右子树均不空时，在删除该结点前为了保持其余结点之间的序列位置相对不变，首先要用被删除结点在该树中序遍历序列中的直接后继（或直接前驱）结点的值取代被删除结点的值，然后再从二叉排序树中删除那个直接后继（或直接前驱）结点，如图 7.16 所示。过程描述如下。

步骤 1：被删除结点在中序序列中的直接后继是从该结点的右子树的左孩子方向一直找下去，找到没有左孩子的结点为止。被删除结点的中序直接后继结点肯定是没有左子树的。

步骤 2：将直接后继结点取代被删除结点。

步骤 3：删除直接后继结点（该直接后继结点一定是无左子树的结点），如图 7.8 所示。

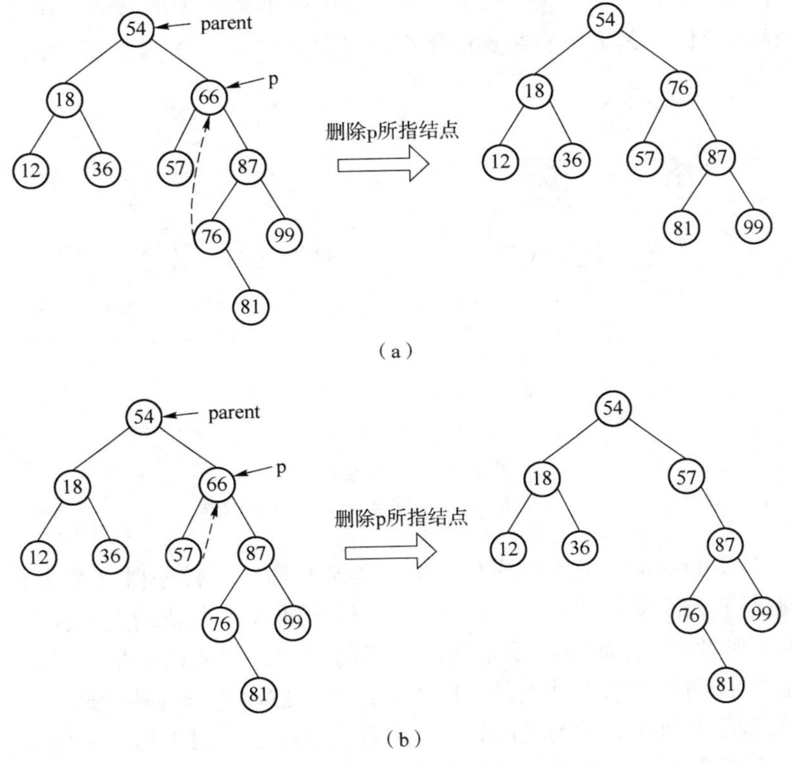

图 7.16　二叉排序树上的删除——删除度为 2 的结点

（a）用中序遍历序列中被删结点的后继结点替换被删结点；

（b）用中序遍历序列中被删结点的前驱结点替换被删结点

7.3.2　二叉平衡树

在分析二叉排序树的平均查找长度时得到二叉排序树越矮，则平均查找长度越短，查找效率也就越高。而二叉排序树的高度是不确定的，是根据插入来动态形成的，如何让二叉排序树保持一个较矮的形态呢？为了使树的高度尽量矮，可以让左、右子树尽量平均，按照这种思路，1962 年 Adelson-Velskii 和 Landis 提出了一种高度平衡的二叉排序树，称为平衡二叉树，又称 AVL 树。下面给出平衡二叉树的定义。

平衡二叉树（Balanced Binary Tree 或 Height-Balanced Tree）：或者是一棵空树，或者是

具有下列性质的二叉排序树。

①它的左子树和右子树都是平衡二叉树。

②它的左子树和右子树高度之差的绝对值不超过 1。

满足平衡树条件的二叉排序树高度保持在 $O(\log_2 n)$，因此平均查找长度也是 $O(\log_2 n)$。也就是说，要想减少查找次数、降低查找长度，就要使这棵二叉排序树变成一棵"矮矮胖胖"的平衡树。给树上的结点定义一个平衡因子（Balance Factor）为结点的左、右子树的高度差。

结点的平衡因子=左子树的高度-右子树的高度

在平衡二叉树中平衡因子只能是-1、0、1。图 7.17（a）所示为一棵不平衡的二叉排序树，其结点的平衡因子有"-2"，超出了平衡二叉树的平衡因子的范围。图 7.17（b）所示的就是一棵平衡二叉树，其上所有结点的平衡因子都在｛-1，0，1｝范围内。

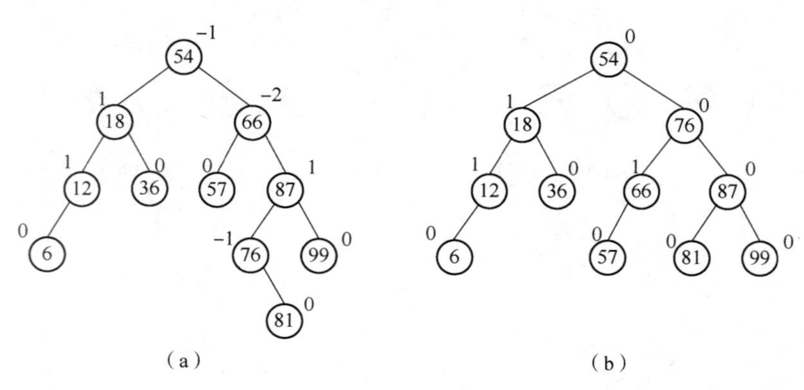

图 7.17　二叉排序树

（a）不平衡的二叉排序树；（b）平衡二叉树

二叉排序树是不断地插入元素动态生成的。构造平衡二叉排序树（AVL 树），也是从初始空树开始，不断插入元素。但如果在一棵 AVL 树中插入一个新结点，就有可能造成失衡（平衡因子变为 2 或者-2），此时必须重新调整树的结构，使之恢复平衡，称调整平衡过程为平衡旋转。首先找到距离插入结点最近的失衡结点，然后进行旋转处理。

（1）单向右旋平衡处理。也称 LL 型平衡调整，当在左子树上插入左结点，使平衡因子由 1 增至 2 时进行单向右旋平衡处理，如图 7.18 所示。

（2）单向左旋平衡处理。又称 RR 型平衡调整，当在右子树上插入右结点，使平衡因子由-1 增至-2 时进行的单向左旋平衡处理，如图 7.19 所示。

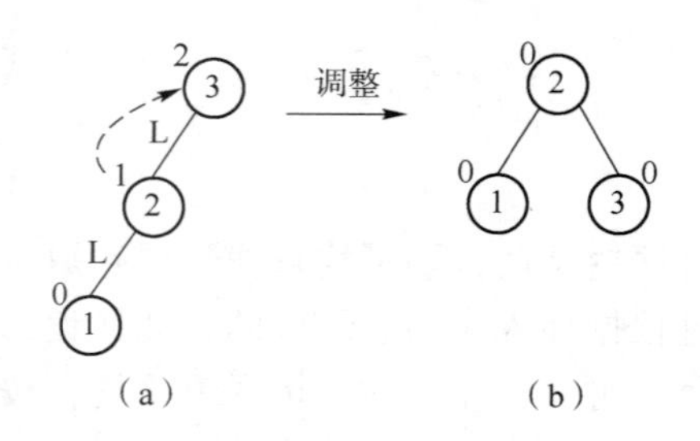

图 7.18　LL 型平衡调整

（a）插入 1，LL，向右旋转；（b）平衡二叉树

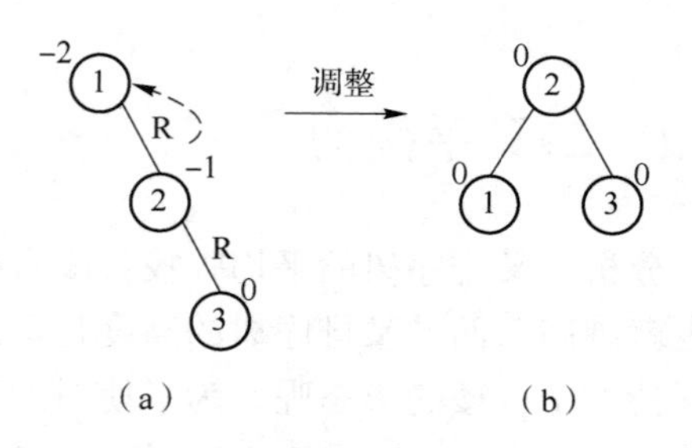

图 7.19　RR 型平衡调整

（a）插入 3，RR，向左旋转；（b）平衡二叉树

(3) 双向旋转（先左后右）平衡处理。又称 LR 型平衡调整，当在左子树上插入右结点，使平衡因子由 1 增至 2 时进行的先左旋后右旋平衡处理，如图 7.20 所示。

(4) 双向旋转（先右后左）平衡处理。又称 RL 型平衡调整，当在右子树上插入左结点，使平衡因子由−1 增至−2 时进行的先右旋后左旋平衡处理，如图 7.21 所示。

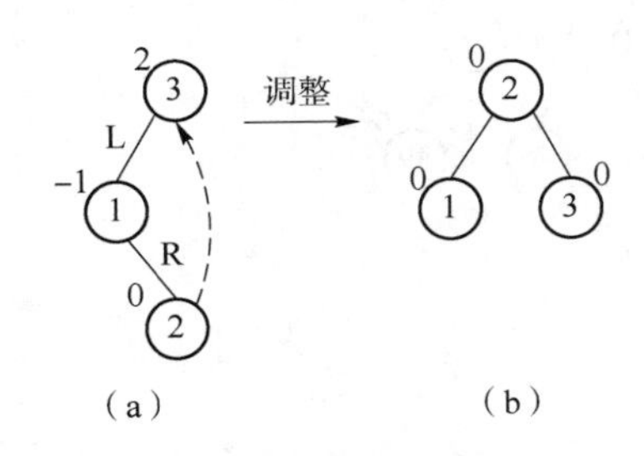

图 7.20 LR 型平衡调整

(a) 插入 2，LR，向右旋转；(b) 平衡二叉树

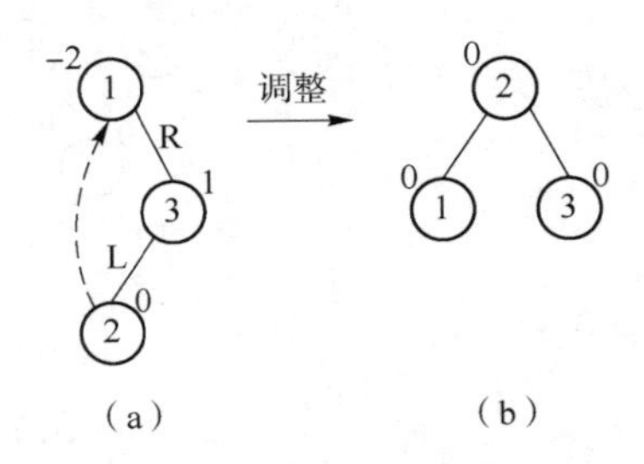

图 7.21 RL 型平衡调整

(a) 插入 2，RL，向左旋转；(b) 平衡二叉树

例 7.4 在图 7.22 所示的平衡二叉树上插入元素{18，76,95,99,71(或 81),57}后不平衡的调整过程。

解 ①在左子树上插入元素 18 后，发现 66 的结点平衡因子变为“2”，如图 7.23（a）所示。找到这个平衡因子为“2”的元素 66 为根的子树（最小不平衡子树），进行 LL 型调整，原 66 变为 40 的右孩子，而原 40 的右子树变成 66 的左子树，如图 7.23（b）所示。

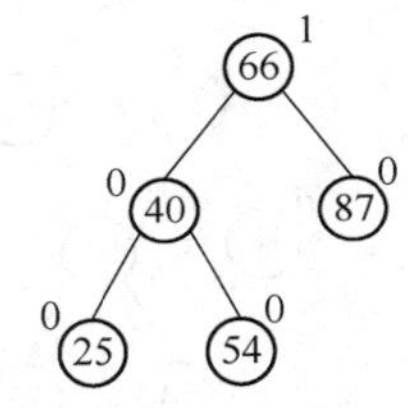

图 7.22 以 66 为根的平衡二叉树

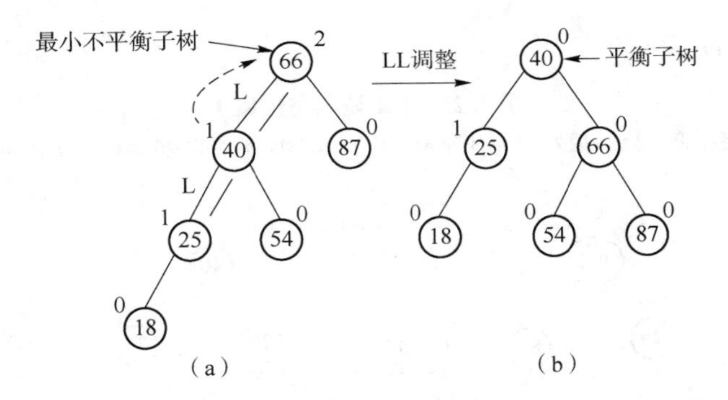

图 7.23 LL 型调整过程

(a) 插入 18 后不平衡；(b) LL 型调整，以 40 为根，54 作为 66 的左孩子

②在图 7.23（b）所示的 AVL 树上先后插入 76、95、99，则元素 66 结点的平衡因子出现“−2”，如图 7.24（a）所示。找到平衡因子为“−2”的元素 66 为根的子树（最小不平衡子树），进行 RR 型调整，如图 7.24（b）所示。

③在图 7.24（b）所示的 AVL 树上删除 99 后如图 7.25（a）所示，再插入 71，则平衡因子出现“2”，如图 7.25（b）所示。找到平衡因子为“2”的元素 87 为根的子树，进行 LR 型调整，如图 7.25（c）所示。如果是在图 7.25（a）所示的 AVL 树上插入 81，同样出现 LR 型的不平衡，如图 7.26（a）所示。进行 LR 型调整，如图 7.26（b）所示。

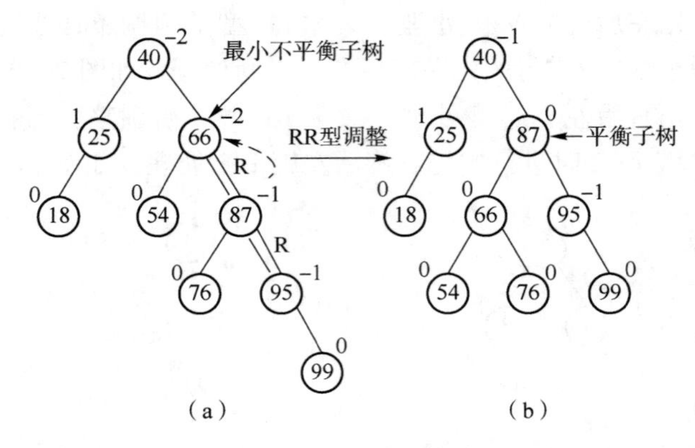

（a）　　（b）

图 7.24　RR 型调整过程

（a）插入 76、95、99 后不平衡；（b）RR 型调整，以 87 为根，76 作为 66 的右孩子

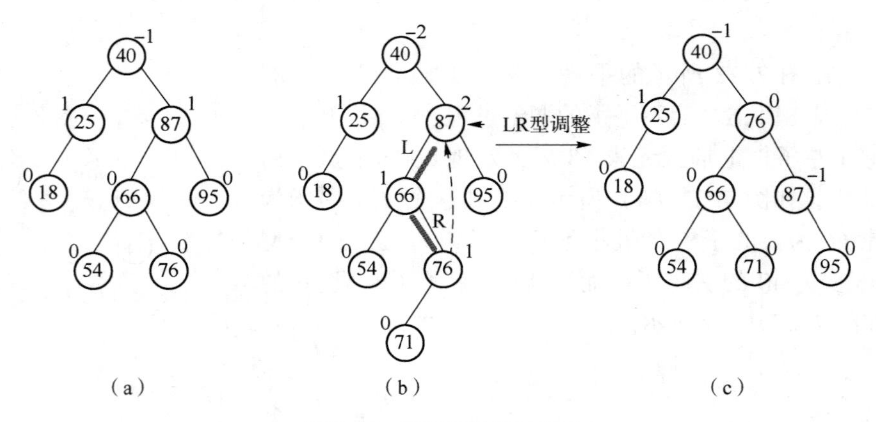

（a）　　（b）　　（c）

图 7.25　LR 型调整过程 1

（a）删除 99 后平衡；（b）插入 71 后不平衡；（c）LR 型调整，以 76 为根，71 作为 66 的右孩子

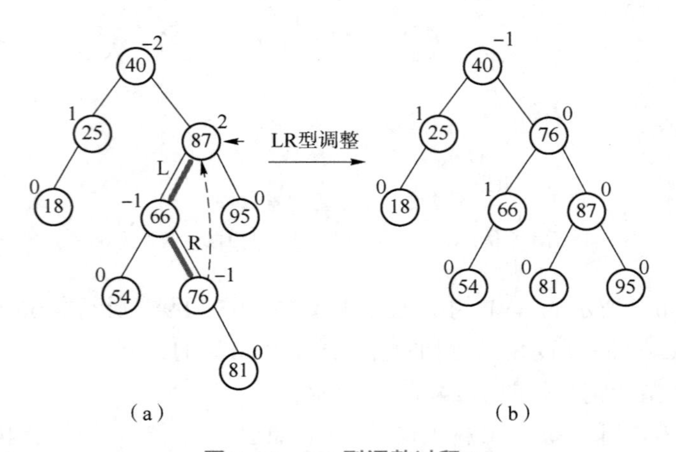

（a）　　（b）

图 7.26　LR 型调整过程 2

（a）插入 81 后不平衡；（b）LR 型调整，以 76 为根，81 作为 87 的左孩子

④在图 7.25（c）所示的 AVL 树上插入 57，则平衡因子出现“-2”，如图 7.27（a）所

示。找到平衡因子为“-2”的元素 40 为根的子树（最小不平衡子树），进行 RL 型调整，如图 7.27（b）所示。

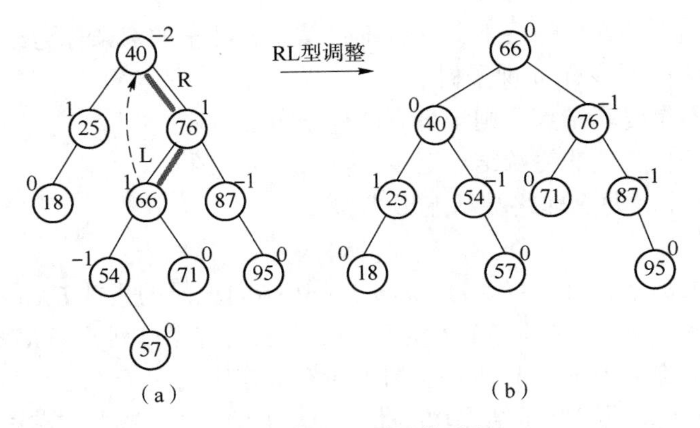

图 7.27 RL 型调整过程

（a）插入 57 后不平衡；（b）RL 型调整，以 66 为根，54 作为 40 的右孩子，71 作为 76 的左孩子

构造平衡二叉树的过程就是不断进行插入元素的过程。在插入的过程中当发现不平衡就要进行平衡调整，也就是说，每插入一个元素后得到的都是平衡二叉树。

例 7.5 请将序列{13,24,37,90,53}构成一棵平衡二叉树。

解 ①插入 13、24、37，如图 7.28（a）所示。出现不平衡，进行 RR 型调整，如图 7.28（b）所示。

②插入 90、53，如图 7.29（a）所示。进行 RL 型调整，如图 7.29（b）所示。

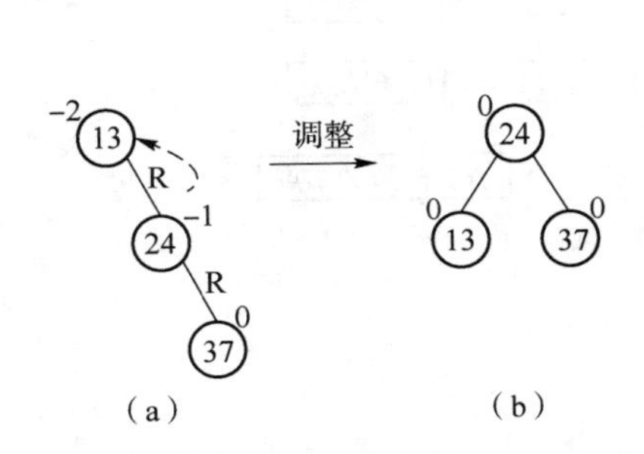

图 7.28 插入后发现 RR 不平衡则调整

（a）插入 13、24、37，RR 向左旋转；

（b）平衡二叉树

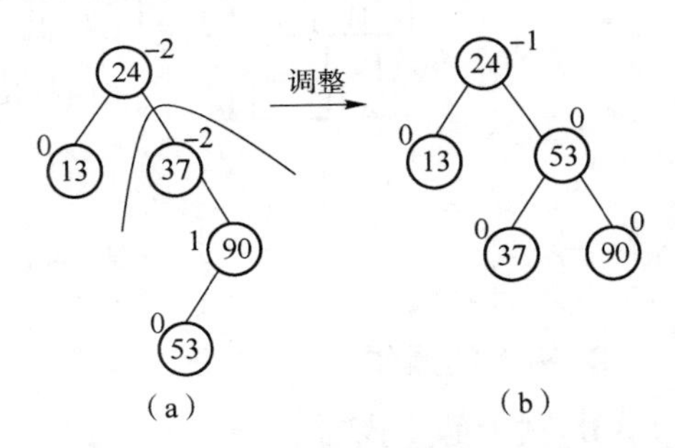

图 7.29 插入后发现 RL 型不平衡则调整

（a）插入 90、53，LR 双向旋转；

（b）调整后的平衡二叉排序树

平衡二叉树的高度比普通二叉排序树更矮，查找的速度更快，但它的插入、删除操作更加复杂。

7.3.3 B-树

平衡二叉树的思路是让二叉树尽量矮，还有一种让树变矮的办法是增加树的分叉数量，也就是构造平衡多路查找树，而 B 树就是一种典型的平衡多路查找树。

1. B-树概述

m 阶 B-树是一种平衡多路查找树，满足下列特性。

(1) 所有叶子结点都在同一层上，并且不带信息，叶子的双亲称为终端结点。

(2) 树中每个结点至多有 m 棵子树。

(3) 若根结点不是终端结点，则至少有两棵子树。

(4) 除根结点外，其他非终端结点至少有$\lceil m/2 \rceil$棵子树。

在 m 阶的 B-树上，每个非终端结点形式为

$$(n, A_0, K_1, A_1, K_2, \cdots, K_n, A_n)$$

其中包含 n 个关键字 K_i $(1 \leqslant i \leqslant n)$，$n<m$，$n$ 个指向记录的指针 $D_i(1 \leqslant i \leqslant n)$，$n+1$ 个指向子树的指针 $A_i(0 \leqslant i \leqslant n)$，并且多个关键字均自小至大有序排列，即 $K_1<K_2<\cdots<K_n$；A_{i-1}所指子树上所有关键字均小于 K_i；A_i 所指子树上所有关键字均大于 K_i。

在 m 阶的 B-树中，所有叶子结点均不带信息，且在树中的同一层次上；根结点如果不是叶子结点，则至少含有两棵子树；其余所有非叶子结点均至少含有$\lceil m/2 \rceil$棵子树，至多含有 m 棵子树。

一棵 4 阶 B-树如图 7.30 所示。

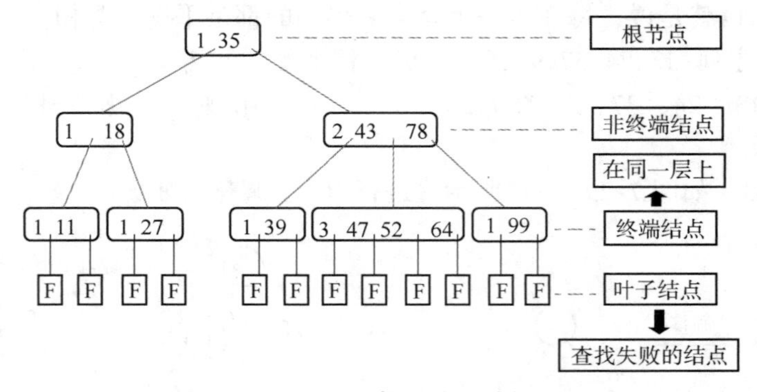

图 7.30　一棵 4 阶 B-树

2. B-树上的操作

1) B-树上的查找

一般在 B-树上查找给定关键字的方法是，首先把根结点取来，在根结点所包含的关键字 K_1，…，K_j 中查找给定的关键字（可用顺序查找或二分查找法），若找到等于给定值的关键字，则查找成功；否则，确定要查找的关键字在某个 K_i 或 K_{i+1}之间，于是取 P_i 所指的结点继续查找，直到找到，或指针 P_i 为空时查找失败。

具体的查找步骤如下。

步骤 1：从根结点出发，查找该结点内是否有待查内容，找到则返回结果；否则进入步骤 2。

步骤 2：结点内无待查内容，则根据找到的位置指针进入下一级结点继续寻找，如找到则返回结果；否则重复步骤 2。

步骤 3：如查找到叶子结点则查找失败，返回元素应插位置。

一般情况下，B-树文件存储在磁盘上，则前一查找操作是在磁盘中进行的，即在磁盘

上找到指针所指的结点。后一查找是在内存中进行的，也就是将所查结点内容读入内存，利用顺序查找或者折半查找找到关键字。又因为磁盘查找比内存查找耗时多得多，所以在B-树中进行查找时，其查找时间主要花费在搜索结点（访问外存）上，这主要取决于B-树的深度。

例7.6 含 N 个关键字的 m 阶B-树可能达到的最大深度 H 为多少？

解 要想解决这个问题，先看一下深度为 H 的B-树中，每一层所含最少结点数。

第1层　　1个

第2层　　2个

第3层　　$2\times\lceil m/2\rceil$个

第4层　　$2\times(\lceil m/2\rceil)^2$个

⋮　　⋮

第 H+1层　　$2\times(\lceil m/2\rceil)^{H-1}$个

假设 m 阶B-树的深度为 $H+1$，由于第 $H+1$ 层为叶子结点，而当前树中含有 N 个关键字，则叶子结点必为 $N+1$ 个，由此可推得下列结果，即

$$N+1\geqslant 2(\lceil m/2\rceil)^{H-1}$$

$$H-1\leqslant \log_{\lceil m/2\rceil}((N+1)/2)$$

$$H\leqslant \log_{\lceil m/2\rceil}((N+1)/2)+1$$

所以，含 N 个关键字的 m 阶B-树可能达到的最大深度 H 不超过 $\log_{\lceil m/2\rceil}((N+1)/2)+1$。这也说明在这棵B-树上进行一次查找，需访问的结点个数不会超过 $\log_{\lceil m/2\rceil}((N+1)/2)+1$，这保证了B-树的查找效率是相当高的。

2）B-树的插入

在查找不成功之后，需进行插入。显然，关键字插入的位置必定在最下层的非叶子结点，即当在叶子结点处于第 $H+1$ 层的B-树中插入关键字时，被插入的关键字总是进入第 H 层的结点。若插入时结点不满，即在一个包含 $j<m-1$ 个关键字的结点中插入一个新的关键字，则把新的关键字直接插入该结点即可；但若插入时结点已满，即把一个新的关键字插入包含 $m-1$（m 为B-树的阶）个关键字的结点中，则将引起结点的分裂。在这种情况下，要把这个结点分裂为两个，并把中间的一个关键字拿出来插到该结点的双亲结点中去，双亲结点也可能是满的，就需要再分裂、再往上插，从而导致B-树可能朝着根的方向生长。设 $m=3$，插入可分为下列几种情况。

①插入后，该结点的关键字个数 $n<m$，不需要修改指针。在图7.31（a）所示3阶B-树上插入关键字60，插入后如图7.31（b）所示。

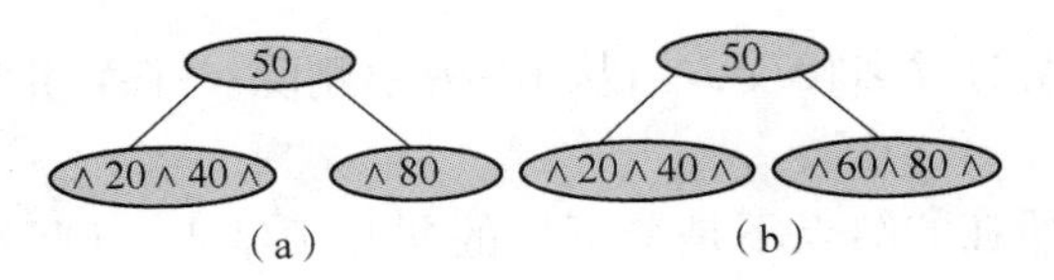

图7.31　3阶B-树上插入元素60

（a）3阶B-树；（b）插入60后

②插入后，该结点的关键字个数 $n=m$，则需进行“结点分裂”：令 $s=\lceil m/2\rceil$，在原结点中保留 $(A_0,K_1,\cdots,K_{s-1},A_{s-1})$；建新结点 $(A_s,K_{s+1},\cdots,K_n,A_n)$；将 (K_s,p) 插入双亲结点。

在图 7.31（b）所示 3 阶 B-树上插入关键字 90，插入后如图 7.32（a）所示。结点中关键字个数 $n=m$，需要进行结点分裂，插入最终结果如图 7.32（b）所示。

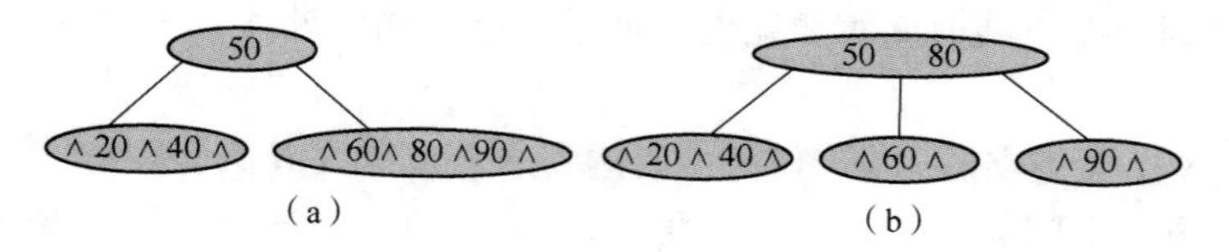

图 7.32　3 阶 B-树上插入元素 90

（a）插入 90，结点内关键字数为 3，超出 3 阶 B-树限制，需分裂；

（b）80 插入双亲结点，60、90 分裂成两个结点

③若双亲为空，则建新根结点。在图 7.32（b）所示 3 阶 B-树上插入 30，如图 7.33（a）所示。结点中关键字个数 $n=m$，需要进行结点分裂，分裂后如图 7.33（b）所示。根结点中关键字个数 $n=m$，需要进行结点分裂，此时根分裂为两个结点，并新建根结点，如图 7.33（c）所示。

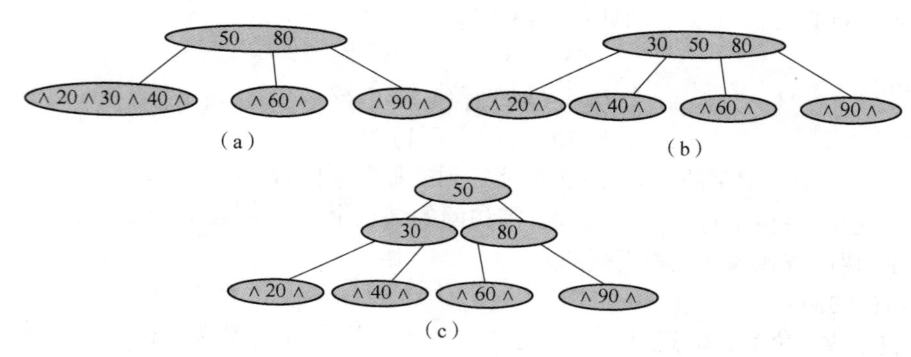

图 7.33　插入元素 30

（a）插入 30；（b）分裂结点，中间关键字插入双亲；（c）根结点分裂，新建根结点

插入步骤如下。

步骤 1：通过查找算法找到元素 x 在最底层的插入位置。

步骤 2：在非叶子结点上的第 i 个位置插入元素 x。

步骤 3：判断插入后关键字数是否小于 m，若小于则插入完成；否则进入步骤 4。

步骤 4：将结点从中间 s 位置分裂为关键字为 $1\sim s-1$ 和 $s+1\sim m$ 的两个节点，并查找第 s 个关键字在其父节点中应插入的位置，重复步骤 2、步骤 3。

3）B-树的删除

删除操作和插入结点的考虑相反，当从 B-树中删除一个关键字 K_i 时，分为以下两种情况。

（1）如果该关键字所在的结点不是最下层的非叶子结点，则需要先把此关键字与它在 B-树中后继对换位置，即以指针 P_i 所指子树中的最小关键字 Y 代替 K_i，然后在相应的结点中删除 Y。

（2）如果该关键字所在的结点正好是最下层的非叶子结点，这种情况下，会有以下 3 种可能。

①该关键字 K_i 所在结点中的关键字个数不小于$\lceil m/2 \rceil$，则可以直接从该结点中删除该

关键字和相应指针。如图 7.34（a）中 3 阶 B-树中删除关键字 12 时，直接将 12 删除即可，如图 7.34（b）所示。

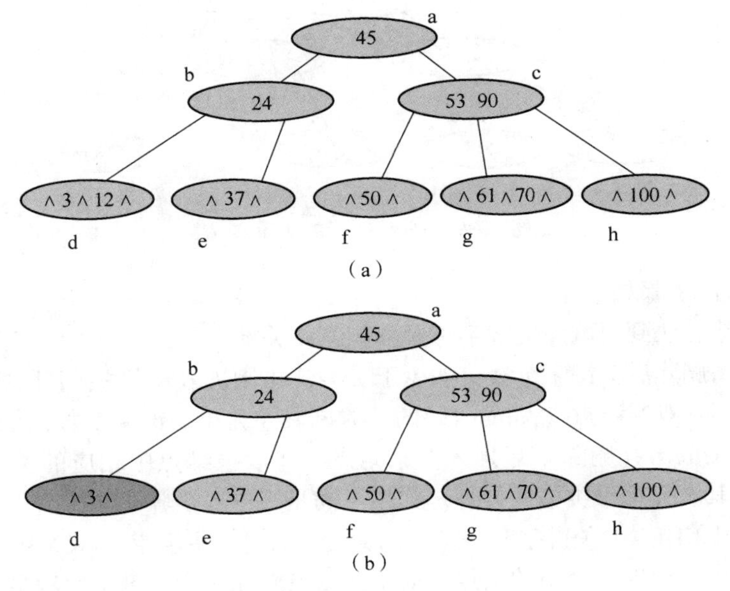

图 7.34 删除关键字 12

（a）一棵 3 阶 B-树；（b）删除 12 后的 3 阶 B-树

②若该关键字 K_i 所在结点中的关键字个数小于$\lceil m/2 \rceil$，则直接从结点中删除关键字会导致此结点中所含关键字个数小于$\lceil m/2 \rceil-1$。这种情况下，需考察该结点在 B-树中的左或右兄弟结点，从兄弟结点中移动若干个关键字到该结点中来（这也涉及它们的双亲结点中的一个关键字要作相应变化），使两个结点中所含关键字个数基本相同。

在图 7.34（b）所示的 3 阶 B-树中删除 50，此时原 50 所在结点中关键字个数 $n<\lceil m/2 \rceil$，则其有兄弟结点中的最小关键字 61 上移至双亲，而双亲中关键字 53 下移到被删关键字所在结点中，如图 7.35 所示。

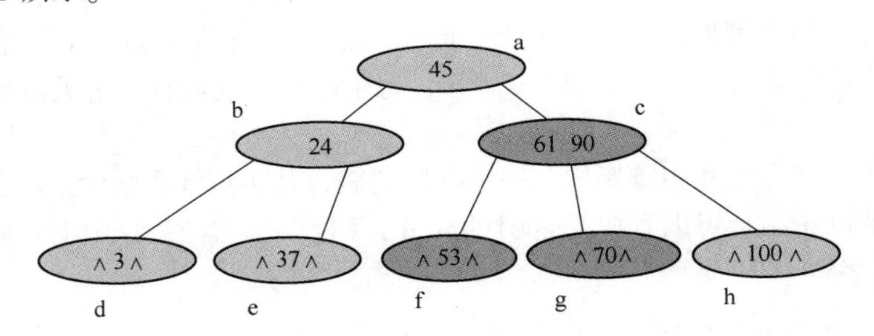

图 7.35 删除 50 后的 3 阶 B-树

③如果其兄弟结点的关键字个数也很少，刚好等于$\lceil m/2 \rceil-1$，这种移动则不能进行，这种情形下，需要把删除了关键字 K_i 的结点、它的兄弟结点及其双亲结点中的一个关键字合并为一个结点。

在图 7.35 所示的 3 阶 B-树中删除 53，原 53 所在结点中关键字个数 $n<\lceil m/2 \rceil$，而其兄弟结点中也只有最少一个关键字，不能借调。此时需要将该结点中剩余关键字、兄弟结点关

键字及其双亲中相关关键字合并，如图 7.36 所示。

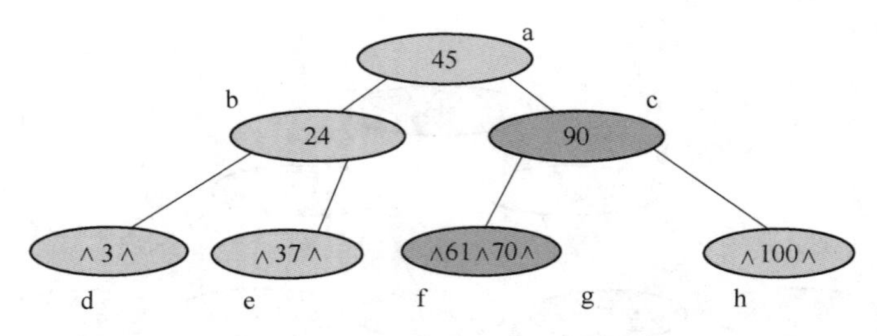

图 7.36　删除 53 后的 3 阶 B-树

B-树删除算法步骤如下。

步骤 1：查找算法到要删除关键字位置，删除该关键字。

步骤 2：判断删除后关键字个数，如少于$\lceil m/2 \rceil-1$ 则进入步骤 3；否则删除完成。

步骤 3：找到其双亲结点（parent 指针），判断其左兄弟关键字个数，如大于$\lceil m/2 \rceil-1$，则将其最大关键字取出（删除）后插入双亲结点，将双亲结点中相应的关键字插入该结点最左边；否则对其右兄弟做类似的处理。如均不满足则进入步骤 4。

步骤 4：其兄弟结点的关键字和该结点的关键字合并，并且将其双亲中相应关键字取出也插入合并结点中，形成一个新的结点。如双亲结点删除一个关键字后满足步骤 2 要求，则结束；否则重复步骤 3。

7.3.4　B+树

B+树是应文件系统所需而出现的一种 B-树的变型树。B+树中的非叶子结点是索引层，叶子结点是数据层。

1. B+树概述

B+树也是多路平衡树，一棵 m 阶 B+树满足下面的条件。

（1）树中每个结点至多有 m 棵子树，有 n 棵子树的结点中含有 n 个关键字。

（2）所有叶子结点都处在同一层次上，叶子结点中包含全部关键字的信息，每个叶子结点中关键字的个数 n 均介于$\lceil m/2 \rceil$和 m 之间，每个叶子结点含有 n 个关键字和 n 个指向记录的指针。

（3）所有叶子结点彼此相链接构成一个有序链表，其头指针指向含最小关键字的结点。

（4）所有非叶子结点可以看成是索引的部分，结点中只含有其子树的根结点中的最大（或最小）关键字。

（5）若根结点不是叶子结点，则至少有两棵子树。

（6）除根结点外，其他非叶子结点至少有$\lceil m/2 \rceil$棵子树。

在 m 阶的 B+树上，每个非叶子结点形式为

$$(K_1, A_1, K_2, \cdots, K_n, A_n)$$

其中包含 n 个关键字 $K_i(1 \leqslant i \leqslant n)$，$n \leqslant m$，$n$ 个指向子树的指针 $A_i(0 \leqslant i \leqslant n)$，并且多个关键字均自小至大有序排列，即 $K_1<K_2<\cdots<K_n$；A_i 所指子树上所有关键字均小于等于 K_i。

在 m 阶的 B+树上，每个叶子结点形式为

$$(K_1, D_1, K_2, \cdots, K_n, D_n, \text{Next})$$

其中包含 n 个关键字 $K_i(1 \leqslant i \leqslant n)$，$n \leqslant m$，$n$ 个指向记录的指针 $D_i(0 \leqslant i \leqslant n)$，Next 为指向下一个叶子结点的指针。

一棵 3 阶 B+树如图 7.37 所示。

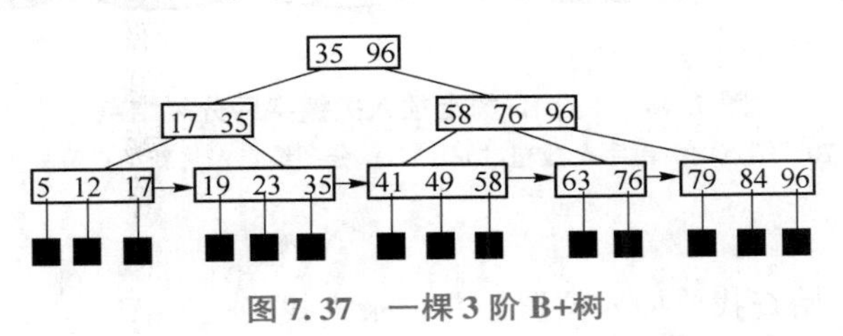

图 7.37　一棵 3 阶 B+树

用 B+树组织索引顺序文件时，用主文件的每个叶块作 B+树的一个外部结点，并且这些叶块之间相互链接。B+树的树叶层是主文件的稀疏索引，整个 B+树构成多级索引。索引项就是 B+树中一个关键码和它对应的指针所构成的二元组。在用 B+树组成的索引顺序文件中，当主文件中需要增加或减少一个叶块时，只需在 B+树中为之插入或删除一个索引项即可，问题归结为 B+树本身的运算。

2. B+树上的操作

（1）B+树上的查找。

B+树的查找可以分为两类：一是顺序查找，即从叶子结点的顺序链表中依次查找需要的记录；二是按索引查找，这种查找方法类似于 B-树，只是在查找时，若非终端结点上的关键字等于给定值，则并不终止，而是继续向下直到叶子结点。

按索引查找的步骤如下。

步骤 1： 初始化，从根开始查找。

步骤 2： 查找结点内关键字，要求 $K_{i-1}<K \leqslant K_i$，若存在则继续查找 A_i 指向的结点；否则查找失败。

步骤 3： 若已到达叶子结点，则将查找到的 $K=K_i$ 相应项返回，若 $K>K_m$ 或 $K<K_1$ 则查找失败。

（2）B+树上的插入。

在查找不成功之后，需进行插入。显然，关键字插入的位置必定在最下层的叶子结点，有下列几种情况。

①当结点中的关键字个数不大于 m 时直接插入。比如，在图 7.38 所示的 3 阶 B+树上插入关键字 90，结果如图 7.39 所示。

图 7.38　3 阶 B+树

图 7.39　插入 90 后的 3 阶 B+树

②当结点中的关键字个数大于 m 时要分裂成两个结点，并且要在双亲结点中插入新增的结点的最大关键字。比如，在图 7.39 所示的 3 阶 B+树上插入关键字 70，直接插入后如图 7.40（a）所示。此时结点内关键字个数超过 $m=3$ 个，分裂结点，并将分裂后的新结点

的最大关键字插入双亲中，如图 7.40（b）所示。

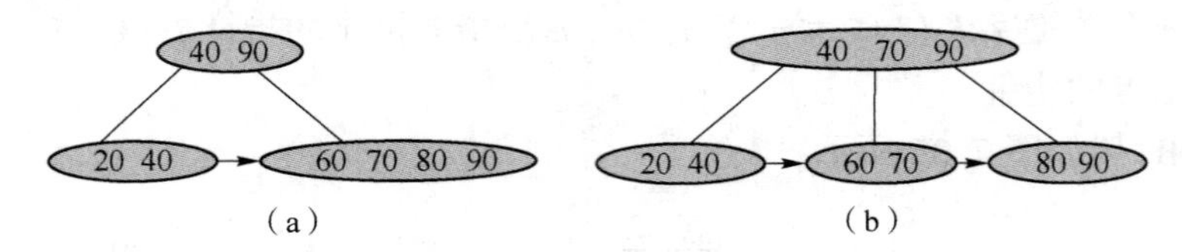

图 7.40　3 阶 B+树上插入关键字后分裂结点

（a）直接插入 70，结点内关键字个数超过 m；（b）分裂结点，将新结点最大关键字插入双亲

插入步骤如下。

步骤 1：从树根开始查找要插入位置，并记录查找路径。

步骤 2：建立新关键字及指针信息，插入叶子结点中。

步骤 3：判断结点关键字个数，若不大于 m，则插入结束；若大于 m，则分裂结点，将新的最大关键字插入双亲结点，双亲不空时重复步骤 3，双亲为空时转步骤 4。

步骤 4：若根结点需要分裂，则新建根结点。

（3）B+树上的删除。

B+树的删除也仅在叶子结点上进行，当叶子结点中的最大关键字被删除时，在非终端结点中修改成当前最大关键字值。若因删除使结点中关键字的个数少于$\lceil m/2 \rceil$时，需要从兄弟结点中借一个关键字，如兄弟结点无法借出，则和其兄弟结点进行合并。

在图 7.41（a）所示的 3 阶 B+树上删除 53，直接删除后如图 7.41（b）所示。此时结点内关键字个数少于$\lceil m/2 \rceil$个，需要从兄弟中借，但它的兄弟中也是最少关键字数，无法借出，则需要将该结点和兄弟结点进行合并，如图 7.41（c）所示。

B+树删除的步骤如下。

步骤 1：查找算法到要删除关键字位置，删除该关键字。

步骤 2：判断删除后关键字个数，如少于$\lceil m/2 \rceil$则进入步骤 3；否则删除完成。

步骤 3：找到其双亲结点，判断其右兄弟关键字个数，如大于$\lceil m/2 \rceil$，则将其最小关键字取出（删除）并插入该结点最右边，修改双亲结点中的最大关键字值；否则对其左兄弟做相同的处理。如均不满足则进入步骤 4。

步骤 4：将其兄弟结点的关键字和该结点的关键字合并，形成一个新的结点。并且将其双亲中相应关键字删除，如双亲结点删除一个关键字后满足步骤 2 要求，则结束；否则重复步骤 3。

7.4　散列表查找

前面讨论的各种查找方法是建立在给定值和记录关键字比较的基础上的。查找效率依赖于元素的数量和查找过程中所进行的比较次数。理想的情况是不经过任何比较，通过计算就能直接得到记录所在的存储地址，散列表查找（Hashed Search），又称哈希查找，就是基于这一设计思想的一种查找方法。

散列是一种重要的存储方式，又是一种查找方法。按散列存储方式构造的存储结构称为散列表（Hashed Table）。散列的核心是散列函数（Hashed Function），又称哈希函数。每个记录的关键字通过哈希函数计算都可对应得到记录的存储地址：$i=\mathrm{Hash(key)}$。Hash 函数实

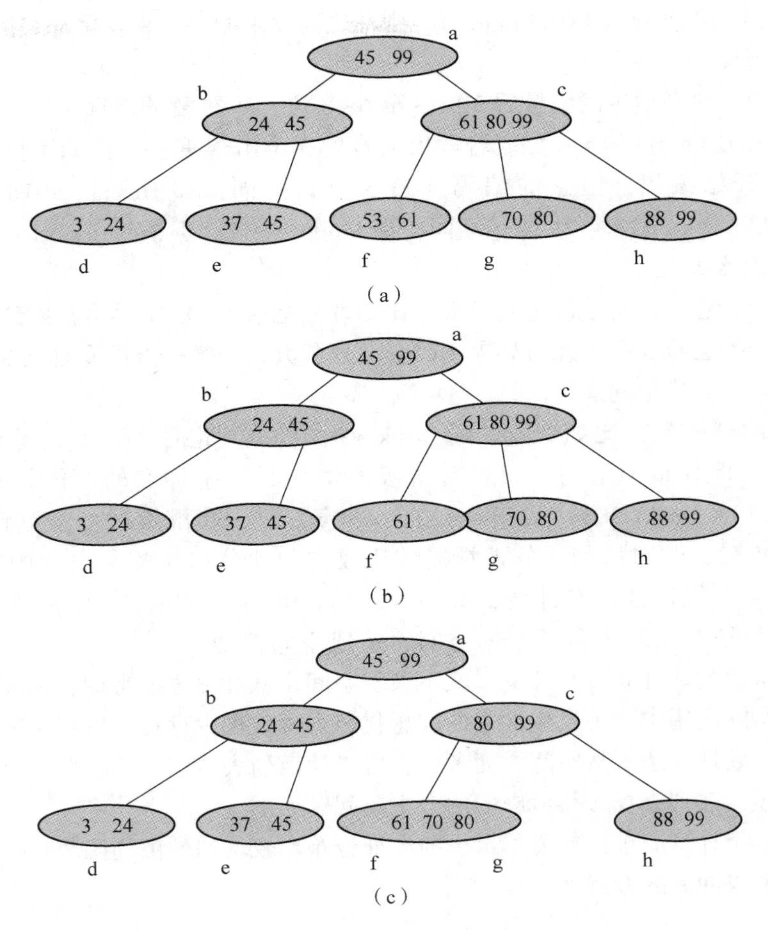

图 7.41 3 阶 B+树上的删除

(a) 3 阶 B+树；(b) 删除 53 后结点内关键字个数少于 2 个；
(c) 合并兄弟结点并在双亲中删除相应关键字

际上就是关键字到存储地址的映射，这样，查找时也可以先根据关键字计算其存储地址，然后就可以直接找到该数据元素了。

例 7.7 已知某校某届的 1 000 个学生的记录构成散列表。其中关键字是学生的学号，学号由 8 个十进制数字组成，从左算起的前 4 位是进校年份，如“2018”，这 1 000 个学生都一样，第 5 位是系的编号，第 6~8 位是该届所有学生的编号，没有重复。

解 可以把这 1 000 个学生的记录存储在一个长为 1 000 的散列表中：HashTable[1000]。散列地址 i 通过散列函数 Hash(key) 来计算，令 Hash(key) = key%1 000，则 HashTable [i] 中放入的学生记录就是学号后 3 位为 i 的学生记录。如 Hash(“20181233”) = 233，学号为“20181233” 的学生的记录存放在散列表 HashTable [1000] 中 233 号地址中。

建立散列表的过程需要对每个记录的关键字进行散列函数的运算，计算出该记录存储的地址，并将记录存入此地址中。理想的散列函数使每一个记录和存储的地址一一对应，没有冲突。这样，查找每个记录所花的时间只是计算散列函数的时间，效率很高，而且查找每一个记录所花的时间相等。若不同记录的关键字经过散列函数运算后得到相同的地址，即

key1≠key2 时，Hash(key1)= Hash(key2)，则称之为发生冲突，将发生冲突的两个关键字称为散列函数的同义词。

如例 7.7 中，只有学生的编号后 3 位（第 6~8 位）不重复的情况下，才能有当 key1≠key2 时 Hash(key1)≠Hash(key2)。若学生编号后 3 位出现重复，比如不同系的学生编号后 3 位都从 1 开始编码，但系的编码（第 5 位）不同，如 Hash(“20181233”)= 233，Hash(“20182233”)= 233，学生编号不同，即 key1≠key2，但 Hash(key1)= Hash(key2)，造成了冲突。怎么办呢？

有同学可能会想到，将地址空间扩大，比如现在把这 1 000 个学生存放到长为 10 000 的散列表，冲突会不会减少呢？此时如果不改变散列函数，冲突一点都没有减少，而且会出现大量的空闲空间，造成空间浪费。

如果改变散列函数，比如 Hash(key)= key%10000，此时散列后的地址能够分散在整个地址空间，但分布不均匀。而且有留级的学生时产生冲突的可能性比较大，比如 Hash(20184221)= Hash(20174221)= 4221，冲突。进一步继续改变散列函数，如 Hash(key)= key%9973，此时散列后的地址能够比较均匀地分布在整个空间中，使冲突的可能性减少，但并不能保证没有冲突，如 Hash(20180001)= Hash(20189974)= 4622，仍然有冲突，而且还是出现大量的空闲空间，造成空间浪费。

散列后希望散列地址间没有冲突，又不浪费空间。从冲突方面考虑，需要设计不冲突的散列函数，但实际应用中，不发生冲突的理想化散列函数极少存在，所以实际应用中还须考虑冲突发生时的处理办法。从空间方面考虑，可以让散列表空间大小与要存储的数据量大小相当。综上所述，散列查找必须考虑的两个主要问题如下。

（1）构造一个计算简单且冲突尽量少的地址分布比较均匀的散列函数。

（2）拟订解决冲突的方案。

7.4.1 散列函数

首先来看散列函数的设计原则。

①散列地址尽可能均匀分布在散列表的全部地址空间。

②散列函数要简单，计算散列函数花费时间为 $O(1)$。

③要使关键字的所有成分都起到作用，以反映不同关键字的差异。

④要考虑进行查找时数据元素的查找频率。

根据这 4 个设计原则，下面介绍几种常用的散列函数。

（1）除留余数法构造散列函数。这是一种最简单也最常用的构造散列函数的方法。取关键字被某个不大于散列表表长 m 的数 p 除后所得的余数作为散列地址，有

$$\text{Hash}(key)=key \% p \qquad p\leq m,\ m \text{ 代表地址的范围}$$

这一方法的关键在于 p 的选择。例如，若选 p 为偶数，则得到的散列地址总是将奇数键值映射成奇数地址，偶数键值映射成偶数地址，就会增加冲突发生的机会。通常选 p 为不大于散列表容量的最大素数。比如，散列表容量 $m=1\ 000$，选择 p 时应选择不大于 1 000 的最大素数 $p=997$。

（2）平方取中法构造散列函数。将关键字值 k 的平方 k^2 的中间几位作为 Hash(k) 的

值，位数取决于散列表的长度。

例如，$k=4371$，$k^2=22\ 382\ 361$，若表长为100，取中间两位，则 $\text{Hash}(k)=82$。

(3) 折叠法构造散列函数。将关键字分成几部分，按照一定的规则将几部分再组合到一起得到关键字的Hash值。

散列函数的构造方法还有直接定址法、数字分析法、随机数法等，有兴趣的同学可参考有关资料。

7.4.2 冲突处理

虽然一个好的散列函数可以减少冲突，但无法从根本上避免冲突。因此，必须有完善的处理冲突的办法，当发生冲突时使用冲突处理策略进行处理。处理冲突的方法与散列表本身的结构形式有关。处理冲突就是要为产生冲突的元素寻找另一个有效的存储地址。下面介绍两种处理冲突的方法，即开放地址法和链地址法。

1. 开放地址法

开放地址法散列表的结构为一个向量即一维数组，表中记录按关键字经散列函数运算所得的地址直接存入数组中。当发生冲突时，在散列表内为元素寻找另一个存储位置。寻找新位置的方法有线性探查法及二次探查法等，这里只介绍线性探查法处理冲突。

线性探查法：当关键字为 K_1 的记录已存入 d 单元中，若关键字 K_2 的散列地址也为 d 时，即 $\text{Hash}(K_1)=\text{Hash}(K_2)=d$，则依次探查地址序列 $d+1, d+2, \cdots, m-1, 0, 1, \cdots, d-1$，直至找到一个无记录的地址，将 K_2 对应的记录存入该地址中。

从上述规则得到线性探测法对应的探查地址序列计算公式为

$$d_i=(\text{Hash}(k)+i)\%m \quad i=1,2,\cdots,m-1$$

例7.8 已知一组记录的关键字为{26,36,41,38,44,15,68,12,51}，用线性探测法解决冲突，构造对应的散列表。总记录个数 $n=9$，开辟的一维数组长度可比记录实际用的存储单元多些，定义为HashTable[13]，散列函数为Hash(key)=key%13。

解 计算各个关键字对应的散列地址如下。

26:Hash(26)=26%13=0,将第一个记录存入HashTable[0]单元中。

36:Hash(36)=36%13=10,将第二个记录存入HashTable[10]单元中。

41:Hash(41)=41%13=2,将第三个记录存入HashTable[2]单元中。

38:Hash(38)=38%13=12,将第四个记录存入HashTable[12]单元中。

44:Hash(44)=44%13=5,将第五个记录存入HashTable[5]单元中。

15:Hash(15)=15%13=2，计算得地址为2，因HashTable[2]中已存入记录而发生冲突，必须利用线性探查法进行探查，第一次探查 $d_1=(2+1)\%13=3$，table[3]中无记录，因此将15存入HashTable[3]单元中。

68:Hash(68)=68%13=3，计算得地址为3，因HashTable[3]中已存入记录而发生冲突，必须利用线性探查法进行探查，第一次探查 $d_1=(3+1)\%13=4$，HashTable[4]中无记录，因此将68存入HashTable[4]单元中。

12:Hash(12)=12%13=12，计算得的地址为12，因HashTable[12]中已存入记录而发

生冲突，必须利用线性探查法进行探查，第一次探查 $d_1=(12+1)\%13=0$，HashTable［0］中也有记录发生冲突，继续线性探查，$d_2=(12+2)\%13=1$，HashTable［1］中无记录，因此将 12 存入 HashTable［1］单元中。

51：Hash(51)＝51%13＝12，计算得地址为 12，发生冲突，第一次探查 $d_1=(12+1)\%13=0$，仍然冲突，第二次探查 $d_2=(12+2)\%13=1$，仍然冲突，第三次探查 $d_3=(12+3)\%13=2$，仍然冲突，一直探查到 $d_7=6$，该地址中无记录，将关键字为 51 的记录存入 HashTable［6］。

具体散列表存储状态如图 7.42 所示，其中第一行为散列地址，第二行为存储的关键字，第三行为产生冲突后的探查次数。

[0]	[1]	[2]	[3]	[4]	[5]	[6]	[7]	[8]	[9]	[10]	[11]	[12]
26	12	41	15	68	44	51				36		38
0次	2次	0次	1次	1次	0次	7次				0次		0次

图 7.42　开放定址法处理冲突后的散列表

此时平均查找长度如何计算呢？如果散列函数地址不冲突的情况下，不需要比较直接计算即可取出相应关键字及其记录。但散列函数地址冲突情况下，需要计算散列地址后比较其关键字是否是待查关键字，是则比较一次查找成功；不是则继续按照冲突处理方法比较下一个位置的关键字是否是待查关键字，直至找到待查关键字后查找成功，或者整个散列表中都没有待查关键字，则查找失败。

如例 7.8 中计算查找成功的平均查找长度为

$$ASL_{成功}=\frac{5\times1+2\times2+1\times3+1\times8}{9}=2.22$$

其中，比较一次就查找成功的关键字有 5 个(26,36,41,38,44)，比较两次后查找成功的关键字有 2 个（15,68)，比较 3 次后查找成功的关键字有 1 个（12)，比较 8 次后查找成功的关键字有 1 个（51)。

2. 链地址法

在进行散列存储及散列查找时，冲突是不可避免的，前面使用的开放链地址法为冲突关键字寻找下一个空闲的存储位置存储，但这样有时会使得原非同义词的关键字间产生冲突，比如例 7.8 中 Hash(12)＝Hash(38)但 Hash(12)≠Hash(26)，存储“12”是为了避免与“38”的同义词冲突，向后寻找空闲地址时又与“26”产生冲突，使得散列查找时比较次数增多。为了避免这种非同义词冲突，把所有同义词链接在同一个单链表中，用这种链表来处理冲突的方法称为链地址法。

例 7.9　关键字序列为{13,41,15,44,06,68,25,12,38,64,19,49}，散列函数为 Hash(key)＝key % 13，散列表定义为 HashTable［13］，链地址法的散列表如下。

解　计算各个关键字对应的散列地址如下：

13：Hash(13)＝13%13＝0；

41：Hash(41)＝36%13＝2；

15：Hash(15)＝15%13＝2；

44：Hash(44)＝44%13＝5；

06：Hash(06)=06%13=6；

68：Hash(68)=68%13=3；

25：Hash(25)=25%13=12；

12：Hash(12)=12%13=12；

38：Hash(38)=38%13=12；

64：Hash(64)=64%13=12；

19：Hash(19)=19%13=6；

49：Hash(49)=49%13=10。

相同地址的关键字记录链接起来，得到图7.43所示的链地址法处理冲突后的散列表。

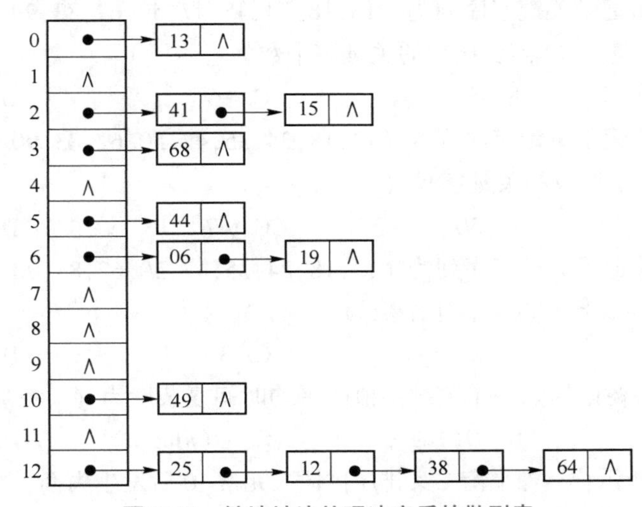

图7.43　链地址法处理冲突后的散列表

链地址法处理冲突后散列表的平均查找长度如何计算呢？如果散列函数地址不冲突的情况下，直接计算获得地址后需要和链表第一个元素比较，即比较一次即可查找成功。但散列函数地址冲突情况下，需要计算散列地址后比较链表中的关键字是否是待查关键字，是表头则比较一次查找成功；不是则继续比较链表下一个位置的元素是否是待查关键字，直至找到待查关键字后查找成功，或者整个链表中都没有待查关键字，则查找失败。

如例7.9中计算查找成功的平均查找长度为

$$ASL_{成功}=\frac{7\times1+2\times3+3\times1+4\times1}{12}=1.67$$

其中，比较1次的表头元素7个(13,41,68,44,06,49,25)，比较2次的元素3个(15,19,12)，比较3次的元素1个（38），比较4次的元素1个（64）。

本章小结

查找是一种常用操作，若查找只是将满足要求的元素找到，而并不改变查找表中的内容，这种查找表是静态查找表，如7.2节中介绍的就是静态查找表上的查找，其中包括顺序查找、折半查找都是静态查找表上的查找操作。若查找过程中在元素找不到的情况下需要插入，或者某些时候需要将元素删除，也就是对查找表的操作不仅是查找，还会进行插入、删除等改变表中内容的操作，这种查找表称为动态查找表，如7.3节和7.4节中介绍的就是动态查找表上的查找，其中包括二叉排序树上的查找、散列查找等。查找过程完成后一般还需要计算平均查找长度，平均查找长度越短则查找速度越快。经过本章的学习，同学们要学会不同查找表上用不同的查找方法查找需要的元素。

习 题

1. 选择题

(1) 设一组初始记录关键字序列为（13,18,24,35,47,50,62,83,90,115,134），则利用顺序查找方法查找关键字90需要比较的关键字个数为（　　）。

A. 1　　B. 5　　C. 9　　D. 10

(2) 设一组初始记录关键字序列为（13,18,24,35,47,50,62,83,90,115,134），则利用折半查找过程中第一个比较的关键字是（　　）。

A. 13　　B. 50　　C. 47　　D. 90

(3) 设一组初始记录关键字序列为（13,18,24,35,47,50,62,83,90,115,134），则利用折半查找关键字90需要比较的关键字个数为（　　）。

A. 1　　B. 2　　C. 3　　D. 4

(4) 在二叉排序树中插入一个关键字值的平均时间复杂度为（　　）。

A. $O(n)$　　B. $O(1\log_2 n)$　　C. $O(n\log_2 n)$　　D. $O(n^2)$

(5) 如图7.44所示，一棵平衡二叉排序树插入元素10后发生失衡，则对其应作（　　）型调整以使其平衡。

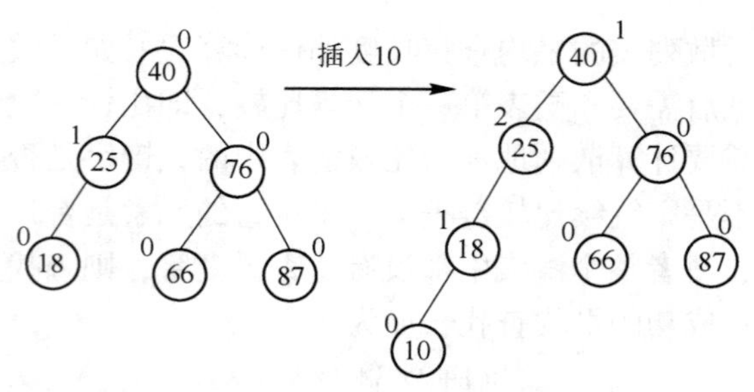

图7.44　平衡二叉树的调整

A. LL　　B. LR　　C. RL　　D. RR

(6) 按{12,24,36,90,52,30}的顺序构成的二叉排序树，其根节点是（　　）。

A. 12　　B. 24　　C. 52　　D. 36

(7) 设二叉排序树的高度为h，则在该树中查找关键字key最多需要比较（　　）次。

A. $h/2$　　B. $\log_2 h$　　C. h　　D. 1

(8) 按{12,24,36,90,52,30}的顺序构成的平衡二叉排序树，其根节点是（　　）。

A. 12　　B. 24　　C. 52　　D. 36

(9) 在一个5阶的B-树上，每个非终端结点所包含的子树数最多为（　　）。

A. 2　　B. 3　　C. 4　　D. 5

(10) 在一个5阶的B+树上，每个非终端结点（除根结点）所包含的子树数最少为(　　)。

A. 2　　B. 3　　C. 4　　D. 5

(11) 散列技术中的冲突指的是(　　)。

A. 两个元素具有相同的序号

B. 两个元素的键值不同，而其他属性相同

C. 数据元素过多

D. 不同键值的元素对应于相同的存储地址

(12) 下列散列查找，说法错误的是(　　)。

A. 散列地址要尽可能均匀地分布在散列表的全部地址空间

B. 散列函数要尽量简单

C. 冲突处理不是必需的

D. 散列函数有可能会将不同关键字映射到同一地址

2. 判断题

(1) 顺序查找中待查元素为第一个元素时查找速度最快。(　　)

(2) 折半查找中待查元素为第一个元素时查找速度最快。(　　)

(3) 二叉排序树上不能进行插入。(　　)

(4) 二叉平衡排序树查找效率比二叉排序树高。(　　)

(5) 散列查找效率主要取决于散列函数和处理冲突的方法。(　　)

(6) 散列查找过程中不需要比较关键字。(　　)

3. 填空题

(1) 顺序查找适合于存储结构为__________的线性表，而折半查找适用于存储结构为__________的线性表，并且表中的元素必须是__________。

(2) 设有一个已按各元素值排好序的线性表，长度为110，用折半查找与给定值相等的元素，若查找成功，则至少需要比较__________次，至多需比较__________次。

(3) 长度为25的有序表采用折半查找，共有__________个元素的查找长度为3。

(4) 假定一个数列{33，43，52，31，46，56}，采用的散列函数为Hash(k)=k % 13，则元素46的同义词是__________。

(5) 在散列技术中，处理冲突的两种主要方法是__________和__________。

(6) 在各种查找方法中，平均查找长度与结点个数无关的查找方法是__________。

4. 综合题

(1) 设输入数据的序列是{46,25,78,62,12,80}，试画出从空树起，逐个插入各个数据而生成的二叉排序树。

(2) 设一组初始记录关键字集合为(25,10,8,27,32,68)，散列表的长度为8，散列函数Hash(k)=k%7，要求分别用线性探测的开放地址法和链地址法作为解决冲突的方法设计

散列表。写出相应的散列表。

（3）关键字序列（30,12,25,61,14,40,26,79），散列表长 11，散列函数为 Hash(*k*)= *k*%11，用链地址法解决冲突，画出散列表以及等概率情况下查找成功的平均查找长度。

（4）给定序列（4,6,2,5,1,8,7,3,9），由此构造二叉排序树。并计算在该二叉排序树上查找 5 时进行的比较次数为多少？等概率情况下查找成功时的平均查找长度为多少？

（5）现有关键字序列（34,76,45,18,26,54,92,65,9,16）。

①将各元素依次插入一棵初始为空的二叉排序树中，请画出最后的结果并求等概率情况下查找成功的平均查找长度。

②设散列函数 Hash(*k*)= *k*%7，哈希表长度为 7，采用链地址处理冲突，试构造该序列的哈希表，并计算查找成功的平均查找长度。

习题答案

第8章 排序

排序是将一组杂乱无章的数据按一定的规律顺次排列起来。现实生活中我们经常遇到排序，比如对学生成绩进行排序、对比赛队伍进行积分排序、按日期对文件进行排序等。而排序的方法有很多，如基于关键字比较的排序有插入排序、选择排序、交换排序、归并排序等，还有基于多关键字原理的基数排序，这些排序方法都可以将一组数据元素（或记录）从任意序列排列成一个按关键字排序的序列。而这些不同的排序方法效率不同，使用情况也不同，本章会详细介绍这5类排序算法，并引导学生在不同的情况下使用不同的排序方法进行排序。

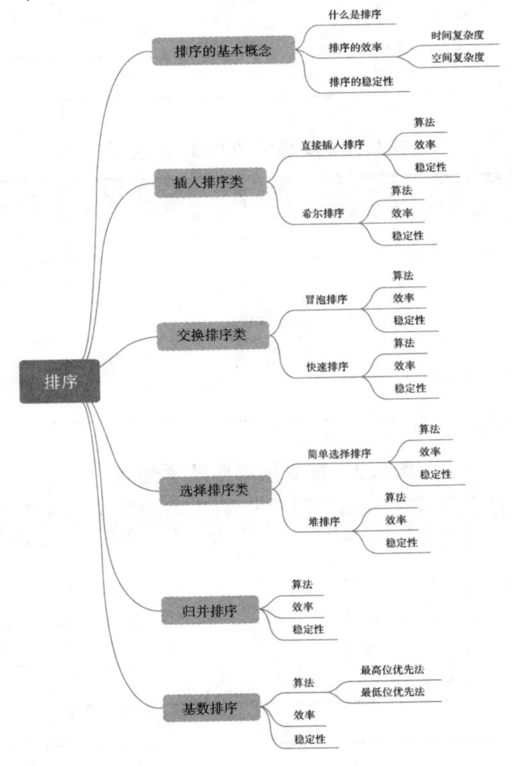

8.1 排序的基本概念

排序是将一组数据元素（或记录）从任意序列排列成一个按关键字排成的序列。而排序往往是为了更高效地进行查找，当查找表中的记录是按关键字有序排列的，在有序的顺序表上可以采用效率较高的折半查找法，而无序的顺序表上只能进行顺序查找。对于任意关键字序列构造一棵二叉排序树的过程本身就是一个排序的过程。因此，为了提高计算机对数据处理的工作效率，有必要学习和研究各种排序的方法和对应的算法。

在排序中数据表（Datalist）是指待排序数据元素的有限集合。而关键字是要排序的数据元素集合中的一个域，排序是以关键字为基准进行的。给定一个序列 $R=\{r_1,r_2,\cdots,r_n\}$，其排序关键字分别为 $k=\{k_1,k_2,\cdots,k_n\}$，排序的目的是记录按排序关键字重排成新的有序序列 $R'=\{r'_1,r'_2,\cdots,r'_n\}$，而相应排序关键字为 $k'=\{k'_1,k'_2,\cdots,k'_n\}$。如果排序关键字的顺序为 $k'_1\leqslant k'_2\leqslant\cdots\leqslant k'_n$，则称该排序为不减序，若关键字顺序为 $k'_1\geqslant k'_2\geqslant\cdots\geqslant k'_n$，则称该排序为不增序。

对于一个数据序列，可以按照多个关键字分别进行排序，结果将不同。例如，学生信息表可以按照学号排序、按姓名排序及按成绩排序，见表 8.1～表 8.3。

表 8.1　按学号排序的学生表

学号	姓名	成绩
20205001	王红	78
20205002	张明	90
20205003	李林	85
20205004	张明	40
⋮	⋮	⋮

表 8.2　按姓名排序的学生表

学号	姓名	成绩
20205003	李林	85
20205001	王红	78
20205002	张明	90
20205004	张明	40
⋮	⋮	⋮

表 8.3　按成绩排序的学生表

学号	姓名	成绩
20205004	张明	40
20205001	王红	78
20205003	李林	85
20205002	张明	90
⋮	⋮	⋮

在排序中有众多的排序方法，要衡量一个排序算法的优劣，通常要考虑3个方面，即时间效率、空间效率和稳定性。

（1）时间效率。排序速度，通常用时间复杂度来表示，时间复杂度由算法执行中元素比较次数和移动次数决定，在排序中常见的时间复杂度有 $O(n^2)$、$O(n\log_2 n)$、$O(d\times n)$。

（2）空间效率。排序中占内存辅助空间的大小，通常用空间复杂度来表示，排序中常见的空间复杂度有 $O(1)$、$O(\log_2 n)$、$O(n)$、$O(n^2)$。

（3）稳定性。排序是否能保持原来的一些顺序关系，即若两个记录 *A* 和 *B* 的关键字值相等，但排序后 *A*、*B* 的先后次序保持不变，则称这种排序算法是稳定的；否则称为不稳定的。例如，排序前序列（34 12 34′ 08 96），排序后序列（08 12 34 34′ 96），则该排序算法是稳定的。

另外，排序中还有一些术语，如正序、逆序。正序序列：待排序序列正好符合排序要求。逆序 序列：把待排序序列逆转过来，正好符合排序要求。

例如，要求不增序列，则（08 12 34 96）为逆序序列，（96 34 12 08）为正序序列。

排序方法从另一个角度又可分为内部排序和外部排序两大类。内部排序指的是待排序的记录都存放在计算机内存中的排序过程；而外部排序是指因记录数量很大以至于内存不能容纳全部记录，在排序中需对外存进行访问的排序过程。本章讨论的排序算法都是内部排序。待排序的记录序列可以是顺序存储结构，也可以是链表存储结构。本章讨论中若无特殊说明，都假定待排序的记录以顺序存储结构存放。

8.2 插入排序

插入排序的主要操作是插入，每次将一个待排序的记录按其关键字的大小插入一个已经排好序的有序序列中合适的位置，直到全部记录排好序为止。比如：玩扑克牌时抓牌的过程，最初手中没有牌，抓一张牌；然后再抓一张牌，和手中的牌比较大小，比手中牌小则插入手中牌的左边，比手中牌大则插入手中牌的右边；现在你手中有两张排好序的牌，小牌在左边，大牌在右边，抓一张牌，将其与手中两张牌比较大小后插入手中两张牌的左边、中间或右边；继续抓牌、比较、插入，直至最后一张牌。这样的过程就是一个插入排序的过程。

8.2.1 直接插入排序

在直接插入排序中，关键的一点是在插入第 $i(i>1)$ 个记录时，前面的 $i-1$ 个记录已经排好序了。具体插入过程为：开始时，把第一个记录看成已经排好序的子序，这时子序中只有一个记录；然后从第2个记录起依次插入这个有序表中，直到将第 n 个记录插入。

例 8.1 对关键字序列{32,26,87,72,26*,17}进行直接插入排序。

解 按照直接插入排序的过程，首先将第一个记录的关键字{32}看作已排好序的序列，然后从第二个记录的关键字26开始，逐个将第 i 个记录关键字插入已排序的序列中。具体过程如图8.1所示。

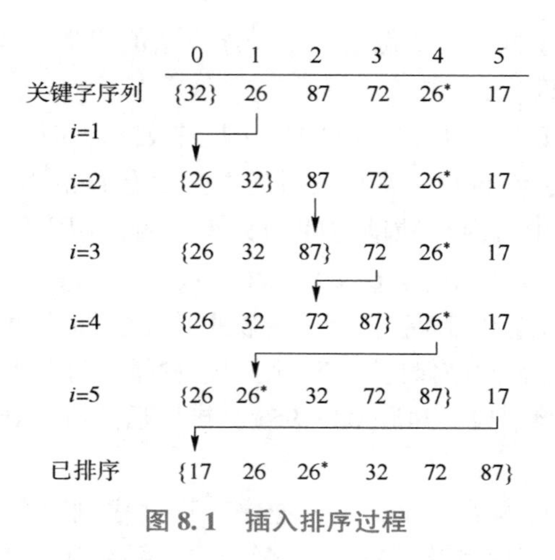

图 8.1　插入排序过程

要想实现直接插入算法，需要解决以下两个问题。

①如何构造初始的有序序列？

②如何查找待插入记录的插入位置？

第 1 个问题很好解决，在开始时把第一个记录看成已经排好序的初始有序序列。第 2 个问题寻找待插入记录的位置需要进行元素关键字的比较，当比较到比前面关键字大，比后面关键字小的位置，则插入该记录。解决这两个问题，则可以得到直接插入排序算法程序如下：

```
template<typename T>
void insertSort(T* table,int N) {                        //直接插入排序
    for(int i=1; i < N; ++i){                            //从第二个元素开始插入
        T temp=table[i];                                 //待插入的元素 table[i]
        int j=i- 1;
        for(; j >= 0 && table[j] > temp; - - j){         //从第 i- 1 个元素开始向前,
                                                         //逐一将比 temp 大的元素往后移动一位
            table[j +1]=table[j];
        }
        table[j +1]=temp;                                //将 temp 插入到该位置
    }
}
```

该函数为一个模板函数，使用时编译器自动推断模板参数 T，即数组 table 的类型。

下面分析直接插入排序算法的时间复杂度、空间复杂度及算法的稳定性。

（1）时间复杂度。分成最佳情况、最差情况和平均情况来分析。但一般最佳情况分析没有意义，它只是作为一个特例。

①最佳情况（元素序列是正序）：每个元素只比较一次，共进行 $n-1$ 次比较，每个元素都不需要移动，只需要做(temp=table[i]和 table[$j+1$]=temp)这共 $2(n-1)$ 次移动，所以时间复杂度为 $O(n)$。

②最差情况（元素序列是反序）：插入元素 a_i 时和前面每个元素都进行比较并移动，比较了 i 次，移动了 i 次，加上(temp=table[i]和 table[$j+1$]=temp)这 2 次移动，共进行 $i+2$ 次

移动。所有元素均得到以下最差情况平均比较次数和最差情况平均移动次数。

最差情况平均比较次数为

$$C=\sum_{i=1}^{n-1} i=\frac{n(n-1)}{2} \approx \frac{n^2}{2}$$

最差情况平均移动次数为

$$M=\sum_{i=1}^{n-1}(i+2)=\frac{(n-1)(n+4)}{2} \approx \frac{n^2}{2}$$

所以，此时的时间复杂度为 $O(n^2)$。

③平均情况：数据元素随机排列，查找元素时平均和 $(i+1)/2$ 元素进行比较，插入一个元素平均移动 $i/2$ 个元素，加上将元素移动到 temp 和将 temp 中元素移动到最后位置的 2 次移动，插入一个元素平均共移动 $i/2+2$ 次。每个元素均如此得到以下平均情况平均比较次数和平均情况平均移动次数。

平均情况平均比较次数为

$$C=\sum_{i=1}^{n} \frac{i+1}{2}=\frac{1}{4}n^2+\frac{3}{4}n+1 \approx \frac{n^2}{4}$$

平均情况平均移动次数为

$$M=\sum_{i=1}^{n} \frac{i}{2}+2=\frac{n(n+1)}{4}+2n \approx \frac{n^2}{4}$$

所以，此时的时间复杂度也为 $O(n^2)$。

(2) 空间复杂度。在直接插入排序算法中，插入操作都是在原存储数据的数据表 table 上进行的，除了输入输出外，程序运行额外占用的空间实际上是 temp 占用的空间，所以空间复杂度为 $O(1)$。

(3) 稳定性。相同关键字的元素原来在前面的元素经过直接插入排序完成后仍排在前面，所以直接插入排序是稳定的排序算法。

直接插入排序算法简单、容易实现，适合待排序记录基本有序或待排序记录较少时使用。当待排序的记录个数较多时，大量的比较和移动操作使直接插入排序算法的效率降低。

另外，在插入排序中，将待排序元素插入已排序列，在查找其插入位置时可以采用折半查找算法，这样查找插入位置就需要比较 $O(\log_2 n)$ 次，而不是 $O(n/2)$ 次，可以减少比较的次数。如此用折半查找替代直接插入排序中的顺序查找，得到折半插入排序算法。折半插入排序算法的优点是比较的次数大大减少，但移动次数并未减少，所以排序效率仍为 $O(n^2)$。

8.2.2 希尔排序

如何能提高直接插入排序的效率呢？首先来看，直接插入排序的两个性质。

①在最好情况（序列本身已是有序的）下时间代价为 $O(n)$。也就是说，若待排序记录按关键字基本有序时，直接插入排序的效率可以大大提高。

②对于短序列，直接插入排序性能比较好。也就是说，n 较小时，简单明了的直接插入排序效率会很高。

利用这两个性质，改进直接插入排序，得到改进的插入排序（希尔排序）的基本思想：将整个待排序记录分割成若干个子序列，在子序列内分别进行直接插入排序，待整个序列中的记录基本有序时，对全体记录进行直接插入排序。

那么需解决的关键问题有以下两个。

①应如何分割待排序记录才能保证整个序列逐步向基本有序发展？

②子序列内如何进行直接插入排序？

分析：如何分割待排序记录，分割是要减少每个待排序子序列记录个数，每个子序列排好序后使整个序列向基本有序发展。基本有序是指序列接近正序，如{1,2,8,4,5,6,7,3,9}；还有一种叫作局部有序，或者部分有序，是指部分序列有序，如{6,7,8,9,1,2,3,4,5}。下面通过例 8.2 说明基本有序和局部有序的区别。

例 8.2 对基本有序序列{1,2,8,4,5,6,7,3,9} 和局部有序序列 {6,7,8,9,1,2,3,4,5} 进行直接插入排序，计算比较和移动的次数。

解 基本有序序列的直接插入排序过程如下。

初始序列：{1},2,8,4,5,6,7,3,9

第 1 趟排序：{1,2},8,4,5,6,7,3,9 比较 1 次，移动 2 次

第 2 趟排序：{1,2,8},4,5,6,7,3,9 比较 1 次，移动 2 次

第 3 趟排序：{1,2,4,8},5,6,7,3,9 比较 2 次，移动 1+2=3 次

第 4 趟排序：{1,2,4,5,8},6,7,3,9 比较 2 次，移动 1+2=3 次

第 5 趟排序：{1,2,4,5,6,8},7,3,9 比较 2 次，移动 1+2=3 次

第 6 趟排序：{1,2,4,5,6,7,8},3,9 比较 2 次，移动 1+2=3 次

第 7 趟排序：{1,2,3,4,5,6,7,8},9 比较 6 次，移动 5+2=7 次

第 8 趟排序：{1,2,3,4,5,6,7,8,9} 比较 1 次，移动 2 次

总比较次数 $C=1+1+2+2+2+2+6+1=17$ 次

总移动次数 $M=2+2+3+3+3+3+7+2=25$ 次

局部有序序列的直接插入排序过程如下。

初始序列：{6},7,8,9,1,2,3,4,5

第 1 趟排序：{6,7},8,9,1,2,3,4,5 比较 1 次，移动 2 次

第 2 趟排序：{6,7,8},9,1,2,3,4,5 比较 1 次，移动 2 次

第 3 趟排序：{6,7,8,9},1,2,3,4,5 比较 1 次，移动 2 次

第 4 趟排序：{1,6,7,8,9},2,3,4,5 比较 4 次，移动 4+2=6 次

第 5 趟排序：{1,2,6,7,8,9},3,4,5 比较 5 次，移动 4+2=6 次

第 6 趟排序：{1,2,3,6,7,8,9},4,5 比较 5 次，移动 4+2=6 次

第 7 趟排序：{1,2,3,4,6,7,8,9},5 比较 5 次，移动 4+2=6 次

第 8 趟排序：{1,2,3,4,5,6,7,8,9} 比较 5 次，移动 4+2=6 次

总比较次数 $C=1+1+1+4+5+5+5+5=27$ 次

总移动次数 $M=2+2+2+6+6+6+6+6=36$ 次

注意： 待插元素时会先将待插元素移入 temp，找到插入位置后再将 temp 中元素移入待插入位置。

从该实例可以看出，当基本有序时，比较和移动的次数较局部有序少得多，所以说，局部有序不能提高直接插入排序算法的时间性能。如果希望分割后整个序列向基本有序发展，也就是说，子序列的构成不能是简单地“逐段分割”，而是将相距某个“增量”的记录组成一个子序列。

因此，第一个关键问题“如何分割待排序记录”解决方法如下：将相隔某个“增量”的记录组成一个子序列。这种思路是希尔最早提出的，增量的选取方法是 $d_1=n/2$，$d_{i+1}=d_i/2$，因此也被称为希尔排序。

那么第二个关键问题“子序列内如何进行直接插入排序”的解决方法是：在插入记录 $r[i]$ 时，自 $r[i-d]$ 起往前跳跃式（跳跃幅度为 d）比较关键字大小及搜索待插入位置，当搜索位置小于 0，表示插入位置已找到。在搜索过程中，记录的后移也是跳跃 d 个位置后移。在整个序列中，前 d 个记录分别是 d 个子序列中的第一个记录，所以从第 $d+1$ 个记录开始进行直接插入排序。

例 8.3 对记录的关键字序列{27,38,65,97,76,13,27*,49,55,4}进行希尔排序。

解 首先对序列长度为 2 的小序列进行简单插入排序，此时增量为 $d_1=n/2$，也就是小序列的选取是选择前半部分一个元素，后半部分一个元素。

然后逐步增长序列长度，减少增量 $d_{i+1}=d_i/2$，对部分有序的长序列进行直接插入排序，直至整个序列排序完成。具体过程如图 8.2 所示。

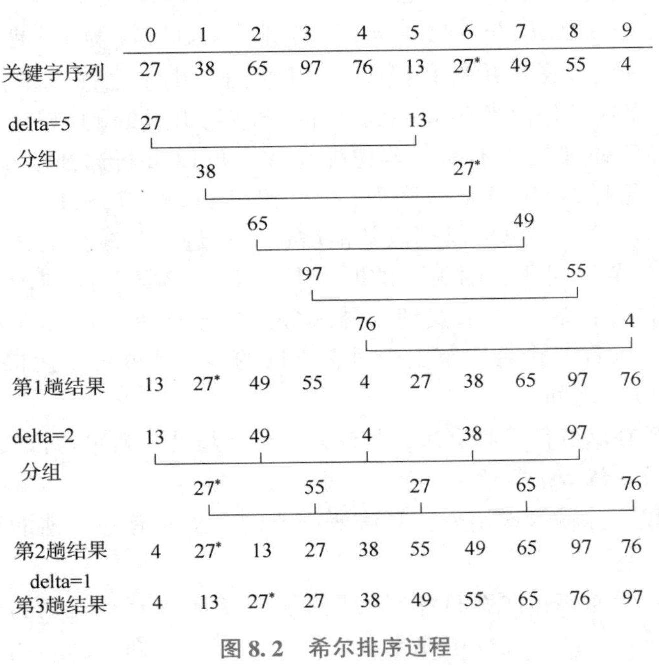

图 8.2 希尔排序过程

综上，总结希尔排序的算法思路如下：按增量 $d_1=n/2$ 将原序列分成若干子序列，对每个子序列进行直接插入排序；子序列排好序后将增量按照 $d_{i+1}=d_i/2$ 递减，对每个按此增量构造的子序列进行直接插入排序，直至增量 $d_k=1$，则整个序列排好序。

希尔排序的算法程序如下：

```
template<typename T>
void shellSort(T* table,int N)
{
    for(int delta=N / 2; delta > 0; delta /= 2) {        //增量循环,每次增量减半
        for(int i=delta; i < N; i++) {                    //若干小序列进行直接插入排序
```

```
            T temp=table[i];                    //当前待插入元素
            int j=i- delta;                     //相距 delta 远的元素进行比较和移动
                for(;j >= 0 && table[j] > temp; j - = delta) {
                                                //一组中前面较大的元素向后移动
                    table[j+delta]=table[j];
                }
            table[j+delta]=temp;                //插入元素位置
        }
    }
}
```

下面分析希尔排序算法的时间复杂度和空间复杂度及稳定性。

(1)时间复杂度。希尔排序的时间复杂度分析是一个复杂的问题,是所取“增量”序列的函数,这涉及一些数学上尚未解决的难题。

当增量序列取 $d_1=n/2$、$d_{i+1}=d_i/2$、$d_k=1$(k 为排序的趟数,i 为第 i 趟排序)时,希尔排序的时间复杂度为 $O(n^2)$。效率并没有提高,究其原因是由于之前选取的增量之间并不互质,间距为 2^{k-1}的子序列都是由那些间距为 2^k 的子序列组成的,上一轮循环中这些子序列都已经排过序了,导致处理效率不高。若想提高效率可以重新选择增量序列,使时间复杂度更低。比如,可以选择 Hibbard 增量序列$\{2^k-1,2^{k-1}-1,\cdots,7,3,1\}$，该增量序列的希尔排序效率可以达到 $O(n^{3/2})$，也可以选取其他增量序列进一步减少时间代价。总之，希尔排序的分析是一个复杂的问题，因为它的时间是所取“增量”序列的函数，到目前为止数学家们还在研究这个问题，并未找到一种最好的增量序列，但在大量的研究以及大量试验基础上推出：当 n 在某个特定范围内时，不同的增量选取可以使得希尔排序的时间复杂度在 $O(n^{1.3})\sim O(n^2)$之间。

注意：增量序列可以有很多种取法，但注意尽量使增量序列中的值没有除 1 之外的公因子，并且最后一个增量值必须等于 1。

(2) 空间复杂度。除输入输出外，算法所需要的空间只有一个辅助存储空间 temp，因此空间复杂度为 $O(1)$。

(3) 稳定性。由于希尔排序在排序时是按增量组成的子序列进行排序，因此，有可能当元素关键字值相同时，排序过程中原来在后的元素排在前面，比如例 8.3 中在原序列中“27”在“27*”前面，而经过希尔排序后“27*”排在了“27”的前面，所以希尔排序是不稳定的排序算法。

8.3 交换排序

8.2 节介绍了通过将元素插入已排序列的合适位置完成的排序——插入排序。本节研究通过元素比较和交换进行的排序——交换排序。交换排序的基本思想是：两两比较待排序记录的关键码，如果发生逆序（即排列顺序与排序后的次序正好相反），则交换之，直到所有记录都排好序为止。

8.3.1 冒泡排序

冒泡排序又称为简单交换排序，不停地比较相邻的记录，如果不满足排序要求（逆序），就交换相邻记录，经过从尾到头（或从头到尾）的一趟扫描后，最小（或最大）的元素就排到了最前面（或最后面），好像气泡从水中冒出，所以称为冒泡排序。如此再从尾到第二个元素进行第 2 趟扫描，次小的元素排到第二位；继续第 3、4……趟扫描，直到所有记录都排好序。

例 8.4 用冒泡排序法对记录的关键字序列{32,26,87,72,26*,17}进行排序。

解 每趟不断将记录从头到尾两两比较，并按“前小后大”规则交换。具体排序过程如图 8.3 所示。

关键字序列	32	26	87	72	26*	17
第1趟	26	32	72	26*	17	{87}
第2趟	26	32	26*	17	{72	87}
第3趟	26	26*	17	{32	72	87}
第4趟	26	17	{26*	32	72	87}
第5趟	17	26	26*	32	72	87

图 8.3 冒泡排序过程

在冒泡排序每趟扫描过程中，检查每趟冒泡过程中是否发生过交换，如果没有，则表明整个数组已经排好序了，就不需要下面的扫描了，排序结束，以此可以避免不必要的比较，以提高效率。

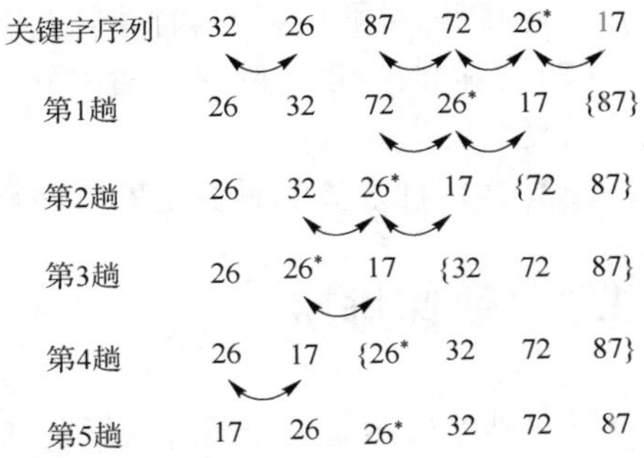

冒泡排序算法程序：

```
template<typename T>
void bubbleSort(T* table,int N){
    bool exchange=true;  //用于加速排序过程,若某趟没有交换发生,则说明整个数组已经有序
    for( int i=1; i < N && exchange; ++i){          //N 个元素最多需要 N-1 趟
        for(int j=0; j < N-i; ++j) {                //从头开始比较连续的两个元素 table[j]、
                                                    //table[j+1],将大者交换至 table[j+1]
            exchange =false;
            if(table[j] > table[j+1]){
                T temp=table[j];
             table[j]=table[j +1];
             table[j +1]=temp;
             exchange =true;                        //有交换
            }
        }
    }
}
```

下面分析冒泡排序算法的时间复杂度、空间复杂度和稳定性。

（1）时间复杂度。

①最好情况：初始排列已经有序，只执行一趟起泡，做 $n-1$ 次关键字比较，不移动对象，此时时间复杂度为 $O(n)$。

②最坏情况：初始排列逆序，算法要执行 $n-1$ 趟起泡，第 i 趟（$1 \leqslant i < n$）做了 $n-i$ 次关键字比较，执行了 $n-i$ 次对象交换（每次交换需要移动 3 次）。此时的比较总次数 C 和记

录移动次数 M 为

$$C = \sum_{i=1}^{n-1}(n-i) = \frac{1}{2}n(n-1)$$

$$M = 3\sum_{i=1}^{n-1}(n-i) = \frac{3}{2}n(n-1)$$

此时时间复杂度为 $O(n^2)$。

③平均情况：

第 i 趟（$1 \leqslant i < n$）做了（$n-i$）/2 次关键字比较，执行了（$n-i$）/2 次对象交换，共执行了 $n-1$ 趟排序，因此得到其时间复杂度为 $O(n^2)$。

（2）空间复杂度。除输入输出外，算法所需要的空间只有一个辅助存储空间 temp，因此空间复杂度为 $O(1)$。

（3）稳定性。算法是稳定的排序算法。

8.3.2 快速排序

冒泡排序虽然简单，但时间复杂度较高，是否能对冒泡排序进行改进，减少其比较和移动记录的次数，从而提高排序的时间效率呢？注意到，冒泡排序中每一趟排序除了将最大的元素交换到最后一位外，其他的每个元素也经过了一次比较，也就是说，对于元素间的大小关系实际上已经有了一定的了解。那么是否可以利用这些结果加速排序过程呢？答案当然是肯定的。

仔细观察冒泡排序过程，算法中外层循环每执行一次，相当于把整个未排序元素集合分成了两个部分，即最大元素和其他元素。当下一轮从“其他元素”中再次选择一个最大元素时，只能将所有“其他元素”再比较一次，因为只知道所有的“其他元素”都比被选出来的那个最大元素小，如图 8.4（a）所示。但如果每轮比较采取的是所有元素都与特定的某个元素比较（不一定是最大的那个），那这个特定的元素就会将未排序元素集合分成 3 个部分：①不大于特定元素；②特定元素；③大于特定元素，如图 8.4（b）所示。之后对于处在③中的某个元素，决定其排序位置时只需要和③中的元素比较即可，而无须和①中的元素进行比较，因为可以非常肯定它比①中的任何元素都要大。这样，就可以大幅度减少比较的次数，从而加快排序过程。

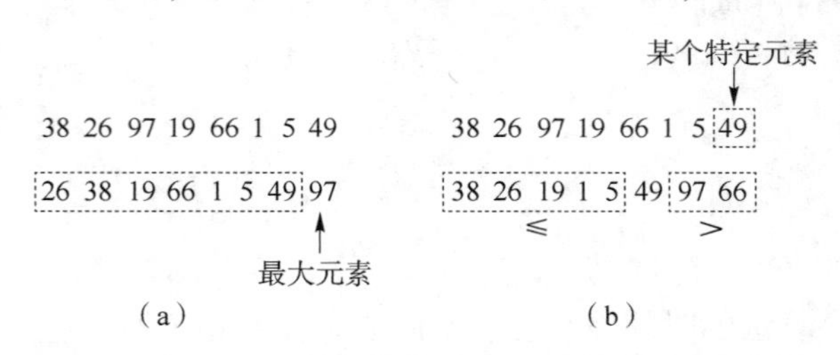

图 8.4　采用不同的比较策略后对原集合的划分情况

按照这个思路进行冒泡排序的改进，得到改进的交换排序（快速排序）思路：首先选一个基准值，通过一趟排序将待排序记录分割成独立的两部分，一部分记录的关键字均不大于基准值，另一部分记录的关键字均不小于基准值，然后分别对这两部分重复上述方法，直到整个序列有序。

总结：快速排序就是利用基准值将原序列一分为二，然后对分成的两个小序列用相同的方法进行排序，当小序列排好序后，整个大序列也就排好序了。这是典型的分治法的思路，也就是将大问题划分成小问题，分而治之，待小问题解决后合并成大问题的解，而快速排序就是用分治法来解决问题的。

另外，快速排序中进行小序列划分时基准值的位置就确定了，而且前面小序列的关键字值均小于后面小序列关键字值，即通过划分使序列向基本有序发展，基本有序序列在进行排序时比较和交换数据的次数会更少，使排序效率得以提高。

要使用快速排序方法，需要解决的问题有 4 个：如何选择基准值？如何实现一次分割（称一次划分）？如何处理分割得到的两个待排序子序列？如何判别快速排序的结束？下面逐个解决这几个问题。

（1）如何选择基准值？

基准值可以有几种选择方法：①使用最后一个记录的关键字值作为基准值；②选取序列中间记录的关键字作为基准值；③比较序列中第一个记录、最后一个记录和中间记录的关键字，取关键字居中的作为基准值并调换到最后一个记录的位置；④随机选取基准值。

选取不同的基准值，导致结果是两个子序列的长度不同。一般可以选择第一种方案，即用最后一个记录关键字值作为基准值。对于其他情况，可以将选择的记录和最后一个记录进行交换，就可以沿用第一种情况的处理方法。

（2）如何实现一次划分？

设待划分的元素子序列存储在 table[low]~table[high]中，low 为子序列起始位置，high 为子序列结束位置。令 table[high] 为基准元素。要用基准值 table[high] 划分整个序列为两个部分，也就是说，将 table[high] 元素放到一个合适的位置，这个位置前的元素关键字都比基准值小，这个位置后的元素关键字都比基准值大，而这个位置即基准值最终放置的位置。

具体做法如下：先将基准值记录存放到临时单元 pivot 中。

步骤 1：分别设置两个指针 i 和 j 表示不大于 pivot 序列的最后一个记录和大于 pivot 序列最后一个记录的下一个位置。

步骤 2：从 j 指向位置向后扫描，如果其指向位置的关键字大于基准值的记录，则 j 直接向后移动指向下一个记录。

步骤 3：否则，和第 i+1 个位置的记录交换，i=i+1；j 向后移动指向下一个记录。

步骤 4：重复步骤 2、步骤 3，直至 j 到达最后一个记录。

步骤 5：将基准值和第 i+1 个位置的记录交换，并返回该位置。

具体过程如图 8.5 所示。

（3）如何处理分割得到的两个待排序子序列？

对分割得到的两个子序列分别递归地执行快速排序。

（4）如何判别快速排序的结束？

设待排序序列为 table[low] ~table[high]，当待排序列中只有一个记录时，显然已有序，就不需要继续进行划分了，此时待划分序列的下标 low=high；否则开始进行划分后，再分别对分割所得的两个子序列进行快速排序（即递归处理）。

解决了这 4 个问题后，开始总结快速排序的算法思路：首先选择基准值（pivot），然后将序列划分为两个子序列 L 和 R，使得 L 中所有记录都不大于基准值，R 中记录都大于基准值。之后分别对子序列 L 和 R 递归地进行快速排序，直至整个序列排好序。

整个快速排序过程通过例 8.5 来介绍。

例 8.5　对记录的关键字序列{38,26 ,97,19, 66,1 ,5 ,49}进行快速排序。

解　选取最后一个关键字 49 作为基准值，进行第一次关键字序列的划分。详细过程如图 8.6 所示。

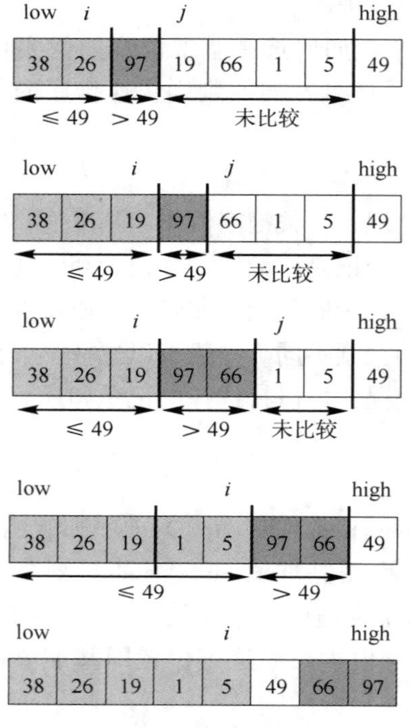

图 8.5　快速排序的一次划分过程详解

（浅灰色表示“不大于”部分；深灰色表示“大于”部分）

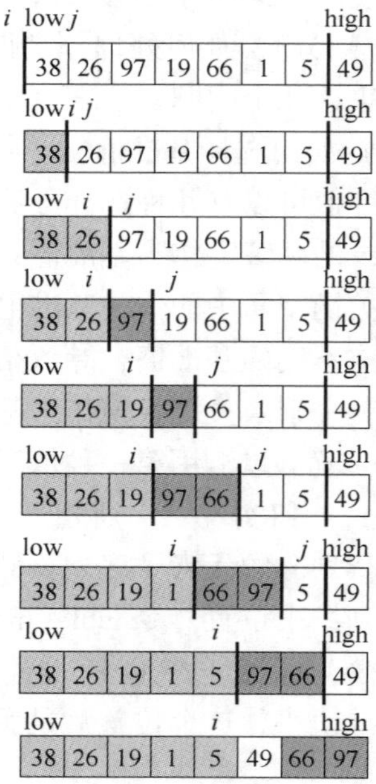

i low j　high	38 26 97 19 66 1 5 49
low i j　high	38 26 97 19 66 1 5 49
low i j　high	38 26 97 19 66 1 5 49
low i j　high	38 26 97 19 66 1 5 49
low i j　high	38 26 19 97 66 1 5 49
low i j　high	38 26 19 97 66 1 5 49
low i j high	38 26 19 1 66 97 5 49
low i high	38 26 19 1 5 97 66 49
low i high	38 26 19 1 5 49 66 97

图 8.6　一次划分详细过程

第一次划分结束后，得到两个子序列，分别对两个关键字子序列递归地进行快速排序。整个快速排序的过程如图 8.7 所示。

关键字序列	38　26　97　19　66　1　5　[49]
第1趟，0…7	{38　26　19　1　5} [49] {66　97}
第2趟，0…4	{1}　5　{19　38　26} 49　{66　97}
第3趟，2…4	1　5　{19} [26] {38} 49 {66　97}
第4趟，6…7	1　5　19　26　38　49 {66} [97]

图 8.7　快速排序全过程

根据前面快速排序过程的分析，写出快速排序算法程序如下：

```
template<typename T>
int partition(T*  table,int low,int high) {     //划分
```

```
    T pivot=table[high];                    //以最后一个元素为基准值
    int i=low- 1;                           //表示不大于基准值序列的最后一个记录的位置
    for(int j=low; j <= high- 1; ++j){
        if(table[j] <= pivot){
            ++i;
            T temp=table[i];
            table[i]=table[j];
            table[j]=temp;


    }
    T temp=table[i +1];
    table[i +1]=table[high];
    table[high]=temp;
    return i+1;
}

template<typename T>
void quickSort(T*  table,int low,int high){  //快速排序
    if(low < high){
        int q=partition(table,low,high);      //对数组进行一次划分
        quickSort(table,low,q - 1);           //递归处理左边
        quickSort(table,q +1,high);           //递归处理右边
    }
}
```

下面分析快速排序的时间复杂度、空间复杂度和稳定性。

（1）时间复杂度。

①最差情况：每次选定的基准记录将待排序列分割成两个子序列，一个子序列中无记录，另一个中有 $n-1$ 个记录。而且这种情况发生在每一次分割过程中，这时快速排序已经蜕化为冒泡排序的过程，算法的时间复杂度也变得很差，为 $O(n^2)$。

②最好情况：每次选定的基准记录都将待排序列分成两个独立的长度几乎相等的子序列，即第 1 趟快速排序的范围是 n 个记录，第 2 趟快速排序的范围是两个长度各为 $n/2$ 的子序列，第 3 趟快速排序的范围是 4 个长度各为（$n/2$）/2 的子序列，依此类推，整个算法时间复杂度为 $O(n\log_2 n)$。

③平均情况：介于最差情况和最好情况之间，时间复杂度也是 $O(n\log_2 n)$。经验证明，它是目前基于“记录比较”操作的内部排序方法中排序速度最快的，该方法也因此而得名。当 n 很大时，该算法的排序速度明显高于其他算法。

但是由于它的最差时间复杂度是 $O(n^2)$，和冒泡排序一样，所以在序列基本排好的情况中要避免使用。

（2）空间复杂度。从空间上来分析，在每次划分中用到一个辅助空间 pivot，而划分后的子序列继续递归地进行快速排序，平均情况下递归的深度为 $\log_2 n$，因此，快速排序的空间复杂度为 $O(\log_2 n)$。

（3）稳定性。快速排序是不稳定的排序算法，也就是说，相同关键字有可能会发生顺序的改变。

8.4 选择排序

选择排序是基于选择操作的排序过程。首先从待排序列中选择最小关键字元素，排在第一个位置；然后从剩下的元素中选择次小关键字元素，排在第二个位置；依次类推，直到所有元素都排好序。

8.4.1 简单选择排序

简单选择排序的基本思想：从待排序列中找到最小关键字排在已排序序列的后一个位置。设第 i 趟排序在 $n-i+1(i=1,2,\cdots,n-1)$ 个记录中选取关键字值最小的记录作为有序序列中的第 i 个记录，具体做法是，第 i 趟简单选择排序时选出剩下的未排序记录中的最小记录，然后直接与数组中第 i 个记录交换，如图 8.8 所示。

完成简单选择排序需解决的关键问题有以下两个。

①如何在待排序序列中选出关键字最小的记录？

②如何确定待排序序列中关键字最小的记录在有序序列中的位置？

第 1 个问题的解决办法是在寻找待排序序列中的最小值时设置一个整型变量 k，用于记录在一趟比较的过程中关键字最小的记录位置，如图 8.9 所示。

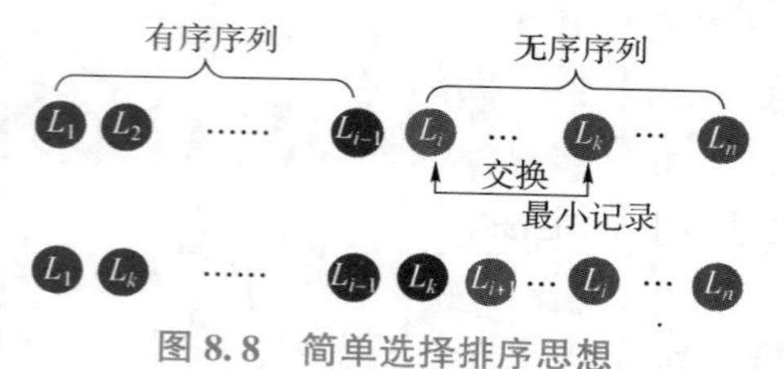

图 8.8 简单选择排序思想

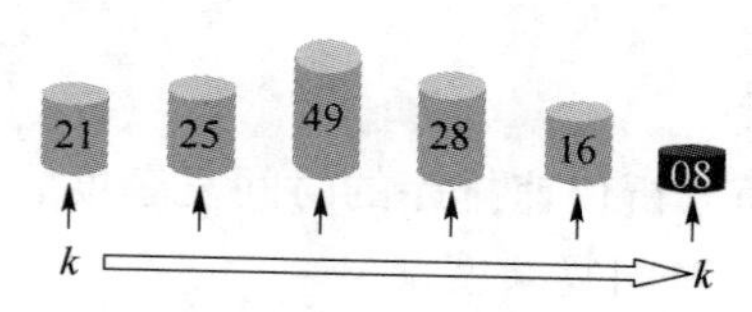

图 8.9 选择最小关键字的过程

第 2 个问题也易解决，第 i 趟简单选择排序的待排序区间是 table[i]~table[n]，则 table[i] 是无序区第一个记录，所以将 k 所记载的关键字最小的记录与 table[i] 交换。

例 8.6 对记录的关键字序列｛38，26，97，19，66，1，5｝进行简单选择排序。

解 首先所有关键字的序列为待排序序列，从所有关键字中选择最小关键字，让该最小关键字和首位置关键字进行交换，交换到首位置的关键字序列就加入已排序序列。然后每次从剩下的未排序序列中再选择最小关键字，和未排序序列的首位置关键字进行交换。如此已排序序列逐渐扩大，未排序序列逐渐缩小，直到所有关键字都在已排序序列中。具体简单选择排序过程如图 8.10 所示。

关键字序列	38 (i)	26	97	19	66	[1] (min)	5
第1趟	{1}	26	97	19	66	38	[5]
第2趟	{1	5}	97	[19]	66	38	26
第3趟	{1	5	19}	97	66	38	[26]
第4趟	{1	5	19	26}	66	[38]	97
第5趟	{1	5	19	26	38}	[66]	97
第6趟	{1	5	19	26	38	66}	[97]
	{1	5	19	26	38	66	97}

图 8.10 简单选择排序过程

根据简单选择排序的过程，写出简单选择排序的算法程序如下：

```
template<typename T>
void selectSort(T*  table,int N){
    for(int i=0; i < N- 1; ++i){               //每趟在从 i 开始的序列中找到最小元素
        int min=i;
        for(int j=i+1; j < N; ++j){            //找最小元素的下标
            if(table[j] < table[min])
                min=j;
        }
        if(min ! = i){                         //将最小元素交换到第 i 个位置
            T temp=table[i];
            table[i]=table[min];
            table[min]=temp;
        }
    }
}
```

下面分析简单选择排序的时间复杂度、空间复杂度和稳定性。

(1) 时间复杂度。在排序过程中进行的 $n-1$ 趟扫描中，每次处理的记录个数从 n 个逐次减 1，扫描过程中只有比较记录关键字的操作，无交换记录的操作，每次扫描结束时才可能有一次交换记录的操作。总的比较记录的次数为

$$C=\sum_{i=1}^{n-1}(n-i)=\frac{n(n-1)}{2}\approx\frac{n^2}{2}$$

交换记录的次数为：$n-1$ 次，每次交换移动 3 次，总的移动次数为 $M=3(n-1)$。所以，简单选择排序的时间复杂度为 $O(n^2)$。

(2) 空间复杂度。简单选择排序过程中交换记录需一个辅助空间 temp，所以其空间复杂度为 $O(1)$。

(3) 稳定性。因为简单选择排序过程中交换记录有可能使原来排在前面的相同关键字交换到后面，所以简单选择排序是一种不稳定的排序算法。

8.4.2 堆排序

简单选择排序的主要操作是进行关键字的比较，如果能减少比较次数而又能完成排序就能提高排序速度。显然，在 n 个关键字中选出最小值，至少要进行 $n-1$ 次比较；而在剩下的 $n-1$ 个关键字中选择次小值并非一定要进行 $n-2$ 次比较，若能利用前面比较的信息，就可以减少以后各趟选择排序中的比较次数。

所以，改进从减少关键字间的比较次数方面来考虑，若能利用每趟比较后的结果，也就是在找出键值最小记录的同时，也找出键值较小的记录，则可减少后面选择最小值时所用的比较次数，从而提高整个排序过程的效率。

例 8.7 已知记录的关键字序列为{70,73,69,23,93,18,11,68}，关键字个数 $n=8$，如果按锦标赛淘汰制选冠军的方法选择最小值，如何进行从小到大的关键字排序？

解 按锦标赛淘汰制选冠军，先将所有关键字放到二叉树的叶子上，然后两两比较得到较小者放到其双亲的位置，具体比较方法和结果如图 8.11（a）所示。从图 8.11（a）中可以得到，第一次比较选出所有关键字中的最小者需要比较 7 次，这和简单选择排序中选择最小值比较次数相同。但之后每次选择最小值只需要比较从根到叶子的路径上的关键字，即比较树的高度 $\log_2 8=3$ 次，如此比较次数可以减少。具体过程如图 8.11（b）～（h）所示。

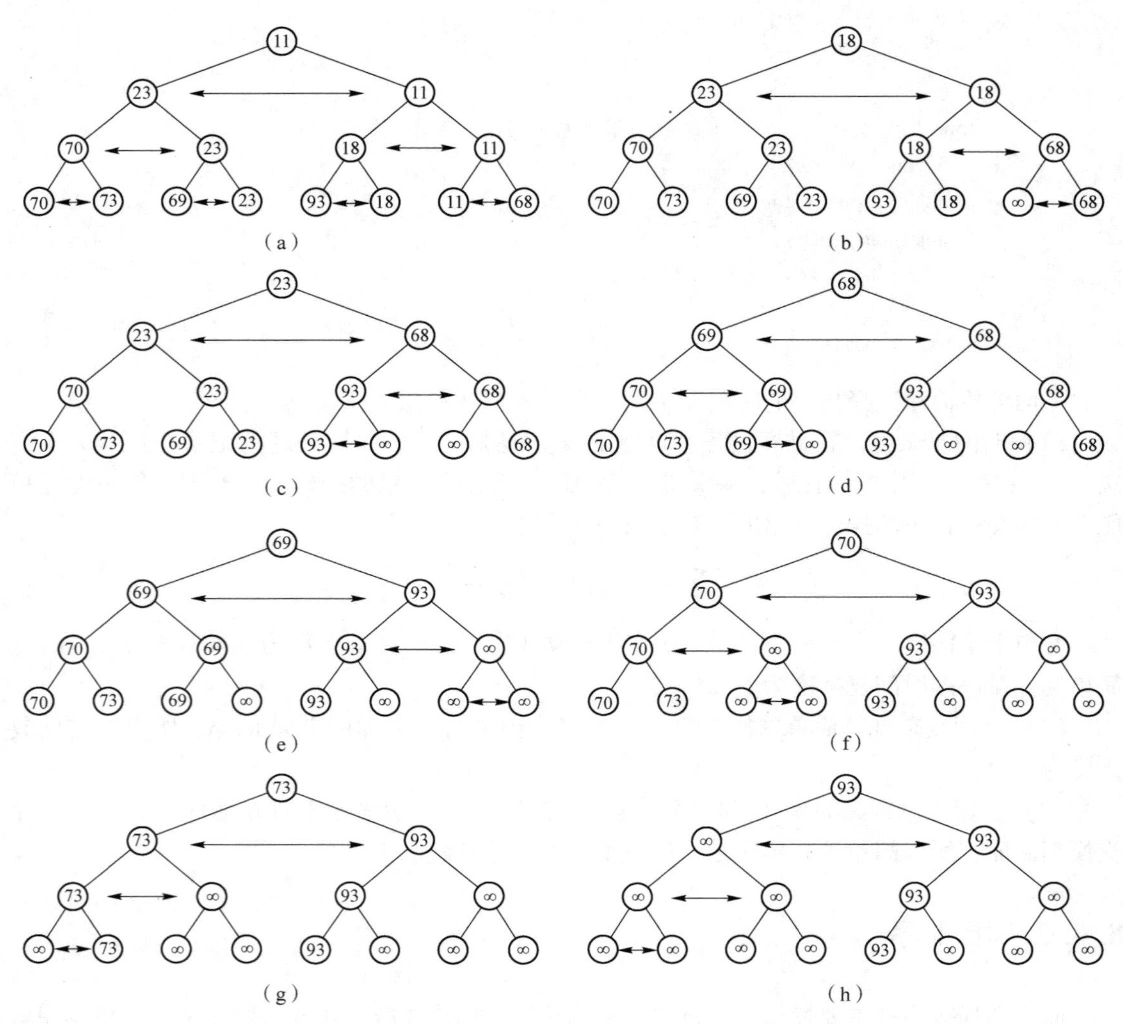

图 8.11 树型选择排序

（a）选择最小关键字过程示意；（b）选择次小关键字过程示意；（c）选择第三小关键字过程示意
（d）选择第四小关键字过程示意；（e）选择第五小关键字过程示意；（f）选择第六小关键字过程示意；
（g）选择第七小关键字过程示意；（h）选择第八小关键字过程示意

最后得到排好序的序列为{11,18,23,68,69,70,73,93}。

例 8.7 中每次按锦标赛淘汰制选冠军的方法选择最小值来进行选择排序的方法称为树型选择排序方法。除了选择第一个最小关键字需对 n 个记录进行 $n-1$ 次关键字比较外，每选择一个次小关键字都只需从树叶到树根比较，即 $\log_2 n$ 次比较，因此排序时间可以大大缩短。

但这种方法的缺点是辅助空间占用较多，和最大值∞的比较也是多余的。下面在此基础上做进一步改进。

首先来看一个概念，叫作堆。n 个关键字值序列为 $\{k_0, k_1, k_2, \cdots, k_{n-1}\}$，若该序列满足下列特性，即

$$k_i \leqslant k_{2i+1} \text{且} k_i \leqslant k_{2i+2} \quad i=0,1,2,\cdots,\left[\frac{n}{2}-1\right]$$

则该序列称为最小堆。

反过来，如果满足

$$k_i \geqslant k_{2i+1} \text{且} k_i \geqslant k_{2i+2} \quad i=0,1,2,\cdots,\left[\frac{n}{2}-1\right]$$

则该序列称为最大堆。

从最小堆（或最大堆）的定义可以看出，如果将一个为堆的序列看成是一棵完全二叉树的顺序存储序列，则对应的完全二叉树具有下列性质：①树中所有非叶子结点的关键字均小于它的孩子结点。如此对应的完全二叉树的根（堆顶）结点的关键字是最小的，也就是整个堆序列中关键字是最小的；②二叉树中任一子树也是堆。其中最小堆可以看成双亲关键字不大于孩子关键字的完全二叉树的顺序存储结构，而最大堆可以看成双亲关键字不小于孩子关键字的完全二叉树的顺序存储结构。

下面看两个堆的例子，图 8.12 所示为最小堆 $\{13,27,38,49,97,76,49,81,65\}$，图 8.13 所示为最大堆 $\{97,81,49,65,76,27,13,38,49\}$。

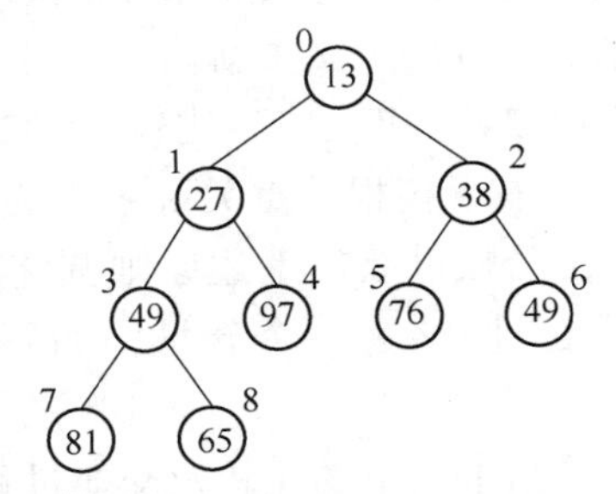

图 8.12　最小堆完全二叉树

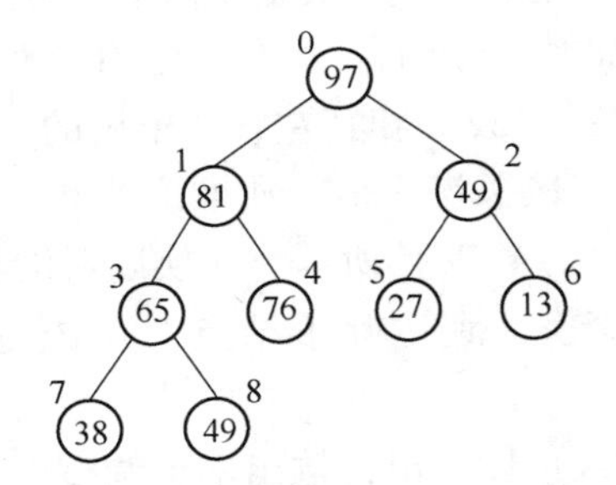

图 8.13　最大堆完全二叉树

堆排序正是利用堆顶元素的关键字最小（或最大）这一特殊性来实现排序的。堆排序的思路：将有 n 个记录的待排序序列首先按堆的定义建成一个最小堆。堆顶记录的关键字值最小，将堆顶记录和序列中最后一个记录交换，这样序列中关键字值最小的记录已放在序列的最后位置上。将前面的 $n-1$ 个记录调整为堆，堆顶记录一定是关键字值次小的记录，再和 $n-1$ 位置上的记录交换，依次进行下去，直至余下的堆中只有一个记录为止。这时，原来无序的序列已排成由大到小的有序序列。

要完成堆排序，有以下两个关键问题需要解决。

①如何由一个无序序列建成一个堆？

②如何在输出堆顶元素之后调整剩余元素，使之成为一个新的堆？

先解决第 2 个问题，也就是输出堆顶后如何调整为新堆。将堆顶和最后一个记录交换，输出堆顶后堆的调整过程称为筛选过程。

例 8.8　记录的关键字序列构成的最小堆 $\{02,24,15,33,39,24',32\}$ 输出堆顶 02 后如何

进行筛选？

解 在筛选过程中，交换后的堆顶元素不满足堆的定义，需要进行从上到下调整。调整过程即比较元素以及交换元素的过程，具体如图 8. 14 所示。

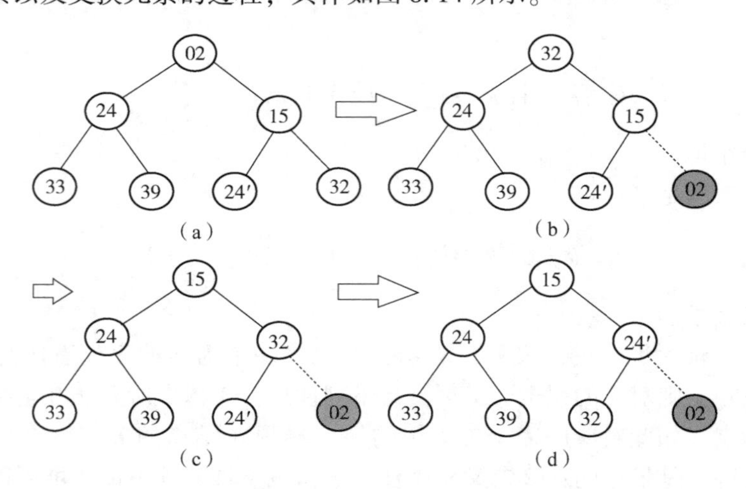

图 8. 14 最小堆的筛选过程

(a) 原最小堆；(b) 交换堆顶；(c) 调整（交换）；(d) 调整完成

在图 8. 14（a）所示的最小堆中，堆顶记录的关键字值最小，将堆顶记录和序列中最后一个记录交换，这样序列中关键字值最小的记录已放在序列的最后位置上，得到图 8. 14（b）所示的堆。此时根结点的左、右子树均为堆，只有根结点按堆的定义重新调整即可。将当前堆顶记录关键字“32”和其左、右子树的根结点关键字“24”和“15”比较，“32”大于左、右子树根结点的关键字值，让堆顶关键字“32”和左、右子树根结点关键字小的那个“15”交换，如图 8. 14（c）所示。交换以后沿着交换的子树分枝继续按上述原则调整，“32”再和“24'”交换，到达叶子结点，筛选完成，剩余元素调整为一个新堆，如图 8. 14（d）所示。

从例 8. 8 可以看出，输出堆顶调整堆的筛选过程是从上而下的比较及交换过程，总结就是：当根结点不符合堆的定义，要按堆的定义重新调整时，按自上而下的原则进行调整。具体做法：先将堆顶记录和其左、右子树的根结点比较，如果均小于左、右子树根结点的关键字值，则调整结束；否则和左、右子树根结点关键字小的那个记录交换，交换以后沿着交换的子树分枝继续按上述原则调整，直至叶子结点，这就实现了将剩余元素调整为一个新堆的操作。

下面再来解决第 1 个问题：怎样建堆？由前面已经知道了如何筛选，建堆过程就是从最后一个非叶子结点开始往前逐步筛选（因为叶子结点没有任何子女，无须单独调整），让每个双亲小于（或大于）子女，直到根结点为止。

将一个无序序列建成一个最小堆，对于有 n 个记录的无序序列，看成一棵完全二叉树，所有 $i>(n-1)/2$ 的结点 k_i 都没有孩子结点，可以把这些叶子结点看成一个个堆，每个堆中都只有一个结点。而从 $i=(n-1)/2$ 的结点 k_i 开始直至 $i=0$ 的结点 k_0，依次将这些结点看成根，并逐一将对应的完全二叉子树调整为堆，直到将以 k_0 为根的二叉树调整为堆为止，建堆过程完成。整个过程从第$(n-1)/2$ 个结点开始，是一个自下而上的过程。下面通过例子来讲解如何完成最小堆的建立。

例 8.9 记录的关键字无序序列为{81,49,76,27,97,38,49,13,65}，基于此建立最小堆。

解 先把关键字序列看作完全二叉树的层次序列，然后找到最后的非叶子结点，把以该结点为根的子树筛选为堆。接下来再依次倒序地找下一个非叶子结点继续筛选，直到把整棵二叉树调整为堆。具体过程如图 8.15 所示。

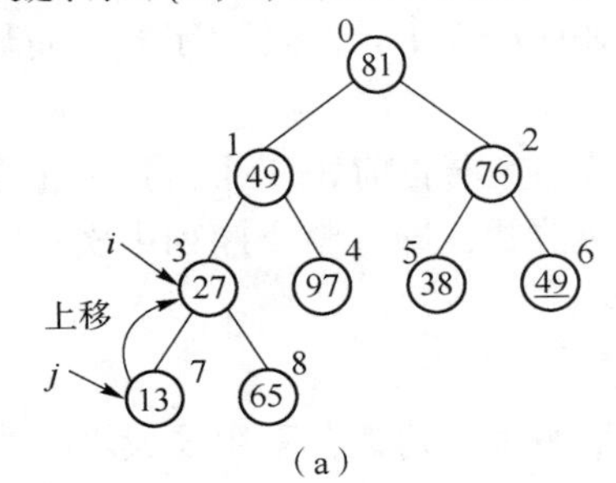

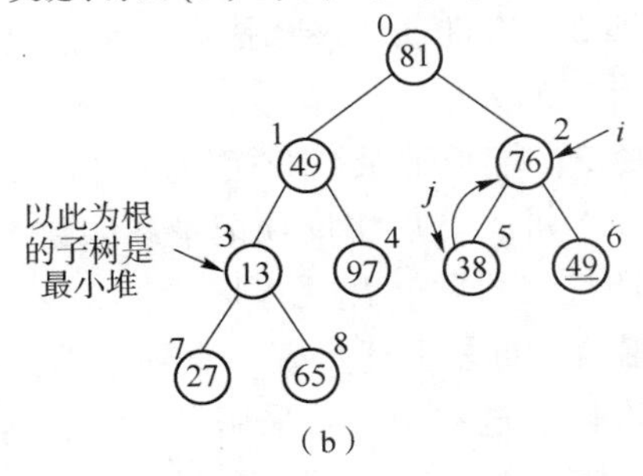

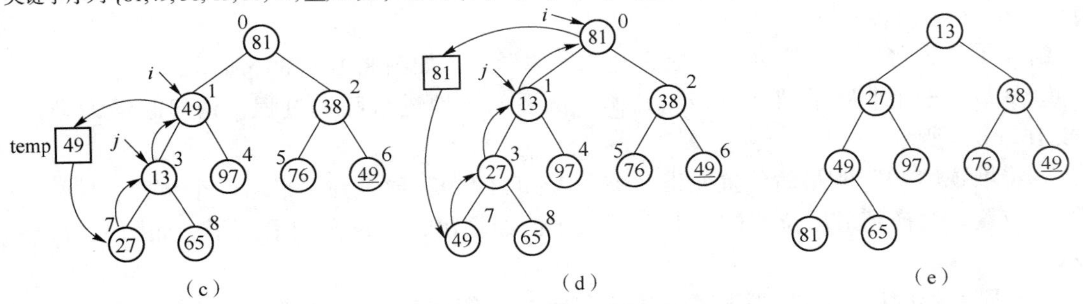

图 8.15 建堆过程

（a）关键字序列看成完全二叉树的层次序列，调整以 27 为根的子树；
（b）调整以 76 为根的子树；（c）调整以 49 为根的子树；（d）调整以 81 为根的子树；（e）最小堆

下面解释图 8.15 建堆的过程。

①图 8.15（a）表示调整 $i=(8-1)/2=3$ 号结点（最后一个非叶子结点）为根的子树为最小堆：交换当前子树根关键字“27”和左、右子树根关键字较小者“13”，交换后该子树建堆完成。

②图 8.15（b）表示从后向前调整 $i=3-1=2$ 号结点为根的子树为最小堆：交换当前子树根关键字“76”和左、右子树根关键字较小者“38”，交换后该子树建堆完成。

③图 8.15（c）表示继续向前调整 $i=2-1=1$ 号结点为根的子树为最小堆：交换当前子树根关键字“49”和左、右子树根关键字较小者“13”，交换后继续将“49”和下一层左、右子树根关键字小者“27”交换，该子树建堆完成。

④图 8.15（d）表示调整 $i=1-1=0$ 号结点为根的子树为最小堆：交换当前根“81”和左、右子树根关键字较小者“13”，交换后继续将“81”和下一层左、右子树根关键字小者“27”交换，交换后继续将“81”和下一层左、右子树根关键字小者“49”交换，该堆建立完成。

⑤得到图 8.15（e）所示的最小堆。

注意，这里为了减少移动记录的次数，交换时先将（子）树根关键字放入临时单元 temp 中，然后从上到下依次比较，完成从上到下各个记录关键字移动后，最后将根关键字放入应放的位置。

通过上面的分析，总结堆排序的步骤如下。

步骤 1：对一组待排序的记录，按堆的定义建立堆。

步骤 2：将堆顶记录和最后一个记录交换位置，则前 $n-1$ 个记录是无序的，而最后一个记录是有序的。

步骤 3：堆顶记录被交换后，前 $n-1$ 个记录不再是堆，需将前 $n-1$ 个待排序记录重新组织成为一个堆，然后将堆顶记录和倒数第二个记录交换位置，即将整个序列中次小关键字值的记录调整（排除）出无序区。

步骤 4：重复上述步骤，直到全部记录排好序为止。

在堆排序过程中，若采用最小堆，排序后得到的是递减序列；若采用最大堆，排序后得到的是递增序列。前面例子是最小堆的，下面来看一个完整的基于最大堆的堆排序过程。

例 8.10 对记录的关键字组成的无序序列{21,25,49,25*,16,08}进行基于最大堆的堆排序。

解 ①首先将该无序序列排列成完全二叉树形式，如图 8.16（a）所示。

②从最后一个非叶子结点“49”开始，从下向上地进行筛选过程，构建起最大堆，如图 8.16（b）所示。

③将堆顶“49”和最后位置元素“08”交换，“49”放置在了最后一个位置，“08”到达堆顶位置。交换到最后位置的“49”相当于已经输出，不再在堆里面了，如图 8.16（c）所示。

④对刚交换的以“08”为堆顶的堆进行筛选，筛选后成为以“25”为堆顶的最大堆，如图 8.16（d）所示。

⑤将新的堆顶“25”交换到倒数第二的位置上，原倒数第二位置的“16”交换到堆顶。交换到后面位置的“25”相当于已经输出，不再在堆里面了，如图 8.16（e）所示。

⑥对刚交换的以“16”为堆顶的堆进行筛选，筛选后成为以“25*”为堆顶的最大堆，如图 8.16（f）所示。

⑦将新的堆顶“25*”交换到倒数第三的位置上，原倒数第三位置的“08”交换到堆顶。交换到后面位置的“25*”相当于已经输出，不再在堆里面了，如图 8.16（g）所示。

⑧对刚交换的以“08”为堆顶的堆进行筛选，筛选后成为以“21”为堆顶的最大堆，如图 8.16（h）所示。

⑨将新的堆顶“21”交换到倒数第四的位置上，原倒数第四位置的“08”交换到堆顶。交换到后面位置的“21”相当于已经输出，不再在堆里面了，如图 8.16（i）所示。

⑩对刚交换的以“08”为堆顶的堆进行筛选，筛选后成为以“16”为堆顶的最大堆，如图 8.16（j）所示。

⑪将新的堆顶“16”交换到倒数第五的位置上，原倒数第五位置的“08”交换到堆顶。交换到后面位置的“16”相当于已经输出，不再在堆里面了，此时堆里就只剩一个元素，堆排序完毕，如图 8.16（k）所示。

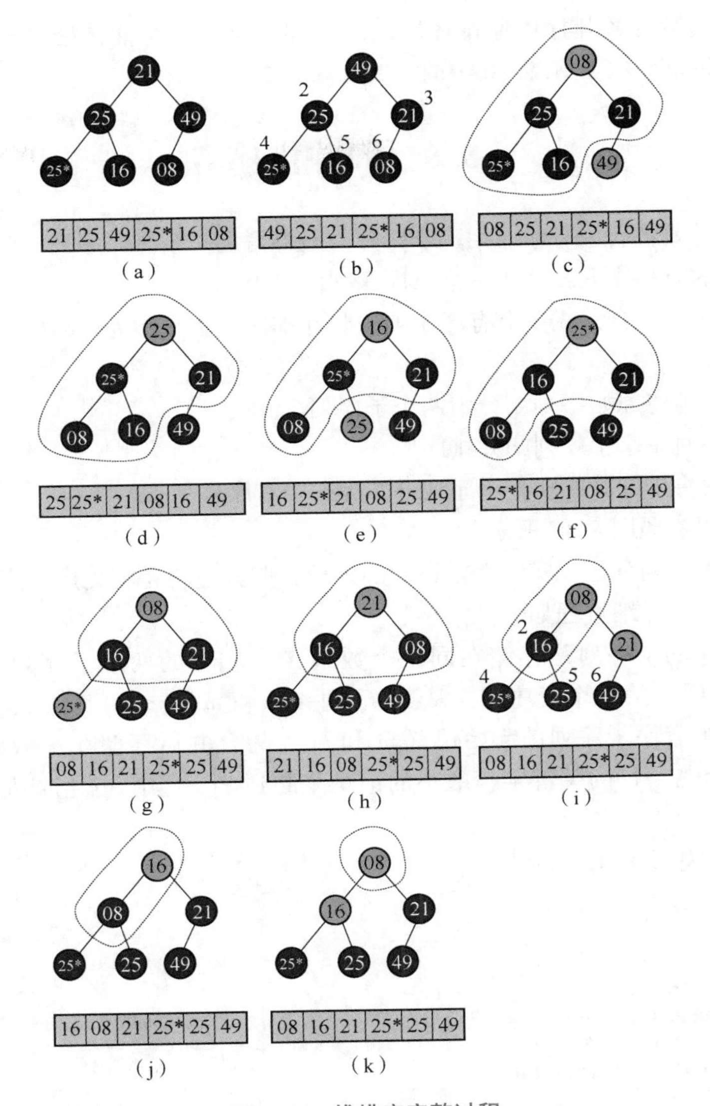

图 8.16　堆排序完整过程

(a) 初始无序序列；(b) 初始最大堆；(c) 将 49 交换到最后；(d) 筛选；
(e) 交换 25 到倒数第二位；(f) 筛选；(g) 交换 25* 到倒数第三位置；(h) 筛选；
(i) 交换 21 到倒数第四位置；(j) 筛选；(k) 交换 16 到倒数第五位置

下面分析堆排序的时间复杂度、空间复杂度和稳定性。

(1) 时间复杂度。调整堆（筛选）是从树的叶子结点到根结点的比较过程，比较次数为 $\log_2 n$，交换元素最多为 $\log_2 n$ 次。因此，筛选过程的时间复杂度为 $O(\log_2 n)$。堆排序的过程就是将堆顶输出—调整堆的过程，每输出一次，堆顶都要重新调整，排序完成后共输出了 n 次堆顶，所以总的时间复杂度为 $O(n\log_2 n)$。这里需要强调，堆排序是顺序表上的排序。虽然从堆排序的过程看堆的形态是一棵二叉树，但它的存储是顺序存储。

(2) 空间复杂度。堆排序重点考虑了空间复杂度，只有在交换数据时需要一个额外的存储空间 temp，因此空间复杂度为 $O(1)$。

（3）稳定性。由于堆排序中原排在后面的相同关键字有可能被交换到前面，所以堆排序是不稳定的排序算法（如例 8.10 中的“25”和“25*”）。

8.5 归并排序

归并排序就是要将若干有序序列逐步归并，最终得到一个有序序列。归并过程指的是将两个或两个以上的有序序列合并成一个有序序列的过程。

以两个有序的子序合并成一个有序序列的归并排序方法，称为二路归并排序。二路归并排序的过程如下。

步骤 1：简单地将原始序列划分为两个子序列。

步骤 2：分别对每个子序列归并排序。

步骤 3：最后将排好序的两个子序列合并为一个有序序列。

排序过程可以参照图 8.17 所示。

在归并排序中，划分过程实际上是递归的过程，归并过程是将无序小序列合并为有序大序列的过程。归并的详细过程如下。

假设两个有序的子序列是存储在同一个数组 X 中相邻的两个子序列，第一个子序列从 $X[m]$ 到 $X[r-1]$，第二个子序列是从 $X[r]$ 到 $X[n]$（$m \leqslant r \leqslant n$）。设 i、j 两个整型指针初始分别指向两个有序子序列的起始位置 m 和 r，k 为合并后存储在 Y 数组中的位置。合并时比较 $X[i]$ 和 $X[j]$ 的关键字，取小的记录复制到 $Y[k]$ 中，k 指针加 1 并对 i 或 j 指针加 1。

一趟归并过程如图 8.18 所示。

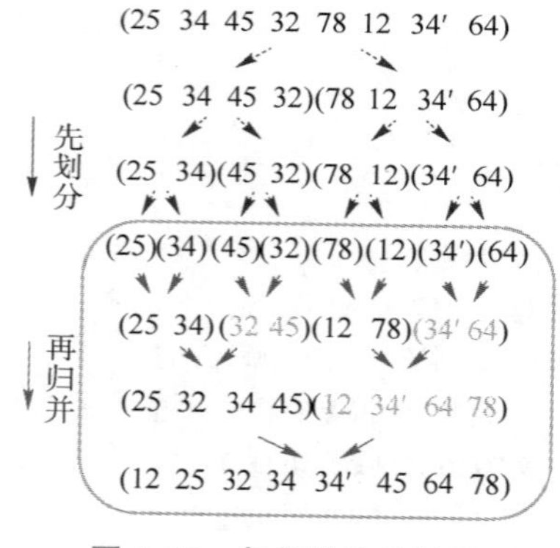

图 8.17 归并排序的过程

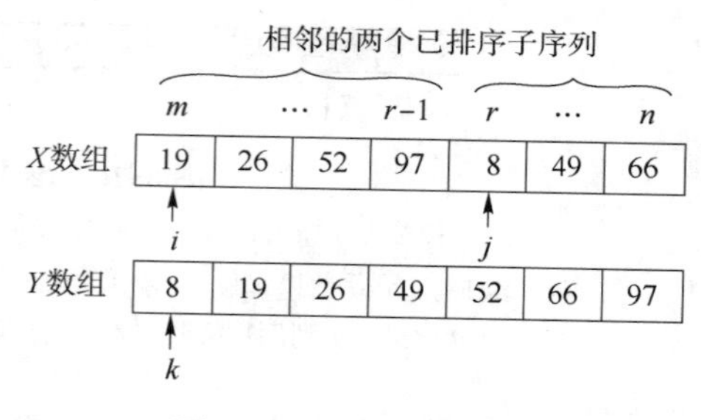

图 8.18 一趟归并过程

基于上面的分析可以写出一趟归并排序的算法程序如下：

```
template<typename T>
void merge(T* table,int p,int q,int r){
    int n1=q-p+1;
    int n2=r-q;
    T* left =new T[n1];                          //辅助数组 左
    T* right =new T[n2];                         //辅助数组 右
```

```
    for(int i=0; i < n1; ++i)                    //复制
        left[i]=table[p+i];
    for(int i=0; i < n2; ++i)                    //复制
        right[i]=table[q +1+i];
    int i=0,j=0;
    int k=p;
    for(; k < r && i < n1 && j < n2; ++k) {      //从左、右两个辅助数组开始合并
        if(left[i] <= right[j]) {
            table[k]=left[i++];
        }
        else{
            table[k]=right[j++];
        }
    }
    while(i < n1)
        table[k++]=left[i++];
    while(j < n2)
        table[k++]=right[j++];

    delete [] left;
    delete [] right;
}
```

完整的归并排序过程以例 8. 11 来说明。

例 8. 11 对记录的关键字序列{52 ,26, 97, 19,66,8,49}进行归并排序。

解 开始时将待排序序列看成 7 个已排好序的子序列，每一个子序列中只含有一个记录。

第 1 趟归并将两个相邻的子序列逐一两两合并，得到 4 个有序子序列。每个子序列中含有 2 个关键字（最后一个子序列只有 1 个关键字）。

第 2 趟归并在第 1 趟归并的结果上进行，将相邻的子序列两两合并，得 2 个有序子序列。

第 3 趟归并在第 2 趟归并的结果上进行，将相邻的有序子序列进行两两合并，得到一个有序序列。归并排序结束，如图 8. 19 所示。

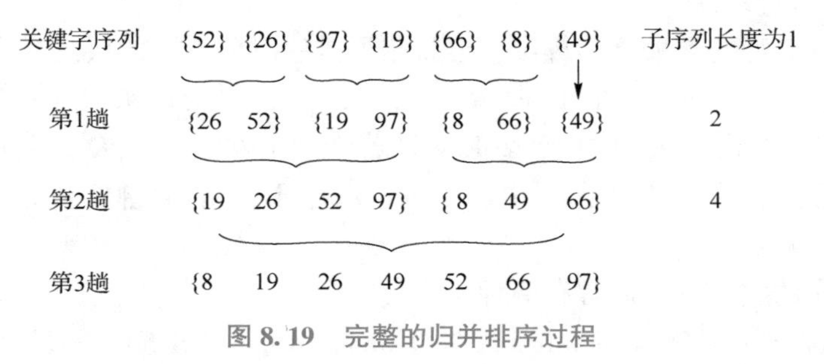

图 8. 19 完整的归并排序过程

归并排序算法程序如下：

```
template<typename T>
void mergeSort(T*  table,int p,int r){
    if( p < r){
        int q =(p+r) / 2;
        mergeSort(table,p,q);           //递归左边
        mergeSort(table,q +1,r);        //递归右边
        merge(table,p,q,r);             //将左、右两个有序数组合并
    }
}
```

下面分析归并排序的时间复杂度、空间复杂度和稳定性。

（1）时间复杂度。若对 n 个记录的序列执行二路归并算法，则必须做 $\log_2 n$ 趟归并，每一趟归并的时间复杂度是 $O(n)$，所以二路归并排序算法的时间复杂度为 $O(n\log_2 n)$。

（2）空间复杂度。归并排序算法中辅助存储量较大，需要附加一个和原序列同样的数组来存储归并的数据元素，也就是在输入输出基础上增加 n 个存储量，因此空间复杂度为 $O(n)$。

（3）稳定性。归并排序算法是稳定的排序算法。

8.6　基数排序

基数排序是与前面介绍的各类排序方法完全不同的一种排序方法。前面几种方法主要是通过比较关键字和移动（交换）记录这两种操作来实现的，而基数排序不需要进行关键字的比较和记录的移动（交换），它是一种基于多关键字排序的思路对单关键字进行的排序。

那么，什么是“多关键字”排序？又如何把单关键字按多关键字来排序？

先看第一个问题，什么是“多关键字”排序？例如，对一副扑克牌排序时若规定花色和面值的顺序关系为：

花色　♦<♣<♥<♠

面值　2<3<4<5<6<7<8<9<10<J<Q<K<A

则可以先按花色排序，花色相同者再按面值排序；或者也可以先按面值排序，面值相同者再按花色排序。

再比如职工分房时若规定先以总分排序（职称分+工龄分）；总分相同者，按配偶总分排序，之后再按人口数等排序。

以上两例都是典型的多关键字排序，也就是说排序时分不同的层次。

“多关键字”排序：设有 n 个记录 $\{R_1,R_2,\cdots,R_n\}$，每个记录 R_i 的关键字是由若干项（数据项）组成的，即记录 R_i 的关键字 Key 是若干项的集合 $\{K_i^1,K_i^2,\cdots,K_i^d\}$ $(d>1)$。记录 $\{R_1,R_2,\cdots,R_n\}$ 是有序的，指的是 $\forall i、j\in[1,n]$，$i<j$，记录的关键字满足 $\{K_i^1,K_i^2,\cdots,K_i^d\}<\{K_j^1,K_j^2,\cdots,K_j^d\}$。

多关键字排序的实现方法通常有两种。

（1）最高位优先法（Most Significant Digit first，MSD）：先按主关键字排序，再按次关键字排序。

（2）最低位优先法（Least Significant Digit first，LSD）：先按次关键字排序，再按主关

键字排序。

例 8.12 对一副扑克牌该如何进行 MSD 和 LSD 排序？

解 若规定花色为第一关键字（高位），面值为第二关键字（低位），则使用 MSD 和 LSD 方法都可以达到排序目的。

MSD 方法的思路：先设立 4 个花色“箱”，将全部牌按花色分别归入 4 个箱内（每个箱中有 13 张牌）；然后对每个箱中的牌按面值进行插入排序（或其他稳定算法）。

LSD 方法的思路：先按面值分成 13 堆（每堆 4 张牌），然后对每堆中的牌按花色进行排序（用插入排序等稳定的算法）。

第二个问题，如何将单关键字按多关键字来排序？

这个问题可以这样解决：设 n 个记录的序列为 $\{V_0, V_1, \cdots, V_{n-1}\}$，可以把每个记录 V_i 的单关键字 K_i 看成一个 d 元组（$K_i^1, K_i^2, \cdots, K_i^d$），则其中的每一个分量 K_i^j($1 \leqslant j \leqslant d$) 也可看成一个关键字。K_i^1 = 最高位，K_i^d = 最低位；K_i 共有 d 位，可看成 d 元组。其中每个分量 K_i^j($1 \leqslant j \leqslant d$) 有 radix 种取值，则称 radix 为基数，也写作 r。

那么将单关键字按位看作多关键字后，排序的方法也可以有最高位优先法（MSD）和最低位优先法（LSD）。

最高位优先法（MSD）的排序步骤如下。

步骤 1：对最高位 K_i^1 进行桶式排序，将序列分在若干个桶中。

步骤 2：对每个桶再按次高位 K_i^2 进行桶式排序，分成更小的桶；依次重复，直到对 K_i^d 排序后，桶内关键字均有序了。

步骤 3：最后将所有的桶依次连接在一起，成为一个有序序列。

这是一个分、分、……、分、收的过程。下面看一个例子。

例 8.13 对记录的关键字集合 $\{45, 32, 43, 11, 23, 34, 87, 96, 69\}$ 进行最高位优先法排序。

解 该排序中关键字是单关键字，但可以把 K_i 看成由两个关键字（K_i^1, K_i^2）组成，K_i^1 是十位数，K_i^2 是个位数，每一个关键字的范围相同（$0 \leqslant K_i^1, K_i^2 \leqslant 9$）。其中十位为高位排序关键字，个位为低位排序关键字。基数 $r = 10$（每个 K_i 取值范围为 0~9）。

具体排序方法：先按十、个位数字依次进行 2 次桶式排序；2 趟分配排序后，整个序列就排好序了。

①按十位进行桶式排序，十位相同的放进一个桶里，如图 8.20 所示。

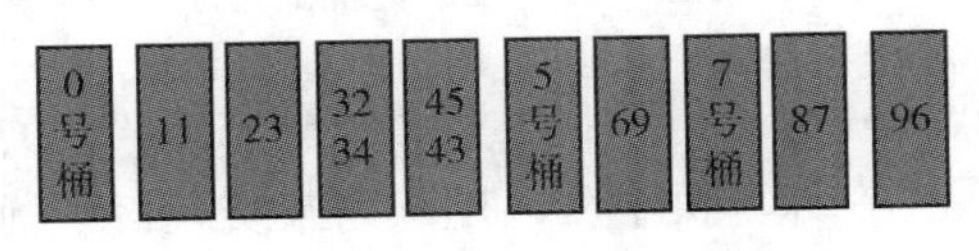

图 8.20 对十位进行桶式排序

②每个十位桶内对个位进行排序，如图 8.21 所示。

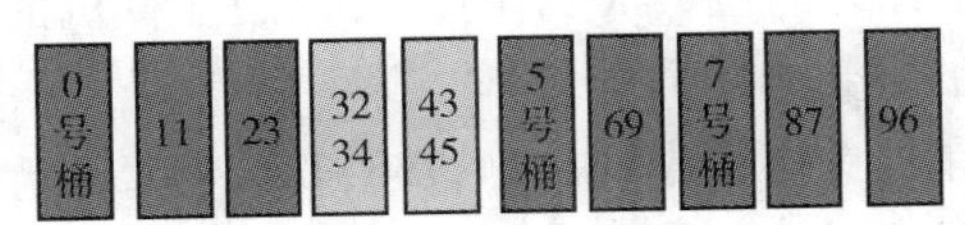

图 8.21 桶内进行个位排序

③将各个桶中数据收集到一起，得到排序结果为

$\{11,23,32,34,43,45,69,87,96\}$

最高位优先法（MSD）的排序方法很容易理解，但不是很适合计算机实现。而最低位优先法（LSD）排序更适合计算机实现。基于最低位优先法（LSD）的排序算法称为基数排序。

最低位优先法（LSD）的排序步骤如下。

步骤1：对最低位 K_i^d 进行桶式排序，将序列分到若干个桶中。

步骤2：将各个桶中数据收集到一起得到新的序列。

步骤3：对于步骤2中得到的序列，依次对次低位 K_i^{d-1}……直至最高位 K_i^1 重复步骤1、步骤2，最终结果即为有序序列。

这是一个分、收、分、收、…、分、收的过程。看下面的例子。

例8.14 对记录的关键字序列{02,77,70,54,64,21,55,11}进行最低位优先法排序。

解 同样该排序中关键字是单关键字，但可以把 K 看成由两个关键字（K_i^1,K_i^2）组成，K_i^1 是十位数，K_i^2 是个位数，每一个关键字的范围相同（$0\leqslant K_i^1,K_i^2\leqslant 9$）。其中十位为高位排序关键字，个位为低位排序关键字。基数 $r=10$（每个 K_i 取值范围为0~9）。

具体排序方法：先按个、十位数字依次进行2次桶式排序和收集；2趟分配收集后，整个序列就排好序了。

①按个位进行桶式排序，个位相同的放进一个桶里，如图8.22所示。

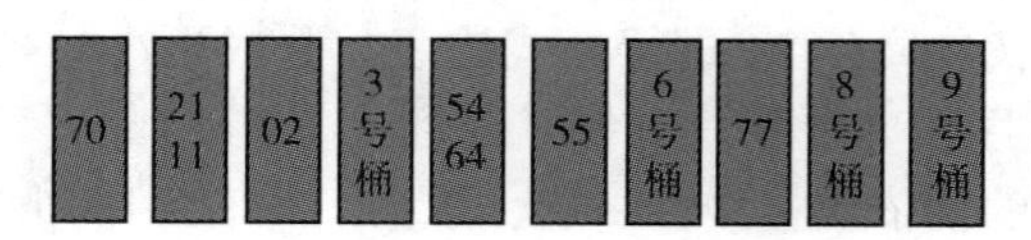

图8.22 对个位进行桶式排序

②将各个桶的数据收集到一起，得到{70 21 11 02 54 64 55 77}。

③对②中得到的序列进行按十位的桶式排序。十位相同的放进一个桶里，如图8.23所示。

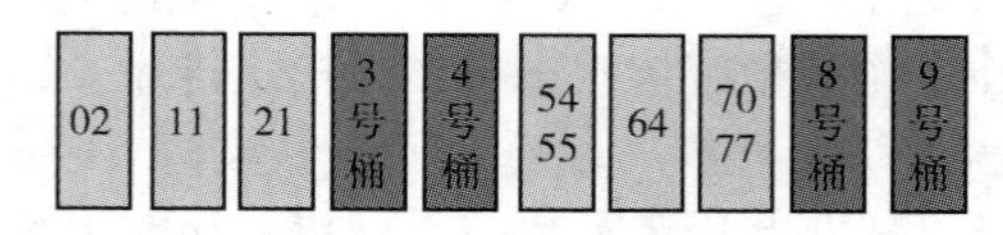

图8.23 对十位进行桶式排序

④将各个桶的数据收集到一起，得到{02,11,21,54,55,64,70,77}。排序完毕。

LSD更易于计算机实现，在计算机中可以用队列来实现每个桶，如此分配时关键字进入各个桶的顺序和收集时关键字出桶的顺序是一致的，从而保证最后输出的是有序序列。这里的队列可以用顺序结构，也可以用链式结构，而且链式结构更加灵活、方便。每次分配和收集的过程也是相同的，只是针对的位数 K^j 不同，可以用计算机的循环来实现，如此在计算机中很容易实现基于LSD的基数排序算法。

例8.15 请实现对记录的关键字序列{614,738,921,485,637, 101,215,530,790,306}的基数排序（采用链式结构来实现）。

解 该排序中关键字是单关键字，但可以把 K 看成由3个关键字（K_i^1,K_i^2,K_i^3）组成，K_i^1 是百位数，K_i^2 是十位数，K_i^3 是个位数。每一个关键字的范围相同（$0\leqslant K_i^1,K_i^2,K_i^3\leqslant 9$）。

其中百位为高位排序关键字，个位为低位排序关键字。基数 $r=10$（每个 K_i 取值范围为0~9）。

具体排序方法：针对 d 元组中的每一位分量，把原始链表中的所有记录，按 K_i^j 取值，让 $j=d,d-1,\cdots,1$。

步骤1：先“分配”到 radix 个链队列中去。

步骤2：然后再按各链队列的顺序，依次把记录从链队列中“收集”起来。

步骤3：分别用这种“分配”“收集”的运算逐趟进行排序。

步骤4：在最后一趟“分配”“收集”完成后，所有记录就按其关键字的值从小到大排好序了。

初始序列链式结构存储如图8.24所示。

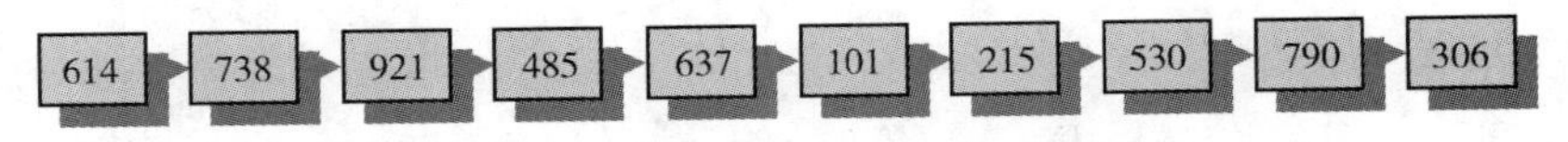

图8.24　初始关键字序列链式存储结构

①第1趟分配：按最低位 $j=3$ 分配，即将其按 K_i^3 分配到各个链队列，如图8.25所示。

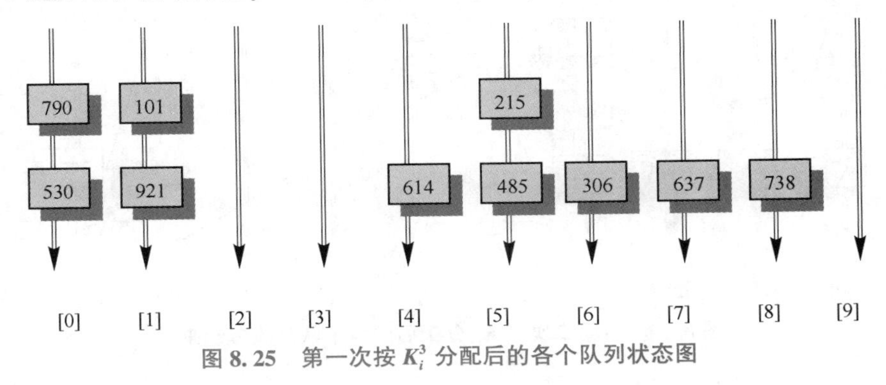

图8.25　第一次按 K_i^3 分配后的各个队列状态图

②第1趟收集，从［0］队列开始，让上一个队列的队尾链接到下一个非空队列的队头即可，如图8.26所示。

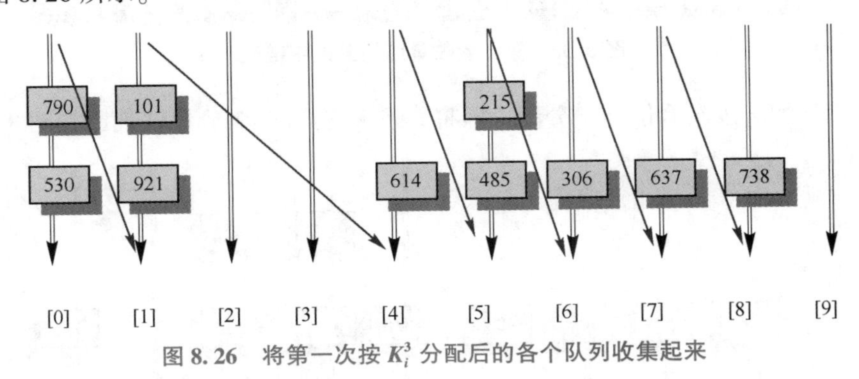

图8.26　将第一次按 K_i^3 分配后的各个队列收集起来

得到关键字链表如图8.27所示。

③第2趟分配：按次低位 $j=2$ 分配，即将其按 K_i^2 分配到各个链队列，如图8.28所示。

④第2趟收集，从［0］队列开始，让上一个队列的队尾链接到下一个非空队列的队头，如图8.29所示。

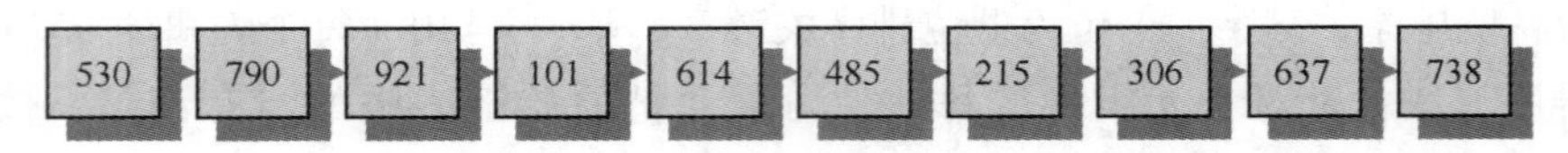

图 8.27　第 1 趟收集后的关键字链表

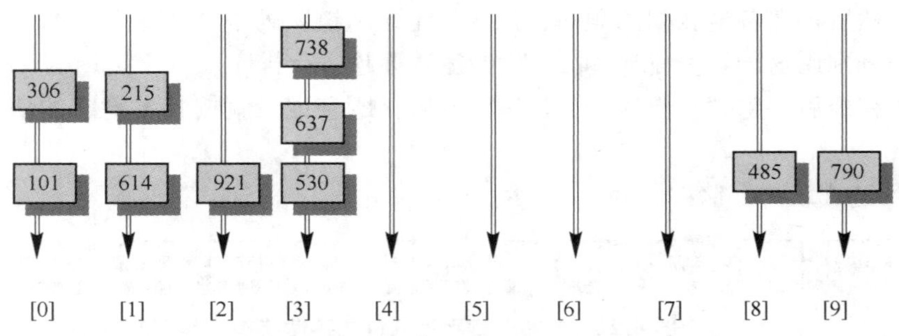

图 8.28　第二次按 K_i^2 分配后的各个队列状态图

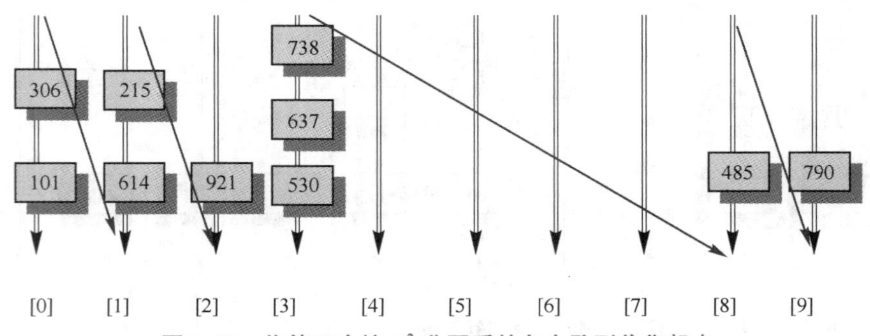

图 8.29　将第二次按 K_i^2 分配后的各个队列收集起来

得到关键字链表如图 8.30 所示。

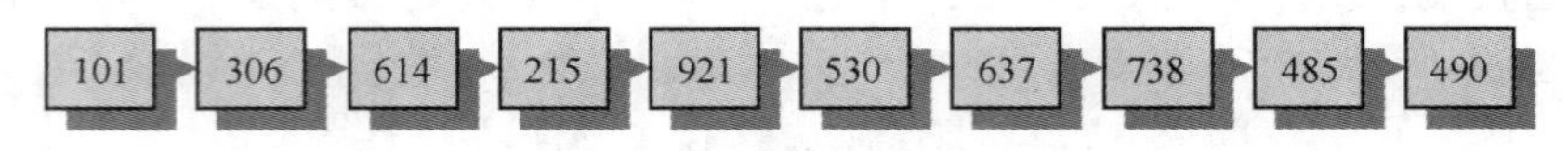

图 8.30　第 2 趟收集后的关键字链表

⑤第 3 趟分配：按次低位 $j=1$ 分配，即将其按 K_i^1 分配到各个链队列，如图 8.31 所示。

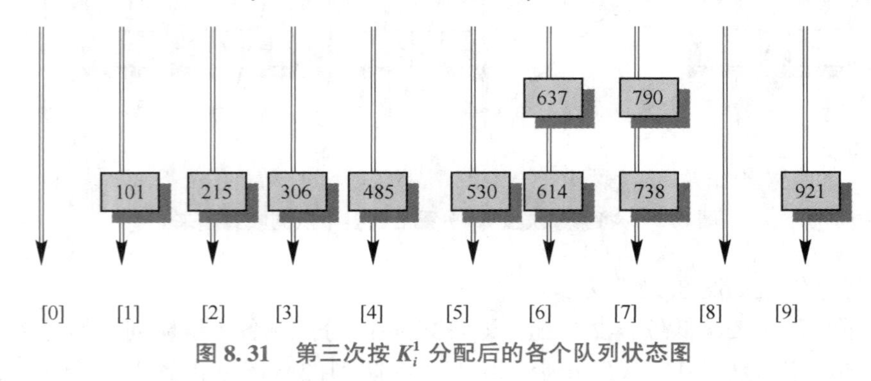

图 8.31　第三次按 K_i^1 分配后的各个队列状态图

⑥第 3 趟收集，从［0］队列开始，上个队列的队尾链接到下个非空队列的队头，如

图 8. 32 所示。

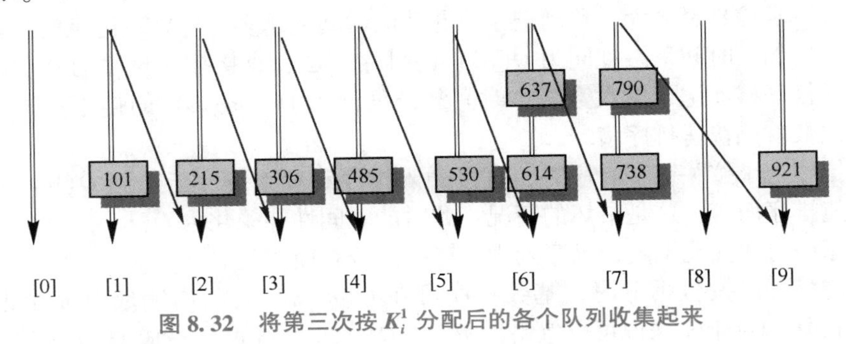

图 8. 32 将第三次按 K_i^1 分配后的各个队列收集起来

得到关键字链表如图 8. 33 所示。

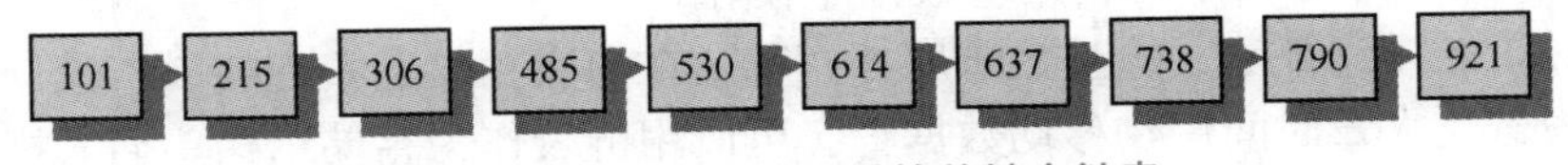

图 8. 33 第 3 趟收集后的关键字链表

第 3 趟收集后，关键字按从小到大有序排列好了。

下面分析基数排序算法的时间复杂度、空间复杂度和稳定性。

（1）时间复杂度。基数排序的特点是不用比较和移动，改用分配和收集，时间效率较高。设有 n 个待排序记录，关键字位数为 d，每位有 r 种取值。则排序的趟数（每次分配、收集的过程算作一趟排序）是 d；在每一趟中，桶初始化的时间复杂度为 $O(r)$，分配关键字到各个桶的时间复杂度为 $O(n)$，分配后收集关键字的时间复杂度为 $O(r)$，则链式基数排序的时间复杂度为 $O(d(n+r))$。

（2）空间复杂度。在排序过程中使用的辅助空间是 $2r$ 个链域（链队列的头链域和尾链域），则空间复杂度为 $O(r)$。

（3）稳定性。基数排序是稳定的排序算法。

8.7 各种排序的比较

前几节中介绍了直接插入排序、希尔排序、冒泡排序、快速排序、简单选择排序、堆排序、归并排序及基数排序等很多种排序算法，那么在需要排序数据时如何选择排序算法呢？排序在计算机程序设计中非常重要，上面讲述的各种排序方法各有其优、缺点，适用的场合也不同。在选择排序方法时需要考虑的因素有以下几个。

①待排序的记录数目 n 的大小。

②记录本身数据量的大小，也就是记录中除关键字外的其他信息量的大小。

③关键字的结构及其分布情况。

④对排序稳定性的要求。

依据这些条件，可得出以下几点结论。

①若 n 较小，可采用直接插入排序或直接选择排序，因为当 n 较小时，$O(n^2)$ 同 $O(n\log_2 n)$的差距越小，并且输入和调试简单算法比输入和调试改进算法要少用许多时间。若 n 较大，则采用时间复杂度为 $O(n\log_2 n)$ 的算法会更好，如采用快速排序、堆排序或归

并排序。

②若记录本身信息量越大，移动记录所花费的时间就越多，所以对记录的移动次数较多的算法不利。比如，时间复杂度同为 $O(n^2)$ 的排序算法，直接插入排序的移动记录的次数就比简单选择排序移动记录的次数多；时间复杂度同为 $O(n\log_2 n)$ 的排序算法，归并排序移动记录的次数就比快速排序多。

③当待排序记录按关键字有序时，直接插入排序和冒泡排序能达到 $O(n)$ 的时间复杂度；对于快速排序而言，这是最坏的情况，此时的时间性能蜕化为 $O(n^2)$；选择排序、堆排序和归并排序的时间性能不随记录序列中关键字的分布而改变。

④当关键字可以按位拆分时，基数排序可在 $O(d\times n)$ 时间内完成对 n 个记录的排序（当 n 较大时，r 相对于 n 来说可以忽略，所以，$O(d(n+r))$ 可以写成 $O(d\times n)$）。d 是指单逻辑关键字的个数，一般远少于 n。但基数排序只适用于字符串和整数这类有明显结构特征的关键字。若 n 很大，d 较小时，用基数排序较好。

⑤前面讨论的排序算法，除基数排序外，都是在向量存储上实现的。当记录本身的信息量很大时，为避免大量时间用在移动数据上，可以用链表作为存储结构。插入排序和归并排序都易在链表上实现，但有的排序方法，如快速排序和堆排序在链表上却很难实现。

⑥在基于比较的排序中，时间复杂度为 $O(n\log_2 n)$ 的排序算法有快速排序、堆排序、归并排序，而快速排序被认为是目前基于比较记录关键字的内部排序中最好的排序方法，当待排序序列的关键字是随机分布时，快速排序的平均时间复杂度最优；但堆排序所需的辅助空间少于快速排序，并且在最坏情况下时间复杂性不会变化。若要求稳定排序，则可选用归并排序。

对上面讲的各种排序算法进行性能的比较，如表 8.4 所示。

表 8.4　排序算法性能比较

算法分类	排序算法	时间复杂度（平均情况）	最坏情况	空间复杂度	稳定性
插入排序	直接插入排序	$O(n^2)$	$O(n^2)$	$O(1)$	稳定
	希尔排序	$O(n^{1.3})\sim O(n^2)$	$O(n^2)$	$O(1)$	不稳定
交换排序	冒泡排序	$O(n^2)$	$O(n^2)$	$O(1)$	稳定
	快速排序	$O(n\log_2 n)$	$O(n^2)$	$O(\log_2 n)$	不稳定
选择排序	简单选择排序	$O(n^2)$	$O(n^2)$	$O(1)$	不稳定
	堆排序	$O(n\log_2 n)$	$O(n\log_2 n)$	$O(1)$	不稳定
归并排序	归并排序	$O(n\log_2 n)$	$O(n\log_2 n)$	$O(n)$	稳定
基数排序	基数排序	$O(d(n+r))$	$O(d(n+r))$	$O(r)$	稳定

本章小结

排序是将无序序列变成有序序列的过程，在计算机中是一种常用的操作。排序有很多种不同的方法，本章中介绍了五类共 8 种排序，包括插入排序类的直接插入排序和希尔排序，交换排序类的冒泡排序和快速排序，选择排序类的简单选择排序和堆排序，还有归并排序及基数排序，并且分析了各种排序算法的性能及其优、缺点，在需要用到排序时可以根据情况选择合适的排序算法使用。

习 题

1. 选择题

(1) 若关键字序列为基本有序序列，则适合用（　　）算法排序。

A. 简单选择排序　　B. 直接插入排序　　C. 快速排序　　D. 堆排序

(2) 下列（　　）算法的平均时间复杂度为 $O(n\log_2 n)$。

A. 简单选择排序　　B. 直接插入排序　　C. 快速排序　　D. 冒泡排序

(3) 堆的形状是一棵（　　）。

A. 完全二叉树　　B. 满二叉树　　C. 二叉排序树　　D 判定树

(4) 快速排序的最坏情况下的时间复杂度为（　　）。

A. $O(n^2)$　　B. $O(n\log_2 n)$　　C. $O(n)$　　D. $O(n^{1.3})$

(5) 基本有序的序列适合用（　　）算法进行排序。

A. 简单选择排序　　B. 直接插入排序　　C. 快速排序　　D. 堆排序

(6) 对 n 个元素序列进行排序，如果利用二路归并方法进行排序，其时间复杂度和空间复杂度分别是（　　）。

A. $O(n\log_2 n)$，$O(1)$　　B. $O(n)$，$O(1)$

C. $O(n\log_2 n)$，$O(n)$　　D. $O(n^2)$，$O(n)$

(7) 判别下列序列中，不是堆的是（　　）。

A. (1,5,7,25,21,8,9,42)　　B. (3,9,5,8,4,17,21,6)

C. (21,9,17,8,4,3,5,6)　　D. (30,25,18,21,7,8,3,10)

(8) 快速排序最好的情况是（　　）。

A. 序列基本有序　　B. 序列逆序　　C. 序列正序　　D. 序列无序

(9) 有关基数排序的说法正确的是（　　）。

A. 基数排序也是基于关键字比较的排序方法

B. 基数排序的时间复杂度是 $O(n\log_2 n)$

C. 基数排序是基于多关键字排序思想的单关键字排序

D. 基数排序的基数确定是 10

(10) 现需要选择一个稳定的，时间复杂度为 $O(n\log_2 n)$ 的排序算法，应选择（　　）。

A. 快速排序　　B. 希尔排序　　C. 堆排序　　D. 归并排序

(11) 下面有关排序的说法，正确的是（　　）。

A. 所有的排序算法都是基于关键字比较的

B. 排序算法中冒泡排序性能最好

C. 堆排序是不稳定的排序算法

D. 简单选择排序是稳定的排序算法

(12) 对序列 {30　85　15　78　06　33　45} 进行简单选择排序，第 1 趟扫描排序结果为（　　）。

A. 06　15　30　78　85　33　45　　B. 06　85　15　78　30　33　45

C. 30　15　78　06　33　45　85　　D. 15　85　30　78　06　33　45

（13）对序列{30　85　15　78　06　33　45}进行快速排序，第1趟扫描排序结果为（　　）。

A. 06　15　30　78　85　33　45　　B. 06　85　15　78　30　33　45

C. 30　15　78　06　33　45　85　　D. 30　85　15　78　06　33　45

（14）对序列{30　85　15　78　06　33　45}进行冒泡排序，第1趟扫描排序结果为（　　）。

A. 06　15　30　78　85　33　45　　B. 06　85　15　78　30　33　45

C. 30　15　78　06　33　45　85　　D. 30　85　15　78　06　33　45

（15）对序列{30　85　15　78　06　33　45}进行归并排序，第1趟两两归并结果为（　　）。

A. 06　15　30　78　85　33　45　　B. 06　85　15　78　30　33　45

C. 30　15　78　06　33　45　85　　D. 30　85　15　78　06　33　45

2. 判断题

（1）排序操作只能基于顺序存储结构进行。（　　）

（2）快速排序是目前基于比较的排序算法中最快的。（　　）

（3）当排序元素数量 n 较大且要求稳定排序时可选择堆排序算法。（　　）

（4）希尔排序是改进的插入排序算法。（　　）

（5）简单选择排序是稳定的排序算法。（　　）

（6）归并排序的空间复杂度是 $O(1)$。（　　）

（7）N 较大时，要想排序的时间效率高而且所用辅助空间少，可以采用堆排序。（　　）

（8）基数排序将单关键字按位分解，用多关键字排序思想进行排序。（　　）

（9）当序列已经排好序时，快速排序退化为冒泡排序。（　　）

（10）直接插入排序比简单选择排序相比记录移动次数更少。（　　）

3. 填空题

（1）请读下面程序，并在空缺的位置填入正确的语句。

```
void selectSort(int[] table)                    //直接选择排序
  {  for(int i=0; i<table. length- 1; i++)     //n- 1 趟排序,每趟从 table[i]开始寻找最小元素
     {  int min=i;                              //设第 i 个数据元素最小
        for(int j=i+1; j<table. length; j++)   //在子序列中查找最小值
           if(table[j]<table[min])
              min =__________;                  //记住最小元素下标
           if(min! =i)                          //将本趟最小元素交换到前边
           {  int temp=table[i];
              table[i]=table[min];
              table[min]=temp;  }
     }
  }
```

（2）请读下面程序，并在空缺的位置填入正确的语句。

```
void quickSort(int[] table,int low,int high)          //一趟快速排序,递归
{  if(low<high)                                        //low、high 指定序列的下界和上界,序列有效
   {  int i=low,j=high;
      int vot=table[i];                                //第一个值作为枢轴(基准)值
      while(i! =j)                                     //一趟排序
      {  while(i<j && vot<=table[j])                   //从后向前寻找较小值
            j--;
         if(i<j)
         {  table[i]=table[j]; i++; }                  //较小元素向前移动
            while(i<j && table[i]<vot)                 //从前向后寻找较大值
               i++;
            if(i<j)
            {  table[j]=table[i]; j--; }               //较大元素向后移动
            }
            table[i]=vot;                              //基准值的最终位置
            quickSort(table,low,__________);           /前端子序列再排序
            quickSort(table,i+1,high);                 //后端子序列再排序
   }
}
```

（3）稳定的排序算法有__________、__________、__________、__________。

（4）不稳定的排序算法有__________、__________、__________、__________。

（5）基数排序是用__________的思路对单关键字进行排序。

（6）堆的形状是一棵__________。

4. 综合题

（1）已知数据序列为（13,6,10,25,8,30,27），对该数据序列进行直接插入排序，写出每趟排序的结果。

（2）已知数据序列为（13,6,10,25,8,30,27），对该数据序列进行希尔排序（增量序列为3，1），写出每趟排序的结果。

（3）已知数据序列为（13,6,10,25,8,30,27），对该数据序列进行冒泡排序，写出每趟排序的结果。

（4）已知数据序列为（13,6,10,25,8,30,27），对该数据序列进行快速排序，写出每趟排序的结果。

（5）已知数据序列为（13,6,10,25,8,30,27），对该数据序列进行简单选择排序，写出每趟排序的结果。

（6）已知数据序列为（13,6,10,25,8,30,27），对该数据序列进行堆排序，写出每趟排序的结果。

（7）已知数据序列为（13,6,10,25,8,30,27），对该数据序列进行二路归并排序，写出每趟排序的结果。

（8）已知数据序列为（13,6,10,25,8,30,27），对该数据序列进行基数排序，写出每趟排序的结果。

习题答案

第9章 算法应用举例

"算法"不仅仅指数学概念里的狭隘算法，这里是指计算机领域的对问题的思考方式以及解决步骤，是一种思路和逻辑性的体现，也就是解决问题的思路。目前，很多算法已经被包装到了语言和工具中，这也成为不少开发者逃避学习算法的借口。但包装好的算法往往只适用于本语言或工具而且只能解决某些问题，移植到别的情况下则无法使用。况且这种算法已经因为语言或者工具而界定了思路，难以用于其他方面和实际中。因此，为了使开发者能有自己的思维方式，用自己的思路去解决问题，学习算法是有用而且必要的。本章中会介绍几类算法的思想并用实例来讲解如何用该类算法解决问题，并希望学习者能够举一反三，用不同的算法思路解决不同的问题。

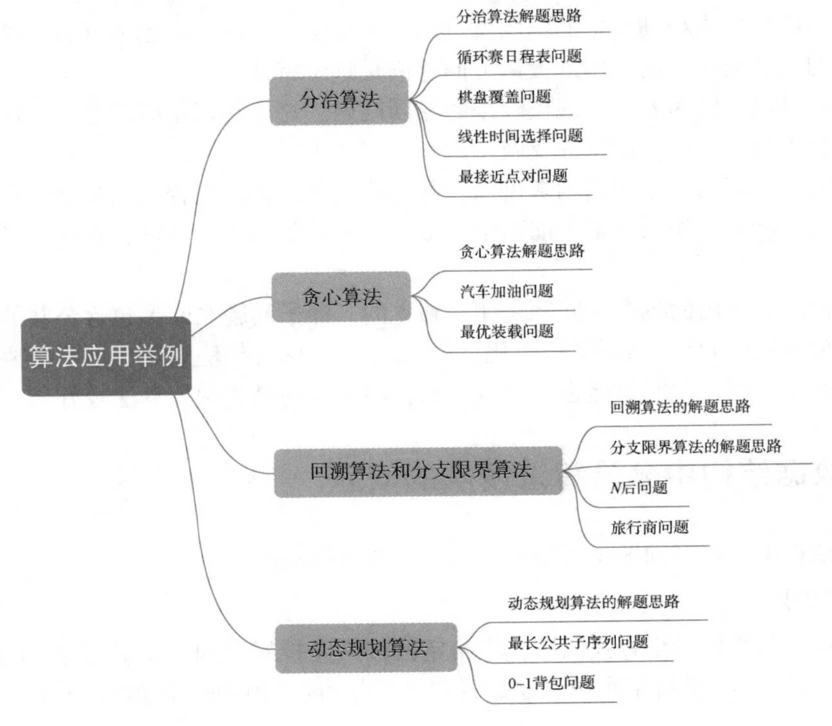

9.1 分治算法

分治算法是将一个难以直接解决的大问题，分割成一些规模较小的相同问题，以便各个击破、分而治之。

9.1.1 分治算法的解题思路

用分治算法解决问题时的一般思路：首先将要求解的较大规模的问题分割成 k 个更小规模的子问题。然后对这 k 个子问题分别求解。如果子问题的规模仍然不够小，则再划分为 k 个子问题，如此递归进行下去，直到问题规模足够小，很容易求出其解为止，如图 9.1（a）所示。最后将求出的小规模问题的解合并为一个更大规模问题的解，自底向上逐步求出原来问题的解，如图 9.1（b）所示。

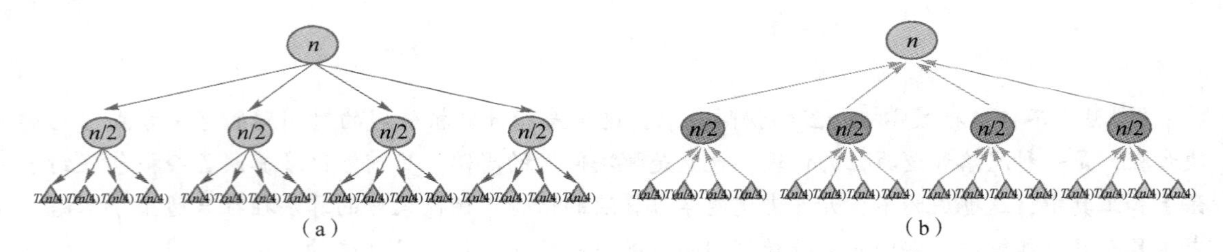

图 9.1　分治算法的解题思路描述
（a）将大问题分解为小问题；（b）将小问题的解合成大问题的解

用分治算法的思路解决问题，一般具有以下几个特征。

①该问题的规模缩小到一定的程度就可以容易地解决。因为问题的计算复杂性一般是随着问题规模的增加而增加的，因此大部分问题满足这个特征。

②该问题可以分解为若干个规模较小的相同问题。这个特征是应用分治法的前提，它也是大多数问题可以满足的，此特征反映了递归思想的应用。

③用该问题分解出的子问题的解可以合并为该问题的解。能否利用分治法完全取决于问题是否具有这条特征，如果具备了前两个特征，而不具备第三个特征，则可以考虑贪心算法或动态规划。

④该问题所分解出的各个子问题是相互独立的，即子问题之间不包含公共的子问题。这个特征涉及分治法的效率，如果各子问题是不独立的，则分治法要做许多不必要的工作，重复地解公共的子问题，此时虽然也可用分治法，但一般用动态规划算法较好。

9.1.2 数据结构中分治算法解决的问题

在数据结构中，很多问题是用分治算法的思路来解决的。

1. 折半查找

在第 7 章中介绍的折半查找问题，在给定已按升序排好序的 n 个关键字 $a[0: n-1]$ 中找出一特定元素 x。分析折半查找问题是否满足用分治算法解决问题的 4 个特征。

①该问题的规模缩小到一定的程度就可以容易地解决。折半查找中如果序列中只有一个关键字，则直接通过比较就可以知道是否查找成功，查找完毕。

②该问题可以分解为若干个规模较小的相同问题。折半查找中当规模减半后，问题仍是查找问题，是规模较小的相同问题。

③分解出子问题的解可以合并为原问题的解。折半查找中子问题如果解决了，原问题也就解决了。

④分解出的各个子问题是相互独立的。折半查找中每次的子问题要么是前半部分，要么是后半部分，相互是独立的。

所以，折半查找满足这 4 个特征，可知折半查找问题是适合用分治算法解决的。那么按照分治算法的解题思路可以得到折半查找的查找思路为：要在 n 个关键字中寻找需要的关键字，先将待查关键字和中间关键字进行比较，比较中间元素后要么查找成功，要么将查找范围缩小至原来的一半，待查关键字比中间关键字小则到序列的前半部分继续查找，待查关键字比中间关键字大则到序列的后半部分继续查找。此时问题规模缩小了，但问题还是相同问题，还是要在 $n/2$ 个关键字中寻找需要的关键字，所以仍用相同的方法来查找，直至找到需要的关键字则查找成功，或者最后序列中没有关键字查找失败。这个过程就是将原来的大问题化成规模较小的小问题，当小问题解决了（找到或者找不到)，原来的大问题也就解决了。

2. 归并排序

在第 8 章中的归并排序问题，是要对 n 个无序记录关键字序列进行排序的问题。分析一下归并排序问题是否满足用分治算法解决问题应该具有的 4 个特征。

①问题规模缩小到一定程度容易求解。当只有 1 个关键字时，无序序列即有序序列。

②问题规模缩小了仍然是相同问题。n 个关键字排序和 n/k 个关键字排序均为排序问题，其中 n 为待排序关键字数量，k 为分割的小问题数量，$1<k<n$。

③子问题的解可合并为原问题的解。子问题解决后，将小的有序序列合并（不同小序列中关键字依次比较，按大小将其存储在新的数组位置)，可以得到大的有序序列，直到合并为一个有序序列。

④各个子问题互相独立。很明显，各个子问题（子序列）是相互独立的。

可以看出，该排序问题满足用分治算法解题的 4 个特征，可以用分治算法解决。那么按照分治算法的解题思路，可以得到归并排序的排序思路为：将原 n 个关键字进行排序分解为两个 $n/2$ 长度的子序列的排序，两个子序列排好序后再合并原序列就排好序了。如果两个 $n/2$ 长度的子序列仍无法直接形成有序序列，则继续把序列划分成更小的 $n/4$ 的小序列，直到序列中只有一个关键字，则序列已排好序。这也是一个将原来的大问题化成规模较小的小问题，当小问题解决了，经过合并后，原来的大问题也就解决了。

3. 快速排序

第 8 章中的快速排序问题也是用分治算法解决的。前面分析了排序问题需满足应用分治算法解决问题的 4 个特征，那么按照分治算法的解题思路也可以得到快速排序的思路为：先通过基准（枢轴）元素将原序列划分成两个小序列，分别再去解决这两个小序列的排序问题。如果两个小序列的序列长度为 1，则已排好序；否则继续用相同的快速排序方法对两个小序列进行排序。当两个小序列排好序后，整个序列也就排好序了，原来的大问题也就解决了。

这3个问题都是用分治算法的思路来解决的，下面再介绍一些用分治算法解决的其他问题。

9.1.3 循环赛日程表问题

一年一度的欧洲冠军杯在初赛阶段采用循环制，设共有 n 队参加，初赛共进行 $n-1$ 天，每队要和其他各队进行一场比赛。要求每队每天只能进行一场比赛，并且不能轮空。请按照上述需求安排比赛日程，决定每天各队的对手。

要解决这个问题，先分析一下：根据排列组合，n 个队共要比赛 $n(n-1)/2$ 场，初赛共进行 $n-1$ 天，那么每天要比赛 $n/2$ 场，显而易见，这样，n 必须为偶数（因为比赛的场数需为整数）。若 n 为奇数会怎么样？当 n 为奇数时，n 队参加比赛，由于每队每天只能进行一场比赛，因此至少要比赛 $n-1$ 天。又因为 n 为奇数，则每天要比赛不能为 $n/2$ 场，每天比赛场数只能是 $(n-1)/2$ 场，那么比赛天数就是 n 天，也就是说，n 为奇数时需要多进行一天比赛。

继续分析，若比赛队数 n 恰好为2的 k 次方，则有以下几种情况。

（1）若 $n=2$，比赛很容易安排，具体安排如表9.1所示。

表9.1 2支队比赛的日程安排表

队	第一天
1	2
2	1

其中，第一列的属性是队名，第二列的属性是第一天和哪支队比赛。表头不算在行内，则第一行第二列表示第一天队1与队2进行比赛，第二行第二列表示第一天队2与队1进行比赛，这两个表示的是一个意思。从表中还可以看出，除去表头外，表格为一个 2×2 方阵，而且在表格中左上角=右下角、左下角=右上角。

（2）若 $n=4$，比赛可以参照 $n=2$ 时的安排，先将队1、2的比赛和队3、4的比赛安排好，然后将队3、4的比赛日程附加到队1、2的比赛日程后。同理，队1、2的比赛日程附加到队3、4的比赛日程后，即可得到具体日程安排如表9.2所示。

表9.2 4支队比赛的日程安排表

队	第一天	第二天	第三天
1	2	3	4
2	1	4	3
3	4	1	2
4	3	2	1

（3）若 $n=8$，比赛可以参照 $n=4$ 时的安排，先将队1~4的比赛和队5~8的比赛安排好，然后将队5~8的比赛日程附加到队1~4的比赛日程后。同理，队1~4的比赛日程附加到队5~8的比赛日程后，即可得到具体日程安排如表9.3所示。

表 9.3　8 支队比赛的日程安排表

队	第一天	第二天	第三天	第四天	第五天	第六天	第七天
1	2	3	4	5	6	7	8
2	1	4	3	6	5	8	7
3	4	1	2	7	8	5	6
4	3	2	1	8	7	6	5
5	6	7	8	1	2	3	4
6	5	8	7	2	1	4	3
7	8	5	6	3	4	1	2
8	7	6	5	4	3	2	1

可以看出，除去表头外，表格为一个 8×8 的方阵，而且在表格中左上角的 4×4 方阵=右下角的 4×4 方阵、左下角的 4×4 方阵=右上角的 4×4 方阵。而且这个规律从 $n=2$ 开始就成立，所以可以用分治算法解决这个问题。

1. 问题描述

有 $n=2^k$ 个球队要进行循环赛，设计一个满足以下要求的比赛日程表。

（1）每个选手必须与其他 $n-1$ 个选手各赛一次。

（2）每个选手一天只能赛一次。

（3）循环赛共进行 $n-1$ 天。

2. 问题分析

看一下循环赛日程表问题能否满足分治算法的 4 个条件。

①问题规模缩小到一定程度容易求解。当只有两个运动员时，两个运动员比赛一天即可。

②问题规模缩小了仍然是相同问题。2^k 个运动员排循环赛和 2^{k-1} 个运动员排循环赛问题是同类问题。

③子问题的解可合并为原问题的解。子问题解决后，合并时将另一个子问题的循环排序直接附加到这个子问题上，再将两子问题间进行比赛即可。

④各个子问题互相独立。很明显，各个子问题是相互独立的。

可以看出，循环赛日程表问题满足用分治算法解题的 4 个条件，可以用分治算法解决。

3. 解决问题

按分治策略，将所有的选手分为两半，n 个选手的比赛日程表就可以通过为 $n/2$ 个选手设计的比赛日程表来决定。递归地对选手进行分割，直到只剩下 2 个选手时，比赛日程表的制定就变得很简单了。这时只要让这 2 个选手进行比赛即可。

解决问题的步骤如下。

步骤 1：判断 $n>2$？是则转步骤 2；否则日程表安排完成。

步骤 2：将所有的 n 个球队分为两半，分别对 $n/2$ 个球队进行比赛日程安排，转步骤 1。

循环赛日程表的算法程序如下。

程序 9.1：

```
template<int N>
void set_table(int a[ ][N],int begin,int end){
    int n=end- begin+1;                          //待排表的队伍数量
    if(n <= 2){                                  //安排两队比赛
        a[begin][1]=begin; a[begin][2]=end;
        a[end][1]=end; a[end][2]=begin;
        return;
    }
    set_table(a,begin,begin+n /2- 1);
    set_table(a,begin+n /2,end);
    for(int i=begin; i < begin+n / 2; ++i){      //填充右上角
        for(int j=n / 2+1; j <= n; ++j)
            a[i][j]=a[i+n /2][j- n / 2];
    }
    for(int i=begin+n / 2; i < begin+n; ++i){    //填充右下角
        for(int j=n / 2+1; j <= n; ++j)
            a[i][j]=a[i- n /2][j- n / 2];
    }
}
int main(int argc,const char*  argv[ ]) {
    int a[5][5];
    set_table(a,1,4);                            //4 支队,结果存储在 a[1..4][1..4]中
    return 0;
}
```

注意：程序中日程表二维数组存储从 1 号位置开始（数组下标从 0 开始，在这里 0 号位置空置）。

下面来分析其时间复杂度，从循环赛日程表的递归本身并不能很明显地分析出其时间复杂度，但算法程序是将循环赛日程表的二维数组填充好，而每填充一个单元看作一个基本操作，则循环赛日程表算法的时间复杂度为 $O(n^2)$。

9.1.4 棋盘覆盖问题

1. 问题描述

在一 $2^k\times2^k$ 个方格组成的棋盘中，恰有一个方格与其他方格不同，称该方格为一特殊方格，且称该棋盘为一特殊棋盘。在棋盘覆盖问题中，要用图示的 4 种不同形态的 L 形骨牌覆盖给定的特殊棋盘上除特殊方格以外的所有方格，且任何 2 个 L 形骨牌不得重叠覆盖，如图 9.2 所示。

2. 问题分析

棋盘覆盖问题中，当棋盘足够小时覆盖很容易。比如：1×1 的棋盘，不需要覆盖就完成了

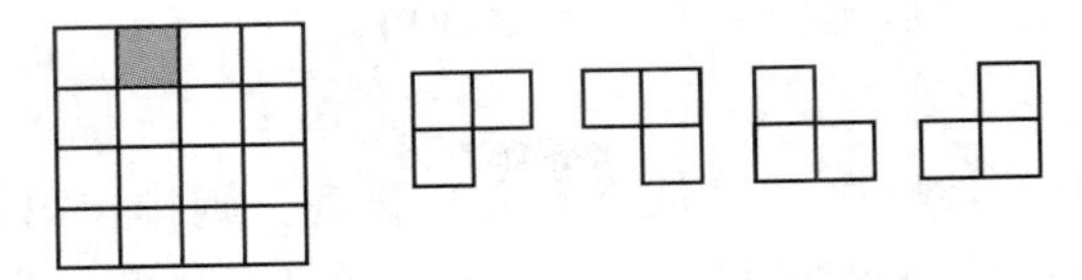

图 9.2 棋盘覆盖问题

该问题。当棋盘大于1×1时怎么办？比如当棋盘是2×2时，直接选择一块合适的骨牌覆盖即可。当棋盘是4×4时，可以把棋盘分成4个2×2棋盘，其中一个小棋盘中有特殊方格，这个小棋盘的覆盖问题和原问题是相同问题，另外3个小棋盘中无特殊方格，怎么覆盖呢？可以用一块L形骨牌覆盖另外3个小棋盘的交接处，则该位置就成为小棋盘中的特殊方格，则另外这3个小棋盘的覆盖问题和原问题就是相同问题了，可以用相同的方法解决。进一步，当棋盘是$2^k \times 2^k$时，同样把棋盘分成4个$2^{k-1} \times 2^{k-1}$棋盘，用一块L形骨牌覆盖不含特殊方格的另外3个小棋盘的交接处，则原问题就变成了4个小棋盘覆盖的子问题，如图9.3所示。

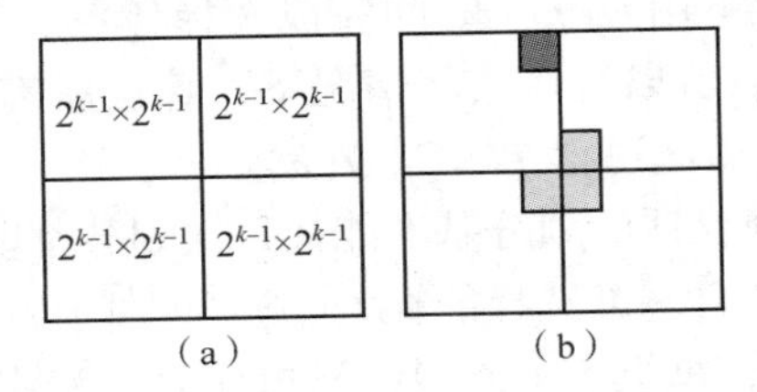

图 9.3 棋盘覆盖问题的子棋盘划分过程

而各个子问题解决了，原问题也就解决了。而且大问题划分后的子问题是相互独立的。经过如此分析后，发现棋盘覆盖问题满足分治算法的4个条件，可以用分治算法解决。

3. 解决问题

用分治算法解决棋盘覆盖问题的步骤如下。

步骤1：判断是否是规模为1的棋盘，是则结束；否则进入步骤2。

步骤2：将棋盘划分为4块，分别覆盖每个小棋盘。

若特殊方格在该棋盘中，则执行步骤1。

若特殊方格不在该棋盘中，则根据该棋盘的位置覆盖该棋盘中某一个方格。

左上子棋盘则覆盖右下角方格，执行步骤1。

右上子棋盘则覆盖左下角方格，执行步骤1。

左下子棋盘则覆盖右上角方格，执行步骤1。

右下子棋盘则覆盖左上角方格，执行步骤1。

9.1.5 线性时间选择问题

1. 问题描述

这是一个元素选择问题，它要求在给定线性集n个元素中找出这n个元素中第K小（或第K大）的元素。其中K为整数，$1 \leq K \leq n$。这是一个很实际的问题：比如选择第K个最受欢迎的网页。如何才能选出第K个元素呢？

最简单的办法是排序，然后选择第 K 个元素即可。

2. 问题分析

如果将 n 个元素依其线性顺序（设从小到大）排列，则排在第 K 个位置的元素即为所求。其中 $K=1$ 时，就是找最小元素。$K=n$ 时，就是找最大元素。当 $K=(1+n)/2$ 时，就是找中间元素，即中位数。但通常的排序算法最好的复杂度也为 $O(n\log_2 n)$。如何能使时间复杂度更低？能否使得选择第 K 小元素达到线性复杂度 $O(n)$？

这里只是要找第 K 个元素，而并不关心其他元素的顺序位置，所以可以借鉴快速排序思想，将序列划分。每次划分将序列分成前半部分和后半部分，前半部分的元素均小于后半部分的元素。如果 K 小于前半部分元素个数，则在前半部分中继续寻找，此时后半部分不需要再用；反之亦然。而在前半部分或者后半部分寻找第 K 个元素就变成了规模比原来小的子问题，而且子问题解决了原问题也就解决了。如果能在线性时间内找到一个划分基准，使得按这个基准所划分出的子数组的长度至少为原数组长度的 ε 倍（$0<\varepsilon<1$ 是某个正常数），就可以在最坏情况下用 $O(n)$ 时间完成选择任务。例如，若 $\varepsilon=9/10$，划分后的子数组的长度至少缩短 1/10。所以，在最坏情况下，算法所需的计算时间 $T(n)$ 满足递归式 $T(n)\leqslant T(9n/10)+O(n)$，由此可得 $T(n)=O(n)$。

现在的问题就变成了选择合适的划分基准能让每次划分都能使所划分出的子数组的长度缩短为原数组长度的 ε 倍，而且基准选择能在 $O(n)$ 的时间内找到。采用这样的方法，将 n 个输入元素划分成 $\lceil n/5 \rceil$ 个组，每组 5 个元素，只可能有一个组不是 5 个元素。用任意一种排序算法，将每组中的元素排好序，并取出每组的中位数，共 $\lceil n/5 \rceil$ 个。找出这 $\lceil n/5 \rceil$ 个元素的中位数。如果 $\lceil n/5 \rceil$ 是偶数，就找它的 2 个中位数中较大的一个。以这个元素作为划分基准，如图 9.4 所示。

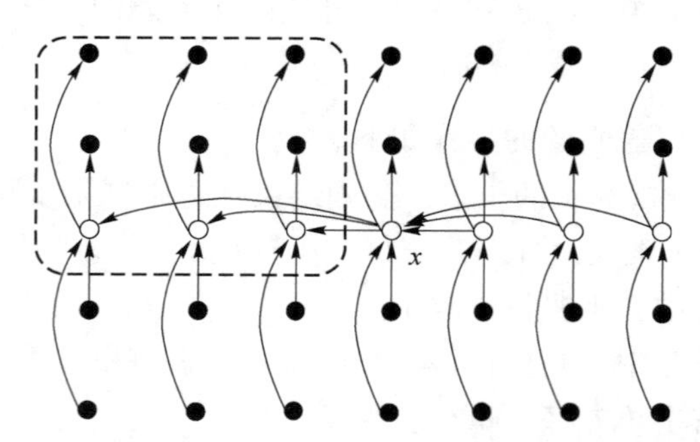

图 9.4　线性时间选择的基准选择方法

设所有元素互不相同。在这种情况下，找出的基准 x 至少比 $3(n-5)/10$ 个元素大（图 9.4 中虚线框出的部分），因为在每一组中有 2 个元素小于本组的中位数，而 $n/5$ 个中位数中又有 $(n-5)/10$ 个小于基准 x。同理，基准 x 也至少比 $3(n-5)/10$ 个元素小。而当 $n\geqslant 75$ 时，$3(n-5)/10\geqslant n/4$。所以，按此基准划分所得的 2 个子数组的长度都至少缩短1/4。由前面结论，可以在线性时间内完成任务。

3. 解决问题

总结线性选择问题的解题步骤如下。

步骤 1：如果规模较小（小于 75），则采用排序算法，然后选择第 K 小元素即可；否则，转步骤 2。

步骤 2：将数据划分成 5 组，每组取中位数，并将其放置在数组的前 $n/5$ 位。

步骤 3：选取数组前 $n/5$ 位（各组中位数）的中位数，以此作为分割点进行划分。

步骤 4：如果 K 小于划分点前的元素数，则在前面部分找第 K 小元素；否则在后面部分找元素。

9.1.6 最接近点对问题

1. 问题描述

给定平面上 n 个点的集合 S，找其中的一对点，使得在 n 个点组成的所有点对中，该点对间的距离最小。为了使问题易于理解和分析，先来考虑一维的情形。此时，S 中的 n 个点退化为 x 轴上的 n 个实数 x_1，x_2，…，x_n。最接近点对即为这 n 个实数中相差最小的 2 个实数。

2. 问题分析

假设用 x 轴上某个点 m 将 S 划分为 2 个子集 S_1 和 S_2，基于平衡子问题的思想，用 S 中各点坐标的中位数来作分割点。递归地在 S_1 和 S_2 上找出其最接近点对 $\{p_1,p_2\}$ 和 $\{q_1,q_2\}$，并设 $d=\min\{|p_1-p_2|,|q_1-q_2|\}$，$S$ 中的最接近点对或者是 $\{p_1,p_2\}$，或者是 $\{q_1,q_2\}$，或者是某个 $\{p_3,q_3\}$，其中 $p_3\in S_1$ 且 $q_3\in S_2$。能否在线性时间内找到 p_3、q_3?

如图 9.5 所示，如果 S 的最接近点对是 $\{p_3,q_3\}$，即 $|p_3-q_3|<d$，则 p_3 和 q_3 两者与 m 的距离不超过 d，即 $p_3\in(m-d,m]$，$q_3\in(m,m+d]$。由于在 S_1 中，每个长度为 d 的半闭区间至多包含一个点（否则必有两点距离小于 d），并且 m 是 S_1 和 S_2 的分割点，因此 $(m-d,m]$ 中至多包含 S 中的一个点。由图可以看出，如果 $(m-d,\ m]$ 中有 S 中的点，则此点就是 S_1 中最大点。因此，用线性时间就能找到区间 $(m-d,m]$ 和 $(m,m+d]$ 中所有点，即 p_3 和 q_3。从而用线性时间就可以将 S_1 的解和 S_2 的解合并成为 S 的解。

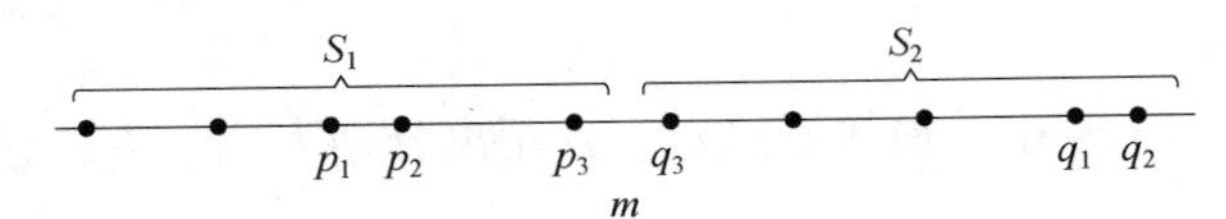

图 9.5 一维情况下最接近点对问题

下面来考虑二维的情形。

选取一垂直线 l：$x=m$ 作为分割直线。其中 m 为 S 中各点 x 坐标的中位数。由此将 S 分割为 S_1 和 S_2。递归地在 S_1 和 S_2 上找出其最小距离 d_1 和 d_2，并设 $d=\min\{d_1,d_2\}$，S 中的最接近点对或者是距离为 d 的两点，或者是某个 $\{p,q\}$，其中 $p\in P_1$ 且 $q\in P_2$。能否在线性时间内找到 p、q?

如图 9.6 所示，考虑 P_1 中任意一点 p，它若与 P_2 中的点 q 构成最接近点对的候选者，则必有 $\text{distance}(p,q)<d$。满足这个条件的 P_2 中的点一定落在一个 $d\times 2d$ 的矩形 R 中，如图 9.7 所示。由 d 的意义可知，P_2 中任何 2 个 S 中的点的距离都不小于 d。由此可以推出矩形 R 中最多只有 6 个 S 中的点。

因此，在分治算法的合并步骤中，最多只需要检查 $6\times n/2=3n$ 个候选者。

证明：将矩形 R 的长为 $2d$ 的边 3 等分，将它的长为 d 的边 2 等分，由此导出 6 个 $(d/2)\times$

$(2d/3)$的矩形。若矩形 R 中有多于 6 个 S 中的点，则至少有一个$(d/2)\times(2d/3)$的小矩形中有 2 个以上 S 中的点。设 u、v 是位于同一小矩形中的 2 个点，则

$$(x(u)-x(v))^2+(y(u)-y(v))^2 \leqslant (d/2)^2+(2d/3)^2=\frac{25}{36}d^2$$

$\text{distance}(u,v)<d$。这与 d 的意义相矛盾，所以 R 内最多有 S 中的 6 个点。

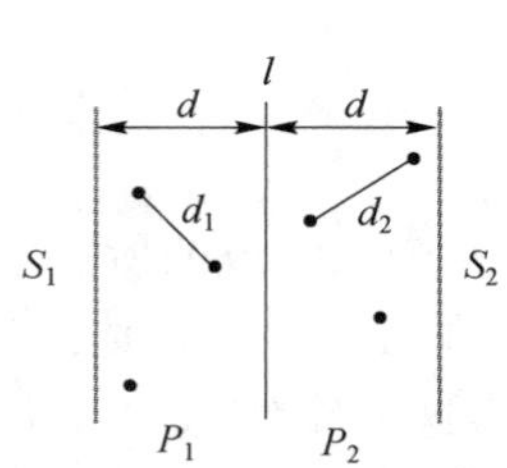

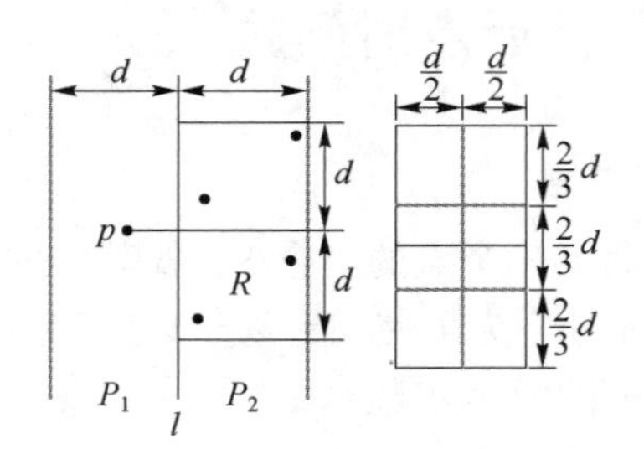

图 9.6　二维情况下的最接近点对问题　　　　图 9.7　二维空间中最接近点对问题的分割

为了确切地知道要检查哪 6 个点，可以将 p 和 P_2 中所有 S_2 的点投影到垂直线 l 上。由于能与 p 点一起构成最接近点对候选者的 S_2 中点一定在矩形 R 中，所以它们在直线 l 上的投影点距 p 在 l 上投影点的距离小于 d。由上面的分析可知，这种投影点最多只有 6 个。

因此，若将 P_1 和 P_2 中所有 S 中点按其 y 坐标排好序，则对 P_1 中所有点，对排好序的点列作一次扫描，就可以找出所有最接近点对的候选者。对 P_1 中每一点最多只要检查 P_2 中排好序的相继 6 个点。

3. 解决问题

总结最接近点对问题的解题步骤如下。

步骤 1：如果 $n=2$，则只有一对点，返回该两点即可；否则转步骤 2。

步骤 2：$m=S$ 中各点 x 间坐标的中位数，将点集分为 $S_1=\{p\in S\mid x(p)\leqslant m\}$ 和 $S_2=\{p\in S\mid x(p)>m\}$ 两个子集合。

步骤 3：分别求 S_1 和 S_2 中的最接近点对，其距离分别为 d_1、d_2，它两个中的最小值 $d=\min(d_1,d_2)$。

步骤 4：设 P_1 是 S_1 中距垂直分割线 l 的距离在 d 之内的所有点组成的集合，P_2 是 S_2 中距分割线 l 的距离在 d 之内所有点组成的集合，将 P_1 和 P_2 中点依其 y 坐标值排序，并设 X 和 Y 是相应的已排好序的点列。

步骤 5：通过扫描 X 以及对于 X 中每个点检查 Y 中可能与其距离在 d 之内的所有点（最多 6 个），当 X 中的扫描指针逐次向上移动时，Y 中扫描指针可在宽为 $2d$ 的区间内移动，设 d_k 是按这种扫描方式找到的点对间的最小距离。

步骤 6：求 $d_{\min}=\min(d,d_k)$，$d_{\min}$ 即为求得的最接近点对的最近距离，返回 $d_{\min}$。

9.2　贪心算法

贪心算法是在解决问题的每一步中总是作出在当前看来最好的选择，这个过程一直持续到解题的最后一步。

9.2.1 贪心算法解题的基本思路

先看一个小例子。假如一个小孩去商店买圆珠笔，他拿了10元钱给售货员，圆珠笔的价钱是2元3角，售货员需要找给小孩7元7角。现在，售货员手中只有5元、1元、5角和1角的钱币。在小孩的催促下，售货员想尽快将钱找给小孩。她该如何做?

她的做法是：先拿一张不大于7元7角的最大钱币——5元钱币；再拿两张不大于（7元7角-5元）=2元7角的最大钱币——1元钱币；再拿不大于（2元7角-1元-1元）=7角的最大钱币——5角钱币；最后售货员再拿出两个——1角的钱币。至此，售货员共找给小孩6枚钱币。

售货员的原则是尽量快地找钱，也就是拿尽可能少的钱币个数找给小孩。从另一个角度看，如果售货员将捡出的钱币逐一放在手中，最后一起交给小孩，那么售货员想使自己手中的钱数增加得尽量快些，尽快达到找钱的总数，所以每一次都尽可能地捡面额大的钱币。这就是贪心算法的基本思路。

贪心算法总是作出在当前看来最好的选择。也就是说，贪心算法并不从整体最优考虑，它所作出的选择只是在某种意义上的局部最优选择。贪心算法解题的基本过程是通过作出在当前看来最优的选择（贪心选择），完成原问题的一部分，使问题规模缩小，继续进行贪心选择，如此反复，直至得到最终解。

能够用贪心算法解决的问题有以下两个基本特征：

①贪心选择性质。所谓贪心选择性质是指所求问题的整体最优解可以通过一系列局部最优的选择，即贪心选择来达到。

②最优子结构性质。当一个问题的最优解包含其子问题的最优解时，称此问题具有最优子结构性质。也就是说，通过局部最优选择，原问题将被化简为类似的子问题；整体最优解中包含了子问题的最优解。问题的最优子结构性质是该问题可用贪心算法求解的关键特征。

具有这两个特征的问题用贪心算法来解决的一般步骤如下。

步骤1：作出当前最优选择。

步骤2：若问题已解决，则完成。若问题尚未解决，则转步骤1。

9.2.2 数据结构中贪心算法解决的问题

在数据结构中，很多问题是用贪心算法的思路来解决的，如最小通信网问题、最短路径问题等。

1. 最小通信网问题

对许多问题，利用贪心算法能产生整体最优解，比如第6章中的最小通信网问题。在n个城市之间建立通信网络，则连通n个城市只需要$n-1$条线路，如何构造一个造价最低的通信网络呢?

在这个问题中，可以用连通图表示n个城市及n个城市之间可能设置的通信线路，其中顶点表示城市，边表示两城市之间的通信线路，边上的权值表示线路造价预算。连通n个顶点最少需要$n-1$条边，这n个顶点和$n-1$条边构成图的一棵生成树，一棵生成树就是一个通信网络。要建造一个造价最低又能连通的通信网络，就是构造图的一棵最小生成树。这里用贪心算法的思路再来重新看一下该问题如何解决。

下面分析最小通信网问题是否具有适用贪心算法解决问题的两个特征。

①贪心选择性质，即所求问题的整体最优解可以通过一系列局部最优的选择获得。要找最小通信网即求图的最小生成树，可以从一个顶点出发逐步构造这棵总代价最小的最小生成树。从任意顶点 u_0 出发，做局部最优选择，即找和 u_0 连接的最短的带权边，将其加入最小生成树中，连同该边的另一个端点也加入最小生成树中；接着再做局部最优选择，仍然找能和当前部分最小生成树中顶点相连的最短边，找到后将其边及其顶点加入最小生成树中，……依次按照局部最优选择不断地加入边和顶点，最后加入了 $n-1$ 条边后也加入了 $n-1$ 个顶点，最小生成树集合中就有了 n 个顶点和 $n-1$ 条能连通这 n 个顶点的边，最小生成树也就构造完成了。这正好是 Prim 算法解决问题的思路。

②最优子结构性质，即问题的最优解包含其子问题的最优解。这个很好理解，在利用 Prim 方法构造最小生成树的过程中，每次局部最优选择得到的部分最小生成树都是子问题（包含当前部分顶点和边的子图）的最小生成树，即问题的最优解包含子问题的最优解。

最小通信网问题满足贪心算法解决问题的两个特征，所以可以用贪心算法解决。参看上面特征①进行的贪心选择，按照这种贪心选择来构造最小生成树的方法就是第 6 章中介绍的 Prim 算法。用 Prim 算法，从第一个顶点出发，将其他顶点逐渐地加进最小生成树中，算法步骤如下。

设 $G=(V,E)$ 是连通图，构造的最小生成树为 $T=(U,\mathrm{TE})$，求 T 的 Prim 算法描述如下。

步骤 1：初始化 $U=\{u_0\}$,TE=$\{\}$，u_0 为任意顶点。

步骤 2：在所有 $u\in U$，$v\in(V-U)$ 的边 $(u,v)\in E$ 中，找一条最短（权最小）的边 (u_i,v_i)，将该边并入最小生成树边集合 TE，即 TE+$\{(u_i,v_i)\}$->TE，边的另一个端点并入最小生成树顶点集合 U，即$\{v_i\}+U$->U。

步骤 3：如果 $U=V$，则算法结束；否则重复步骤 2。

当最小生成树集合中已加入了了 n 个顶点和 $n-1$ 条能连通这 n 个顶点的边，最小生成树也就构造完成了。

2. 单源最短路径问题

第 6 章的单源最短路径问题也是通过贪心选择得到的最优解。下面分析问题是否具有适用贪心算法解决问题的两个特征。

①贪心选择性质，即所求问题的整体最优解可以通过一系列局部最优的选择获得。要找单源最短路径，即逐步求得从一个顶点出发的各条最短路径，那么贪心选择就是当前看来最短的那条路径首先求得，也就是从所有最短路径中最最短的先求得，然后是次最短的，依次到最后一条最短路径求得。通过这样的贪心选择，最终可得源点到所有顶点的最短路径。这正好是 Dijkstra 算法的解题思路。

②最优子结构性质，即问题的最优解包含其子问题的最优解。这个也很好理解，在利用 Dijkstra 算法构造最短的过程中，每次局部最优选择得到的部分最短路径问题都是子问题（包含当前部分顶点和边的子图）的最短路径，即问题的最优解包含子问题的最优解。

在 Dijkstra 算法中找从一个源点出发到图中其他顶点的最短路径，是按照路径长度递增的顺序得到这些最短路径的。从顶点 v_0 出发，做局部最优选择，即找和 v_0 连接的最短的带权边，将其加入已求得最短路径集合中；接着再做局部最优选择，找 v_0 到剩余顶点的最短路径，此时最短路径可以是直接连接的直达边，也可以经过已求得最短路径顶点中转，找到后将顶点及边加入已求得最短路径集合中，……依次按照局部最优选择不断地加入边和顶点，最后加入了 $n-1$ 个顶点后，所有的最短路径也就求出来了。

除了上述两个问题外，还有很多问题都可以用贪心算法解决，如汽车加油问题、最优装载问题等。

9.2.3 汽车加油问题

1. 问题描述

一辆汽车加满油后可以行驶 M km，两城市间距离为 N，旅途中有加油站，设计一个有效算法，指出要想从一城市到另一城市，汽车应在哪些加油站停靠加油，使沿途加油次数最少。

2. 问题分析

先分析一下，对于这个问题有以下几种情况：设加油次数为 k，共 n 个加油站，每个加油站间距离为 $a[i], i=0,1,2,3,\cdots,n$。

（1）始点到终点的距离 $N<M$，则加油次数 $k=0$。

（2）始点到终点的距离 $N>M$：

①加油站间的距离相等，即 $a[i]=a[j]=L=M$，则加油次数最少 $k=n$；

②加油站间的距离相等，即 $a[i]=a[j]=L>M$，则不可能到达终点；

③加油站间的距离相等，即 $a[i]=a[j]=L<M$，则加油次数 $k=N/(L\times\lfloor M/L\rfloor)$；

④加油站间的距离不相等，即 $a[i]!=a[j]$，则加油次数 k 可以通过贪心算法求解。

下面分析问题是否满足用贪心算法解决的两个要素。

①贪心选择性质，也就是按贪心选择策略最终能够得到问题最优解的性质。

本问题的最优解是要求最少加油次数，而采用的贪心选择策略是“让汽车跑最远的距离，直到无法到达才加油”的策略，那么相反“汽车加油次数”也就最少了。这里贪心选择策略是不到万不得已不加油，即除非油箱里的油不足以开到下一个加油站才进行加油，贪心选择策略得到的解为（x_1，x_2，$\cdots$，x_n），其中，x_i 取值 $\{0,1\}$，它是最优解。用反证法简单说明一下，假设最优解（y_1，y_2，$\cdots$，y_m）（其中 y_i 取值 $\{0, 1\}$ ）不是按照此贪心选择得到的。设最优解中在某加油站 i，汽车仍有足够的油跑到下面某个加油站 $i+s$ 时就加了油，即 $y_i=1$，那么在第 $i+s$ 个加油站 y_{i+s}取值有两种情况，$y_{i+s}=0$ 或者 $y_{i+s}=1$。按照贪心策略，若 $y_{i+s}=0$，那么按贪心选择策略令 $y_i=0$，$y_{i+s}=1$，加油次数仍为最少；若 $y_{i+s}=1$，那么令 $y_i=0$，则加油次数更少。这就说明贪心选择能使加油次数更少，与假设矛盾。所以，由贪心选择策略可以得到最终最优解，汽车加油问题满足贪心选择性质。

②最优子结构性质，也就是问题的最优解包含其子问题的最优解。

本问题是要求出最少加油次数，而子问题就是在已经走过一定距离后，在剩余距离加油次数最少。同样用反证法来简单说明一下，如果最优解（$x_1,\cdots,x_n$）中不包含子问题的最优解（$x_i,\cdots,x_n$），则设子问题最优解（$y_i,\cdots,y_n$）为在剩余距离下加油次数最少，则用其替换（$x_i,\cdots,x_n$），得到（$x_1,\cdots,y_i,\cdots,y_n$），比原解更优，与原最优解（$x_1,\cdots,x_n$）矛盾。所以原问题最优解包含子问题最优解，问题满足最优子结构性质。

3. 解决问题

最终，汽车加油问题可以由贪心选择策略来解决，算法步骤如下。

步骤1：初始状态，将汽车加满油。

步骤2：如果到达终点，则解题完成；否则转步骤3。

步骤3：能够到达下一个加油站，则不加油，$x_i=0$，转步骤2；若不能到达下一个加油站，则在该加油站加油，$x_i=1$，转步骤2。

具体算法程序如下。

程序9.2：

```
#include<vector>
int gas_greedy(std::vector<int> distance,int M){
    int sum=0,n=distance. size();              //sum为总加油次数,n为加油站个数
    int s=M;                                   //s为汽车从满油开始还能跑的距离
    for(int j=0; j < n; ++j){
        if(distance[j] > M) {
            //distance[]中存储各加油站间距离,若汽车满油都无法到达则返回
            printf("无法到达目的地! \n");
            return - 1;
        }
    }
    for(int i=0; i < n; ++i){
        if(s > distance[i])                    //不需要加油
            s - = distance[i];
        else {                                 //需要加油
            sum++;
            s=M- distance[i];                  //加满油后跑到下一个加油站
        }
    }
    return sum;
}
```

算法的时间复杂度在于每一个加油站处都要计算一下汽车是否能行驶到下一个加油站处，n个加油站处共需计算n次，循环了n次，因此算法的时间复杂度为$O(n)$。

9.2.4 最优装载问题

1. 问题描述

有一批集装箱要装上一艘载重量为C的轮船。其中集装箱i的重量为w_i。最优装载问题要求确定在装载体积不受限制的情况下，将尽可能多的集装箱装上轮船。

2. 问题分析

下面分析最优装载问题能否用贪心算法求解，也就是看该问题是否满足贪心算法解决问题的两个要素。

①贪心选择性质，也就是按贪心选择策略最终能够得到问题最优解的性质。

本问题的最优解是最终装载最多集装箱，而采用的贪心选择策略是“最轻的先装”策略。下面用反证法来说明该问题是满足贪心选择性质的。将集装箱按照重量从小到大排序，设（$x_1,x_2,\cdots,x_n$）为其最优解（其中 x_i 取值｛0，1｝）。然后用反证法，若该最优解不为贪心选择所得，比如设第一个装载的集装箱为 k 号集装箱，而不是原第 1 个集装箱，即 $x_1=0$，$x_k=1$，则采取另一种方案（$y_1,\cdots,y_i,\cdots,y_n$），其中 $y_1=1$，$y_k=0$，$y_i=x_i$，则仍为最优解。同理，将最优解中装载的重的货物换成轻的，仍满足重量和小于 C 的条件。所以贪心选择可以得到最优解，问题满足贪心选择性质。

②最优子结构性质，也就是问题的最优解包含其子问题的最优解。

本问题是要求出重量小于 C 时装载最多集装箱，而子问题就是在已经装了部分集装箱后，重量小于 j 时装载最多集装箱。同样用反证法说明，如果最优解（$x_1,\cdots,x_n$）中不包含子问题的最优解（$x_i,\cdots,x_n$），则设子问题最优解为（$y_i,\cdots,y_n$），其中在重量 j 下装载了更多的集装箱，则用其替换（$x_i,\cdots,x_n$），得到（$x_1,\cdots,y_i,\cdots,y_n$），比原解更优，与原最优解（$x_1,\cdots,x_n$）矛盾。所以原问题最优解包含子问题最优解，问题满足最优子结构性质。

3. 解决问题

最终，最优装载问题由“最轻者先装”的贪心选择策略来解决，步骤如下。

步骤 1：将集装箱按重量排序。

步骤 2：从第一个集装箱开始，若该集装箱重量小于船的剩余载重量，则装入，循环步骤 2；若船的剩余载重量不能装下该集装箱，则解题完成。

具体算法程序如下。

程序 9.3：

```
#include<vector>
template<typename T>
std::vector<int> loading(T w[ ],T C,int n){
    struct node{
        T w;
        int idx;
        bool operator <(const node& other) const{
            return w < other. w;
        }
    };
    std::vector<int> x(n,0);                    //存放第 i 个货物是否装载
    std::vector<node> data;
    data. reserve(n);
    for(int i=0; i < n; ++i){
        data. push_back({w[i],i});
    }
    std::sort(data. begin(),data. end());       //按货物重量从小到大,将货物的序号排序
    for(int i=0; i < n && w[data[i]. idx] <= C; ++i){
        //贪心选择最轻者先装
```

```
            x[data[i].idx] =1;
            C -= w[data[i].idx];
        }
        return x;
    }
    int main(int argc,const char *  argv[]) {
        int w[] = {5,2,3,1,4};
        std::vector<int> x = loading(w,10,5);
        return 0;
    }
```

在实现该排序过程时，原重量数组是不变的，只按照重量从小到大将其下标排序。算法 loading 的主要计算量在于将集装箱依其重量从小到大排序，故算法所需的计算时间为 $O(n\log_2 n)$。

9.3 回溯算法和分支限界算法

回溯算法和分支限界算法的基本操作都是搜索，都是通过一定的策略来搜索解空间树得到最优解或者所有满足条件的解的。

9.3.1 回溯算法的解题思路

回溯算法解决问题要按照规则去试探，试探到满足要求的解则完成；否则继续试探，直至找到某一个或者多个解。这种“试探着走”的思想也就是回溯算法的基本思想。如果试得成功则继续下一步试探。如果试得不成功则退回一步，再换一个办法继续试。如此反复进行试探性选择与返回纠错的过程，直到求出问题的解。

回溯算法的基本做法是搜索，它是一种组织得井井有条的，能避免不必要搜索的穷举式搜索法。这种方法适用于解一些组合数相当大的问题。具体搜索的步骤如下。

步骤 1：放弃关于问题规模大小的限制，并将问题的候选解（部分解）按某种顺序逐一枚举和检验。

步骤 2：倘若当前候选解除了还不满足问题规模要求外，满足所有其他要求时，继续扩大当前候选解的规模，并继续试探。若当前候选解不满足要求，则转步骤 4。

步骤 3：如果当前候选解满足包括问题规模在内的所有要求时，该候选解就是问题的一个解。

步骤 4：放弃当前候选解，回退到上一步寻找下一个候选解。

其中扩大当前候选解的规模，以继续向下试着走的过程称为试探，放弃当前候选解，回退到上一步的过程称为回溯。

用回溯算法解决问题时，问题的解一般用解向量——n 元式（$x_1,x_2,\cdots,x_n$）的形式来表示，解向量要满足显式约束（对分量 x_i 的取值限定）以及隐式约束（为满足问题的解而对不同分量之间施加的约束）。而对于问题的一个实例，解向量满足显式约束条件的所有多元组构成了该实例的一个解空间。注意：同一个问题可以有多种表示，有些表示方法更简单，所需表示的解空间更小（存储量少、搜索方法简单）。

为了更有效地进行搜索，将所有的解构造成树的结构，在这个解空间树中（图 9.8），回溯算法的基本做法就变成了从根结点出发按深度优先策略搜索整个解空间树。当算法搜索至解空间树的任意一点时，先判断该结点是否可能包含问题的解。如果不包含，则跳过对该结点为根的子树的搜索，向其结点回溯；否则，进入该子树，继续按深度优先策略搜索。

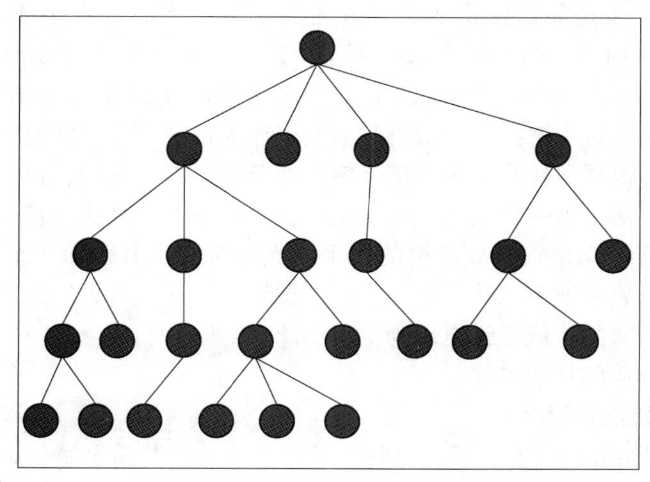

图 9.8 解空间树

值得说明的是，在回溯算法中，并不是先构造出整棵解空间树，再进行搜索，而是在搜索过程中逐步构造出解空间树，即边搜索边构造。那么到底如何构造解空间树呢？先来看几个基本概念。

扩展结点：一个正在产生孩子的结点称为扩展结点。

活结点：一个自身已生成但其孩子还没有全部生成的节点称作活结点。

死结点：一个所有孩子已经产生的结点称作死结点。

深度优先的问题状态生成法：如果对一个扩展结点 R，一旦产生了它的一个孩子 C，就把 C 当作新的扩展结点。在完成对子树 C（以 C 为根的子树）的穷尽搜索之后，将 R 重新变成扩展结点，继续生成 R 的下一个孩子（如果存在）。

解空间树的构造过程就是从初始状态（根结点）开始，用深度优先法扩展结点，其中为了避免生成那些不可能产生最优解的问题状态，减少无效搜索，要不断地利用剪枝函数剪掉那些实际上不可能产生所需解的活结点，以减少问题的计算量。而具有剪枝函数的在解空间树上的深度优先搜索法称为回溯算法。

能够用回溯算法解决的问题很多，而且大多回溯算法解决的问题会用到数据结构中的栈结构。在试探的过程中数据入栈，在回退的过程中数据出栈。比如用回溯算法可以解决 N 后问题、0-1 背包问题、旅行商问题、装载问题、图的 m 着色问题等。后面会以 N 后问题为例来讲解回溯算法是如何解决问题的。

9.3.2 分支限界算法的解题思路

分支限界算法类似于回溯算法，也是一种在问题的解空间树上搜索问题解的算法。但在一般情况下，分支限界算法与回溯算法的求解目标不同，在解空间树上搜索方式也不同。在求解目标上，回溯算法的求解目标是找出解空间树中满足约束条件的所有解或最优解，而分支限界算法的求解目标则是找出满足约束条件的一个解，或是在满足约束条件的解中找出在某种意义下的最优解。在搜索方式上，回溯算法以深度优先的方式搜索解空间树，而分支限界算法则以广度优先或以最小耗费优先的方式搜索解空间树。

那么分支限界算法是如何搜索的呢？首先在扩展结点处，先生成其所有的孩子结点（分支），然后再从当前的活结点表中选择下一个扩展结点。为了有效地选择下一个扩展结点，以加速搜索进程，在每一活结点处，计算一个函数值（限界），并根据这些已计算出的函数值，从当前活结点表中选择一个最有利的结点作为扩展结点，使搜索朝着解空间树上有最优解的分支推进，以便尽快找出一个最优解。在分支限界算法中，每一个活结点只有一次机会成为扩展结点。活结点一旦成为扩展结点，就一次性产生其所有孩子结点。在这些孩子结点中，导致不可行解或导致非最优解的孩子结点被舍弃，其余孩子结点被加入活结点表中。此后，从活结点表中取下一结点成为当前扩展结点，并重复上述结点扩展过程。这个过程一直持续到找到所需的解或活结点表为空时为止。

分支限界算法具体的算法步骤如下。

步骤 1：设置最优解的初值。

步骤 2：扩展根结点的所有儿子。对每一子结点 x 判定其是否满足解向量约束条件，对满足约束条件的 x 计算其限界值，满足限界条件的 x 加入活结点表。

步骤 3：若 x 为叶子结点，检查是否比当前最优解更优，是则用该解更新当前最优解。

步骤 4：取活结点表中的第一个结点为子树根，重复步骤 2。若活结点表中为空，则解题完毕。

从分支限界算法的解题思路可以看出，会用到数据结构中的队列结构帮助实现求解过程。根据活结点表中选择下一个扩展结点的不同方式导致不同的分支限界算法。

（1）队列式（FIFO）分支限界算法，按照队列先进先出（FIFO）原则选取下一个结点为扩展结点。队列式分支限界算法搜索解空间树的方式类似于解空间树的广度优先搜索，不同的是队列式分支限界算法不搜索不可行结点（已经被判定不能导致可行解或不能导致最优解的结点）为根的子树。这是因为，按照规则，这样的结点未被列入活结点表。

（2）优先队列式分支限界算法，按照优先队列中规定的优先级选取优先级最高的结点成为当前扩展结点。结点的优先级常用一个与该结点有关的数值 p 来表示。最大优先队列规定 p 值较大结点的优先级较高。在算法实现时通常用数据结构中的最大堆来实现最大优先队列，用最大堆的取最大值运算抽取堆中的下一个结点作为当前扩展结点，体现最大效益优先的原则。类似地，最小优先队列规定 p 值较小的结点的优先级较高。同样可以用最小堆来实现。采用优先队列式分支限界算法解决具体问题时，应根据问题的特点选用最大优先或最小优先队列，确定各个结点的 p 值。

不同的问题可以用不同的分支限界算法解决，一般用回溯算法求最优解的问题也可以用分支限界算法解决，如 0–1 背包问题、装载问题、旅行商问题等。后面会以旅行商问题为例讲解分支限界算法是如何解决问题的。

9.3.3 *N* 后问题

下面用回溯算法来解决 N 后问题。

1. 问题描述

在一个 $N\times N$ 的棋盘上布置 N 个皇后，使其相互不能攻击（不能在同行、同列、同斜线）。找出所有可能的布局。图 9.9 即为 N 后问题的一种布局。

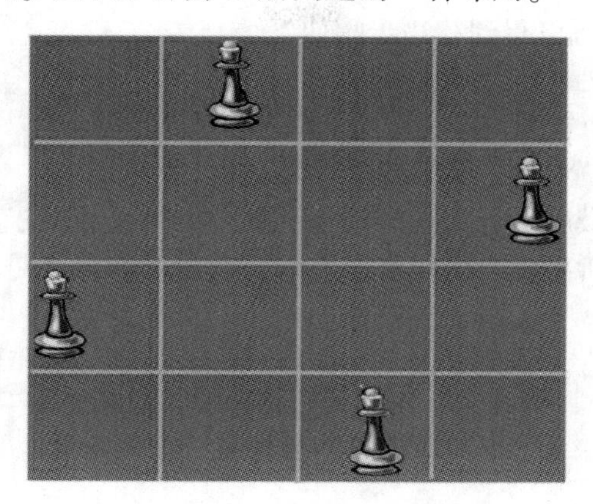

图 9.9 N 后问题的一个布局

2. 问题分析

问题的解决可以从空棋盘开始，每个布局的下一步可能为该布局结点的子结点，由于可以预知，在每行中有且只有一个皇后，因此为了简化解空间树，采用逐行布局的方式，即每个布局有 N 个子结点。因此，解决 N 后问题的过程从空棋盘起，逐行放置棋子：在一个布局中放下一个棋子，即推演到另一个布局；某一行中没有可合法放置棋子的位置，则回溯到上一行，重新布放上一行的棋子。因此，N 后问题解空间树如图 9.10 所示（由于解空间树太大，该图并未画完该树）。

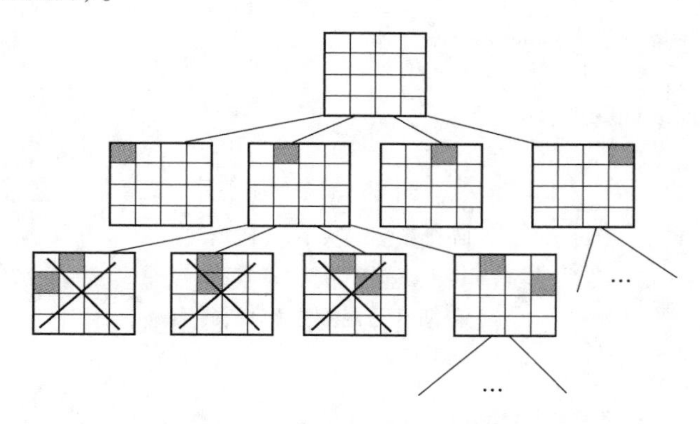

图 9.10 N 后问题的解空间树结构

求解过程从空配置开始。开始时配置在第 1 行，以后改变时顺次选择第 2 行、第 3 行……，在第 1 行至第 m 行为合理配置的基础上，再配置第 $m+1$ 行，直至第 N 行配置也是合理时，就找到了一个解。找到解后还想找到其他的解，就改变第 N 行配置，希望获得下一个解（在任一行上，可能有 N 种配置）。当第 N 行配置找不到一个合理的配置时，就要回溯，去改变前一列的配置。

为了让计算机求解方便，下面将问题抽象成计算机易于表达的形式。

问题解向量：$(x[1],x[2],\cdots,x[N])$，其中 $x[i]$ 表示在棋盘第 i 行、$x[i]$ 列有一个

皇后。问题的显式约束：$x[i]=1,2,\cdots,N$，$i=1,2,\cdots,N$，而问题的隐式约束是要求两个皇后不同列：$x[i]\neq x[j], i\neq j$，以及不处于同一正、反对角线：$|i-j|\neq|x[i]-x[j]|$。

3. 解决问题

结合刚才求解过程，可以得到算法步骤如下。

步骤1：初始化空棋盘（起始状态），从第1行开始。

步骤2：在当前行中查找可以放置皇后的位置，如果找到可以摆放的位置，则放下一个皇后。如果没有找到可放置位置，转步骤4。

步骤3：如果已经是最后一行，则得到一个解。如果还需要求其他的解，则修改该行放置位置，转步骤2。如果所有解均已找到，则解题完成。如果不是最后一行，继续进行下一行的放置，转步骤2。

步骤4：回溯到上一行，并更改上一次皇后放置的位置，转步骤2。

N后算法程序如下。

程序9.4：

```
//N后问题
#include<iostream>
#include<cstdlib>
template<int N>
class N_Queen{
private:
    int x[N];
    int sum=0;
    bool place(int k){                    //第k行能否放置皇后
        for(int j=0; j < k; ++j)          //是否和之前放置的皇后冲突
            if(std::abs(k- j) == std::abs(x[j]- x[k])
                ||x[j] == x[k])
                    return false;
        return true;
    }
    void backtrace(int t){                //回溯算法解决N后问题
        if(t >= N) {
            sum++;                        //第N行已经放置完成,得到一个解
            return;
        }
        for(int i=0; i < N; ++i){         //寻找t行皇后可以放置的位置
            x[t]=i;
            if(place(t))                  //该行皇后位置可行
                backtrace(t+1);
        }
    }
public:
    int solve(){
        backtrace(0);
```

```
        return sum;
    }
};
int main(int argc,const char *  argv[ ]) {
    N_Queen<7> a;
    std::cout << a. solve();
    return 0;
}
```

算法的复杂度分析：N 后问题的复杂度取决于回溯算法的调用次数，随着 N 值的增加，回溯算法的调用次数也增加，而且其增加的速度非常快。当把一个皇后放进棋盘中的某一行中时，回溯算法将被调用以试探是否会和已有的皇后冲突，对于每一行来说，最多将检测 N 个位置，所以时间复杂度为 $O(N^N)$。

9.3.4 旅行商问题

1. 问题描述

有一个旅行商要开车到 N 个指定的城市去推销货物，他必须经过全部 N 个城市并且每个城市仅经过一次。现在他有一张 N 个城市的地图，并知道各个城市之间的公路里程，试问他应该如何选取最短的行程从家里出发对 N 个城市旅行一遍并再回到家中。也就是说，旅行商问题就是在一个 N 个顶点的带权图中寻找一个包含所有顶点的带权路径长度最短的简单环。

如图 9.11 所示的城市网络，用回溯算法求旅行商从 A 出发经过各个城市一次最后回到 A 的最短路径。

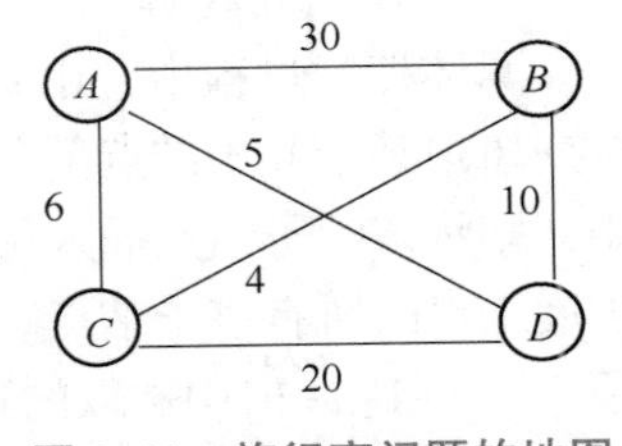

图 9.11 旅行商问题的地图

2. 问题分析

该问题是要求一个最优解，也就是求一条最短周游（各个城市都经过一遍后回到出发城市称一个周游）线路。该问题既可以用回溯算法来解决，也可以用分支限界算法来解决。这里主要看一下如何用分支限界算法来解决该问题。

分支限界算法也是要搜索解空间树寻找最优解，可以采用广度优先搜索，也可以采用最小耗费优先的搜索方法，用优先队列式分支限界算法，实现树中顶点的扩展。具体针对图 9.11 所示的城市网络，用分支限界算法求旅行商从 A 出发经过各个城市一次最后回到 A 的最短路径。解空间树的状态如图 9.12 所示。

用最小耗费优先队列分支限界算法来解决该问题，设优先级为从该点向下搜索可能达到的完全解值的下界，即 bound=cc+rcost。其中，cc 为解空间树中从根节点到当前节点的路径长度；rcost 为从顶点 $x[s:n-1]$ 出发的所有边的最小出边之和（解为 $x[0:n-1]$）。图中每个顶点的最小出边用 minout 表示。

从 A 开始进行广度搜索，搜索顶点有 B、C、D，AB 部分路径长度 cc=30，计算其下界 bound=cc+rcost=30+(4+4+5)=43，AC 部分路径长度为 cc=6，计算其下界 bound=cc+rcost=6+(4+4+5)=19，AD 部分路径长度为 cc=5，计算其下界 bound==cc+rcost=5+(4+4+5)=

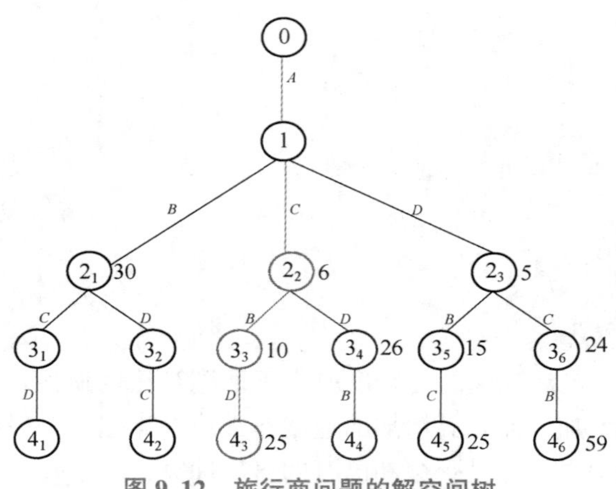

图 9.12　旅行商问题的解空间树

18。因此，D 排在优先队列的第一位，然后是 C，最后是 B，对排在最前面的 bound 最小的 D（第三条分支）进行最小耗费优先搜索，……，最后得到路径 $ADBCA$ 为最终求得的最小周游线路，路径长度为 25。

3. 解决问题

这里用最小耗费优先队列分支限界算法来解决旅行商问题的步骤如下。

步骤 1：按最小耗费优先策略遍历解空间树。

步骤 2：在遍历过程中，对处理的每个结点 v_i 计算限界函数，根据限界函数估计沿该结点向下搜索可能达到的完全解的可能取值下界。

步骤 3：从中选择 bound 最小的结点优先进行最小耗费优先搜索，从而不断调整搜索方向，尽快找到问题解。

具体搜索过程中，用 s 表示已经走过第 s 个城市，当 $s=n-2$ 的情形，此时当前扩展结点是排列树中某个叶子结点的父结点。如果该叶子结点相应一条可行回路且费用小于当前最小费用，则将该叶子结点插入优先队列中；否则舍去该叶子结点。当 $s<n-2$ 时，算法依次产生当前扩展结点的所有孩子结点。由于当前扩展结点相应的路径是 $x[0:s]$，其可行孩子结点是从剩余顶点 $x[s+1:n-1]$ 中选取的顶点 $x[i]$，且 $(x[s],x[i])$ 是所给图 G 中的一条边。对于当前扩展结点的每一个可行孩子结点，计算出其前缀 $(x[0:s],x[i])$ 的费用 cc 和相应的下界 bound。当 bound<bestc（当前最短路径）时，将这个可行孩子结点插入活结点优先队列中。

算法结束的条件是树的一个叶子结点成为当前扩展结点，即当 $s=n-1$ 时，已找到的回路前缀是 $x[0:n-1]$，它已包含图 G 的所有 n 个顶点。因此，当 $s=n-1$ 时，相应的扩展结点表示一个叶子结点。此时，该叶子结点所相应的回路费用等于 cc 加上当前叶子结点回到起点边的值。若剩余的活结点的下界 bound 值不小于已找到的回路的费用，则它们都不可能构成费用更小的回路。此时已找到的叶子结点所相应的回路是一个最小费用旅行商回路，至此算法可以结束。

9.4　动态规划算法

动态规划算法与分治算法类似，解题过程中也是要把大问题化成小问题，小问题解决后再用某种方式组合成大问题的解。与分治算法不同的是，小问题的解是存储起来的，不需要每次都去计算。

9.4.1 动态规划算法的解题思路

动态规划算法的基本思想也是将待求解问题分解成若干个子问题，但是经分解得到的子问题往往不是互相独立的。在用分治算法求解时，有些子问题被重复计算了许多次。如果能够保存已解决的子问题的答案，而在需要时再找出已求得的答案，就可以避免大量重复计算，从而得到多项式时间算法，如图 9.13 所示。

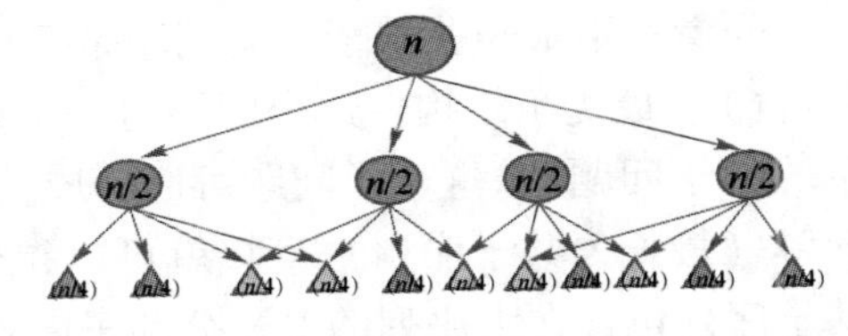

图 9.13 动态规划解题时分解子问题示意图

如果用动态规划算法解决问题，问题一般具有以下两个特征。

1. 最优子结构

最优解包含着其子问题的最优解，这种性质称为最优子结构性质。利用问题的最优子结构性质，以自底向上的方式递归地从子问题的最优解逐步构造出整个问题的最优解。最优子结构是问题能用动态规划算法求解的前提。

2. 重叠子问题

递归算法求解问题时，每次产生的子问题并不总是新问题，有些子问题被反复计算多次，这种性质称为子问题的重叠性质。对于重叠子问题，在动态规划求解时一般采用备忘录方法，也就是说，对每一个子问题只解一次，而后将其解保存在一个表格中，当再次需要解此子问题时，只是简单地用常数时间查看一下结果。通常不同的子问题个数随问题的大小呈多项式增长。因此，用动态规划算法只需要求解多项式的时间，从而获得较高的解题效率。

备忘录方法的控制结构与直接递归方法的控制结构类似，区别在于备忘录方法为每个解过的子问题建立了备忘录以备需要时查看，避免了相同子问题的重复求解。

动态规划一般是要求问题的最优解，其基本步骤如下。

步骤 1：找出最优解的性质，并刻画其结构特征。

步骤 2：递归地定义最优值。

步骤 3：以自底向上的方式计算出最优值。

步骤 4：根据计算最优值时得到的信息构造最优解。

9.4.2 最长公共子序列问题

1. 问题描述

最长公共子序列（LCS）是一个在序列集合中（通常为两个序列）用来查找所有序列中最长子序列的问题。这与查找最长公共子串问题不同的地方是：子序列不需要在原序列中占用连续的位置。最长公共子序列问题是一个经典的计算机科学问题，也是数据比较程序（如 Diff 工具）和生物信息学应用的基础，它也被广泛应用在版本控制中用来调和文件之间的改变。

若给定序列 $X=\{x_1,x_2,\cdots,x_m\}$，则对于序列 $Z=\{z_1,z_2,\cdots,z_k\}$ 存在一个严格递增下标序列 $\{i_1,i_2,\cdots,i_k\}$，使得对于所有 $j=1,2,\cdots,k$ 有 $z_j=x_{ij}$，则称 Z 为 X 的子序列。

例如，序列 $Z=\{BCDB\}$ 是序列 $X=\{ABCBDAB\}$ 的子序列，相应地，递增下标序列为 $\{2,3,5,7\}$。

给定两个序列 X 和 Y，当另一序列 Z 既是 X 的子序列又是 Y 的子序列时，称 Z 是序列 X 和 Y 的公共子序列。那么如何找出 X 和 Y 的最长公共子序列呢？

2. 问题分析

先看一下最长公共子序列问题是否满足用动态规划算法解决问题的两个要素。

（1）最优子结构。这个问题可以分解成更小（更短的）序列，这就是比原来问题更简单的“子问题”，这个子问题可以分成更多的子问题，直到每个子序列长度为 1，则子问题的解（最长公共子序列）直接就可以得到，整个问题就变得简单了。而且小序列的最长公共子序列包含在大序列的最长公共子序列中。

（2）重叠子问题。最长公共子序列问题的子问题的解是可以重复使用的，也就是说，更高级别的子问题通常会重用低级子问题的解，这样子问题的解就可以被储存起来，而不用重复计算。这个过程需要在一个表中储存同一级别的子问题的解，也就是备忘录，因此这个解可以被更高级的子问题使用。

下面具体分析。设序列 $[X_m]=\{x_1,x_2,\cdots,x_m\}$ 和 $[Y_n]=\{y_1,y_2,\cdots,y_n\}$ 的最长公共子序列为 $[Z_k]=\{z_1,z_2,\cdots,z_k\}$，则：

①若 $x_m=y_n$，则 $z_k=x_m=y_n$，且 $[Z_{k-1}]$ 是 $[X_{m-1}]$ 和 $[Y_{n-1}]$ 的最长公共子序列；

②若 $x_m\neq y_n$ 且 $z_k\neq x_m$，则 $[Z_k]$ 是 $[X_{m-1}]$ 和 $[Y_n]$ 的最长公共子序列；

③若 $x_m\neq y_n$ 且 $z_k\neq y_n$，则 $[Z_k]$ 是 $[X_m]$ 和 $[Y_{n-1}]$ 的最长公共子序列。

第①的意思是两个子序列（长度缩短后）的最长公共子序列包含在原序列的最长公共子序列中。第②和③的意思是当最后一个元素不同时，去掉其中一个序列的最后一个元素（变成子序列）并不影响最长公共子序列的长度。

从上面的分析可知，2 个序列的最长公共子序列包含这两个序列的前缀的最长公共子序列，也就是说，最长公共子序列问题具有最优子结构性质。由最长公共子序列问题的最优子结构性质建立子问题最优值的递归关系。用 $C_{i,j}$ 记录两序列的最长公共子序列的长度。其中，$[X_i]=\{x_1,x_2,\cdots,x_i\}$；$[Y_j]=\{y_1,y_2,\cdots,y_j\}$。当 $i=0$ 或 $j=0$ 时，空序列是 $[X_i]$ 和 $[Y_j]$ 的最长公共子序列。故此时 $C_{i,j}=0$。其他情况下，由最优子结构性质可建立递归关系为

$$C_{i,j}=\begin{cases}0 & i=0,j=0\\ C_{i-1,j-1}+1 & i,j>0;x_i=y_j\\ \max\{C_{i,j-1},C_{i-1,j}\} & i,j>0;x_i\neq y_j\end{cases}$$

具体比如给定序列 $[X]=\{ABCBDAB\}$ 和 $[Y]=\{BDCABA\}$，求其最长公共子序列。

计算规则如下。

若 $[X_i]=[Y_j]$，则 $C_{i,j}=C_{i-1,j-1}+1$，第 1 种情况记为 $b=1$；否则，若 $C_{i-1,j}$ 较大，则 $C_{i,j}=C_{i-1,j}$，第 2 种情况记为 $b=2$；否则，$C_{i,j}=C_{i,j-1}$，第 3 种情况记为 $b=3$。

为便于观察，将 $b=1$ 标为斜箭头，2 标为左箭头，3 标为上箭头，于是求最长公共子序列问题就可以用图 9.14 来表示。

由求解过程得到，最终序列 $[X]$ 和序列 $[Y]$ 的最长公共子序列为 $\{BCBA\}$。

3. 解决问题

最长公共子序列问题的动态规划算法求解步骤如下。

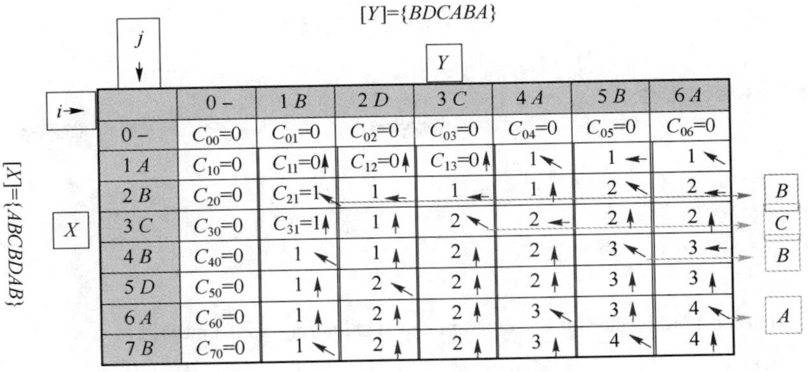

[Y]={BDCABA}

j ↓   Y   i→   X   [X]={ABCBDAB}

	0 –	1 B	2 D	3 C	4 A	5 B	6 A	
0 –	C_{00}=0	C_{01}=0	C_{02}=0	C_{03}=0	C_{04}=0	C_{05}=0	C_{06}=0	
1 A	C_{10}=0	C_{11}=0↑	C_{12}=0↑	C_{13}=0↑	1↖	1←	1↖	
2 B	C_{20}=0	C_{21}=1↖	1←	1←	1↑	2↖	2←	B
3 C	C_{30}=0	C_{31}=1↑	1↑	2↖	2←	2↑	2↑	C
4 B	C_{40}=0	1↖	1↑	2↑	2↑	3↖	3←	B
5 D	C_{50}=0	1↑	2↖	2↑	2↑	3↑	3↑	
6 A	C_{60}=0	1↑	2↑	2↑	3↖	3↑	4↖	A
7 B	C_{70}=0	1↖	2↑	2↑	3↑	4↖	4↑	

图 9.14 求解最长公共子序列

步骤 1：初始化 C 数组，从序列第一个字符 $i=1$，$j=1$ 开始。

步骤 2：若 $x_i=y_j$，则 $C[i][j]=C[i-1][j-1]+1$；$B[i][j]=1$；否则，若 $C[i-1][j]$ 较大，则 $C[i][j]=C[i-1][j]$；$B[i][j]=2$；否则，$C[i][j]=C[i][j-1]$；$B[i][j]=3$；若后面还有字符，转步骤 3，若到达序列最后一个字符，解题结束。

步骤 3：$i=i+1$，$j=j+1$，转步骤 2。

最长公共子序列问题的动态规划算法程序如下。

程序 9.5：

```
#include<string>
#include<iostream>
void LCS(std::string x,std::string y,std::vector<std::vector<int>>&C,
std::vector<std::vector<int>>&B){
    int m=x.size();
    int n=y.size();
    C.resize(m+1);
    B.resize(m+1);
    for(int i=0; i <= m; ++i){
        C[i].resize(n+1);
        B[i].resize(n+1);
    }
    for(int i=1; i <= m; ++i){
        for(int j=1; j <= n; ++j){
            if(x[i-1] == y[j-1]){          //第一种情况,向左上
                C[i][j]=C[i-1][j-1]+1;
                B[i][j]=1;
            }
            else if(C[i-1][j] >= C[i][j-1]){
                                            //第二种情况,向上
                C[i][j]=C[i-1][j];
                B[i][j]=2;
            }
```

```
            else{                                          //第三种情况,向左
                C[i][j]=C[i][j-1];
                B[i][j]=3;
            }
        }
    }
}

void LCS_Print(const std::vector<std::vector<int>>&B,std::string x,int i,int j){
    if(i == 0 || j == 0)
        return;
    if(B[i][j] == 1){
        LCS_Print(B,x,i-1,j-1);                        //第一种情况
        std::cout << x[i-1];                           //输出该公共字符
    }
    else if(B[i][j] == 2)
        LCS_Print(B,x,i-1,j);                          //第二种情况,向上找
    else
        LCS_Print(B,x,i,j-1);                          //第三种情况,向左找
}
```

算法的时间复杂度主要在二重循环上，所以时间复杂度为 $O(mn)$。而空间复杂度在于多了 C 数组和 B 数组，因此空间复杂度为 $O(mn)$。

在算法 LCSLength 和 LCS 中，可进一步将数组 B 省去。事实上，数组元素 $C[i][j]$的值仅由 $C[i-1][j-1]$、$C[i-1][j]$和 $C[i][j-1]$这 3 个数组元素的值确定。对于给定的数组元素 $C[i][j]$，可以不借助数组 B 而仅借助 C 本身在时间内确定 $C[i][j]$的值是由 $C[i-1][j-1]$、$C[i-1][j]$和 $C[i][j-1]$中哪一个值所确定的。

如果只需要计算最长公共子序列的长度，则算法的空间需求可大大减少。事实上，在计算 $C[i][j]$时，只用到数组 C 的第 i 行和第 $i-1$ 行。因此，用两行的数组空间就可以计算出最长公共子序列的长度。进一步的分析还可将空间需求减至 $O(\min(m,n))$。这两种改进请同学们作为思考题，查阅资料完成。

测试主程序参考如下，得到结果“B C B A”。

程序 9. 6：

```
int main(int argc,const char*  argv[ ]) {
    std::string x="abcbdab";
    std::string y="bdcaba";
    std::vector<std::vector<int>> B,C;
    LCS(x,y,C,B);
    LCS_Print(B,x,x. size(),y. size());
    return 0;
}
```

9.4.3 0-1 背包问题

1. 问题描述

有一个传统问题：贼，夜入豪宅，可偷之物甚多，而负重能力有限，偷哪些才更加不枉此行？抽象出来就是：给定 n 种物品和一背包。物品 i 的重量是 w_i，其价值为 v_i，背包的容量为 C。问应如何选择装入背包的物品，使得装入背包中物品的总价值最大？(物品要么装入，要么不装，不能只装物品的一部分)，如图 9.15 所示。

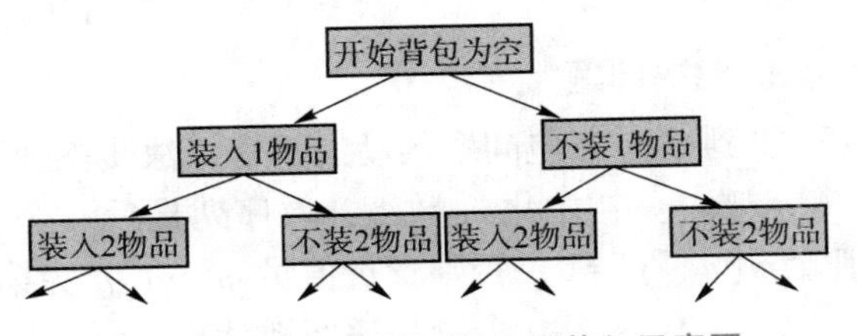

图 9.15 0-1 背包问题物品装入示意图

2. 问题分析

在考虑 0-1 背包问题时，应比较选择该物品和不选择该物品所导致的最终方案，然后再作出最好选择，由此就导出许多互相重叠的子问题，而且子问题要比原问题解决起来更容易，最终问题的最优解包含子问题的最优解。所以，该问题可用动态规划算法求解。

0-1 背包问题其实就是求约束极值问题，即求约束条件为 $\begin{cases}\sum\limits_{i=1}^{n} w_i x_i \leqslant C \\ x_i \in \{0,1\}, 1 \leqslant i \leqslant n\end{cases}$ 下的价值最大值 $\max \sum\limits_{i=1}^{n} v_i x_i$。变量 x 的取值序列 $\{x_1, x_2, \cdots, x_n\}$ 是原问题最优解，则对应决策序列 $\{x_2, x_3, \cdots, x_n\}$ 是下面子问题的最优解，即在约束条件 $\begin{cases}\sum\limits_{i=2}^{n} w_i x_i \leqslant C - w_1 x_1 \\ x_i \in \{0,1\}, 2 \leqslant i \leqslant n\end{cases}$ 下求价值最大值 $\max \sum\limits_{i=2}^{n} v_i x_i$。原问题的最优解就是子问题最优解再加上第一个物品决策后的价值，这个最优值要么是 $x_1=0$，那么子问题的最优解就是原问题的最优解了；要么是 $x_1=1$，那么原问题最优值是子问题最优值加上第一个物品的价值，原问题的最优解就是子问题最优解加上第一个物品。

由上面的分析，可以将问题划分为若干子问题。进行是否将物品装入背包的判断，这个取值序列的对应决策序列是 $\{x_1, \cdots, x_{n-1}, x_n\}$。在对 x_i 作出决策之后，问题处于下列两种状态之一：①背包剩余的容量仍为 C，此时未产生任何效益；②背包的剩余容量为 $C-w_i$，此时的效益值增长了 v_i。

因此，设所给 0-1 背包问题的子问题为：求在约束条件 $\begin{cases}\sum\limits_{k=i}^{n} w_k x_k \leqslant j \\ x_k \in \{0,1\}, i \leqslant k \leqslant n\end{cases}$ 下的价值最大值 $m(i,j) = \max \sum\limits_{k=i}^{n} v_k x_k$。其中，$m(i,j)$ 是背包容量为 j，可选择物品为 $i, i+1, \cdots, n$ 时 0-1 背包问题的最优值。

由 0-1 背包问题的最优子结构性质，可以建立计算 $m(i,j)$ 的递归式为

$$m(i,j)=\begin{cases}\max\{m(i+1,j),m(i+1,j-w_i)+v_i\},j\geqslant w_i\\ m(i+1,j),0\leqslant j\leqslant w_i\end{cases}$$

递归终止条件为前面物品已确定装入情况后，只剩最后一个物品进行 0-1 背包装入的子问题的解，即

$$m(n,j)=\begin{cases}v_n,j\geqslant w_n\\ 0,0\leqslant j\leqslant w_n\end{cases}$$

3. 解决问题

得到 0-1 背包问题的动态规划算法步骤如下。

步骤 1：初始化 m 数组，看序列最后一个物品能否装入，若此时容量 j 太小无法装入，则置 $m[n][j]=0$；否则置价值量 $m[n][j]$ 为第 n 个物品价值 $v[n]$，令 $i=n-1$。

步骤 2：对第 i 个物品递归地计算 $m[i][j]$，若能装下第 i 个物品，则取该物品装与不装得到的结果中的最大值作为 $m[i][j]$；否则该物品不装入，$m[i][j]=m[i+1][j]$。令 i 递减。当 $i>1$ 时，重复步骤 2；否则转步骤 3。

步骤 3：判断第一个物品能否装入，如不能装入，则 $m[1][C]=m[2][C]$；否则第一个物品装与不装得到的结果中的最大值作为 $m[1][C]$。完成解题。

0-1 背包问题的动态规划算法程序如下。

程序 9.7：

```
std::vector<std::vector<int>> knapsack(const std::vector<int> &w,const std::vector<int>& v,int C,int n){
    std::vector<std::vector<int>> m;
    m.resize(n+1);
    for(int i=0; i < m.size(); ++i){
        m[i].resize(C+1);
    }
    int jMax=std::min(w[n]-1,C);
    for(int j=0; j <= jMax; ++j)
        m[n][j]=0;                        //初始值,背包容量小于 jMax 时无法装入第 n 个物品
    for(int j=w[n]; j <= C; ++j)
        m[n][j]=v[n];                     //初始值,背包容量大于等于 jMax 时可以装入第 n 个物品
    for(int i=n-1; i > 1; --i){           //一次处理第 n-1 到第 2 个物品
        jMax =std::min(w[i]-1,C);
        for(int j=0; j <= jMax; ++j)      //无法装入第 i 个物品
            m[i][j]=m[i+1][j];
        for(int j=w[i]; j <= C; ++j)      //可装入第 i 个物品
                                          //取 装/不装 第 i 个物品的背包价值大者
            m[i][j]=std::max(m[i+1][j] ,m[i+1][j-w[i]]+v[i]);
    }
                                          //处理第一个物品
    m[1][C]=m[2][C];
    if(C >= w[1])
        m[1][C]=std::max(m[1][C],m[2][C-w[1]]+v[1]);
    return m;
}
```

算法复杂度分析：从 $m(i,j)$ 的递归式容易看出，算法需要 $O(nC)$ 计算时间。当背包容量 C 很大时，算法需要的计算时间较多。例如，当 $C>2^n$ 时，算法需要 $\Omega(n2^n)$ 计算时间。

测试主程序参考如下，得到结果“背包最大装入价值量为：15，依次装入第 1、2、5 个物品。”。

程序 9.8：

```
#include<vector>
#include<iostream>
    int main(int argc,const char *  argv[]) {
    int n=5,C=10;                              //物品个数,背包容量
    std::vector<int> value={0,6,3,5,4,6};       //各个物品的价值
    std::vector<int> weight={0,2,2,6,5,4};      //各个物品的重量
      std::vector<std::vector<int>> m=knapsack(weight,value,C,n);
    std::cout << "背包最大装入价值量为:" << m[1][C] << ",";
    std::cout << "依次装入第 ";
    for(int i=1;i < n;i++){
        if(m[i][C] ! = m[i+1][C]){
            C=C- weight[i];
            std::cout << i << "," ;
        }
    }
    if(m[n][C] ! = 0)
        std::cout << n;
    std::cout << "个物品。\n";
    return 0;
}
```

本章小结

算法是解决问题的方法。同一个问题可以有多个解决办法，因此可以采用多种算法来解决，而具体如何选择算法去解决问题由问题的规模、问题分解的特点、应用要求、算法效率等共同决定。算法可以分为分治算法、动态规划算法、贪心算法、回溯算法、分支限界算法等，这些都是本章讲解的算法，还有许多其他类型的算法，本书中不再涉及，感兴趣的同学可专门学习算法类课程进行深入研究。

习 题

1. 选择题

(1) 棋盘覆盖问题可以采用（　　）来解决。

A. 动态规划算法　　　　B. 贪心算法

C. 回溯算法　　　　　　D. 分治算法

（2）动态规划算法的两个基本要素是（　　）性质和（　　）性质。

A. 最优子结构　　B. 贪心选择　　C. 重叠子问题　　D. 独立子问题

（3）（　　）是贪心算法可行的基本要素，也是贪心算法与动态规划算法的主要区别。

A. 最优子结构　　B. 贪心选择　　C. 重叠子问题　　D. 独立子问题

（4）下列问题适合用分治算法解决的是（　　）。

A. 汽车加油问题　　B. 旅行商问题　　C. N后问题　　D. 归并排序

（5）回溯算法和分支限界算法（　　）。

A. 求解目标不同，搜索方式不同　　B. 求解目标不同，搜索方式相同

C. 求解目标相同，搜索方式不同　　D. 求解目标相同，搜索方式相同

2. 判断题

（1）一个问题只能由一种算法解决。（　　）

（2）用分治算法解决的问题可以分解为规模更小的子问题。（　　）

（3）用动态规划算法解决的问题分解为子问题时子问题相互独立。（　　）

（4）贪心算法希望通过局部最优选择得到整体最优解。（　　）

（5）N后问题最常用回溯算法解决。（　　）

3. 填空题

（1）最长公共子序列问题中，$C[i,j]$表示序列X_i和Y_j的最长公共子序列的长度，则$C[i,j]$可递归定义为：____________________。

（2）分治算法的基本思想是将一个规模为n的问题分解为与原问题__________（相同或不相同）的k个规模较小且__________（互相独立/相关）的子问题。

（3）在一个$n\times n(n=2^k)$个方格组成的特殊棋盘中，需要__________个L形骨牌完成棋盘覆盖。

（4）最优装载问题是用__________算法解决的，折半查找问题是用__________算法解决的，N后问题是用__________算法解决的，最长公共子序列问题是用__________算法解决的。

4. 综合题

（1）分治算法的基本思想是什么？应用分治算法解决的问题有什么特征？

（2）贪心算法的基本要素是什么？

（3）试述回溯算法的基本思想以及解题步骤。

（4）试述分支限界算法的基本思想及分类。

（5）背包问题：给定n种物品和一个背包。物品i的重量是W_i，其价值为V_i，背包的容量为C。应如何选择装入背包的物品，使得装入背包中物品的总价值最大？试应用贪心算法分析并写出其算法程序，分析时间复杂度。其中每种物品在装入时可以装入该物品的一部分，即装入不再是非0即1，而是可以选择［0,1］区间内的任意值。

（6）试比较回溯算法和分支限界算法的异同。

（7）请分别说明分治策略、动态规划策略、贪心选择策略在实际应用中的适用条件。

（8）3 个简单算法如下，试分析该算法的时间复杂性（其中输入规模为 n）。

①

```
int Maxsum(int n,int a,int& besti,int& bestj)
{
    int sum=0;
    for(int i=1;i<=n;i++)
    {   int suma=0;
        for(int j=i;j<=n;j++)
          {  suma +=a[j];
             if(suma > sum){
                sum=suma;
                besti=i;
                bestj=j;    }
          }
    }
    return sum;
}
```

②

```
void cBoard(int tr,int tc,int n)
{
    if(n == 1) return;
    int t=tile++,
    s=n/2;
    cBoard(tr,tc,s);
    cBoard(tr,tc+s,s);
    cBoard(tr+s,tc,s);
    cBoard(tr+s,tc+s,s);
}
```

习题答案

参考文献

[1] 严蔚敏，吴伟民. 数据结构：C 语言版［M］. 北京：清华大学出版社，1997.
[2]（美）马克·艾伦·维斯. 数据结构与算法分析：C 语言描述［M］. 冯舜玺，译. 北京：机械工业出版社，2019.
[3]（美）马克·艾伦·维斯. 数据结构与算法分析：C++语言描述［M］. 4 版. 冯舜玺，译. 北京：电子工业出版社，2016.
[4] 李春葆. 数据结构教程［M］. 5 版. 北京：清华大学出版社，2017.
[5] 张铭. 数据结构与算法［M］. 北京：高等教育出版社，2008.
[6] 程杰. 大话数据结构［M］. 北京：清华大学出版社，2011.
[7] 王红梅，王慧，王新颖. 数据结构 从概念到 C++实现［M］. 3 版. 北京：清华大学出版社，2019.
[8] 叶核亚. 数据结构与算法（Java 版）［M］. 5 版. 北京：电子工业出版社，2020.
[9] 徐凤生. 数据结构与算法：C 语言版［M］. 2 版. 北京：机械工业出版社，2014.
[10] 汪沁，奚李峰，邓芳，等. 数据结构与算法［M］. 2 版. 北京：清华大学出版社，2018 .
[11] 邹永林，周蓓，唐晓阳. 数据结构与算法［M］. 北京：清华大学出版社，2015.
[12] 汪建. 图解数据结构与算法［M］. 北京：人民邮电出版社，2020.
[13]（美）萨尼. 数据结构、算法与应用 C++语言描述［M］. 王立柱，刘志红，译. 北京：机械工业出版社，2015.
[14] 唐宁九. 数据结构与算法教程（C++版）［M］. 北京：清华大学出版社，2012.
[15] 罗文劼，王苗，张小莉. 数据结构与算法（Java 版）［M］. 北京：机械工业出版社，2013.
[16] 林劼，刘震，陈端兵，等. 数据结构与算法［M］. 北京：北京大学出版社，2018.
[17] 文益民，张瑞霞，李健. 数据结构与算法［M］. 2 版. 北京：清华大学出版社，2017.
[18] 瞿有甜. 数据结构与算法［M］. 北京：清华大学出版社，2015.
[19] 佟伟光. 数据结构与算法［M］. 北京：北京大学出版社，2009.
[20] 冯贵良. 数据结构与算法［M］. 北京：清华大学出版社，2016.
[21] 邓玉洁. 算法与数据结构（C 语言版）［M］. 北京：北京邮电大学出版社，2017.
[22] 张岩，李秀坤，刘显敏. 数据结构与算法［M］. 5 版. 北京：高等教育出版社，2020.
[23] 唐懿芳，钟达夫，林萍，等. 数据结构与算法——C 语言和 Java 语言描述［M］. 北京：清华大学出版社，2017.
[24] 于晓敏. 数据结构与算法［M］. 北京：北京航空航天大学出版社，2010.
[25] 唐名华. 数据结构与算法［M］. 北京：电子工业出版社，2016.
[26] 周幸妮. 数据结构与算法分析新视角［M］. 北京：电子工业出版社，2016.
[27] 田晶. 数据结构与算法［M］. 北京：中国人民大学出版社，2011.

[28] (美) Adam Drozdek. C++数据结构与算法 [M]. 4 版. 徐丹，吴伟敏，译. 北京：清华大学出版社，2014.
[29] 孙琳，张宇. 胡昭民. 数据结构 (Java 版) [M]. 北京：水利水电出版社，2015.
[30] (美) 弗兰克 M. 卡拉诺，蒂莫西 M. 亨利. 数据结构与抽象：Java 语言描述 [M]. 辛运帏，饶一梅，译. 北京：机械工业出版社，2017.
[31] 传智播客. 数据结构与算法：C 语言版 [M]. 北京：清华大学出版社，2016.
[32] 张琨，张宏，朱保平. 数据结构与算法分析 (C++语言版) [M]. 2 版. 北京：人民邮电出版社，2021.
[33] 朱战立. 数据结构——Java 语言描述 [M]. 2 版. 北京：清华大学出版社，2016.
[34] 王晓东. 算法设计与分析 [M]. 4 版. 北京：清华大学出版社，2018.
[35] (美) Thomas H Cormen，Charles Leiserson，Ron Rivest，and Cliff Stein. Introduction to Algorithms (Third Edition) [M]. MIT Press，2009.
[36] 李春葆，李筱驰，蒋林. 算法设计与分析 [M]. 2 版. 北京：清华大学出版社，2018.
[37] (美) Anany Levitin. 算法设计与分析基础 [M]. 3 版. 潘彦，译. 北京：清华大学出版社，2015.
[38] 黄宇. 算法设计与分析 [M]. 北京：机械工业出版社，2017.
[39] 严蔚敏，吴伟民，米宁. 数据结构题集 (C 语言版) [M]. 北京：清华大学出版社，1999.
[40] 李春葆，李筱驰. 新编数据结构习题与解析 [M]. 2 版. 北京：清华大学出版社，2019.
[41] 邓俊辉. 数据结构习题解析 [M]. 3 版. 北京：清华大学出版社，2013.
[42] 王红梅，胡明，王涛. 数据结构 (C++版) 学习辅导与实验指导 [M]. 2 版. 北京：清华大学出版社，2011.
[43] 徐士良. 数据与算法习题解答 [M]. 北京：清华大学出版社，2015.
[44] 乔海燕，蒋爱军，高集荣，等. 数据结构与算法实验实践教程 [M]. 北京：清华大学出版社，2012.
[45] 邹永林，周蓓，唐晓阳. 数据结构与算法习题解析与实验指导 [M]. 北京：清华大学出版社，2015.
[46] 刘城霞，蔡英，吴燕，等. 数据结构综合设计实验教程 [M]. 北京：北京理工大学出版社，2012.
[47] 王晓东. 算法设计与分析习题解答 [M]. 4 版. 北京：清华大学出版社，2018.
[48] 屈婉玲，刘田，张立昂，等. 算法设计与分析习题解答与学习指导 [M]. 2 版. 北京：清华大学出版社，2016.